数学实验与软件计算

Shuxue Shiyan Yu Ruanjian Jisuan

主编　徐常青　吴健荣
参编　朱建青　王卿文　杨尚俊
薛有才　杜大刚

中国科学技术大学出版社

内 容 简 介

本书旨在培养读者学习数学的兴趣和应用数学解决实际问题的能力，强调数学思维的培养。其内容涵盖三部分：软件介绍、数值计算和数学的应用。这些内容相互渗透，有助于读者养成发现问题、提出问题、大胆设想、检验结论以及尝试不同方法并最终找到解决方案的数学实验思维习惯。书中着重介绍了线性代数与矩阵变换、插值与拟合、素数理论、分形几何和微分方程等理论，以及这些理论在博弈论、图像处理、计算机视觉与信号处理、编码理论、生物中的种群繁殖和模式识别中的主成分分析法等领域的应用；并通过穿插于各章节中的大量习题，利用 MATLAB 软件，让读者自己动手，寻找解决问题的最佳方案，实现对问题的逐步求解和推广。

本书适合于已基本掌握高等数学和线性代数基本理论知识的高等学校各专业大二以上本科生和非数学专业（工程类）的低年级研究生，以及具有初步高等数学知识和计算机知识的其他读者。

图书在版编目(CIP)数据

数学实验与软件计算/徐常青，吴健荣主编．—合肥：中国科学技术大学出版社，2014.1

ISBN 978-7-312-03168-7

Ⅰ.数…　Ⅱ.① 徐…　② 吴…　Ⅲ.① 数学—实验　② 数值计算—应用软件　Ⅳ.①O1-33　②O245

中国版本图书馆 CIP 数据核字(2013)第 309468 号

出版　中国科学技术大学出版社
安徽省合肥市金寨路 96 号，邮编：230026
网址：http://press.ustc.edu.cn

印刷　合肥市宏基印刷有限公司

发行　中国科学技术大学出版社

经销　全国新华书店

开本　710 mm×960 mm　1/16

印张　26

字数　510 千

版次　2014 年 1 月第 1 版

印次　2014 年 1 月第 1 次印刷

定价　45.00 元

前　言

1996 年冬,来自以色列的矩阵论专家、线性代数教育家 Abraham Berman 教授(我们习惯称呼他为 Avi)到中国科学技术大学访问。他在以色列理工大学(Technion-Israel Institute of Technology)除了从事矩阵论研究外,还为本科生开设"线性代数"等课程,培养学生的数学思维。该校曾产生三名诺贝尔奖获得者(2004 年的医学诺贝尔奖和 2011 年的化学诺贝尔奖),并是多位大数学家的摇篮。Avi 的教学分为普通班和尖子班,且教学时间分为课堂时间和办公室答疑时间两个环节。他的办公室总是人满为患。在一般人看来如此枯燥无味的数学,在以色列理工大学校园(不仅是数学系)竟是如此热辣火爆的景象。

Avi 曾说:"尝试将趣味和智慧融入到数学中,并让学生自己猜想和验证,那么数学就会成为他们的朋友。" Avi 的学生中有大名鼎鼎的数学界美女、图论专家 Maria Chudnovsky (就职于普林斯顿大学)、被国际顶尖杂志《Nature》(2005 年第 1 期)评为国际量子计算界领军人物的 Dorit Aharonov 等。但更多的学生后来都去了麻省理工或斯坦福等名牌大学和研究机构,从事工业设计和生物工程等领域的研究。这说明,数学教育对学生后来的影响不止是在数学上,更是全方位和深远的。

很多人以为数学乃是少数数学爱好者的事情,但现在走入数学殿堂的并不仅仅是这些人。国内高校数学专业的学生大多数并不知道究竟为什么要学习数学,就像很多人对迪斯尼乐园不了解一样, 对于数学的了解大多数人知之甚少。

但这种状况近几年似乎有所改观。随着电子信息技术和计算机科学的发展,无论是中小学还是大中专院校,计算机(如台式机、平板电脑、掌上电脑等)已然普及。传统的拘泥于黑板上的微积分、代数和概率论等,已经被老师们悄悄地搬进了机房,那些晦涩难懂的抽象结论与证明,已被曼妙多彩的三维曲面或动态画面所代替。

然而,古老经典的数学本身并没有改变:数学这位千岁老人依然还是迈着她那轻盈的脚步,高昂着头,走过春夏秋冬。今天,改变的是我们,不变的是数学。我们需要的是改变我们的视觉,来重新审视数学。

我们一直强调创新思维,而这种创新最大的特点是想象力。想象力来自于抽象思维,而数学思维最明显的特征就是高度抽象性、严谨性、逻辑性和条理性。

借助于电脑,我们可以将抽象思维可视化、形象化和实验化,这就是大学数学实验的优势。数学如果不能与软件结合,就好比雄鹰缺少了翅膀,火车缺少了引擎,无论如何也不可能飞奔。

有了计算机和数学软件,我们可以享受数学,感受数学的无处不在、数学的趣味性和数学的魔力,而不是痛苦学习、愉快遗忘。

“数学实验”是近几年来在国内高校迅速发展起来的一门理论实验课程。它既告诉人们有关数学、自然科学、社会科学等领域的一些简单或复杂的理论,同时又能通过实验来验证和感受这些基本理论的正确性、实用性以及可检验性。

作为编程语言和可视化工具, MATLAB 具有丰富的系列功能,可解决工程、科学计算和数学学科中的许多问题。本书首先介绍 MATLAB 的一些基本指令,并向读者展示如何有效使用这些功能,结合数学基础知识,帮助读者增强分析数学问题和解决问题的能力。由于 MATLAB 交互式的性质,书中内容以举例方式描述,读者可以通过运行 MATLAB 而再现这些例子。从第 5 章开始,书中将适当介绍数学不同学科(包括微积分、线性代数、微分方程、数论和解析几何等)在计算机视觉、图像与信号处理、人工智能、模式识别和种群繁殖等领域中的应用。这些内容有助于数学、应用数学和信息与计算科学等专业的学生了解数学在这些领域的应用,从而在未来的岁月里选择一个自己感兴趣的专业。

本书内容主要来自于作者十多年来讲授“数学实验”课程的教学素材, 部分内容与作者本人从事的研究课题有关。书中的实例涉及计算机、信息、力学与工程、环境科学与生物信息学等学科,大部分例题和 M 文件都是在 MATLAB 7.0 及以上版本基础上运行的,部分指令也适合于 6.5 版本。

本书的特点包括:① 习题穿插于内容之间,每节均附有习题;② 每部分内容附有相关 MATLAB 指令,读者可通过运行这些指令实现问题求解与验证;③ 强调高等数学在计算机等领域的应用,实用性和趣味性兼备;④ 多数 MATLAB 指令配有中文解释,帮助读者理解和记忆;⑤ 抽象具体和形象化。

1999 年 8 月,第一届"数学实验"暑期培训会议在黄山召开,会议发起人为中国科学技术大学李尚志教授和邓建松老师(现为中国科学技术大学数学学院计算与应用数学系主任、教授),本书的完成首先要感谢他们的指引;同时感谢江苏省重点专业类建设项目(数学类)、江苏省特色专业建设项目(数学与应用数学)的资助,以及苏州科技学院有关部门的大力支持;特别感谢安徽大学杨尚俊教授为本书提供了有关"数学实验"课程的部分教学材料以及一直以来的帮助和鼓励;感谢苏州科技学院数理学院对本书出版的支持,以及苏州科技学院科技部部长潘涛教授所提供的图像处理方面的材料和 MATLAB 软件的支持;也非常感谢美国 Nova 东南大学张福振教授为本书提供的《矩阵论》教材和习题答案。本书写作过程中还得到了香港理工大学数学系主任祁力群教授,美国西弗吉尼亚大学张存荃教授,原国际线性代数学会主席、美国威斯康辛大学 Richard Brauldi 教授,同济大学邵嘉裕教授等专家的支持;参与编写的还有:朱建青教授(苏州科技学院)、王卿文教授(上海大学)、杨尚俊教授(安徽大学)、薛有才教授(浙江科技学院)和杜大刚老师(苏州科技学院),研究生焦洁洁、周星星和韩敏等也参与了本书的编写和校对工作,在此一并表示感谢。

正如一栋楼房的构建一样,本书中也难免会有一些疏漏之处。我们期待读者的及时反馈,欢迎对本书的改进提出您的宝贵建议和意见。

编　者

2013 年 10 月于苏州

目　　录

第1章　MATLAB 数据类型和基本运算

MATLAB是由MathWorks公司于1984年开发的一套科学计算软件。它分为基本部分(主干)和若干个工具包,具有强大的数值计算和数据可视化能力。其核心部分来自于LINPACK和EISPACK。MATLAB的含义是矩阵实验室(MATrix+LABoratory),旨在方便矩阵的存取,其基本元素是无需定义维数的矩阵。MATLAB自问世以来就以数值计算著称。

事实上,MATLAB早在1978年即已现身,是用Fortran撰写的免费软件,作者是当时任教于新墨西哥大学的Cleve Moler教授。Jack Little将MATLAB用C语言重写,并于1984年成立MathWorks公司,首次推出MATLAB商用版。

MATLAB进行数值计算的基本单位是数组,这使MATLAB高度向量化。经过近三十年的完善扩充,现已发展成为线性代数和建模课程的标准工具。

在MATLAB中,我们无需定义变量的维度(dimension)、大小(size)和数据类型(class);MATLAB定义了几乎所有类型的数值计算和符号计算函数及与其他语言(如C++,Java等)的接口,使之在解决信号图像处理、系统识别与控制、机械设计、优化等领域的问题时显得快捷高效,这是其他高级语言所不能比拟的。美国许多大学的实验室都安装有MATLAB。在那里,MATLAB是攻读学位的大学生、硕士生、博士生必须掌握的基本工具之一。

MATLAB中包括了被称作工具箱(toolbox)的各类应用问题的求解工具。这些工具箱可用来求解包括信号处理、图像处理、控制、系统辨识、神经网络等领域的问题。随着MATLAB版本的不断升级,其所含的工具箱的功能也越来越丰富,因此,应用范围也越来越广泛,成为涉及数值分析的各类工程师不可不用的工具。

由于MATLAB产品的开放式结构,它便于进行功能扩充。目前,MATLAB具有以下用途:

① 数值分析;

② 数值和符号计算;

③ 工程与科学绘图;

④ 控制系统的设计与方针;

⑤ 数字图像处理;

⑥ 数字信号处理;

⑦ 通信系统设计与仿真；

⑧ 财务与金融工程。

MATLAB集成了2D和3D图形功能，以完成数值可视化，利用其提供的交互式高级编程语言——M语言，可编写脚本或函数文件（M文件）。MATLAB Compiler是一种编译工具，它能将M文件编译成函数库、可执行文件或COM组件等，因此可扩展MATLAB功能，使其能同其他高级语言如C/C++等进行混合应用，取长补短，提高程序的运行效率，丰富程序开发的手段。利用M语言开发的工具箱函数是开放可扩展的，用户不仅可以查看其中的算法，还可以针对一些算法进行修改，甚至允许开发自己的算法扩充工具箱的功能。

目前，MATLAB产品的工具箱有一百多种，涉及数据获取、科学计算、模式识别、系统控制、信号处理、图像处理、金融财务分析以及生物遗传工程等专业领域。它所提供的Simulink（仿真）基于MATLAB框图设计环境，用来对各种动态系统如航空航天系统、卫星制导、通信、船舶及汽车等进行建模、分析和仿真。

MATLAB开放产品体系使其成为诸多领域开发首选软件。目前，MATLAB在全球有近四百家第三方合作伙伴，分布在科学计算与研究、机械动力、化工、计算机通信、汽车、金融等领域。接口方式包括联合建模、数据共享、开发流程衔接等多种。

1.1 MATLAB基本特性

“MATLAB”一词由单词“MATrix”和“LABoratory”组合而成，中文译为“矩阵实验室”。MATLAB诞生于1984年，在其诞生初期，其创始人——Clever Moler教授只是期望能够为人们提供一个通往求解线性方程组的软件LINPACK和EISPACK（特征值计算软件）的一个接口软件。时至今日，MATLAB已经成为一门高性能计算语言，它集数值和符号计算、数据可视化、环境编程于一体。MATLAB还具有完整的数据结构，包含内部编译器、编辑器、调制器等，支持面向对象的编程。这使得MATLAB逐渐成为一个优秀的教学科研工具。目前，MATLAB已经在全球各地的高校、企业、工业与服务业等各行各业流行。MATLAB强大且丰富的内置函数库使得它可进行各种类型、各个领域的计算；同时，它的数据可视化功能让数据处理更加方便、清晰，丰富而全面的工具箱（toolbox）包含了信号处理、符号计算、控制论、仿真、优化、流体力学、机械工程、航天宇航、地质勘探、环境工程、遥感、人工智能、统计、生物基因工程等四百多种从数学到自然科学到社会科学等各方面的应用工具软件包。

相对于传统的计算机语言如C，Fortran，Pascal等，MATLAB在处理工程与技术计算方面有很多优势，如它将所有类型数据都表示为数组(即矩阵)。

MATLAB有两种使用模式：

① 命令窗口交互输入：即输入一个指令或表达式，得到相关结果(显示或者不显示)。

② MATLAB编程：包括脚本文件和函数文件两类，保存于M文件。

MATLAB运行界面依赖于用户的具体设置和MATLAB版本，但一般包含以下几个基本窗口：

① 命令窗口(command window)：MATLAB主窗口，用来显示当前工作空间中的变量。

② 当前目录窗口(current directory window)：显示当前工作路径下所有文件(当前工作路径窗口一般位于命令窗口的上方，通过下拉菜单显示)。

③ 命令历史窗口(command history window)：显示所有在命令窗口使用过的命令。

在命令窗口，我们通常以符号“>>”作为命令输入提示符，所有指令都可以在该符号后输入。

MATLAB还建有很多内部函数(built-in function)，包括许多数学函数，如abs(绝对值)函数、tan(正切函数)、sqrt(平方根)等。MATLAB函数和指令基本上以该函数功能的英文单词或词组为基础(也可能是该单词或词组的缩写)。这些函数通过MATLAB帮助主题(help topics)以逻辑形式组合在一起。通过在线帮助系统或帮助指令(help command)，我们可以获取这些内部函数的使用信息：

```
>>help
HELP topics:
matlab\general-General purpose commands.
matlab\ops-Operators and special characters.
matlab\lang-Programming language constructs.
matlab\elmat-Elementary matrices and matrix manipulation.
matlab\elfun-Elementary math functions.
matlab\specfun-Specialized math functions.
matlab\matfun-Matrix functions-numerical linear algebra.
……
```

例如，通过输入下面的指令，可获得MATLAB算子和特殊符号列表：

```
>>help ops
Operators and special characters.
```

```
Arithmetic      operators
plus            —Plus          +
uplus           —unaryplus     +
……
```

在命令窗口输入指令之前，若希望将所有输入指令及运行结果全部保存于一个文件(日志)中，可在操作之前键入“＞＞diary”或“＞＞diary mylog. txt”，结束输入之后(结束日志)，再输入“＞＞diary off”，则通过屏幕输入输出的所有内容(图形除外)都被保存至该日志文件 mylog. txt 中(ASCII 码格式)。如果用户没有给出该日志文件的名称，那么 MATLAB 会自动给它命名为＜diary＞。通过“diary on/off”或“diary”，我们可以实现日志文件记录开启和关闭状态之间的切换。

练习 1.1.1　试通过 help elfun 了解 MATLAB 中的初等数学函数的使用。

练习 1.1.2　试通过 help funtool 了解 MATLAB 中的函数操作可视化界面的使用。

练习 1.1.3　MATLAB 中有一些清除命令，如 clf 用于清除图形窗口中的内容，clear 用于清除变量，clc 用于清除命令窗口中的显示内容，这些都是 MATLAB 编程中需要经常用到的指令。请通过以下类似指令来了解它们的使用方式和技巧：

```
>>doc clc
```

练习 1.1.4　MATLAB 命令 echo 和 more 可用于执行命令的屏幕显示，请通过帮助命令进一步了解其使用方法。

1.2　MATLAB 数据类型

MATLAB 包含的数据类型共有 15 种。用户可以矩阵或者数组的方式建立浮点数、整数、字符或字符串，以及逻辑真假类型的数据。函数句柄可以将用户编写的 MATLAB 程序与函数连接。结构数组(structure)和单元数组(cell)可以将不同类型的数据保存在同一个数组中。这 15 种数组都是以矩阵的形式保存的，其大小(size)从最小的 0-by-0 到任意大小的 n 维度多维数组。

具体而言，MATLAB 中的 15 种基本数据类型主要包括整型、浮点、逻辑、字符、日期和时间、结构数组、单元格数组以及函数句柄等。

① 整型(integer)：通过 intmax(class)和 intmin(class)函数返回该类整型的最大/最小值，如“＞＞intmax('int8')＝127”。

② 浮点型(floating point)：REALMAX('double') 和 REALMAX('single')

分别返回双精度浮点和单精度浮点的最大值，REALMIN（'double'）和REALMIN('single')分别返回双精度浮点和单精度浮点的最小值。

③ 逻辑型(logical)：如 A=rand(5)；A(A>0.5)=0。

④ 字符型(character)：需使用单引号。字符串存储为字符数组，每个元素占用1个ASCII字符。

如日期字符串“DateStr='10/30/2012'”为一个1×10的行向量。构成一个矩阵的每个行字符串长度须相同。函数 char 可用于构建字符数组，用 strcat()连接字符。如“name=['abcdef';'abcd']”将触发错误警告，因两个字符串长度不等，可通过空格符补齐。char 函数则不一样，如：

```
>>name2=char('abcdef','abcd');
```

这里 MATLAB 自动填充空格符以使长度相等，因此矩阵每行字符数总是等于最长字符串字符数，如 size(char('abcdef','abcd'))返回结果[2,6]。如需提取矩阵中某字符，需使用 deblank 移除空格，如 deblank(name(2,:))。使用函数 cellstr 可将字符串数组转换为单元数组，如：

```
>>dat=char('abcdef','abcd');   cdat=cellstr(data);
```

通过以下指令检查：

```
a1=length(dat(2,:));   a2=length(cdat{2})
```

得 a1=6，a2=4。因此单元数组矩阵不要求每个单元中的字符串长度相等。

图1.2.1列出了 MATLAB 数据类型的分层分类，如第一层有逻辑型、数值型、字符型、函数句柄型和混合型等。

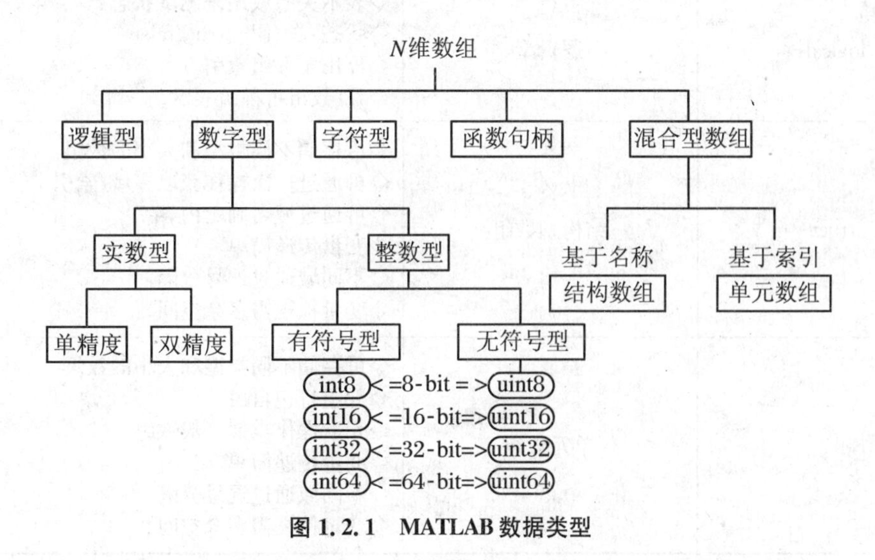

图1.2.1　MATLAB数据类型

MATLAB中数值型数据包含：有/无符号整数型[(un)signed integer]、单

(双)精度浮点(single/double-precision floating-point)数。MATLAB 默认将所有数值型数据保存为双精度浮点数,但用户可以设置将数值(或矩阵元素)保存为单精度或整数型数值,这样可以节省大量的存储空间。所有的数值类型的数据都支持数组操作,如下标索引(subscripting)、矩阵变形(reshaping)以及各种数学运算。表 1.2.1 列出了不同类型数据的 MATLAB 函数名、类型和作用。

表 1.2.1　不同类型数据的 MATLAB 函数名、类型和作用

MATLAB 名称	类型描述	作　用
double, single	浮点型(实数型)	◇实数 ◇单双精度 ◇[realmin, realmax]:数值范围 ◇2D 数组可用稀疏型保存 ◇默认类型
int8, uint8, int16, uint16, int32, uint32, int64, uint64	整数型	◇符号/无符号型整数 ◇占存储空间少 ◇[intmin, intmax]:数值范围 ◇4 种进制:8/16/32/64-bit
char	字符或字符串	◇文字保存需要 ◇通用字符或中文字符 ◇可转化为数值型 ◇与数值型的表达方式一致 ◇可使用单元数组表示多维字符串
logical	逻辑型	◇表示关系或用来测试状态 ◇状态:真/假—true/false ◇可用于数组索引 ◇2D 数组可稀疏表示
struct	结构型数组	◇可存储不同类型和大小的数组 ◇可通过一次操作获取多域/索引 ◇可通过域名确定内容 ◇变量传递简单 ◇不同域通过逗号分隔 ◇变量检视需多余空间
cell	单元数组	◇可存储不同类型和大小的数组 ◇数组打包自由 ◇元素操作类似一般数组 ◇变量传递简单 ◇不同域通过逗号分隔 ◇变量检视需多余空间

下面通过一些具体例题来熟悉这些不同类型数据的操作与运算。

例 1.2.1　将数 325 保存为一个十六进制整数型数据，并赋予变量 x。

```
>>x=int16(325);
```

MATLAB 采用四舍五入法将带有小数的实数转化为整数：

```
>>x=int16(527.497)
x=
527
```

MATLAB 提供了四个取整函数(round,fix,floor,ceil)对实数进行取整运算，详细情况可通过 help 指令来了解。对于字符串变量，我们同样可以通过该方法将每个字符转换为对应的 ASCII 码：

```
>>str='Hello World';    % 分号使得变量 str 的值不显示，百分号%后面
                        % 的内容为说明文字
>>int8(str)
ans=
72  111  108  108  111  32  87  111  114  108  100
```

一个整型变量与一个双精度浮点运算，其结果为整型数值：

```
>>x=uint32([132 347 528])*75.49;
>>class(x)
ans=
uint32
```

整型数组与双精度数组运算，MATLAB 进行双精度计算，并将运算结果转化为整型变量。

每个整型变量的赋值都有其赋值范围：

```
>>Z=[intmax('int8'),intmin('int8')]
Z=
127   -128
```

因此有：

```
>>x=[int8(300),int8(-300)]
x=
127   -128
```

思考题 1.2.1　试解释下面的运算是哪些类型数据的运算：

```
>>c='uppercase'-32;
```

c 是什么类型数据？下面的函数产生什么结果？

```
>>char(c)
```

例 1.2.2　MATLAB 分别使用 0 和 1 来表示逻辑真和假变量的取值，

MATLAB的一些逻辑运算函数和运算通过返回值1或0来表示某个条件是否满足：

```
>>[30 40 50 60 70]>40
ans=
0  0  1  1  1
>>x=magic(4)>=9
x=
1  0  0  1
0  1  1  0
1  0  0  1
0  1  1  0
```

MATLAB提供带有“is”的函数用以判断变量的类型：

```
>>a=isfinite([2.5 6.7 9.2 inf 4.8])
a=
1  1  1  0  1
```

MATLAB将所有类型数组视为矩阵，如下面语句中字符串变量str被视为长度为40的一个向量，即1×40的一个矩阵，指令find给出的结果为该字符串所有空格字符依次所在位置。

```
>>str='Find the space characters in this string';
>>find(isspace(str))
ans=
5  9  15  26  29  34
```

MATLAB的注释是以“%”开头的语句，所有以百分号“%”开头的语句均视为解释语句，MATLAB不执行该语句命令；MATLAB变量具有一定的变量命名规则。

练习1.2.1　通过逻辑型数据运算，结合随机数的生成，模拟一个均匀硬币每次抛掷的正反面情况。试做投硬币实验10000次，计算k次正面朝上的频率(k=1,2,3,…,10)。该频率是否接近二项分布或普阿森分布？

练习1.2.2　MATLAB函数dec2hex及hex2dec可以实现十进制与十六进制之间的相互转化。试运用它们转化十六进制数据dathex='20120106849CA'。

练习1.2.3　MATLAB提供三种日期格式：日期字符串如'2012-12-30'，日期序列数如729300(0000年1月1日为1)，及日期向量如2012 12 3 0 0 0(依次为年月日时分秒)。请运用MATLAB中的帮助文件了解函数datestr(d,f)，now，clock，calendar，weekday等与日期和时间有关的函数，以及字符串与日期之间的转化函数 datenum(str,dat)。

练习 1.2.4 试运行下列语句并解释其结果：

```
>>A=0;  B=[1 2 pi NaN 0];  A & B;  A && B
```

练习 1.2.5 运行并解释下列语句：

①
```
str=input('Enter input string:','s');
if ~isempty(str) && ischar(str)
sprintf('Input string is %s',str)
end
```

②
```
a=[]; b=[];  a=input('Enter username:','s');
if ~isempty(a)  b=input('Enter password:','s');  end
if ~isempty(b)  disp ('Attempting to log in to account …'); break  end
```

练习 1.2.6 下列算术运算指令会产生什么类型的数据?

```
theta=pi; exp(i*theta),cos(theta)+i*sin(theta)
```

1.3 数组的生成与数组运算

MATLAB主要特点就是将一切变量用数组(array)表示。这里数组的含义是广义的,它包括一般的数值(scalar)、矩阵(matrix)以及多维矩阵(multi-dimension array)。本节介绍数组的生成方式以及数组的基本操作和运算。

1.3.1 MATLAB数组的构造方式

数值数组(简称为数组)是MATLAB中最重要的一种内建数据类型。数组运算是MATLAB软件定义的运算规则,其目的是为了数据管理方便、操作简单、指令形式自然和执行计算有效。数组运算(加、减、乘、除或函数)是指对被运算数组中的每个元素(element)进行运算,或称为逐元运算。MATLAB还具备扩充运算功能:当一个数 a 与一个矩阵 A(向量)进行加、减、除、乘方、开方等类型运算时,通常该数值 a 被扩充为与矩阵 A 等同大小的矩阵。MATLAB中的一维数组(向量)分为行数组(n 个元素排成一行,即行向量)和列数组(m 个元素排成一列,即列向量)。整个数组放在方括号里,如行数组元用空格或逗号分隔:

```
>>x=[2,pi/2,sqrt(3),3+5i]
```

列数组元用分号分隔:

```
>>y=[2;pi;3/4;j]
```

注意:这里的标点符号一定要在英文状态下输入。指令 x=[] 生成空数组。

MATLAB 生成数组的方式一般有两种：直接生成法和函数生成法。

(1) 直接生成法

直接生成法通过键入数据来创建数组(向量)，一般在数组数据量不大时可用，如：">>a=[1 2 3 4 5]"生成一个含有五个分量的行向量 a，其中空格用来分隔元素(可用逗号代替)。当元素间隔均匀时，可采用以下格式生成：

```
>>X=initx:stepx:endx
```

其中 initx 和 endx 分别为向量 X 的第一个和最后一个分量，stepx 为步长，stepx=1 时可省略。下面的指令生成一个间隔(步长)为 0.1 的向量：

```
>>x=-pi:0.1:pi;
```

(2) 函数生成数组

通过 linspace 和 logspace 来生成间隔均匀的向量，语法结构如下：

```
>>A=linspace(a,b,n); B=logspace(a,b,n);
```

其中 A 是区间 $[a,b]$ 上的含有 $n-1$ 个等分点的长度为 n 的向量，包含端点 a 和 b，因此步长为 $d=(b-a)/(n-1)$。n 省略时，取默认值 $n=100$。例如指令"A=linspace(0,36,13)"生成的向量 A 长度为 13，即 $A=[0,3,6,9,\cdots,36]$。类似地，B 生成由 10^a 到 10^b 的长度为 n 的向量，这些分量取对数后为均匀间隔的。注意这里 n 的默认值为 50，如：

```
>>x=linspace(0,pi,10);
>>y=linspace(1+i,100+100*i);
```

如果要生成一个矩阵 A，则用分号";"来分隔行：

```
>>A=[1 2 3;4 5 6;7 8 9]
```

矩阵函数生成法是利用 MATLAB 内部函数来生成矩阵的，表 1.3.1 列出了部分特殊矩阵函数。

表 1.3.1　特殊矩阵函数

函　数	功　能
company(A)	方阵 A 的伴随矩阵
diag(x) diag(A)	生成以向量 x 为对角元的对角阵 生成以方阵 A 的对角元构成的向量
eye(N)	N 阶单位矩阵
hadamard(N)	N 阶 Hadamard 矩阵
hanker(M,N)	$M\times N$ 的 Hanker 矩阵
hilb(N)	Hilbert 矩阵，其 (i,j) 元定义为 $i+j-1$
magic(N)	N 阶魔方矩阵，其行和、列和、对角线和、副对角线和均相等

续表

函　　数	功　　能
ones(N),ones(M,N)	N阶($M\times N$)全1矩阵
pascal(N)	N阶Pascal矩阵
rand(N),　rand(M,N) randn(N),　randn(M,N)	N阶($M\times N$)随机矩阵,元素介于(0,1) N阶($M\times N$)随机矩阵,元素服从标准正态分布
toeplitz(M,N)	Toeplitz矩阵
vander(N)	N阶Van Dermende矩阵
zeros(N),　zeros(M,N)	N阶($M\times N$)零矩阵

1.3.2　MATLAB数组运算与操作

一旦生成一个向量或矩阵,我们就必须了解如何对向量或矩阵的元素进行索引(indexing)和运算。假设生成如下向量和矩阵:

```
>>vec=4:2:14
vec=
4  6  8  10  12  14
>>mat=[1:3; 5 8 0; 6:-1:4]
mat=
1  2  3
5  8  0
6  5  4
```

1. 数组元索引

数组元索引有下标法、索引法和布尔法。在介绍这几种方法之前,请读者切记一个事实:MATLAB数组变量运算和处理中,一切默认先列后行。如上述矩阵*mat*在MATLAB中的存储顺序为1,5,6,2,8,5,3,0,4。对应元素的索引和下标分别为:

元素	索引	下标
1	1	(1,1)
5	2	(2,1)
6	3	(3,1)
2	4	(1,2)
8	5	(2,2)
5	6	(3,2)

```
3   7   (1,3)
0   8   (2,3)
4   9   (3,3)
```

可通过在变量名后紧跟括弧“()”来获取、改变或删除某个元，如：

```
>>vec(3)              % ans=8
>>mat(2,3)            % ans=0
```

利用“:”可以获取或改变向量或矩阵的一行(列)或一个块。例如：

```
>>vec(3:5)            % ans=8  10  12
```

它获取的是向量 *vec* 的第 3～5 个分量生成的子向量。命令 A(:,k) 表示选取矩阵 *A* 的第 *k* 列，而 A(k,:)表示选取 *A* 的第 *k* 行。如：

```
>>mat(2,:)
ans=
5  8  0
>>newvec=[22  5  9  49  54];
>>newvec(4)=49
newvec=
22  5  9  49  54
>>newvec(2:3)=[]
newvec=
22  49  54
```

现在介绍布尔引用法 $A(X)$。设 X 是一个由 0 和 1 组成的布尔型数据，且 size(A)=size(X)。那么 $A(X)$中对应位置为 1 则留下 A 在该位置的数据，为 0 则去掉，最后按 A 中的存储顺序返回一个列向量。例如 A 是一个 3×3 数组，有：

```
>>A(logical([1 0 0;0 1 0;0 0 1]))
```

其结果为 A 的对角线元素生成的列向量。注意必须使用 logical 将 0/1 数组转换为布尔型。

```
>>A=magic(3)                          % 生成一个 3×3 的矩阵
A=
8  1  6
3  5  7
4  9  2
>>x=logical([1 1 0;0 1 1;1 0 1])      % 将 double 转化为 boolean 型数据
>>A(x)'                               % 引用对应位置为 1 的数据，返回
                                      % 列向量，转置后变成行向量
```

```
ans=8 4 1 5 7 2
>>x=A>5                         % 对应位置数据大于5的为1,否
                                % 则为0
x=
1  0  1
0  0  1
0  1  0
>>A(x)                          % 返回大于5的元
  % 一次性执行A(A>5)或者find(A>5),前者返回具体元素,后者返回
  % 大于5的数的索引值
>>A(A>5);  B=A'                 % 一次性执行上面的命令
ans=
8  9  6  7
>>indx=find(A>5); I=indx'       % 查找A>5的元素,返回索引值
I=
1  6  7  8
```

2. 矩阵重排和复制

设X为一个n维向量,A为一个$m\times n$矩阵,可以通过以下指令来了解一个数组的大小和维数:

① numel(X):返回向量X元素的个数;

② numel(A):返回矩阵A的元素个数(mn);

③ length(X):返回向量X的长度(n);

④ length(A):返回max(m,n);

⑤ size(A):返回向量[m,n]。

下面的指令可以改变一个矩阵(向量)的大小:

① B=reshape(A,m,n):返回$m\times n$矩阵B,若A不是$m\times n$个元,则提示错误;

② B=reshape(A,m,n,p):返回多维数组B,B中元素个数和A中个数相等。

3. 矩阵的复制排列

其函数是repmat。

① B=repmat(A,n):B是$n\times n$分块阵,每个子块都是A;

② B=repmat(A,m,n):B为$m\times n$分块阵,每块都是A;

③ B=repmat(A,[m,n,p,…]):B是多维数组块矩阵,每块都是A。

4. 矩阵的翻转和旋转

矩阵左右翻转函数是fliplr,格式为B=fliplr(A),它将A左右翻转成矩阵B。

如输入：

```
>>A=[1,2,3;3,4,2]
A=
1  2  3
3  4  2
>>B=fliplr(A)
B=
3  2  1
2  4  3
```

实现矩阵上下翻转的函数是 flipud,调用格式为 B=flipud(A),它把 A 上下翻转成 B。

多维数组翻转函数为 flipdim,其调用格式为：

```
>>B=flipdim(A,dim)    % 把矩阵或多维数组 A 沿指定维数翻转成 B
```

矩阵的旋转函数为 rot90,其调用格式为：

```
>>B=rot90(A)          % B 是 A 沿逆时针方向旋转 90°得到的
>>B=rot90(A,k)        % B 是 A 沿逆时针方向旋转 k*90°得到的(k=-1
                      % 为顺时针旋转)
```

5. 矩阵的生成与提取函数

(1) 对角线函数

对角线函数 diag 既可用来生成对角矩阵,也可用来提取矩阵的对角元,其调用格式为：

① A=diag(v,k)：v 为 n 元向量时,A 为 $n+|k|$ 阶方阵,v 的元位于 A 的第 k 条对角线上($k=0,\pm1,\pm2,\cdots,\pm(n-1)$),$k=0$ 对应主对角线,$k>0$ 对应主对角线以上,$k<0$ 对应主对角线以下；

② A=diag(v)：将 v 的元放在方阵 A 的主对角线上,即 $k=0$ 的情况；

③ V=diag(A,k)：提取矩阵 A 的第 k 条对角线上的元素并存放于列向量 V 中；

④ V=diag(A)：提取矩阵 A 的主对角元,等同于 $k=0$。

(2) 下三角阵的提取

用函数 tril,其调用格式为：

① L=tril(A)：提取矩阵 A 的下三角部分；

② L=tril(A,k)：提取矩阵 A 的第 k 条对角线以下部分,$k=0$ 对应主对角线,$k>0$ 对应主对角线以上,$k<0$ 对应主对角线以下。

(3) 上三角阵的提取

用函数 triu,其调用格式为:

① U=triu(A):提取矩阵 A 的上三角部分元素;

② U=triu(A,k):提取矩阵 A 的第 k 条对角线以上的元素。

6. 数组运算

两个数组对应元素之间进行运算,一般情况下,要求两个数组大小(size)相等。如两个大小相等的二元数组(矩阵)X 和 Y 之间的四则运算如下:$x+y$,$x-y$,$x.*y$,$x./y$,$x.\backslash y$,$x.\hat{}y$。注意:对后面4种运算,运算符号前必须加“.”。若 x 为数组,c 为实或复数,则为 $x+c$,$x-c$,$c.*x$,$x./c$,$x.\backslash c$,$x.\hat{}c$。注意一个标量 a(scalar,可视为1×1矩阵)与一个 $m\times n$ 矩阵 A 进行数组运算时,MATLAB会将该标量 a 扩展为一个 $m\times n$ 矩阵,该矩阵的每个元素均为 a。

(1) 数组的乘、除法运算

数组的乘法用“.*”表示。若 A,B 维数相同,如 $m\times n$,那么 $C=A.*B$ 表示一个 $m\times n$ 矩阵,C 的元素是 A 和 B 的对应元之积,例如:

```
>>X=[1  -2  4];  Y=[pi  3  4];
>>Z=X.*Y
Z=
3.1416  -6.0000  16.0000
```

表达式 $A./B$,$A.\backslash B$ 分别给出 A 和 B 对应元之商以及 B 和 A 对应元之商,例如:

```
>>Z=X./Y
Z=
0.318309886183791     -0.666666666666667     1
>>Z=X.\Y
Z=
3.14159265358979      -1.5                   1
```

(2) 矩阵运算

① A′:求矩阵 A 的转置(若 A 为复矩阵,则为共轭转置),等价的转置函数为 transpose(A),如:A=magic(3); B=A′; X=transpose(ones(5,1));

② inv(A):求方阵 A 的逆阵,当 A 不可逆(行列式为零)时给出错误提示;

③ 矩阵乘法:两个矩阵 A,B 的乘法表为 $A*B$(A 的列数等于 B 的行数);

④ 矩阵除法:有两类表示:$A\backslash B$ 相当于“Inv(A) * B”,A 为非奇异方阵;A/B 相当于“A * Inv(B)”,B 为非奇异方阵;

⑤ rank(A):求矩阵 A 的秩;

⑥ trace(A):求方阵 A 的迹(矩阵对角元或特征值之和);

⑦ det(A):求方阵 A 的行列式;

⑧ eig(A)：求方阵 A 的特征值或特征向量。

(3) 矩阵的分解

① 特征值分解：矩阵特征值分解可用“eig”或“eigs”实现，其调用格式为：

```
>>[V,D]=eig(A)       % V,D 分别为特征向量矩阵和特征值矩阵，满足
                     % AV=VD
>>[V,D]=eig(A,B)     % 对稀疏矩阵 A,B 进行广义特征分解，V,D 同
                     % 上，满足 AV=BVD
>>[V,D]=eigs(A,k)    % V,D 分别为前 k 个最大特征向量构成的矩阵，
                     % 和前 k 个最大特征值构成的对角矩阵
```

② LU 分解：LU 分解是高斯消元法解线性方程组的基础，用函数 lu(A)来实现。其调用格式为：

```
>>[L,U]=lu(X)      % U 为上三角矩阵，L 为下三角矩阵，满足 X=LU
>>[L,U,P]=lu(X)    % U,L 同上，P 为置换矩阵，满足 PX=LU
```

③ QR 分解：一般实矩阵可进行 QR 分解，用函数 qr(A)来实现。其调用格式为：

```
>>[B,C]=qr(A)     % C 为上三角矩阵，B 为正交矩阵，满足 A=BC
```

④ 奇异值分解：矩阵奇异值可看成是矩阵的一种测度。矩阵奇异值分解可用函数 svd(A)来实现。其调用格式为：

```
>>[U,D,V]=svd(A)   % U,V 为正交阵，D 为对角阵，满足 A=UDV'
```

例 1.3.1

```
>>a=5;  A=[1 2 3 4 5; 6 7 8 9 0];
>>A+a
ans=
 6   7   8   9  10
11  12  13  14   5
>>a-A(1,:)
ans=
4  3  2  1  0
```

例 1.3.2 考虑黄金分割数 (1+sqrt(5))/2，运行以下语句：

```
>>phi=(1+sqrt(5))/2
```

得到：

```
>>phi=
1.6180
```

为了显示更精确的数字，使用长格式显示：

```
>>format long
>>phi
phi=
1.61803398874989
```

练习1.3.1　创建以下三个矩阵：

$$A=\begin{pmatrix}1&2&3\\2&3&4\\3&4&5\end{pmatrix},\quad B=\begin{pmatrix}-1&2&-1\\-3&-4&5\\2&3&-4\end{pmatrix},\quad C=\begin{pmatrix}0&-2&1\\-3&5&2\\1&1&-7\end{pmatrix}$$

并计算 $2A-3B,A^{\mathrm{T}},AB-BA,BC^{-1},(AB)^{\mathrm{T}},A^2+B^3$。

练习1.3.2　k-特征值分解的一般格式为 eigs(A,k,sigma)（eigs(A,B,k,sigma)）。它基于 *sigma* 的取值，返回 k 个特征值(特征向量)。如：

```
>>[Vk,Dk]=eigs(A,k,'sm')    % 返回k个模最小的特征值和对应特征
                            % 向量
```

请运用MATLAB的help文件进一步了解函数eigs和eig的用法，并求一个40阶Pascal矩阵的10个最小的特征值。

练习1.3.3　试生成一个6阶魔方矩阵 A，作如下操作：

① 选取 A 的(2,5)位置元素；

② A(2:3,3:−1:1)生成什么样的子矩阵？

③ 如何对矩阵 A 进行列翻转和行翻转？

④ 求 A 的每行和、列和、对角线和以及反对角线和，证明它们都相等。

⑤ A 是否存在一个5阶子矩阵，它同时也是一个魔方矩阵？

练习1.3.4　试利用MATLAB矩阵的除法解下列线性方程组：

$$\begin{cases}3x_1+2x_2+x_3=1\\x_1-x_2+3x_3=3\\x_1+x_2-5x_3=-2\end{cases}$$

练习1.3.5　Monte Carlo方法：考虑一个边长为2的正方形内部放置一个内切的半径为1的圆。为了计算无理数 π 的值，我们截取该正方形的1/4，即位于第一象限部分(该正方形中心点为坐标原点，且 X 轴和 Y 轴分别平行于它的两个对边)。请运用随机矩阵(数)生成的方法计算 π：分别取 $N=1000,10000,50000$，做投点实验，看看有多少个点落在该圆内，从而估计 π 的近视值。

练习1.3.6　稀疏矩阵是一类大型的矩阵，其非零元个数较少。这类矩阵在实际问题中比较普遍，如网络结构图对应的矩阵、信号矩阵、系统控制理论中的矩阵、射影矩阵等。MATLAB中提供了存储和处理这类矩阵的方法。请通过MATLAB帮助文件查阅这类指令的使用方法。

1.4　单元数组和结构数组

MATLAB中,如果将字符串作为一般数组对待,那么它要求生成的矩阵每行(列)长度相等,这就意味着用户需要在长度不一的句子后添加相应数量的空格,通常使用NaN来表示矩阵中丢失的或非数值型元素;同时还要求数组为一致的,即元素为同一类型的数据,如双精度或整型等。单元(又称元胞)数组可弥补该不足:它可将长度不等、类型不一致的数据放在一起,生成一个类矩阵。由于这一特征,单元数组在生成字符串数组方面也显得更加灵活。单元数组本身必须符合数组的基本要求,即每行(列)所含单元个数须相等(长方形规则),但每个单元内容可不同,它们可以是下列类型之一:

① 数值型;

② 字符型;

③ 结构型(structure);

④ 单元型(cell array)。

1.4.1　单元数组的创建与操作

和数值矩阵一样,单元数组内存空间为动态分配的。下面从单元数组的创建、单元数组的获取和替换、单元数组的删除和重塑以及数据转化等几个部分来介绍。

1. 单元数组的创建

可用cell创建空的单元数组,也可用大括弧来创建单元数组。如指令C=cell(3,4,2)与C{3,4,2}=[]产生的效果一样。

例1.4.1　创建一个2×3的数组变量a,其中单元$a(1,1)$是一个含有三个字符的字符串,单元$a(2,1)$为一个数值型的常数。

```
>>a={'one','two','three'; 1,2,3}
a=
'one'   'two'   'three'
[1]     [2]     [3]
```

与一般矩阵一样,我们可通过增加数组外索引来增加单元数组的大小(size):

```
>>a{3,4}=magic(3); a
a=
'one'   'two'   'three'   []
[1]     [2]     [3]       []
[]      []      []        [3×3]
```

下面的指令whos可以用于了解这两个数组变量的大小、字节数和类型：

```
>>whos
Name  Size  Bytes  Class  Attributes
a     3×4   388    cell
```

用cell函数创建单元数组，创建的数组为空单元，其主要目的是为数组预先分配连续的存储空间，节约内存占用，提高执行效率。

2. 单元数组数据获取

从单元数组中读取的数据，可保存为一个标准的数组或一个新的单元数组，或取出数组进行计算。注意圆括号与花括号的区别：

① 圆括号( )：表示一个子单元数组或部分单元构成的集合；

② 花括号{}：表示每个单元中元素的具体内容，如字符串、数值或其他类型数据。

花括号{}中的数表示单元下标，如 $a\{1,2\}$ 表示单元数组中第一行第二列的单元中的具体内容。

例 1.4.2　创建一个2×2的单元数组 a。

```
>>a={20,'matlab'; rand(3),1:3}  % 生成一个2×2的单元数组变量a
>>str1=a(1,2)                   % 显示单元a(1,2),结果str="matlab"
>>class(str1)                   % 显示变量str1类型,结果为cell
>>str2=a{1,2}                   % 变量str2提取单元a(1,2)内容字符
                                % 串"matlab"
```

注意，()和{}有本质区别，大括号用于表示单元的内容，小括号用于表示指定的单元。若要提取单元数组 a 中的位于(2,3)位置的元素，则需指令：

```
>>a{2,1}(2,3)
```

使用单元的下标，可将一个单元数组的子集赋值给另一个变量，创建新的单元数组：

```
>>a=[{1},{2},{3};{4},{5},{6};{7},{8},{9}];
>>b=a(2:3,2:3)
b=
[5]  [6]
[8]  [9]
>>c=a(1:3,2:3)
c=
[2]  [3]
[5]  [6]
[8]  [9]
```

通过结果看出 b 和 c 就是单元数组 a 的一部分。

3. 单元数组的删除和重塑

要删除单元数组中的行或列,可以用“:”来表示单元数组中的行或列,然后对其赋一个空矩阵即可(类似于一般矩阵)。

例 1.4.3 创建一个 2×2 的单元数组 b,删除 b 的第一行以及位置为(1,1)的单元。

```
>>b={20,'matlab';ones(2,3),1:3}
b=
[20]            'matlab'
[2×3 double] [1×3 double]
>>a=b;  b(1,:)=[]
b=
[2×3 double] [1×3 double]
>>a{1}=[]
a=
[]              'matlab'
[2×3 double] [1×3 double]
```

与其他数组一样,单元数组也可通过 reshape 函数改变形状,或几个单元数组构成一个大的单元数组。

例 1.4.4 下面的指令首先生成一个空的 4×4 单元数组,再通过 reshape 重新组成一个 2×8 单元数组 b。C4 是由三个 1×3 的单元数组构成的一个 3×3 单元数组,而 C5 则是一个嵌套单元数组。

```
>>a=cell(4,4);  b=reshape(a,2,8)
>>C1={1,2,3}; C2={'A','B','C'}; C3={10,20,30};
>>C4=[C1; C2; C3];       % 生成一个 3×3 的单元数组
>>C5={C1; C2; C3};       % 生成一个 3×1 的单元数组,其中每个单元
                         % 为 1×3 的单元数组
```

例 1.4.5 创建单元数组 *randCell*,*randCell* 含文字和 20×2 随机矩阵 R。绘制 R 及 R 的第一列。

```
randCell={'Random Data',rand(20,2)};
plot(randCell{1,2}); title(randCell{1,1});
figure
plot(randCell{1,2}(:,1)); title('First Column of Data');
```

例 1.4.6 生成一个 5×2 单元数组 *Tpr*,它保存三个城市三天的气温,绘制

这三个城市的日气温图。

```
Tpr(1,:)={'01-Jan-2010',[45,49,0]};
Tpr(2,:)={'03-Apr-2010',[54,68,21]};
Tpr(3,:)={'20-Jun-2010',[72,85,53]};
Tpr(4,:)={'15-Sep-2010',[63,81,56]};
Tpr(5,:)={'31-Dec-2010',[38,54,18]};
allTemps=cell2mat(Tpr(:,2));
dates=datenum(Tpr(:,1),'dd-mmm-yyyy');
plot(dates,allTemps);datetick('x','mmm')
```

例 1.4.7　单元数组可以用来定义作图选项，下面的语句通过定义 2×3 的单元数组 *C* 定义了绘图的线型：

```
X=-pi:pi/10:pi;  Y=tan(sin(X))-sin(tan(X));
C(:,1)={'LineWidth'; 2};
C(:,2)={'MarkerEdgeColor'; 'k'};
C(:,3)={'MarkerFaceColor'; 'g'};
plot(X,Y,'--rs',C{:})
```

4. 单元数组中的操作函数汇总

表 1.4.1 列出了单元数组的其他操作函数。请读者通过 MATLAB 内部的帮助文件来进一步了解这些函数指令的语法结构和使用方法。

表 1.4.1　单元数组中的操作函数

函数名称	语法结构举例	作　　用
cell	cell(m,n)	◇创建一个 $m \times n$ 的空单元数组
celldisp	celldisp(C)	◇显示所有单元的内容
cellfun	cellfun('isreal',C)	◇为单元数组的每个单元执行指定的函数
cellplot	cellplot(C)	◇利用图形方式显示单元数组
cell2mat	D={[1],[2,4];[5;9],[6,7;10,12]}; M=cell2mat(D)	◇将单元数组转化为数值矩阵 ◇*M*:3×4 数值矩阵
cell2struct		◇将单元数组转变为结构数组
iscell		◇判断输入是否为单元数组
mat2cell		◇将数值矩阵转变为单元数组
num2cell		◇将数值数组转变为单元数组
struct2cell		◇将结构转变为单元数组

例 1.4.8 创建一个 2×3 的单元数组 c，检验 c 中哪些单元数据为实数型数据，考察 c 中每个单元数据的长度(最大维数)，并检验 c 中的双精度浮点数。

```
>>c={20,'matlab',3-7i;ones(2,3),1:3,0}   % 生成一个 2×3 的单元
                                           % 数组 c
c=
[20]           'matlab'        [3.0000-7.0000i]
[2×3 double]   [1×3 double]    [0]
>>c2=cellfun('isreal',c)                   % 结果为 c2=[1 0 0;1 1 1]
>>c3=cellfun('length',c)
c3=
1  6  1
3  3  1
>>d=cellfun('isclass',c,'double')          % 结果为 d=[1 0 1;1 1 1]
```

cellfun 函数的主要功能是对单元数组的元素(单元)分别指定不同的函数，不过能够在 cellfun 函数中使用的函数是有限的，包括：

① isempty：若单元元素为空，则返回逻辑真；

② islogical：若单元元素为逻辑类型，则返回逻辑真；

③ isreal：若单元元素为实数，则返回逻辑真；

④ length/ndims：单元元素的长度/维数。

5. 单元数组的嵌套

单元数组的单元中包含多个单元，称为嵌套单元数组，没有嵌套结构的单元则称为页单元。使用嵌套的大括号或 cell 函数，或直接用赋值表达式，都可以创建嵌套单元数组，另外还可以访问嵌套单元数组的子数组、单元或单元的元素。

例 1.4.9 下面的指令创建一个单元数组变量 a，它为一个 1×2 的空的单元数组：

```
>>a=cell(1,2)       % 生成空的 1×2 单元数组
```

对 a 的第 2 单元(cell)$a(1,2)$进行重新赋值，使它为一个 2×2 的空单元数组，即 cell(2,2)：

```
>>a(1,2)={cell(2,2)}       % a=[] {2×2 cell}
```

将 a 的单元 $a(1,1)$ 用 3 阶魔方矩阵来代替：

```
>>a(1,1)={magic(3)};
```

指令 cellplot(a)可用来图形显示 a 的单元格局(一般不能显示具体内容)。

1.4.2 结构数组的创建与操作

结构数组(structure array)是一类非常重要的数据保存方式。MATLAB 结构

数组是在 MATLAB 5.0 版后才支持的数据类型，延展性丰富，一个结构数组中可放置各类数据，包括结构数组本身。结构数组比单元数组功能更强大。结构的字段可以是任意一种 MATLAB 数据类型的变量或者对象。结构类型的变量可是一维、二维或多维数组。

本部分将介绍结构数组的创建，数组元获取和替换、删除和重塑以及数据转化等。

1. 结构数组的创建

MATLAB 提供了两种方式来创建结构数组：直接赋值法和使用 struct 函数创建。如建立一个复数变量 *var*：

```
>>var.real=1;       % 创建字段名为 real,并为该字段赋值为 1
>>var.imag=2        % 为 var 创建一个新字段 imag,并为该字段赋值为 2
var=
real:1
imag:2
```

将 *var* 动态扩充为数组：

```
>>var(2).real=0.5;  % 将 var 扩充为 1×2 的结构数组
>>var(2).imag=5;
```

也可为数组增加字段：

```
>>var(1).scale=3;
```

所有 *var* 都增加了一个 scale 字段，*var*(1)之外的其他变量的 scale 字段为空：

```
>>var(1)  % 查看结构数组的第一个元素的各个字段的内容
ans=
real:1
imag:2
scale:3
>>var(2)  % 查看 var 的第二个元素各字段内容,没有赋值的字段为空
ans=
real:0.5
imag:5
scale:[]
```

函数 struct 的使用格式为：

```
>>s=struct('field1',{value1},'field2',{value2},…);
```

该函数生成一个具有指定域名和相应数据的结构数组，数据 *value*1，*value*2 等须为维数相同的数据，数据存放位置与其他结构位置对应。struct 赋值为单元数

组。数组 *value*1,*value*2 等也可是单元数组、标量单元或单个数值。每个 *value* 的数据被赋值给相应的域。如：

```
>>s=struct('type',{'big','little'},'color',{'blue','red'},'val',{3,4})
s=
1×2 struct array with fields:
type
color
val
```

得到维数为 1×2 的结构数组 *s*,包含了 type,color 和 val 三个字段。两个数据分别为：

```
>>s(1,1)
ans=
type:'big'
color:'blue'
val:3
>>s(1,2)
ans=
type:'little'
color:'red'
val:4
```

注意,当 *value*1,*value*2,…为单元数组时,生成的结构数组维数与该单元数组维数相同;当 *value*1,*value*2,…不含单元时,得到的结构数组维数为 1×1。例如：

```
>>s=struct('type',{'big';'little'},'color',{'blue';'red'},'val',{3;4})
s=
2×1 struct array with fields:
type
color
val
```

结构数组变量的域值(字段)可以是任意类型数据,如数组、矩阵甚至是其他结构变量或单元数组,且不同字段的数据类型可以不同。如：

```
>>clear var;
>>var.real=[1 2 3 4 5];
>>var.imag=ones(10,10);
```

数组中不同元素的同一字段的数据类型也不要求一样：

```
>>var(2).real='123';
>>var(2).imag=rand(5,1);
```

例 1.4.10　温室数据(包括温室名、容量、温度、湿度等)的创建与显示。

直接用域赋值法产生结构变量:

```
greenhse.name='一号温室';          % 创建温室名字段
greenhse.volume='2000m2';          % 创建温室容量字段
greenhse.para.temp=[31.2 30.4 31.6 28.7; 29.7 31.1 30.9 29.6];
                                   % 创建温室温度字段
greenhse.para.humidity=[62.1 59.5 57.7 61.5; 62.0 61.9 59.2 57.5];
                                   % 创建温室湿度字段
greenhse                           % 显示结构变量结构
p=greenhse.para                    % 显示域 para 中内容
    greenhse=
        name:'一号温室'
        volume:'2000m2'
        para:[1×1 struct]
p=
    temp:[2×4 double]
    humidity:[2×4 double]
>>pt=greenhse.para.temp            % 显示 temp 域中的内容
ans=
31.2000   30.4000   31.6000   28.7000
29.7000   31.1000   30.9000   29.6000
```

2. 结构数组的操作

MATLAB中专门用于对结构数组操作的函数并不多,通过 help datatypes 获取数据类型列表,可以看到其中的与结构数据类型有关的函数如下:

① deal:把输入处理成输出;

② fieldnames:获取结构数组的字段(域)名;

③ getfield:获取结构中指定字段的值;

④ rmfield:删除结构数组的字段(不是字段内容);

⑤ setfield:设置结构数组中指定的字段的值;

⑥ struct:创建结构数组;

⑦ struct2cell:结构数组转化成单元数组;

⑧ isfield:判断是否存在该字段;

⑨ isstruct：判断某变量是否为结构类型。

下面举一些具体的例子说明如何对结构数组加以操作。

例 1.4.11　结构数组变量 *patient* 保存了若干个病人的信息，其中包括病人姓名(name)、账单(billing)和化验测试结果(test)三个域。这里给出两个病人的资料信息：

```
patient(1).name='John Doe'; patient(1).billing=127.00;
patient(1).test=[79,75,73; 180,178,177.5; 220,210,205];
patient(2).name='Ann Lane'; patient(2).billing=28.50;
patient(2).test=[68,70,68; 118,118,119; 172,170,169];
......
```

可提取每个病人的测试结果，并分别绘制条形图(bar)：

```
numPatients=numel(patient);   % 病人数量
for p=1:numPatients
figure
bar(patient(p).test)
title(patient(p).name)
end
```

3. 结构数组的元索引

使用结构数组索引能获取结构数组中的任何字段值或字段元素。类似地，可以给任何字段或字段单元赋值。在结构数组名后面添加索引范围可以获取子数组，如：

```
>>list.ID=123;
>>list.sex='male';
>>list.age=25;
>>list
list=
ID:123
sex:'male'
age:25
>>list(2).ID=456;
>>list(2).sex='female';
>>list(2).age=32;
>>list2=list(1:2)'
list2=
```

```
1×2 struct array with fields:
ID
sex
age
>>ages=[list.age]
ages=
25   32
```

4. 结构叠加

正如一般矩阵的叠加一样,可利用方括弧[]对结构变量的域值进行叠加。两个具有相同域名的结构变量才可以进行叠加,但叠加的域值大小、类型可以不同。下面的语句生成两个数值(1×1)结构数组 *struct*1 和 *struct*2,其域名都是 *a* 和 *b*:

```
>>struct1.a='first';      struct1.b=[1,2,3];
>>struct2.a='second';     struct2.b=rand(5);
>>combined=[struct1,struct2]   % 创建一个 1×2 的结构数组
```

现在创建另一个 2×2 的结构数组变量 *new*:

```
>>new(1,1).a=1;   new(1,1).b=10;
>>new(1,2).a=2;   new(1,2).b=20;
>>new(2,1).a=3;   new(2,1).b=30;
>>new(2,2).a=4;   new(2,2).b=40;
```

下面的指令将变量 *combined* 与 *new* 叠加,产生一个 3×2 的结构数组:

```
>>largone=[combined; new]   % 叠加产生一个 3×2 的结构数组
```

练习 1.4.1 已知 2 个学生的周成绩数据结构数组,其数据如下:

学生 Richard 第 1~25 周考试成绩为:

90 88 77 84 89 82 84 72 90 81 85 89 85 84 83 86 85 90 82 82 84 79 96 88 98

学生 Tom 第 1~25 周考试成绩为:

87 80 91 84 99 87 93 87 97 87 82 89 86 82 90 98 75 79 92 84 90 93 84 78 81

① 创建名为 testscore 的结构数组,包含字段学生名(name)、周(week)和成绩(score)。

② 提取给定学生的个人信息、起止周数平均分数。

③ 若班级有 50 个学生,如何创建和增加这样的结构变量?

④ 若考试科目共 5 门(如线性代数、微积分、英语、数学实验、计算方法),每门课分期中、期末和平时成绩。请给出每门课的最高成绩、平均成绩。

⑤ 计算该班每个学生的总成绩,统计每门课程 90~100、80~89、60~79、0~59 共 4 个分数段的人数。

练习 1.4.2 在 MATLAB 中通过指令“S=load('clown.mat')”载入变量 S，不难发现变量 S 为结构变量。试通过对 S 中每个字段的操作来了解 S 的属性。

练习 1.4.3 一幅彩色图像可以视为三个大小相等的矩阵 R,G,B，其中的 R，G,B 分别代表每个像素点的红色(red)、绿色(green)和蓝色(blue)构成的矩阵。

① 通过 MATLAB 导入一幅 RGB 彩色图像 image。

② 提取其中的三个矩阵 R,G,B。

③ 将 image 转化为结构数组。

④ 如果有 10 幅这样的图像，如何生成该结构数组？

⑤ 通过该结构数组的运算和操作，求出图像的一些特征，如平均图像、灰度图、灰度分布图等。

练习 1.4.4 使用 MATLAB 绘图时，如果给产生的图形赋予一个句柄函数变量，该变量结果为一个结构数组。如：h=plot(x,y)。试运行下列语句，并理解其输出结果：

```
>>x=[-pi:0.01:pi];   y=sin(x).*exp(-x*x);
>>h=plot(x,y,'k-')
```

1.5 MATLAB 内部函数

MATLAB 有一个庞大的函数库，其中包含所有的初等函数。我们可以通过输入“help elfun”得到以下结果：

```
Elementary math functions.
Trigonometric.
sin - Sine.
sind - Sine of argument in degrees.
sinh - Hyperbolic sine.
asin - Inverse sine.
asind - Inverse sine, result in degrees.
asinh - Inverse hyperbolic sine.

Exponential.
exp - Exponential.
log - Natural logarithm.
```

```
log10 - Common (base 10) logarithm.
log2 - Base 2 logarithm and dissect floating point number.
pow2 - Base 2 power and scale floating point number.
sqrt - Square root.
nextpow2 - Next higher power of 2.

Complex.
abs - Absolute value.
angle - Phase angle.
conj - Complex conjugate.
imag - Complex imaginary part.
real - Complex real part.
unwrap - Unwrap phase angle.
isreal - True for real array.
cplxpair - Sort numbers into complex conjugate pairs.

Rounding and remainder.
fix - Round towards zero.
floor - Round towards minus infinity.
ceil - Round towards plus infinity.
round - Round towards nearest integer.
mod - Modulus (signed remainder after division).
rem - Remainder after division.
sign - Signum.
```

这里,elfun 是一个包含所有初等函数的集合。例如,可以引用正弦函数:

```
>>x=pi/6,sin(x)
x=
0.5236
ans=
0.5000
```

MATLAB 的初等函数涉及整数运算函数、实数运算函数、复数运算函数和多项式函数等。在 MATLAB 提供的工具箱(toolbox)中可以查找到 MATLAB 提供的所有函数。用户定义的任何一个函数不应和 MATLAB 内部函数一样。

要执行某个函数，只需要在 MATLAB 命令窗口的命令提示符“>>”后键入相应函数名，并将自变量赋值传递给该函数。例如，下列指令：

```
>>help sinh
```

MATLAB 将显示函数文件 sinh 中对应的帮助文字(位于关键词 function 下面一行，以百分号“%”开头)，该行文字会对该函数进行语法和用法等方面的简短描述。如：

```
>>help sin
SIN Sine.
SIN(X) is the sine of the elements of X.
Note that X can be a MATRIX
```

在 MATLAB 的命令窗口的命令提示符后面键入“help specfun”，MATLAB 将会给出一系列的特殊数学函数的列表，如下：

```
Specialized math functions.
airy - Airy functions.
besselj - Bessel function of the first kind.
……
gamma - Gamma function.
gammainc - Incomplete gamma function.
gammaln - Logarithm of gamma function.
legendre - Associated Legendre function.
cross - Vector cross product.

Number theoretic functions.
factor - Prime factors.
isprime - True for prime numbers.
primes - Generate list of prime numbers.
gcd - Greatest common divisor.
lcm - Least common multiple.
……
Coordinate transforms.
cart2sph - Transform Cartesian to spherical coordinates.
cart2pol - Transform Cartesian to polar coordinates.
……
```

我们还可以通过指令“help elmat”来了解更多关于初等矩阵生成、矩阵运算和矩阵操作的函数。得到结果如下：

Elementary matrices and matrix manipulation.

Elementary matrices.

zeros - Zeros array.

ones - Ones array.

eye - Identity matrix.

repmat - Replicate and tile array.

rand - UniformLy distributed random numbers.

randn - Normally distributed random numbers.

linspace - Linearly spaced vector.

logspace - Logarithmically spaced vector.

……

Basic array information.

size -Size of array.

length - Length of vector.

ndims - Number of dimensions.

numel - Number of elements.

……

Matrix manipulation.

cat - Concatenate arrays.

reshape - Change size.

diag - Diagonal matrices and diagonals of matrix.

blkdiag - Block diagonal concatenation.

tril - Extract lower triangular part.

triu - Extract upper triangular part.

……

Multi-dimensional array functions.

ndgrid - Generate arrays for N-D functions and interpolation.

permute - Permute array dimensions.

ipermute - Inverse permute array dimensions.

……

Special variables and constants.

```
ans - Most recent answer.
eps - Floating point relative accuracy.
inf - Infinity.
nan - Not-a-Number.
……
Specialized matrices.
compan - Companion matrix.
gallery - Higham test matrices.
hadamard - Hadamard matrix.
hankel - Hankel matrix.
hilb - Hilbert matrix.
invhilb - Inverse Hilbert matrix.
magic - Magic square.
pascal - Pascal matrix.
……
```

MATLAB 内建函数与用户自定义函数的区别是：内建函数一般不能通过 type 指令在命令窗口查看。如："type reshape. m"，命令窗口只显示该文件的帮助信息(help text)。函数 exist 可以检查哪些函数为 MATLAB 的内建函数。

```
>>exist reshape
ans=
5
```

返回值 5 告知 reshape 为一个内建函数。

练习 1.5.1　我们在中学学过很多三角函数的属性，如三角函数的周期性、单调性和奇偶性等。试通过 MATLAB 中的相关指令如 elfun，trig 等来了解正弦、余弦、正切和余切等三角函数的属性。利用 MATLAB 的作图指令来比较这些函数的属性。

练习 1.5.2　试通过 MATLAB 验证恒等式 $e^{x+y}=e^x e^y$。

练习 1.5.3　MATLAB 中有专门针对复数的计算和作图函数，如：real(z)，im(z)，conj(z)，complex(a，b)等。请利用这些函数来计算下列复数的共轭、实部和虚部：

① $(\sqrt{2}+3i)(7-\sqrt{3}i)$；

② $\dfrac{3-\sqrt{5}i}{2+i}e^{2\pi/7}$。

练习 1.5.4　利用二次方程求根公式，结合 MATLAB 解方程 $3x^2-8x+10=0$，验证解的准确性。注意到该方程无实根，你能否找到该方程的一个最佳实数解？尝试一种“最佳实数根”的定义，并求解。

练习 1.5.5　对 $x=0,\pi/5,2\pi/5,\cdots,\pi$，运用 MATLAB 来分别验证欧拉公式：

$$e^{ix}=\cos x+i\sin x$$

练习 1.5.6　运用 MATLAB 计算两个向量：

$$u=10i+5j-2k,\quad v=-6i+4j-8k$$

的点乘、差乘和它们的夹角。

练习 1.5.7　运用 MATLAB 求级数和 $\sum_{k=1}^{\infty}\frac{1}{k\sqrt{k}}$，并

① 计算 $n=50,500,5000$ 时该级数的部分和。

② 设计程序来证明级数 $\sum_{n=0}^{\infty}a_0r^n$ 收敛条件为 $|r|<1$。

③ 修改条件，使得 $r=1$ 或 $r=-1$ 时级数收敛。

练习 1.5.8　求解下列线性方程组：

$$\begin{cases}1.5x-2y+z+3u+0.5w=75\\3x+y-z+4u-3w=16\\2x+6y-3z-u+3w=78\\5x+2y+4z-2u+6w=71\\-3x+3y+2z+5u+4w=54\end{cases}$$

练习 1.5.9　先用 MATLAB 指令生成 1000 个均匀分布于区间(−1,4)上的随机数。再通过绘制直方图(hist)来验证这些数确实服从均匀分布。重复做该实验 50 次，并求这 50 次的平均效果。

练习 1.5.10　生成一个元素服从 $N(1,4)$(即均值为 1、方差为 4 的高斯分布)的 $n\times2$ 矩阵 A，求 A 的 n 个行构成的 n 个点服从的二次高斯分布。分别令 $n=50,500,1000$，来验证你的结论。

练习 1.5.11　假设有一根长度为 l 的弹簧，固定其一端点 A，然后让其悬挂起来。用 $x(t)$ 表示时刻 t 另一端点 B 的位移(或者位置坐标)。假设弹簧本身质量可以忽略不计。

① 在 B 端点悬挂不同质量的物体，并分别找到 B 点的 100 个移动位置，来测定该弹簧的弹性系数；

② 现在将该弹簧横放，用类似于上面的方法来进一步测定该弹簧的弹性系数和弹簧本身的重量。

③ 如何利用该弹簧来测定一个平面的摩擦系数?

④ 考虑一个乒乓球与桌面的接触,试设计一个实验来测定乒乓球弹力。进一步,试设计一种发球的力度和角度,使得球在落下时能与桌面边缘接触,形成擦边球。

练习 1.5.12(宝石切割问题) 宝石加工一般是由机器自动完成的。首先,加工厂拿到的原材料通常是一块形状各异的待加工的矿石。通过激光切割该矿石,如上下、左右、前后三个方向的切割,可最终实现宝石的加工。已知三个不同方向的切割代价不同,假设上下、左右、前后切割单位面积代价分别为 a,b,c 元。试先通过简化模型(如假设宝石原材料为规则形状如长方体)和对 a,b,c 的具体取值来求解该问题。

第2章　MATLAB编程与作图

本章首先介绍MATLAB指令和函数语法、MATLAB函数一般结构、MATLAB函数创建的几种方式，然后介绍函数变量、程序开发与调试、变量命名、流控制语句、数据载入与输出以及变量的输入输出等。本章第二大部分将介绍一般作图指令和作图选项。

MATLAB程序文件包含函数文件和脚本文件两种，可以通过文本编辑器(editor)来编辑函数文件或脚本文件。MATLAB的文本编辑器与其调试器(debugger)为一体。启动文本编辑器可以使用以下方法之一：

① 通过菜单项New>File；

② 在命令窗口键入"edit myfunc. m"，编辑器会自动打开，并将编写的文件命名为myfunc. m；

③ 在命令窗口键入"edit"后回车，编辑器打开，并将编写的文件命名为untitled. m。

MATLAB的一切操作都是在其搜索路径中进行的，如果调用的函数在搜索路径之外，系统将认为该函数不存在。读者可通过help文件来了解编辑路径、添加搜索路径(path/addpath/editpath/genpath/pathtool)的方法，在此不一一介绍。

在MATLAB命令窗口输入指令"type fiename. m"，可以显示编写好的M文件代码。

2.1　MATLAB指令与函数语法

MATLAB指令和函数的一般语法可以通过输入"help syntax"来了解。下面的两种格式分别为标准的命令(command)和函数(function)语法：

```
>>comname arg1 arg2 arg3            % 命令语法
>>funname ('arg1','arg2','arg3')    % 函数语法
```

在进行MATLAB编辑或运行时需要注意以下细节：

① 续行号(…)：若一个指令不能在一行完成，用户可借助续行号分行完成，如：

```
>>sprintf ('Example %d shows a command coded on %d lines. \n',…
```

exnum,Linenum);

如果是一个未完成的字符串,则不能用续行号换行。

② 通过输入前几个字母后按 Tab 键,MATLAB 可完成整个指令、变量或属性的输入,如下面的语句:

```
>>set(f,'papTuT', cT)      % T 代表按 Tab 键
```

它产生下列语句:

```
>>set(f,'paperunits','centimeters')
```

③ 指令回访:通过键盘上的"↑↓"来查找插入,也可键入该指令首字母后按"↑"来查找,还可在命令历史窗口(所有过去的指令均可在其中找到)中查找到该指令后双击该指令。

④ 执行放弃:若键入了一条指令后又想放弃该指令的执行,那么可以通过按键盘上的<ESC>键来实现。

⑤ 压缩输出:通过在一个指令的结束处键入分号";",可以不显示输出结果,如:

```
>>A=magic(100); % 创建一个 100 阶的 Magic 矩阵 A,并禁止屏幕
                % 显示
```

⑥ 帮助:使用 help 指令可以获取有关 MATLAB 的任何指令或函数的帮助信息。

```
>>help func
```

练习 2.1.1　请通过 help 指令了解函数 magic,hilb,rand,pascal,name length max 的应用。

练习 2.1.2　MATLAB 中有些指令(如 sym 等)可以同时使用指令格式和函数格式,试给出一些实例,并比较它们之间的区别。

练习 2.1.3　请给出在线帮助的各种渠道和信息,例如通过 help 文件、通过键入 help 指令、通过键入 doc funcname 等方式。请尝试运用这些方法来查找并比较以下函数的用途:

who/whos/what/which/where/any/all/path/addpath

2.2 MATLAB 函数文件

2.2.1 函数结构

一个典型的 MATLAB 函数的结构如下:

```
function [x,y]=myfun(a,b,c)      % 函数定义行
% H1 line ——函数目的定义行(一行文字)
% Help text ——函数帮助信息文字,解释函数使用方法,通过指令"help
% functionname"可屏幕显示
% Comments ——函数使用说明行,函数使用语法、输入输出变量使用规
% 则,通过"help myfun"不能查看
x=c * prod(a,b);          % 函数主体部分
```

编程时应注意以下事项：

① 函数命名一般要求与保存的文件名一致；

② 与变量命名一样，函数名一般由小写字母、下划线和数字组成，但不能以数字开头；

③ 使用 narginchk(nargoutchk)来限制输入(输出)变量个数，如：

```
function [x,y]=myplot(a,b,c,d)
narginchk(2,4)        % 允许输入变量个数为 2～4 个
nargoutchk(0,2)       % 允许输出变量个数为 0～2 个
x=plot(a,b);
if nargin==4
y=myfun(c,d);
end
```

④ 输入(输出)变量个数的机动性：通过在函数定义中引进参数 varargin (varargout)，用户可在调用函数时按照要求改变输入(输出)变量的个数，如：

```
function c=addme(a,b)
switch nargin
case 2
c=a+b;
case 1
c=a+a;
otherwise
c=0;
end
```

⑤ 字符串变量与数值型变量传递：如果用户需要将一个字符型变量传递给一个函数，那么可以采用命令形式；如果需要传递的变量为数值型，最好使用函数语法格式："strcmp string1 string2"；"isnumeric(75)"；"isnumeric 75"。

2.2.2 编程开发

编程有时更多需要的是耐性:你得把一个复杂的问题切割成多个目的不同、独立的任务,然后对每个独立的(相对较小的)任务进行独立函数编程,其中每个函数实现一个目的,这样就可在一个团队内部进行分工协作。你可以先使用伪码(pseudo code)对子问题进行编程,这种编程不是真正的程序代码,易于检查、修改和转换为真正的代码。下面列出了基本的编程步骤和技巧:

① 数据结构:选择一个真正便于传递、存储和处理的数据类型;

② 使用描述性函数名和变量名,尽量方便用户(不一定是你自己)理解、记忆;

③ 将一个文件中的子函数以字母序进行排列,方便查找;

④ 在每个子函数前加入一段说明文字,解释子函数的目的,并起到子函数分离的视觉效果;

⑤ 代码编辑时,让每行文字不超过 80 列,以保证打印时的可见可读性;

⑥ 为了避免新建的函数有可能与已有函数重名,建议使用指令“which -all myfunc”来检验当前函数名(myfunc.m)是否已存在(见下文)。

⑦ 注解:不要忽视文字注解,尽量在每段(句)代码后加上恰当的注解文字,以说明代码的目的、变量的含义等,注解文字还可以整段的形式出现,如:

```
%-----------------------------------------
% This function computes the …<and so on>
%-----------------------------------------
```

⑧ 分步编程:建议在编程时,尽量不要一次性完成代码的编写,可以尝试逐段编写,在完成一段代码后,运行调试该代码,再继续编写;

⑨ 如果一个函数(记为 F)只是被唯一的一个函数(G)调用,那么可以将 F 作为 G 的一个子函数,并存放于同一个文件中;

⑩ 变量检视:如果想要在编辑器/调试器中快速查看一个变量的值,可以将光标置于该变量名上停留 1~2 秒钟,变量的值将会自动显示。

练习 2.2.1 编写一个函数文件,用来实现一个正整数的阶乘。当用户输入的变量为一般实数时,运用阶乘的推广形式;当输入变量为一个向量时,输出该向量的所有分量的乘积;当输入变量为一个矩阵时,输出该矩阵的每列的乘积。

练习 2.2.2 编写一个程序,用来求解任意给定的二次实系数多项式的根。如果出现重根,则提示两个根相等;如果出现复根,则提示该多项式没有实根。

练习 2.2.3 MATLAB 脚本文件(script)相当于一些指令的集合。请结合 MATLAB 函数 input,将以上两个问题中的函数文件改为脚本文件。

2.3　MATLAB 变量

MATLAB 变量名长度一般要求不大于 63 个字符。前文中已经提到 MATLAB 变量命名的一般规则,这里再对那些平时容易忽略的地方做一些说明。

① 大小写:MATLAB 变量名是大小写敏感的。

② isvarname:该函数可用于确定一个变量的命名是否有效,如以下命名无效:

```
>>isvarname 8thColumn
ans=
0
```

原因是它以数字开头。

③ 重复性:确定命名的变量名不是一个已知的函数名,为此,可以通过下述指令来检查是否与函数名重名:

```
>>which -all name
```

④ 保留字:MATLAB 定义有内部保留字,并不允许用户作为函数名或变量名使用。函数 iskeyword 可以用于检查该变量名是否为 MATLAB 保留字。MATLAB 中的保留字包含 break,case,catch,end,for,solve,switch 等。

⑤ 虚数单位 i/j:MATLAB 使用字母 i 和 j 来表示虚数单位,因此应尽量避免使用 i 和 j 作为变量名。

⑥ 变量更新:MATLAB 可以记忆调用函数及输出变量(例如 A),如果新的函数中出现了参数或变量 A 的赋值,那么旧的 A 的取值就被取代(overwritten)。

⑦ 全局变量:全局变量不能被更新,且它的使用会带来很多不便,建议尽量避免使用。

表 2.3.1 列出了 MATLAB 中所有的内部常数变量。

表 2.3.1　MATLAB 中的常数变量

变　量	取　　值
ans	最近一次运行得到的一个表达式的赋值,假如该表达式没有被赋给某个变量,MATLAB 自动将该结果赋给预留变量 ans
eps	MATLAB 浮点计算相对精度
intmax	计算机可以表示的八进制、十六进制、三十二进制、六十四进制整数的最大数
intmin	计算机可以表示的八进制、十六进制、三十二进制、六十四进制整数的最小数

续表

变 量	取　　值
realmax	计算机可以表示的最大浮点数
realmin	计算机可以表示的最小浮点数
pi	圆周率 3.1415926535897…
i,j	虚数单位
inf	无穷大
NaN	非数数，如不定式 0/0，inf/inf 等产生的结果
computer	计算机类型
version	MATLAB 版本号信息

练习 2.3.1　MATLAB 变量主要分为三种类型：局部变量、全局变量和恒久变量（persistence variable）。试列出它们之间的区别、使用方式等。

练习 2.3.2　请写出变量命名的一般规则，如何检测一个字符串作为变量名的合法性？

练习 2.3.3　如果在命令窗口键入“disp=50;”，猜猜看，接下来会发生什么？

练习 2.3.4　试解释下面的函数的目的，如果去掉第二行语句，函数会怎么样？

```
function find_area
length=[];
eval('length=12; width=36;');
fprintf('The area is %d\n',length .* width)
```

练习 2.3.5　MATLAB 函数 evalin 可以将基本工作空间中的已有变量的赋值带到一个函数的内部，如下面的语句：

```
>>A=[13 25 82 68 9 15 77]; B=[63 21 71 42 30 15 22];
```

定义函数：

```
function C=compareAB_1
C=evalin('base','A(find(A<=B))');
```

试判断下面的指令产生的输出结果：

```
>>C=compareAB_1
```

2.4　MATLAB 表达式

2.4.1　逻辑运算与字符运算

MATLAB 中的逻辑运算将所有非零数化为 1。表 2.4.1 列出的指令用来判别一个矩阵(向量、数)是否为一个逻辑型数据。

表 2.4.1　逻辑运算指令

MATLAB 指令	功　　能
whos(x)	显示数据 x 的数据类型、大小与字节数
islogical(x)	当 x 为逻辑型数据时,返回真值(1)
isa(x,'logical')	当 x 为逻辑型数据时,返回真值(1)
class(x)	显示数据 x 所属的类型(logical,numeric,cell)
cellfun('islogical',x)	检查单元数组 x 的每个单元数据类型是否为逻辑型
logical	将数值型变量转换为逻辑型变量
& (and),|(or),～(not),xor,any,all	逻辑运算符
&&,||	短路运算符(short circuit)
==(eq),～=(ne),<(lt),>(gt), <=(le),>=(ge)	关系运算符
is *(ischar,isa,islogical,isempty 等)	测试运算符
strcmp,strncmp,strcmpi,strncmpi	字符比较运算符

例 2.4.1　下面的指令首先创建一个 3×6 的随机矩阵(元素为介于 0～1 的随机数),并将该矩阵的每个元素与 1/2 比较:

```
%初始化随机数生成器
rand('state',0);
A=rand(3,6)>0.5
A=
1  0  0  0  1  0
0  1  0  1  1  1
1  1  1  1  0  1
whos A
```

```
Name   Size   Bytes   Class   Attributes
A      3×6    18      logical
```

练习 2.4.1　试说明以下变量的类型：

B=logical(-2.8)；　C=false；　D=50>40；　E=isinteger(4.9)；

练习 2.4.2　以下语句运行结果是什么？

① A=isstrprop('abc123def','alpha')；

② xor([1 0 'ab' 2.4],[0 0 'ab' 0])；

③ S='D:\matlab\mfiles\test19.m'；　strncmp(S,'D:\matlab',9)；

④ A=0；　X=A&B；　Y=A&&B；

例 2.4.2　下面的语句先定义一个字符串变量 *str*，然后再通过指令 isspace 来找出其中的空格字符(blanks)所在的位置：

```
>>str='Find the space characters in this string';
>>find(isspace(str))
ans=
5  9  15  26  29  34
```

例 2.4.3　下面的变量 *data* 为一个由长度相等(空格计入)的字符串组成的矩阵：

```
>>data=['Allison Jones';'Development';'Phoenix'];
>>celldata=cellstr(data);     % 生成一个3×1的单元数组
>>iscellstr(celldata)         % 判断变量celldata是否为字符型单元数组
>>strings=char(celldata)      % 将celldata恢复成字符型数组
strings=
Allison Jones
Development
Phoenix
```

运用命令“length(celldata{3})==length(strings(3,:))”可以发现，其结果为0。事实上，该等式左边为7，右边为13，说明单元数组不要求矩阵每行所含字符数量一致。

2.4.2　字符串格式化

很多情况下，我们需要将不同类型的数据混合在一起显示、打印等。下面列出的函数就具备这种功能，它们可将一般文本与数据组织在一起，形成一个字符串：

① sprintf：将格式化数据写入一个输出字符型变量；

② fprintf：将格式化数据写入一个输出文件或命令窗口；

③ warning：将格式化数据以警告信息形式显示；

④ error：将格式化数据以出错或终止信息形式显示；

⑤ assert：在条件不满足的情况下生成一个出错信息；

⑥ MException：捕捉出错信息。

以上这些指令的语法结构均类似于 C 语言中的 printf 的格式，例如%s 是将一个输入变量解释为一个字符串变量，%d 是将一个整数用十进制显示等。

例 2.4.4　下面语句将数值型变量与字符型变量结合在一起，并实现屏幕打印：

```
>>sprintf('The price of %s on %d/%d/%d was $%.2f.',…
'bread',7,1,2006,2.49)
ans=
The price of bread on 7/1/2006 was $2.49.
```

当格式化算子(带有%的地方)少于赋值变量时，格式化算子会重复在这些赋值变量上执行格式化，并输出结果。

例 2.4.5　下面的编码创建一个名为 exp.txt 的文本文件，该文件包含一个指数运算表：

```
x=0:.1:1; y=[x; exp(x)];
fid=fopen('exp.txt','w');              % 生成可写入文件 exp.txt
fprintf(fid,'%6.2f%12.8f\n',y);        % \n 为换行标志
fclose(fid)
```

该表显示如下：

```
0.00   1.00000000
0.10   1.10517092
……
1.00   2.71828183
```

练习 2.4.3　对于字符类型操作，一个常见的函数指令为 regexp，它实现两个字符串之间的匹配(或部分匹配)。其基本语法结构为：

```
>>regexp(str,expr)
>>regexp(str,expr,'match')
```

请读者通过 help 帮助文件来了解该函数指令的使用方法。

练习 2.4.4　用 MATLAB 指令 fprintf 打印生成表格，显示半径为 1～9 的圆面积和周长。

练习 2.4.5　如何运用 fprintf 指令打印出以下的表格？

X=1.0 whose square is 1.00

X=2.0 whose square is 4.00

X=3.0 whose square is 9.00

X=4.0 whose square is 16.00

X=5.0 whose square is 25.00

练习 2.4.6 下面的语句打印结果如何?

① x={1,2,3; 'ab','bc','ca'}; str=sprintf('%d%s\n',x{:})

② a=[6 10 14 44];fprintf('%9d\n',a+(a<10).^2)

2.5 MATLAB 流控制语句

流控制语句通常是函数程序或脚本文件编写的必需部分。它包含条件控制(if-end、while)、循环控制和终止或转向控制。下面先介绍终止控制语句,如表 2.5.1 所示。

表 2.5.1 终止控制语句

函数	位置	功能
break	for/while 循环	退出其所在的循环层
continue	for/while 循环	忽略其后面的语句,继续下一次循环
return	任何位置	退出所在函数

例 2.5.1 对于用户给定的一个变量 x,下列语句用来判断 x 是否为一个向量,如果不是,则给出错误提示;如果是,则计算 x 的平均值。

```
[m,n]=size(x);
if (~((m==1) || (n==1)) || (m==1 && n==1))      % 流控制
error('Input must be a vector')      % 错误信息提示
end
y=sum(x)/length(x);      % 计算与赋值
```

下面介绍条件和循环控制语句:for loop,while loop,if-else-end,switch-case。

2.5.1 条件控制

条件控制语句包含 if-end,while-end 以及开关语句 switch-case-end。

1. if-end

该语句格式包含 if-end,if-else-end,if-elseif-else-end 等。它的一般格式为:

```
if expression      % 条件
```

```
commands          % 条件成立时执行的语句
end
if expression
Commands          % 条件成立时执行的语句
else
commands          % 条件不成立时执行的语句
end
```

增加 elseif 语句可以增加条件分支(如在定义分段函数时)。

例 2.5.2　契比谢夫(Chebyshev)多项式是一类非常重要的多项式,其定义如下:

$$T_n(x) = 2xT_{n-1}(x) - T_{n-2}(x)(n = 2,3,\cdots), \quad T_0(x) = 1, T_1(x) = x$$

可用下面的函数来定义:

```
function T=ChebT(n)
% 第一类契比谢夫多项式以递减次生成的系数向量 T
t0=1; t1=[1 0];
if n==0
T=t0;
elseif n==1;
T=t1;
else
for k=2:n
T=[2*t1 0]-[0 0 t0];
t0=t1; t1=T;
end
end
```

2. switch-case-end

开关语句,语法结构如下:

```
switch expr          % expr 为数值型或字符串型
case val1            % 检验条件 expr=val1 的正确性
Commands             % 条件 expr=val1 成立时的执行语句
case val2            % 检验条件 expr=val2 的正确性
Commands             % 条件 expr=val2 成立时的执行语句
......
```

```
otherwise
Statements
end
```

开关语句(switch)将输入表达式与每个情形值(case)进行匹配比较，一旦匹配成功，则执行相应的命令。下面的例子从集合{1,2,…,10}中随机选取数x，如果$x=1$或$x=2$，那么就在屏幕上打印信息“Probability=20%”，如果$x=3,4,5$(其中之一)，那么就在屏幕上显示信息“Probability=30%”，否则显示信息“Probability=50%”。

```
% 脚本文件 fswitch
x=ceil(10*rand);      % 生成1～10之间的一个随机整数
switch x
case {1,2}
disp('Probability=20%');
case {3,4,5}
disp('Probability=30%');
otherwise
disp('Probability=50%');
end
```

注意关键词case后面使用的大括号，它生成一个单元数组，而不是用中括号生成的一般数组。以下语句可以得到测试结果：

```
>>for k=1:10
fswitch
end
```

结果显示如下：

```
Probability=50%
Probability=30%
Probability=50%
Probability=50%
Probability=50%
Probability=30%
Probability=20%
Probability=50%
Probability=30%
Probability=50%
```

3. for-end 循环

该循环语句语法结构如下：

```
for k=array
commands
end
```

注意 k 的取值 *array* 可以是任意方式生成的一个整数行向量，如 a:b,[c:−1:d],[a b c d]等。

例 2.5.3　利用 for 循环生成正弦函数值序列：

```
>>for n=0:10
x(n+1)=sin(pi*n/10);
end
>>x
x=
0   0.3090   0.5878   0.8090   0.9511   1.0000   0.9511   0.8090
0.5878   0.3090   0.0000
```

4. while-end 循环

类似于将 if-end 和 for-end 结合在一起的条件循环语句，具有很多优势，如当我们定义一个给定迭代误差的迭代过程时，就需要这种条件循环。

例 2.5.4　下面的代码运用二分法求解多项式 $f(x)=x^3-2x-5$ 在区间[0,3]上的根：

```
a=0;   fa=-Inf;   b=3;   fb=Inf;
while(b-a>eps*b)
x=(a+b)/2;
fx=x^3-2*x-5;
if   sign(fx)==sign(fa)
a=x; fa=fx;
else
b=x; fb=fx;
end
end
```

练习 2.5.1　创建一个元素位于[1,100]上的有 100 个分量的随机向量 X，运用 X 生成向量 Y，Y 的维数等于 X 的维数，其中 $Y_j=X_j$；如果 $X_j>50$，则 $Y_j=100-X_j$。

练习 2.5.2　运用 MATLAB 定义分段函数

$$f(x)=\begin{cases}20, & x\leqslant -1\\ -10x+10, & -1<x\leqslant 1\\ -5x^2+25x-20, & 1<x\leqslant 3\\ 5x-5, & 3<x\leqslant 4\\ 15, & x>4\end{cases}$$

练习 2.5.3　运用 MATLAB 函数文件 Jacob01. m 定义 n 阶矩阵：

$$T=\begin{pmatrix}1 & 1/2 & 0 & \cdots & 0\\ 1/2 & 1 & 1/2 & \cdots & \vdots\\ 0 & 1/2 & 1 & \cdots & 0\\ \vdots & \vdots & \vdots & & 1/2\\ 0 & 0 & 0 & 1/2 & 1\end{pmatrix}$$

进一步，调用该函数，计算矩阵 T 的行列式、特征值和特征向量。

练习 2.5.4　对于任意一个正整数 n，定义数列 $1,\frac{1}{2},\frac{1}{3},\cdots,\frac{1}{n},\cdots$ 的前 n 项部分和 $S_n=1+\frac{1}{2}+\frac{1}{3}+\cdots+\frac{1}{n}$。试计算当 n 趋于无穷大时 $S_{2n}-S_n$ 的极限。

练习 2.5.5　分别取 $N=20,50,80,100,200,500$，观察 Fibonacci 数列生成的折线图。说明该数列的单调性，求出该数列的通项，并验证该通项公式生成的数均为整数。

练习 2.5.6（$3n+1$ 问题）　编写一个生成序列 a_n 的 MATLAB 程序，对于用户输入的任意正整数 n，如果 n 为偶数，则将 n 除以 2；如果 n 为奇数，则将 n 乘以 3 再加上 1。重复该过程，得到一个无穷数列。例如：3→10→5→16→8→4→2→1→4→…上述数列可用递归关系表示为：

$$a_{n+1}=\begin{cases}a_n/2, & n \text{ 为偶数}\\ 3a_n+1, & n \text{ 为奇数}\end{cases}$$

问：对于任意的初始值 n，该数列是否最后都落在 4→2→1 的循环中？

2.6　MATLAB 作图

MATLAB 系统提供了丰富的图形绘制功能以及绘图扩展函数，这使得 MATLAB 作图非常便利。用 MATLAB 绘图，只需告诉它作图需要的具体函数、点的坐标以及作图属性，甚至只需要一个函数的名称，就可以画出优美的曲线或曲面。下面分别从MATLAB图形窗口、坐标、平面作图、三维作图和特殊图形来讲解。

2.6.1 MATLAB图形窗口和坐标系

1. 图形窗口

MATLAB在图形窗口中绘制或输出图形，因此图形窗口就像一张绘图纸。MATLAB中的每个图形窗口有唯一的标识，即一个序号 h，它称为该图形窗口的句柄。MATLAB通过管理图形窗口的句柄来管理图形窗口。当前窗口句柄可以由MATLAB函数gcf获得。在任何时刻活跃窗口只有一个，那就是当前图形窗口。指令“figure(h)”将句柄为 h 的窗口设置为当前窗口。打开图形窗口的方法有三种：

① 调用绘图函数时自动打开；

② 用File→New→Figure新建；

③ 通过输入figure命令打开，close命令关闭。

在运行绘图程序前若已打开图形窗口，则绘图函数不再打开，而直接利用已打开的图形窗口；若运行程序前已存在多个图形窗口，并且没有指定哪个窗口为当前窗口，则以最后使用过的窗口为当前窗口输出图形。

用图形窗口的File菜单中的Print项，可以对窗口中的图形进行打印。用户还可以在图形窗口中设置图形对象的参数。具体方法是在图形窗口的Edit菜单中选择Properties项，打开图形对象的参数设置窗口，设置对象的属性。

2. 坐标系

一个图形必须有其定位系统(或参照系)即坐标系。一个图形窗口中可有多个坐标系，但当前坐标系只有一个。每个坐标系都有唯一的标识符，即句柄值。当前坐标系句柄可以由MATLAB函数gca获得。函数“axes(h)”可使某个句柄标识的坐标系成为当前坐标系，其中 h 为指定坐标系句柄值。下面是一些坐标轴定制和控制方面的函数。

(1) 坐标范围

MATLAB自动定义坐标范围，用户也可用“axis([Xmin, Xmax, Ymin, Ymax])”对 X 轴和 Y 轴的坐标范围进行重新设定。对于三维作图情形，可采用：

```
>>axis([Xmin,Xmax,Ymin,Ymax,Zmin,Zmax])
```

(2) 坐标轴控制

缺省方式为坐标系与图形一起出现(axis on)，可用“axis off”来隐去坐标系。指令“axis”在axis on/off之间进行切换。

(3) 坐标轴比例

MATLAB图形坐标系的一般(长方形)长、宽比是4∶3。为得到正方形坐标系,可采用“axis square”。要得到相同比例的坐标系,可用“axis equal”。

关于坐标系的更多设置的信息,请读者利用MATLAB的帮助系统查找以下函数的使用方式:

```
>>axis auto/manual/tight/fill/ij/xy/equal/image/normal
```

用户还可以对所画图形的坐标系中的坐标轴标识(axis label)、坐标轴刻度(ticks)以及坐标轴线形等属性进行设置,如下面的指令:

```
>>xlabel('Time (Years)')
>>ylabel('Population Size')
>>title('Lotka-Vlterra Predator-Prey Population Model')
```

对所画的图形分别增加了 X 轴、Y 轴的文字说明以及图形标题,如图 2.6.1 所示。

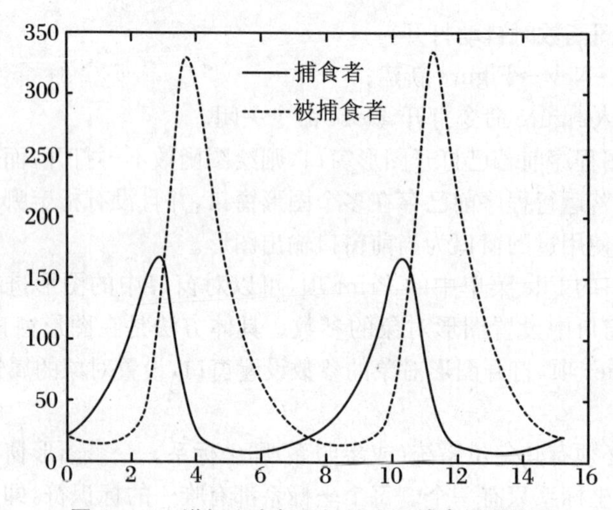

图 2.6.1　增加文字与图标的人口捕食模型作图

图 2.6.2 所示的三维图形窗口中,可通过属性设置,使得该图形的信息更加完整。该坐标系可以通过下列语句进行设置:

```
h=axes('Color',[.9 .9 .9],'GridLineStyle','--','ZTickLabels',…
'-1|Z=0 Plane|+1','FontName','times','FontAngle','italic',…
'FontSize',14,'XColor',[0 0 .7],'YColor',[0 0 .7],'ZColor',[0 0 .7]);
```

后文还将进一步介绍如何添加图例(legend)、在图形中插入文字以及坐标轴刻度设置等。另一个简便的方法是通过打开属性编辑器(property editor)来编辑修改或设置这些属性。

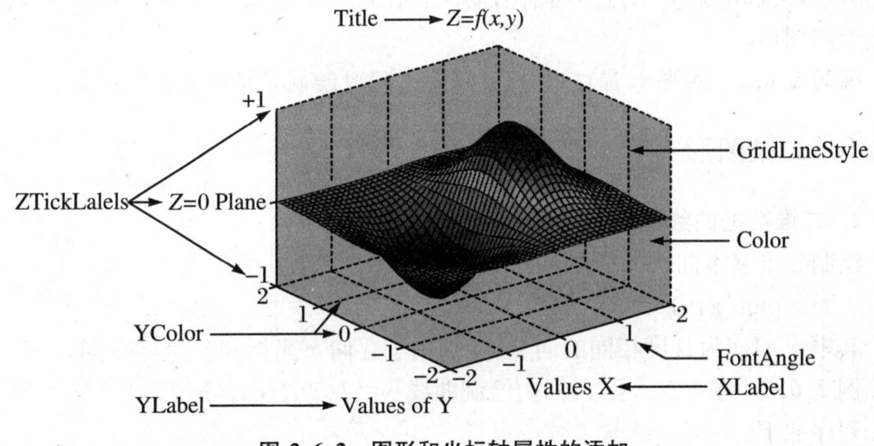

图 2.6.2　图形和坐标轴属性的添加

2.6.2　图形的可视化编辑

MATLAB 6.5 及以上版本在图形窗口中提供了可视化的图形编辑工具，利用图形窗口菜单栏或工具栏中的有关命令可以完成对窗口中各种图形对象的编辑处理。

在图形窗口上有一个菜单栏和一个工具栏。菜单栏包含 File，Edit，View，Insert，Tools，Window 和 Help 共 7 个菜单项，工具栏包含 11 个命令按钮。

2.6.3　对函数自适应采样的绘图函数

fplot 函数的调用格式为：

```
fplot(fname,lims,tol,选项)
```

其中 *fname* 为函数名，以字符串形式出现；*lims* 为 x，y 的取值范围；*tol* 为相对允许误差，其系统默认值为 2e−3；选项定义与 plot 函数相同。

例 2.6.1　用 fplot 函数绘制 $f(x)=\cos(\tan(\pi x))$ 的曲线。

命令如下：

```
>>fplot('cos(tan(pi * x))',[0,1],1e-4)
```

2.6.4　图形窗口的分割

subplot 函数的调用格式为：

```
>>subplot(m,n,p)
```

该函数将当前图形窗口分成 $m\times n$ 个绘图区，即每行 n 个，共 m 行，区号按行优先编号，且选定第 p 个区为当前活动区。在每一个绘图区允许以不同的坐标系单独绘制图形。

练习 2.6.1　在图形窗口中，以子图形式同时绘制多根曲线。

2.6.5　二维图形

1. 二维数据曲线图

绘制二维基本曲线的指令是：plot，其格式为：

```
>>plot(x,y)
```

其中 x 和 y 为长度相同的向量，分别用于存储 x 坐标和 y 坐标数据。

例 2.6.2　在 $0\leqslant x\leqslant 2$ 区间内绘制曲线 $y=2\mathrm{e}^{-0.5x}\cos(4\pi x)$。

程序如下：

```
x=0:pi/100:2*pi;
y=2*exp(-0.5*x).*cos(4*pi*x);
plot(x,y)
```

例 2.6.3　绘制参数曲线：

$$\begin{cases} x = t\sin 3t \\ y = t\sin^2 t \end{cases}$$

程序如下：

```
t=0:0.1:2*pi;
x=t.*sin(3*t);
y=t.*sin(t).*sin(t);
plot(x,y);
```

plot 函数最简单的调用格式是只包含一个输入参数：

```
>>plot(x)
```

在这种情况下，当 x 是实向量时，以该向量元素的下标为横坐标，元素值为纵坐标画出一条连续曲线，这实际上是绘制折线图。

若要绘制多根曲线，则可以采用输入参数是矩阵的形式：

① x 是向量，y 是矩阵，且有一维与 x 同维：则绘制出多根不同颜色的曲线。曲线条数等于 y 矩阵的另一维数，x 被看作这些曲线共同的横坐标。

② x,y 是同维矩阵：以 x,y 对应列元素为横、纵坐标分别绘制曲线，曲线条数等于矩阵的列数。

对只包含一个输入参数的 plot 函数，当输入参数是实矩阵时，则按列绘制每列元素值相对其下标的曲线，曲线条数等于输入参数矩阵的列数；当输入参数是复数矩阵时，则按列分别以元素实部和虚部为横、纵坐标绘制多条曲线。

用户还可以运用含多个参数的 plot 函数来同时绘制多条曲线。具体调用格式为：

```
>>plot(x1,y1,x2,y2,…,xn,yn)
```

① 输入参数都为向量时，$x1$ 和 $y1$，$x2$ 和 $y2$，…，xn 和 yn 分别组成一组向量对，每一组向量对的长度可以不同。每一向量对可以绘制出一条曲线，这样可以在同一坐标内绘制出多条曲线。

② 当输入参数有矩阵形式时，配对的 x，y 按对应列元素为横、纵坐标分别绘制曲线，曲线条数等于矩阵的列数。

例 2.6.4　分析下列程序绘制的曲线：

```
>>x1=linspace(0,2*pi,100);x2=linspace(0,3*pi,100);
  x3=linspace(0,4*pi,100);
>>y1=sin(x1);           y2=1+sin(x2);          y3=2+sin(x3);
>>x=[x1;x2;x3]';        y=[y1;y2;y3]';
>>plot(x,y,x1,y1-1)
```

MATLAB 中，如需要绘制出具有不同纵坐标标度的两个图形，可以使用 plotyy 绘图函数。其调用格式为：

```
>>plotyy(x1,y1,x2,y2)
```

其中 $x1$，$y1$ 对应一条曲线，$x2$，$y2$ 对应另一条曲线。横坐标的标度相同，纵坐标有两个，左纵坐标用于 $x1$，$y1$ 数据对，右纵坐标用于 $x2$，$y2$ 数据对。

例 2.6.5　用不同标度在同一坐标内绘制曲线 $y1=0.2e^{-0.5x}\cos(4\pi x)$ 和 $y2=2e^{-0.5x}\cos(\pi x)$。

```
x=0:pi/100:2*pi;
y1=0.2*exp(-0.5*x).*cos(4*pi*x);
y2=2*exp(-0.5*x).*cos(pi*x);
plotyy(x,y1,x,y2);
```

若希望在同一个坐标下重叠画图，就需要使用：

```
>>hold on
```

hold on/off 命令控制是保持原有图形还是刷新原有图形，不带参数的 hold 命令在两种状态之间进行切换。

例 2.6.6　采用图形保持，在同一坐标内绘制曲线 $y1=0.2e^{-0.5x}\cos(4\pi x)$ 和 $y2=2e^{-0.5x}\cos(\pi x)$。

程序如下：

```
x=0:pi/100:2*pi;
y1=0.2*exp(-0.5*x).*cos(4*pi*x);
```

```
plot(x,y1)
hold on
y2=2*exp(-0.5*x).*cos(pi*x);
plot(x,y2);
hold off
```

MATLAB提供了一些绘图选项，用于确定所绘曲线的线型、颜色和数据点标记符号，它们可以组合使用。如“b-.”表示蓝色点划线，“y:d”表示黄色虚线并用菱形符标记数据点。MATLAB默认线型为实线，颜色根据曲线先后顺序依次。可在plot函数中加绘图选项来设置曲线样式，调用格式为：

```
>>plot(x1,y1,选项1,x2,y2,选项2,…,xn,yn,选项n)
```

例2.6.7　在同一坐标内分别用不同线型和颜色绘制曲线 $y1=0.2e^{-0.5x}\cos(4\pi x)$ 和 $y2=2e^{-0.5x}\cos(\pi x)$，并标记两曲线交叉点。

程序如下：

```
x=linspace(0,2*pi,1000);
y1=0.2*exp(-0.5*x).*cos(4*pi*x);
y2=2*exp(-0.5*x).*cos(pi*x);
k=find(abs(y1-y2)<1e-2);% 查找y1与y2相等点(近似相等)的下标
x1=x(k);                 % 取y1与y2相等点的x坐标
y3=0.2*exp(-0.5*x1).*cos(4*pi*x1);
                         % 求y1与y2值相等点的y坐标
plot(x,y1,x,y2,'k:',x1,y3,'bp');
```

有关图形标注函数的调用格式为：

```
title(图形名称)
xlabel(x轴说明)
ylabel(y轴说明)
text(x,y,图形说明)
legend(图例1,图例2,…)
```

函数中的说明文字，除使用标准的ASCII字符外，还可使用LaTeX格式的控制字符，这样就可以在图形上添加希腊字母、数学符号及公式等内容。例如，text(0.3,0.5,'sin({\omega}t+{\beta})')将得到标注效果：sin(ωt+β)。

例2.6.8　在 $0\leqslant x\leqslant 2$ 内绘制曲线 $y1=2e^{-0.5x}$ 和 $y2=\cos(4\pi x)$，并给图形添加图注。

程序如下：

```
x=0:pi/100:2*pi;
```

```
y1=2*exp(-0.5*x);
y2=cos(4*pi*x);
plot(x,y1,x,y2)
title('x from 0 to 2{\pi}');                %加图形标题
xlabel('Variable X');                       %加X轴说明
ylabel('Variable Y');                       %加Y轴说明
text(0.8,1.5,'曲线y1=2e^{-0.5x}');          %在指定位置添加图形说明
text(2.5,1.1,'曲线y2=cos(4{\pi}x)');
legend('y1','y2')                           %加图例
```

给坐标加网格线用grid命令来控制。grid on/off命令控制是画或不画网格线,不带参数的grid命令在两种状态之间进行切换。

给坐标加边框用box命令来控制。box on/off命令控制是加或不加边框线,不带参数的box命令在两种状态之间进行切换。

例2.6.9　在同一坐标中绘制3个同心圆,并加坐标控制。

程序如下:

```
t=0:0.01:2*pi;
x=exp(i*t);
y=[x;2*x;3*x]';
plot(y)
grid on;               %加网格线
box on;                %加坐标边框
axis equal             %坐标轴采用等刻度
```

2. 其他二维图形

(1) 其他坐标系下的二维数据曲线图

① 对数坐标图形:MATLAB提供了绘制对数和半对数坐标曲线的函数,其调用格式为:

```
semilogx(x1,y1,选项1,x2,y2,选项2,…)
semilogy(x1,y1,选项1,x2,y2,选项2,…)
loglog(x1,y1,选项1,x2,y2,选项2,…)
```

练习2.6.2　绘制 $y=10x^2$ 的对数坐标图并与直角坐标系下的图形进行比较。

② 极坐标图:polar函数用来绘制极坐标图,其调用格式为:

```
polar(theta,rho,选项)
```

其中*theta*为极角,*rho*为矢径,选项的内容与plot函数相似。

例 2.6.10　绘制 $r=\sin(t)\cos(t)$的极坐标图，并标记数据点。

程序如下：

```
t=0:pi/50:2*pi;
r=sin(t).*cos(t);
polar(t,r,'-*');
```

(2) 二维统计分析图

在 MATLAB 中，二维统计分析图形有很多，常见的有条形图、阶梯图、杆图和填充图等，所采用的函数分别是：

```
bar(x,y,选项)
stairs(x,y,选项)
stem(x,y,选项)
fill(x1,y1,选项 1,x2,y2,选项 2,…)
```

例 2.6.11　分别以条形图、阶梯图、杆图和填充图形式绘制曲线 $y=2\sin(x)$。

程序如下：

```
x=0:pi/10:2*pi;
y=2*sin(x);
subplot(2,2,1);bar(x,y,'g');
title('bar(x,y,''g'')');axis([0,7,-2,2]);
subplot(2,2,2);stairs(x,y,'b');
title('stairs(x,y,''b'')');axis([0,7,-2,2]);
subplot(2,2,3);stem(x,y,'k');
title('stem(x,y,''k'')');axis([0,7,-2,2]);
subplot(2,2,4);fill(x,y,'y');
title('fill(x,y,''y'')');axis([0,7,-2,2]);
```

MATLAB 提供的统计分析绘图函数还有很多，例如，用来表示各元素占总和的百分比的饼图、复数的相量图等。

例 2.6.12　绘制以下图形：

① 某企业全年各季度的产值(单位:万元)分别为:2347,1827,2043,3025,试用饼图作统计分析。

② 绘制复数的相量图:7+2.9i,2-3i 和-1.5-6i。

程序如下：

```
subplot(1,2,1);
pie([2347,1827,2043,3025]);
title('饼图');
```

```
legend('一季度','二季度','三季度','四季度');
subplot(1,2,2);
compass([7+2.9i,2-3i,-1.5-6i]);
title('相量图');
```

2.6.6 隐函数绘图

MATLAB 提供了一个 ezplot 函数绘制隐函数图形,下面介绍其用法。

① 对于函数 $f=f(x)$,ezplot 函数的调用格式为:

ezplot(f):在默认区间 $-2\pi\leqslant x\leqslant 2\pi$ 内绘制 $f=f(x)$ 的图形。

ezplot(f,[a,b]):在区间 a$\leqslant x\leqslant$b 内绘制 $f=f(x)$ 的图形。

② 对于隐函数 $f=f(x,y)$,ezplot 函数的调用格式为:

ezplot(f):在默认区间 $-2\pi\leqslant x\leqslant 2\pi$ 和 $-2\pi\leqslant y\leqslant 2\pi$ 内绘制 $f(x,y)=0$ 的图形。

ezplot(f,[xmin,xmax,ymin,ymax]):在区间 xmin$\leqslant x\leqslant$xmax 和 ymin$\leqslant y\leqslant$ymax 内绘制 $f(x,y)=0$ 的图形。

ezplot(f,[a,b]):在区间 $a\leqslant x\leqslant b$ 和 $a\leqslant y\leqslant b$ 内绘制 $f(x,y)=0$ 的图形。

③ 对于参数方程 $x=x(t)$ 和 $y=y(t)$,ezplot 函数的调用格式为:

ezplot(x,y):在默认区间 $0\leqslant t\leqslant 2\pi$ 内绘制 $x=x(t)$ 和 $y=y(t)$ 的图形。

ezplot(x,y,[tmin,tmax]):在区间 tmin$\leqslant t\leqslant$tmax 绘制 $x=x(t)$ 和 $y=y(t)$ 的图形。

例 2.6.13　隐函数绘图应用举例。

程序如下:

```
subplot(2,2,1);
ezplot('x^2+y^2-9');axis equal
subplot(2,2,2);
ezplot('x^3+y^3-5*x*y+1/5')
subplot(2,2,3);
ezplot('cos(tan(pi*x))',[0,1])
subplot(2,2,4);
ezplot('8*cos(t)','4*sqrt(2)*sin(t)',[0,2*pi])
```

2.6.7 三维图形

1. 三维曲线

plot3 函数与 plot 函数用法十分相似,其调用格式为:

plot3(x1,y1,z1,选项1,x2,y2,z2,选项2,…,xn,yn,zn,选项n)

其中每一组 x,y,z 组成一组曲线的坐标参数,选项的定义和plot函数相同。当 x,y,z 是同维向量时,则 x,y,z 对应元素构成一条三维曲线。当 x,y,z 是同维矩阵时,则以 x,y,z 对应列元素绘制三维曲线,曲线条数等于矩阵列数。

例 2.6.14 绘制三维曲线。

程序如下:

```
t=0:pi/100:20*pi;
x=sin(t);
y=cos(t);
z=t.*sin(t).*cos(t);
plot3(x,y,z);
title('Line in 3D Space');
xlabel('X');ylabel('Y');zlabel('Z');
grid on;
```

2. 三维曲面

(1) 产生三维数据

在MATLAB中,利用meshgrid函数产生平面区域内的网格坐标矩阵。其格式为:

```
x=a:d1:b; y=c:d2:d;
[X,Y]=meshgrid(x,y);
```

语句执行后,矩阵 X 的每一行都是向量 x,行数等于向量 y 的元素的个数,矩阵 Y 的每一列都是向量 y,列数等于向量 x 的元素的个数。

(2) 绘制三维曲面的函数

surf函数和mesh函数的调用格式为:

```
mesh(x,y,z,c)
surf(x,y,z,c)
```

一般情况下,x,y,z 是维数相同的矩阵。x,y 是网格坐标矩阵,z 是网格点上的高度矩阵,c 用于指定在不同高度下的颜色范围。

例 2.6.15 绘制三维曲面图 $z=\sin(x+\sin(y))-x/10$。

程序如下:

```
[x,y]=meshgrid(0:0.25:4*pi);
z=sin(x+sin(y))-x/10;
mesh(x,y,z);
axis([0  4*pi  0  4*pi  -2.5  1]);
```

此外，还有带等高线的三维网格曲面函数meshc和带底座的三维网格曲面函数meshz。其用法与mesh类似，不同的是meshc还在xy平面上绘制曲面在z轴方向的等高线，meshz还在xy平面上绘制曲面的底座。

例2.6.16 在xy平面内选择区域[−8,8]×[−8,8]，绘制4种三维曲面图。

程序如下：

```
[x,y]=meshgrid(-8:0.5:8);
z=sin(sqrt(x.^2+y.^2))./sqrt(x.^2+y.^2+eps);
subplot(2,2,1);
mesh(x,y,z);
title('mesh(x,y,z)')
subplot(2,2,2);
meshc(x,y,z);
title('meshc(x,y,z)')
subplot(2,2,3);
meshz(x,y,z)
title('meshz(x,y,z)')
subplot(2,2,4);
surf(x,y,z);
title('surf(x,y,z)')
```

(3) 标准三维曲面

sphere函数的调用格式为：

```
[x,y,z]=sphere(n)
```

cylinder函数的调用格式为：

```
[x,y,z]=cylinder(R,n)
```

MATLAB还有一个peaks函数，称为多峰函数，常用于三维曲面的演示。

例2.6.17 绘制标准三维曲面图形。

程序如下：

```
t=0:pi/20:2*pi;
[x,y,z]=cylinder(2+sin(t),30);
subplot(2,2,1);
surf(x,y,z);
subplot(2,2,2);
[x,y,z]=sphere;
surf(x,y,z);
```

```
subplot(2,2,3.5);
[x,y,z]=peaks(30);
surf(x,y,z);
```

3. 其他三维图形

在介绍二维图形时，曾提到条形图、杆图、饼图和填充图等特殊图形，它们还可以三维形式出现，使用的函数分别是 bar3，stem3，pie3 和 fill3。

bar3 函数绘制三维条形图，其常用格式为：

```
bar3(y)
bar3(x,y)
```

stem3 函数绘制离散序列数据的三维杆图，其常用格式为：

```
stem3(z)
stem3(x,y,z)
```

pie3 函数绘制三维饼图，其常用格式为：

```
pie3(x)
```

fill3 函数等效于三维函数 fill，可在三维空间内绘制出填充过的多边形，其常用格式为：

```
fill3(x,y,z,c)
```

例 2.6.18　绘制以下三维图形：

① 绘制魔方阵的三维条形图。

② 以三维杆图形式绘制曲线 $y=2\sin(x)$。

③ 已知 $x=[2347,1827,2043,3025]$，绘制饼图。

④ 用随机的顶点坐标值画出 5 个黄色三角形。

程序如下：

```
subplot(2,2,1);
bar3(magic(4))
subplot(2,2,2);
y=2*sin(0:pi/10:2*pi);
stem3(y);
subplot(2,2,3);
pie3([2347,1827,2043,3025]);
subplot(2,2,4);
fill3(rand(3,5),rand(3,5),rand(3,5),'y')
```

例 2.6.19　绘制多峰函数的瀑布图和等高线图。

程序如下：

```
subplot(1,2,1);
[X,Y,Z]=peaks(30);
waterfall(X,Y,Z)
xlabel('X-axis'),ylabel('Y-axis'),zlabel('Z-axis');
subplot(1,2,2);
contour3(X,Y,Z,12,'k');        % 其中 12 代表高度的等级数
xlabel('X-axis'),ylabel('Y-axis'),zlabel('Z-axis');
```

2.6.8　图形修饰处理

1. 视点处理

MATLAB 提供了设置视点的函数 view,其调用格式为:

```
view(az,el)
```

其中 *az* 为方位角,*el* 为仰角,它们均以度为单位。系统缺省的视点定义为方位角−37.5°,仰角 30°。

练习 2.6.3　从不同视点观察三维曲线。

2. 色彩处理

(1) 颜色的向量表示

MATLAB 除用字符表示颜色外,还可用含有 3 个元素的向量表示颜色。向量元素在[0,1]范围内取值,3 个元素分别表示红、绿、蓝 3 种颜色的相对亮度,称为 RGB 三元组。

(2) 三维表面图形的着色

三维表面图实际上就是在网格图的每一个网格片上涂上颜色。surf 函数用缺省的着色方式对网格片着色。除此之外,还可以用 shading 命令来改变着色方式。

shading faceted 命令将每个网格片用其高度对应的颜色进行着色,但网格线仍保留着,其颜色是黑色。这是系统的缺省着色方式。

shading flat 命令将每个网格片用同一个颜色进行着色,且网格线也用相应的颜色,从而使图形表面显得更加光滑。

shading interp 命令在网格片内采用颜色插值处理,得出的表面图显得最光滑。

例 2.6.20　3 种图形着色方式的效果展示。

程序如下:

```
[x,y,z]=sphere(20);
colormap(copper);
subplot(1,3,1);
```

```
surf(x,y,z);
axis equal
subplot(1,3,2);
surf(x,y,z);shading flat;
axis equal
subplot(1,3,3);
surf(x,y,z);shading interp;
axis equal
```

(3) 光照处理

MATLAB 提供了灯光设置的函数,其调用格式为:

light('Color',选项 1,'Style',选项 2,'Position',选项 3)

例 2.6.21 光照处理后的球面。

程序如下:

```
[x,y,z]=sphere(20);
subplot(1,2,1);
surf(x,y,z);axis equal;
light('Posi',[0,1,1]);
shading interp;
hold on;
plot3(0,1,1,'p');text(0,1,1,'light');
subplot(1,2,2);
surf(x,y,z);axis equal;
light('Posi',[1,0,1]);
shading interp;
hold on;
plot3(1,0,1,'p');text(1,0,1,'light');
```

(4) 图形的裁剪处理

例 2.6.22 绘制三维曲面图,并进行插值着色处理,裁掉图中 x 和 y 都小于 0 的部分。

程序如下:

```
[x,y]=meshgrid(-5:0.1:5);
z=cos(x).*cos(y).*exp(-sqrt(x.^2+y.^2)/4);
surf(x,y,z);shading interp;
pause                          % 程序暂停
```

```
i=find(x<=0&y<=0);
z1=z;z1(i)=NaN;
surf(x,y,z1);shading interp;
```

为了展示裁剪效果,第一个曲面绘制完成后暂停,然后显示裁剪后的曲面。

2.6.9　图像处理与动画制作

1. 图像处理

(1) imread 和 imwrite 函数

imread 和 imwrite 函数分别用于将图像文件读入 MATLAB 工作空间,以及将图像数据和色图数据一起写入一定格式的图像文件。MATLAB 支持多种图像文件格式,如. bmp,. jpg,. jpeg,. tif 等。

(2) image 和 imagesc 函数

这两个函数用于图像显示。为了保证图像的显示效果,一般还应使用 colormap 函数设置图像色图。

例 2.6.23　有一图像文件 flower. jpg,在图形窗口显示该图像。

程序如下:

```
[x,cmap]=imread('flower.jpg');   % 读取图像的数据阵和色图阵
image(x);colormap(cmap);
axis image off                   % 保持宽高比并取消坐标轴
```

2. 动画制作

MATLAB 提供 getframe,moviein 和 movie 函数进行动画制作。

(1) getframe 函数

getframe 函数可截取一幅画面信息(称为动画中的一帧),一幅画面信息形成一个很大的列向量。显然,保存 n 幅画面就需一个大矩阵。

(2) moviein 函数

moviein(n)函数用来建立一个足够大的 n 列矩阵。该矩阵用来保存 n 幅画面的数据以备播放。之所以要事先建立一个大矩阵,是为了提高程序的运行速度。

(3) movie 函数

movie(m,n)函数播放由矩阵 m 所定义的画面 n 次,缺省时播放 1 次。

例 2.6.24　绘制 peaks 函数曲面并且将它绕 z 轴旋转。

程序如下:

```
[X,Y,Z]=peaks(30);
surf(X,Y,Z)
axis([-3,3,-3,3,-10,10])
```

```
axis off;
shading interp;
colormap(hot);
m=moviein(20);                      % 建立一个20列大矩阵
for i=1:20
view(-37.5+24*(i-1),30)             % 改变视点
m(:,i)=getframe;                    % 将图形保存到m矩阵
end
movie(m,2);                         % 播放画面2次
```

第3章 迭代与方程求根

迭代是数学计算和工程计算中一个非常重要的思想工具。一个简单的函数可能产生非常复杂的现象。我们所熟悉的混沌现象、蝴蝶效应等都与迭代息息相关。迭代还产生了一些新的数学分支，如分形学、混沌学等。

本章分为为7节：第1节介绍函数迭代的基本概念、迭代产生的序列、可能出现的几种轨道和收敛现象以及稳定点的几种类型（吸引子和排斥子）；第2节介绍计算方程根的最简单和直接的基本方法，即二分法；第3节介绍牛顿迭代法，并介绍牛顿迭代法的MATLAB程序；第4节介绍迭代方法中的正切法；第5节介绍迭代中的混沌现象，Malthus模型和其改进后的Logistic模型，以及数值迭代中的倍周期分叉现象等；第6节介绍运用差分方法和迭代方法求解微分方程；最后一节介绍几种常见矩阵迭代，即Jacobi迭代、Gauss-Seidel迭代算法和连续超松弛迭代，对于后两种迭代方法，主要强调其MATLAB编程及实现。

3.1 迭　代

迭代，就是某个过程的不断重复。现实生活中，迭代无处不在：行走，就是你迈步的不断重复；吃饭，就是你将食物放入嘴的过程重复；骑自行车，就是你上下踩踏自行车脚踏板的不断重复……数学上，迭代意味着函数作用的不断重复。给定函数$f(x)$，考虑方程$f(x)=0$的求解。$f(x)$可以是非常复杂的函数，甚至没有解析式。为了求得该方程的根，假设通过函数作图找到该函数与X轴交点的一个近似值x_0。定义数列

$$x_{n+1} = f(x_n),\quad n = 0,1,2,\cdots \tag{3.1.1}$$

由(3.1.1)式产生的数列$x_0,x_1,x_2,\cdots,x_n,x_{n+1},\cdots$称为函数$f(x)$在$x_0$点的一个迭代序列。

函数迭代看似非常简单，但实际上是一个非常复杂的过程，它可以将一个错综复杂的非线性函数离散化。通过函数迭代，我们可以求得方程的数值解（或一个非线性函数的根）。由此产生了数学的两个非常重要的分支——分形理论和混沌理论。由于迭代过程易于在计算机上编程实现，因此它被人们普遍接受并使用。

给定实函数 $y=g(x)$，求解方程

$$g(x)=0 \tag{3.1.2}$$

的一个实根。为此，记 $f(x)=x-g(x)$，那么(3.1.2)式等价于

$$x=f(x) \tag{3.1.3}$$

对于任意给定的一个初始值 x_0，通过迭代过程(3.1.1)，就产生了数列

$$x_0, x_1, x_2, \cdots, x_n, x_{n+1}, \cdots \tag{3.1.4}$$

于是问题转化为：

① 如何适当选取初始值 x_0，使得迭代数列(3.1.4)收敛？

② 如果迭代数列(3.1.4)收敛，那么它收敛的极限点是什么？如何计算？

③ 对于选取的不同的初始值 x_0，迭代数列(3.1.4)收敛性是否一致？不同初始值对应的迭代序列，如果收敛，其收敛的极限点是否相同？

我们习惯称函数迭代的初始值 x_0 为一个种子(seed)。种子 x_0 通过函数 $f(x)$ 迭代产生的序列称为一个轨道。简单地说，x_0 的轨道就是序列(3.1.4)，它满足(3.1.1)式。一个种子在给定函数 $f(x)$ 下的轨道有以下几种情况：

① 固定型：轨道只含一个点 $\{x_0\}$ 且满足 $x_0=f(x_0)$，如常数函数 $f(x)\equiv c$ (c 为任意实数)。

② 最终固定型：轨道开始时不固定，但经过若干次迭代后固定。如 $x_0=1$ 在符号函数 $f(x)=\mathrm{sgn}(x-3)$ 下的轨道为 $\{1,-1,-1,0,1,1,1,\cdots\}$。

③ 周期型：如果存在一个自然数 n，使得 $x_0=f^n(x_0)$，即经过 n 次迭代后回到了原点，那么这类轨道就称为周期型轨道。如点 $x_0=-1$ 在函数 $f(x)=1-x$ 下的轨道为 $\{-1,2,-1,2,-1,2,-1,\cdots\}$。

④ 最终周期型：迭代若干次后出现周期性。如点 $x_0=-1$ 在函数 $f(x)=1-x^2$ 下的轨道为 $\{-1,0,1,0,1,0,1,\cdots\}$。

⑤ 递增型：如任意一个大于 1 的种子在函数 $f(x)=x^2$ 下的轨道均为递增型轨道。

⑥ 递减型：与递增型相反，它是一个递减型序列。如任意一个小于零的种子在函数 $f(x)=5x$ 下的轨道均为递减型轨道。

⑦ 混沌型：这类轨道不符合以上各类条件，最为复杂。它似乎是在某条直线上下随机地“跳跃”。例如，点 $x_0=0.6$ 在函数 $f(x)=4x(1-x)$ 作用下的轨道为

n	x_n
0	0.6
1	0.96
2	0.1536001
3	0.5200284

4	0.9983954
5	6.40793×10^{-3}
⋮	⋮
95	0.1560364
96	0.5267562
97	0.9971364
98	1.142154×10^{-2}
99	4.516437×10^{-2}
100	0.1724982

该迭代序列上下跳动，呈随机不规则性。即使是最简单的稳定点，也有令我们感兴趣的特征，例如吸引和排斥。依赖于函数在稳定点处的斜率，这类种子分为三类：吸引子、排斥子和中性子。

① 吸引子：若 $|f'(x_0)|<1$，那么函数 $f(x)$ 会将种子 x_0 周围的点尽可能拉近。也就是说，经过若干次迭代后，得到的点会充分靠近 x_0。

② 排斥子：若 $|f'(x_0)|>1$，那么函数 $f(x)$ 会使种子 x_0 周围的点尽可能远离。也就是说，经过若干次迭代后，得到的点会越来越远离 x_0。

③ 中性子：若 $f'(x_0)=1,-1$，该名词容易引起误会。事实上，这类种子可以是吸引子或排斥子，或两者都是。这依赖于具体情形，如表 3.1.1 所示。

表 3.1.1　吸引子、排斥子、中性子举例

稳定点类型	吸引子		排斥子		中性子	
$f(x)$	$2x(1-x)$		$2x(1-x)$		$x-x^2$	
稳定点	0.5		0		0	
x_0附近点	0.1	0.7	−0.3	0.4	−0.2	0.3
x_1	0.18	0.42	−0.78	0.48	−0.24	0.21
x_2	0.2952	0.4872	−2.7768	0.4992	−0.2976	0.1659
x_3	0.4161139	0.4996723	−20.97484	0.4999987	−0.3861658	0.1383772
x_4	0.4859263	0.4999998	−921.8373	0.5	−0.5352898	0.1192289
x_5	0.4996039	0.5	−1701412	0.5	−0.8218249	0.1050134
x_6	0.4999997	0.5	-5.79×10^{12}	0.5	−1.497221	0.09398559
x_7	0.5	0.5	趋于$-\infty$	0.5	趋于$-\infty$	趋于0

下面介绍运用图形分析的方法来理解一维动力系统。

首先，我们同时在平面直角坐标系下画出函数 $y=f(x)$ 和直线 $y=x$ 的图像。

两个图像的交点就是函数 $y=f(x)$ 的一个不动点(稳定点)x_0。为了画出点 x_0 对应的轨道,过点 $(x_0,f(x_0))$ 从曲线 $y=f(x)$ 作一条平行于 X 轴的水平线,交直线 $y=x$ 于点 (x_1,x_1),其中 $x_1=f(x_0)$。再过点 (x_1,x_1) 作垂直于 X 轴的直线交函数 $y=f(x)$ 的图像于一点 (x_1,x_2)……这样产生的序列 $\{x_0,x_1,x_2,\cdots\}$ 即为由种子 x_0 产生的轨道,如图 3.1.1 所示。

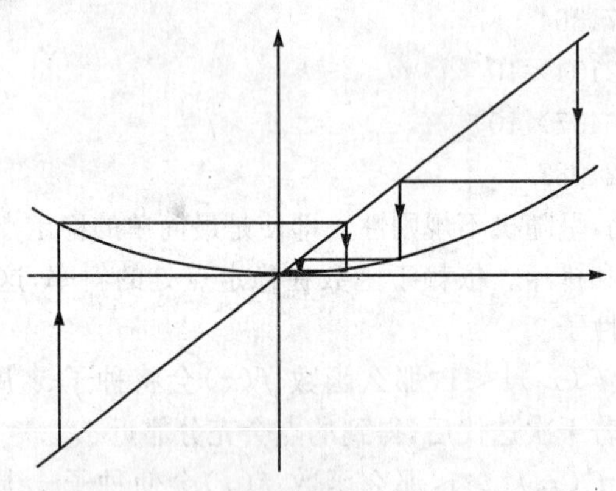

图 3.1.1　$x_0=0$:函数 $f(x)=x^2$ 的一个吸引子

函数族是指一族类似的函数,它们具有相似的函数图像,但是函数表达式中对应参数取值不同。如函数族 $f(x)=x^2+p$,参数 p 可取不同值:p 减小函数图像向下平移,p 增加图像上移。当参数发生改变时,函数图像在移动(有些情形下,图像会发生拉伸、压缩,甚至是翻转)。这种函数族的内部变化会引起动力系统的内部变化:$f(x)$ 在 $p=2$ 时可能只有 1 个吸引子,而在 $p=1.5$ 时可能会出现 2 个排斥子。即参数的改变有可能引起系统的变化。

分岔是指一个稳定点在参数值经过某些值时分裂成两个新的稳定点。分岔有很多种,这里只考虑鞍形分岔。如果存在参数 p,q,满足以下情况,函数会出现鞍形分岔:

① $f(x)$ 在 $p>q$ 时无稳定点,$p=q$ 时有 1 个稳定点,$p<q$ 时有 2 个稳定点;

② $f(x)$ 在 $p<q$ 时无稳定点,$p=q$ 时有 1 个稳定点,$p>q$ 时有 2 个稳定点。

图 3.1.2 显示了 $x_0=0$ 时函数 $f(x)=x^2+c$ 对应不同参数 c 时的轨道。其中,图 3.1.2(a)显示了 $c=\frac{1}{4}$ 时 $x_0=0$ 作为稳定吸引子的迭代行为。以下都使用 $x_0=0$ 作为种子。注意观察轨道接近 1/2 时的运动:它逐渐接近此处的渐近线。图 3.1.2(b)是 $c=-\frac{3}{4}$、迭代 1000 次得到的轨道。此时轨道从不同方向逐渐接近吸引子。经 1000 次迭代后,轨道中心仍然可见一个空洞。这意味着轨道并未达到最终点。

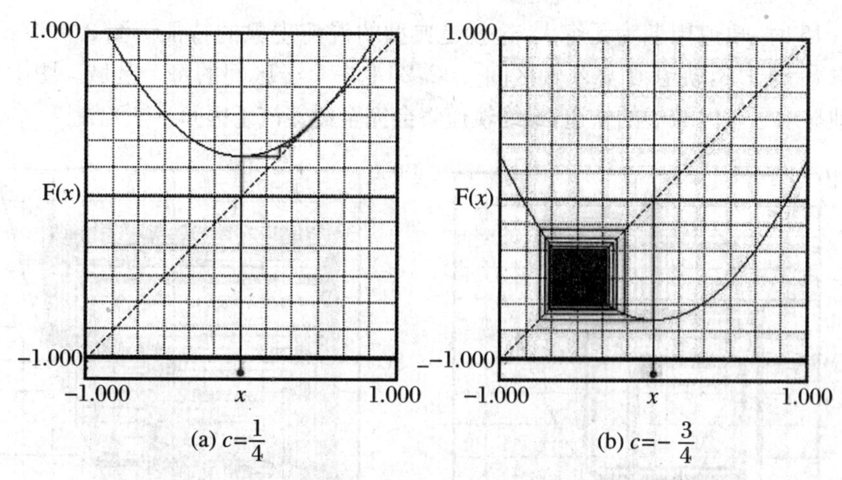

(a) $c=\frac{1}{4}$　　(b) $c=-\frac{3}{4}$

图 3.1.2　$x_0=0$ 时函数 $f(x)=x^2+c$ 对应不同参数 c 时的轨道

图 3.1.3(a)中，$c=-\frac{13}{16}$，此时轨道分为 2 个循环圈，这两个循环圈在 $-\frac{3}{4}$ 和 $-\frac{1}{4}$ 之间交错。图 3.1.3(b)中，$c=-1.3$，此时轨道由 4 个循环圈组成，且轨道在 4 个数 -1.2996224637，0.3890185483，-1.1486645691，0.0194302923 之间来回振荡。迭代 100 次后，轨道基本上就完整了。

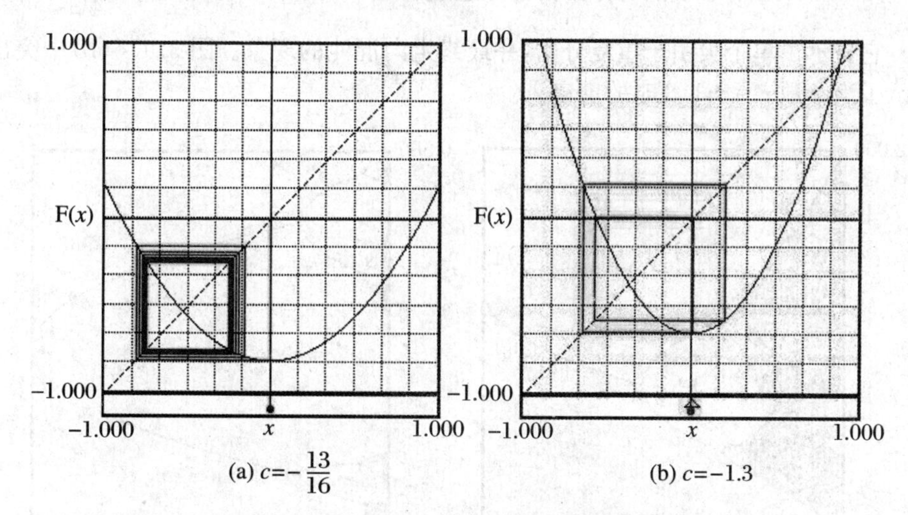

(a) $c=-\frac{13}{16}$　　(b) $c=-1.3$

图 3.1.3　$x_0=0$ 时函数 $f(x)=x^2+c$ 对应不同参数 c 时对应的轨道

图 3.1.4(a)中，参数 $c=-1.4015$。该图类似于图 3.1.3(b)，但没有重复画图现象。事实上，该图在某范围内上下来回作图。由此对初始点（种子）所做的微小变化，产生的轨道截然不同。如 $c=-1.4$ 时，轨道循环周期为 32；而 $c=$

−1.4015 时，轨道周期为无穷大，这就是典型的混沌现象的特征。图 3.1.4(b)中，参数取 $c=-1.8$，轨道覆盖 X 轴区间[−2,2]上一个子区间的每个区域。图中只是部分地显示了该区域中的轨道，最终轨道将会完全覆盖该子区间。

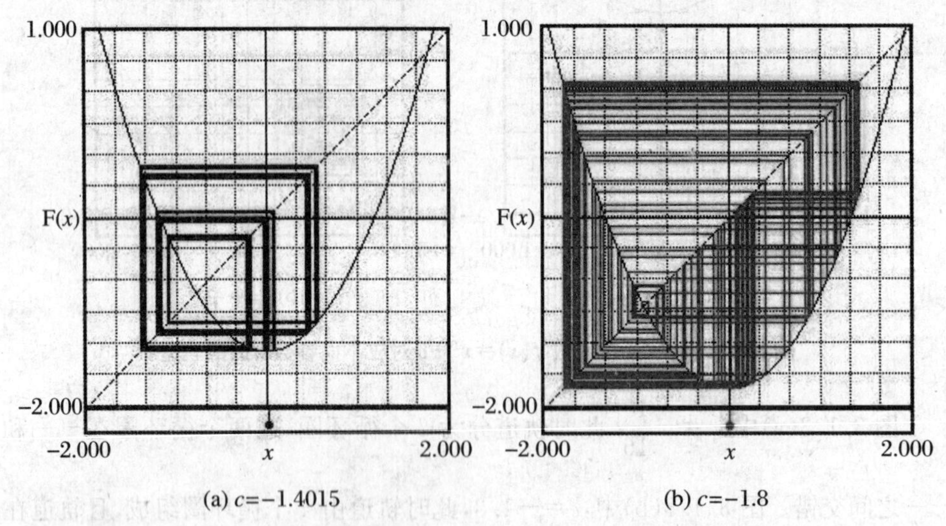

(a) $c=-1.4015$　　(b) $c=-1.8$

图 3.1.4　$x_0=0$ 时函数 $f(x)=x^2+c$ 对应不同参数 c 时的轨道

图 3.1.5 显示了函数的分岔情况。这里只是画出了位于区间 $\left[-2,\frac{1}{4}\right]$ 上的轨道。它显示了单个吸引子重复分岔，并最终走向混沌的现象。图 3.1.5(b)中突出显示了当参数 $c=-1.8$ 时的窗口。

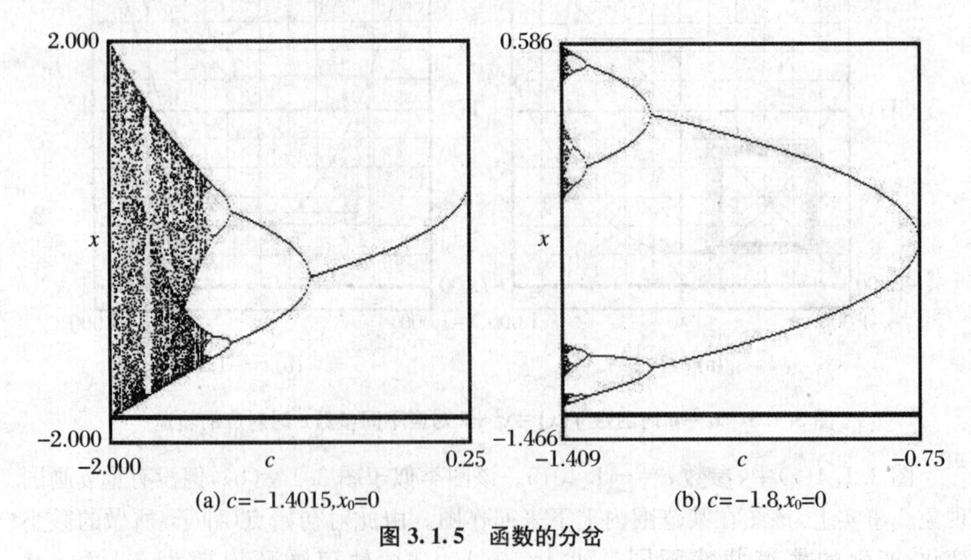

(a) $c=-1.4015, x_0=0$　　(b) $c=-1.8, x_0=0$

图 3.1.5　函数的分岔

图 3.1.6 为逐渐放大局部轨道得到的图形。由此可以观察到分岔轨道变化的细节。

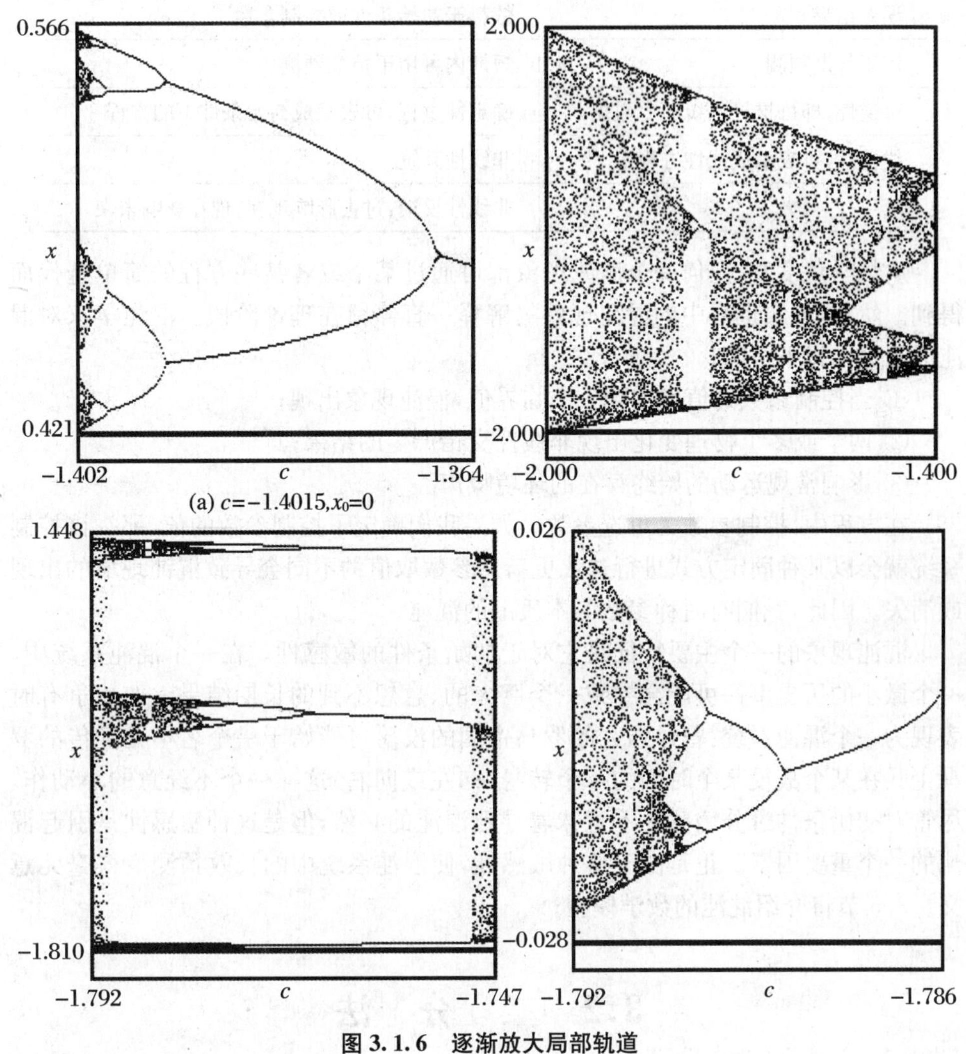

图 3.1.6　逐渐放大局部轨道

表 3.1.2 列出了混沌具备和不具备的特点。

表 3.1.2　混沌具备和不具备的特点

非 特 点	特 点
不规则、无序	貌似不规则，实为有序
依赖于外部变量	自组织、自生成

续表

非 特 点	特　　点
误差结果	依赖于初始条件或控制参数
用于长期预测	短期内可用于精准预测
可逆性,即可推导系统历史数据	确定性过程,可表示成初始条件下的方程
线性性,可表示成线性方程组	非线性系统
	非线性反馈:过去影响现在,现在影响未来

从数学角度看,任何一个混沌现象都可通过某个或者某些方程的简单迭代而得到。然而,现实世界中的混沌现象的解释一直停留在理论阶段。混沌学家对混沌成因提出以下可能:

① 当控制参数的值增加到一个临界值,混沌现象出现;

② 两个或多个物理变化出现非线性交错产生的结果;

③ 影响常规运动的始终存在的环境噪声。

在方程中,控制参数为可选参数。如果我们确定了控制参数的值,那么该控制系统就会以某种固定方式进行迭代更新。参数取值的不同会导致混沌现象的出现或消失。因此,我们有时称参数为本质上的混沌。

混沌现象的一个主要特征是它对于初始条件的敏感性。在一个混沌系统中,一个微小的历史事件可能会导致一个巨大的、意想不到的长期结果。如战争有时表现为一个混沌系统:曾经强大的罗马帝国的没落可能始于一个名不见经传的罗马士兵在某个战役某个时刻的一个转身(向左或向右)这样一个不经意的小动作。尽管对初始条件过分敏感并不意味着导致混沌的必然,但是这种敏感性是引起混沌的一个重要因素。正是由于这种敏感性,使混沌系统中的长效预测变得毫无意义。3.5 节将介绍混沌的数学模型。

3.2　二　分　法

二分法(bisection)是求解方程数值根的一个最简单、最直接的迭代方法。顾名思义,二分法就是对当前区间二等分,并根据函数在两个小区间端点的异号性来确定取舍。

设需要求解的方程为 $f(x)=0$。假设函数 $f(x)$ 在区间$[a,b]$上连续,且

$$f(a)f(b)<0 \tag{3.2.1}$$

进行以下迭代过程:

① 取区间 $[a, b]$ 的中点 $x=\frac{a+b}{2}$，x 将区间 $[a, b]$ 划分为两个子区间 $\left[a, \frac{a+b}{2}\right]$ 和 $\left[\frac{a+b}{2}, b\right]$，保留端点满足(3.2.1)式的那个子区间。$f(x)$ 在新的子区间两个端点处异号，因此在该子区间有根。

② 继续以上步骤，令 $[a_n, b_n]$ 为第 n 次迭代得到的子区间，$r_n=f\left(\frac{a_n+b_n}{2}\right)$。如果对给定的一个足够小的 ε，有 $|r_n|<\varepsilon$，则迭代停止，并令 $x^*=\frac{a_n+b_n}{2}$。点 x^* 就是函数 $f(x)$ 在区间 $[a,b]$ 上的一个近似根。

练习 3.2.1　试用 MATLAB 写出二分法的函数程序，要求对于用户任意给定的一个闭区间及其上的连续函数和允许误差 ε，都能够产生一个近似解；如果该函数在此区间无解，则给出无解的提示。

练习 3.2.2　试利用练习 3.2.1 中编写的 MATLAB 函数来计算 $\sqrt{2}$ 在某个精度下的近似值。

练习 3.2.2 中，$\sqrt{2}$ 是无理数（不能用浮点数精确表示），因此无法确切计算 $\sqrt{2}$，但是通过近似计算发现了两个连续的浮点数。因为在 IEEE 双精度浮点数计算中，允许用 52 个字节来表示一个有理数，所以以上计算迭代过程可以至多有 52 个步骤，其中每步都增加一个字节的精度。

二分法计算 $\sqrt{2}$ 速度明显很慢，但是它是寻找实变量实值连续函数 $f(x)$ 零点的一个切实可行且比较简单的算法。

练习 3.2.3　下面的 MATLAB 代码是二分法计算方程根的一个程序。试与在练习 3.2.1 中写的程序进行比较，看看哪个精确度更好、速度更快。

```
k=0;
while  abs (b-a)>eps * abs(b)
x=(a+b)/2;
if  sign(f(x))==sign (f(b))
b=x;
else
a=x;
end
k=k+1;
end
```

3.3　牛顿迭代法

牛顿迭代法假定求根函数 $f(x)$ 具有连续导数。如果选取的初始点离真正的根(精确解)太远,那么牛顿迭代法可能不收敛。然而,当它收敛时,它的收敛速度比二分法要快很多。牛顿迭代法的另外一个优势是:它可以推广到高维(多元函数)情形。

考虑方程 $f(x)=0$ 的根。牛顿法是在 $y=f(x)$ 的任意一点作切线,并确定切线在 x 轴的交点。我们先从某个给定的初始值 x_0 开始,牛顿迭代规则如下:

$$x_{n+1}=x_n-\frac{f(x_n)}{f'(x_n)} \tag{3.3.1}$$

下面是牛顿迭代法的 MATLAB 代码:

```
k=0;xprev=0;eps=1.0e-5;
while  abs (x-xprev)>eps * abs (x)
xprev=x;
x=x-f(x)/fprime (x);
k=k+1;
end
```

作为计算平方根的一种方法,牛顿法特别简练有效。例如,为了计算 $\sqrt{M}$ $(M>0)$,需要找函数 $f(x)=x^2-M$ 的零点。注意到 $f'(x)=2x$,并利用(3.3.1)式,得到:

$$x_{n+1}=x_n-\frac{x_n^2-M}{2x_n}=\frac{1}{2}\left(x_n+\frac{M}{x_n}\right)$$

算法重复计算 x,M/x 的平均数。MATLAB 代码如下:

```
while  abs (x-xprev)>eps * abs(x)
xprev=x;
x=0.5 * (x+M/x);
end
```

现取初始值 $x=1$,$M=2$,下面是计算 $\sqrt{2}$ 的结果:

```
1.50000000000000
1.41666666666667
1.41421568627451
1.41421356237469
```

1.41421356237309

1.41421356237309

牛顿方法仅需6次(事实上是5次)迭代就可以精确到小数点后第14位。而运用二分法,这样的精确度则需要迭代25次以上,甚至更多。

作为寻找函数零点的一般算法,牛顿迭代法有三大限制:

① $f(x)$须为光滑函数(导数存在且连续);

② 导函数 $f'(x)$存在且可计算;

③ 初始点选取须充分接近最终精确解。

牛顿迭代法的局部收敛性非常受欢迎。设 x^* 是 $f(x)$的一个零点(精确解),且 $e_n=x_n-x^*$ 是第 n 次迭代后产生的误差。假设:

① $f'(x)$, $f''(x)$存在且连续;

② x_0 接近 x^*。

那么:

$$e_{n+1}=x_{n+1}-x_n+x_n-x^*=x_{n+1}-x_n+e_n=e_n-\frac{f(x_n)}{f'(x_n)}$$

运用 $f(x_n)$在 x^* 处的泰勒展开,得

$$e_{n+1}=\frac{1}{2}\frac{f''(\xi)}{f'(x_n)}e_n^2$$

且点 ξ 位于 x_n 和 x^* 之间。换句话说:

$$e_{n+1}=o(e_n^2)$$

这称为平方收敛。函数 $f(x)$第 $n+1$ 次迭代产生的误差与上一次误差的平方同阶,因此若干次后误差能快速地接近零。

例 3.3.1　考虑函数 $f(x)=\operatorname{sgn}(x-a)\sqrt{|x-a|}$。容易验证该函数除 $x=a$ 外处处可导,且

$$f'(x)=\frac{1}{2(x-a)}f(x),\quad \forall x\neq a$$

从而有

$$x-a-\frac{f(x)}{f'(x)}=-(x-a)$$

运用牛顿迭代法公式(3.3.1),有

$$x_{n+1}-a=-(x_n-a)$$

即迭代在点 a 附近无限循环(图3.3.1)。因此运用牛顿迭代法无法求解。

若取 $a=2$,我们用以下 MATLAB 指令画出图3.3.1中的实线部分:

```
>>x=[0:0.01:4];
```

```
>>t=sign(x-2).*sqrt(abs(x-2));
>>plot(x,y)
```

如果在任意点作图的切线,它在关于 $x=a$ 对称的 x 轴上,这时的牛顿迭代法永续循环,既不收敛也不发散。

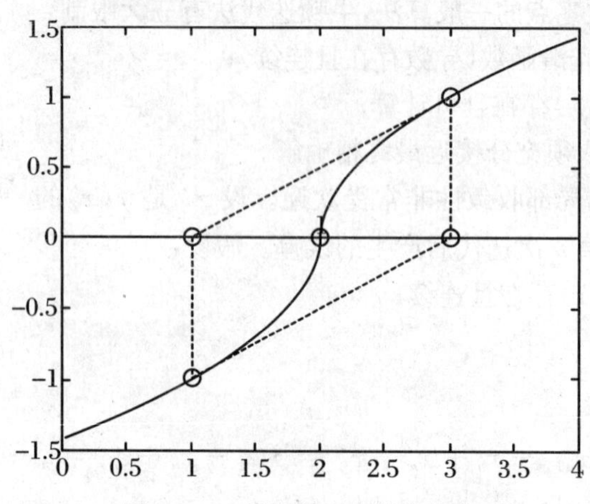

图 3.3.1　无限循环中的牛顿法

练习 3.3.1　试写出代码,用以画出图 3.3.1 中的虚线部分并标出圆点。

练习 3.3.2　考虑方程 $x^3-7x^2+2x=0$,将它改写成某种等价形式以进行迭代,观察其迭代收敛性,并给出合理解释。

练习 3.3.3　在(3.3.1)式中记 $\Delta x_n=x_{n+1}-x_n$,那么有

$$\Delta x_n=-\frac{f(x_n)}{f'(x_n)}$$

因此若 $|f'(x_n)|<\delta$ ($\delta>0$ 为一足够小的实数),就不能保证该函数的快速收敛性。为此,考虑迭代方程

$$x=g(x)=\lambda f(x)+(1-\lambda)x \tag{3.3.2}$$

(3.3.2)式显然等价于 $x=f(x)$。注意到

$$g'(x)=\lambda f'(x)+1-\lambda=0\Rightarrow\lambda=\frac{1}{1-f'(x)}$$

代入(3.3.2)式,化简后得迭代函数

$$x_{n+1}=x_n-\frac{f(x_n)-x_n}{f'(x_n)-1} \tag{3.3.3}$$

(3.3.3)式本质上与牛顿迭代法是等价的。试用(3.3.3)式来迭代求解练习 3.3.2 中方程的根。

练习 3.3.4　分别使用牛顿迭代法和练习 3.3.3 中的迭代公式求解无理数 $a=\sqrt[3]{3}$ 的近似值,比较其收敛性和精确度。

3.4 正　切　法

对应于一个函数 $y=f(x)$ 的光滑曲线(等价于函数 $f(x)$ 上每点处导数连续)上任意一点 P 处的切线可表示为经过 P 点的一条割线的一个极限位置。这种极限位置恰好反映了迭代过程的最终收敛状态。正切迭代法就是基于这样一个事实,用基于两次相邻迭代所得点坐标的有限差分取代牛顿法中的导数,即通过曲线上的两点作一条割线来代替图上一点的切线。延伸该割线,它与 X 轴的交点作为下一个迭代点。如此循环,最终得到函数的近似根。如图 3.4.1 所示。

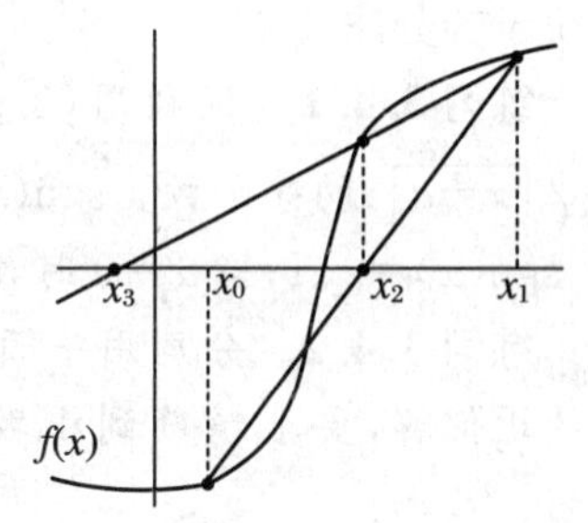

图 3.4.1　正切法迭代循环过程

正切迭代需要指定两个初始值 x_0,x_1。迭代规则如下:

$$x_{n+1}=x_n-f(x_n)\frac{x_n-x_{n-1}}{f(x_n)-f(x_{n-1})} \tag{3.4.1}$$

对应的 MATLAB 代码如下:

```
while  abs(b-a)>eps * abs(b)
c=a;
a=b;
b=b+(b-c) / (f(c) / f(b)-1);
k=k+1;
end
```

例如,运用正切法计算 $\sqrt{2}$:取 $a=1$,$b=2$。经 7 次迭代,正切法产生的结果与前面牛顿法 6 次迭代的结果几乎相同:

1.33333333333333
1.40000000000000
1.41463414634146
1.41421143847487
1.41421356205732
1.41421356237310
1.41421356237311

正切法优于牛顿法的是不需计算导函数 $f'(x)$,它的收敛性与牛顿法接近。

假设函数 $f(x)$ 的一阶和二阶导数 $f'(x)$，$f''(x)$ 均连续，那么不难证明

$$e_{n+1}=\frac{1}{2}\frac{f''(\xi)f'(\xi_n)f'(\xi_{n-1})}{f'(\xi)^3}e_ne_{n-1}$$

且 ξ 是介于 x_n 和 x^* 之间的某个数，即 $e_{n+1}=o(e_ne_{n-1})$。因此，$e_{n+1}=o(e_c^{\varphi})$，其中 φ 是黄金分割比 $\frac{1+\sqrt{5}}{2}$。它的每次迭代精确位数约增加 1.6 倍，相当于牛顿法，但明显快于二分法。

练习 3.4.1　试利用(3.4.1)式进行差分迭代，求函数 $f(x)=\operatorname{sgn}(x-a)\cdot\sqrt{|x-a|}$ 的导函数。$\operatorname{sgn}(x)$ 称为符号函数，当 $x>0$ 时，$\operatorname{sgn}(x)=1$；当 $x<0$ 时，$\operatorname{sgn}(x)=-1$；当 $x=0$ 时，$\operatorname{sgn}(x)=0$。

练习 3.4.2　分别用牛顿迭代法和正切迭代法求方程 $\cos x=x$ 在区间[0,2]上的近似解，要求精确到小数点后 6 位。比较它们的收敛情况，说明哪种方法更好。

练习 3.4.3　分别用牛顿迭代法和正切迭代法求以下方程的近似解(精确到小数点后 6 位)：

① $x^4-5x^3+9x+3=0$，在[4,6]上。

② $2x^2+5=\mathrm{e}^x$，在[3,4] 上。

练习 3.4.4　考虑定义在区间[a,b]上的函数 $f(x)=\operatorname{sgn}(x-k)\sqrt{|x-k|}$，其中 k 为某个常数，如取 $k=(a+b)/2$。运用以下方法求零点：

① 考察 $f(a)$，$f(b)$ 是否异号？

② 在 a,b 之间用正切法给出点 c。

③ 重复以上步骤，直到 $|b-a|<\varepsilon|b|$ 或 $f(b)=0$。

练习 3.4.5　分别用二分法、牛顿法和正切法求下列函数在指定区间上的零点：

① x^3-2x-5，　[0,3]

② $\sin x$，　[1,4]

③ $x^3-0.001$，　[−1,1]

④ $\log\left(x+\frac{2}{3}\right)$，　[0,1]

⑤ $\operatorname{sgn}(x-2)\sqrt{|x-2|}$，　[1,4]

⑥ $\operatorname{atan}(x)-\frac{\pi}{3}$，　[0,5]

⑦ $\frac{1}{x-\pi}$，　[0,5]

练习 3.4.6　证明多项式 $f(x)=x^3-2x-5$ 在[2,3]上有一个实根和一对复根。

① 运用符号计算工具来找这三个根的符号表达；

② 用 roots 函数来找所有三个根的近似值；

③ 用函数 fzerotx 来找实根；

④ 以复初始值开始运用牛顿方法来找复根；

⑤ 二分法是否可用来寻找复根？为什么？

练习 3.4.7　在$[-\pi,\pi]$上用不同方式定义函数 $f(x)=|x|\sin(x^2)+\cos(x)\mathrm{e}^{-x}$，并用指令“z=fzerotx(@func,[0　pi],0)”求解该函数在此区间上的零点。

练习 3.4.8　对函数 $f(x)=\mathrm{sgn}(x-7)\sqrt{|x-7|}$ 和 $g(x)=x-\tan x$，比较二分法、牛顿法和正切法求解零点的精确度。

练习 3.4.9　Gamma 函数定义为

$$\Gamma(x+1)=\int_0^\infty t^x \mathrm{e}^{-t}\mathrm{d}t$$

当变量 x 取整数时有 $\Gamma(n+1)=n!$。$\Gamma(x)$如 $n!$一样，随 x 增加变化很快，因此考虑其对数形式更加方便。函数 gamma 和 gammaln 相应计算 $\Gamma(x)$和 $\log\Gamma(x)$。

① 试利用 MATLAB 定义 Gamma 函数，用来计算 Gamma 函数值，并运行以下语句：

```
x=2:0.01:10;   y1=gamma(x);   y2=gammaln(x);
subplot(121);   plot(x,y1);
subplot(122);   plot(x,y2);
```

② 对 $\log\Gamma(x+1)$的一个经典的估计式为

$$\log\Gamma(x+1)\sim x\log(x)-x+\frac{1}{2}\log(2\pi x)$$

该式称为 Gamma 函数的 Stirling 估计。试利用 Stirling 估计式来计算 Gamma 函数。

③ Gamma 函数的 Gosper 逼近(估计)是指表达式

$$\log\Gamma(x+1)\sim x\log(x)-x+\frac{1}{2}\log\left(2\pi x+\frac{\pi}{3}\right)$$

x 增大时，Gosper 逼近准确性得到改善。求 $x=2$ 时，Stirling 逼近和 Gosper 逼近的相对误差是多少？若 Stirling 逼近和 Gosper 逼近的相对误差小于 10^{-6}，那么 x 是多少？

练习 3.4.10　设 $f(x)=9x^2-6x+2$，利用 MATLAB 求 $f(x)$的最小值。MATLAB 中的函数 fmintx 可以用来求函数 $f(x)$在一个给定区间内的局部极值。下面是 fmintx 的一部分，请上网搜索并下载该函数编码，并用它来求函数 $f(x)$的极值。

```
r=(x-w)*(fx-fv);
q=(x-v)*(fx-fw);
p=(x-v)*q-(x-w)*r;
s=2.0*(q-r);
if  s>0.0
p=-p;
end
s=abs(s);
% 该抛物线方程是否可行?
para=((abs(p)<abs(0.5*s*e)) &...
(p>s*(a-x)) & (p<s*(b-x)));
if  para
e=d;
d=p/s;
newx=x+d;
end
```

练习 3.4.11　设 $f(x)=\sin(\tan x)-\tan(\sin x)$，$0\leqslant x\leqslant\pi$。

① 作函数 $f(x)$ 的图像；

② 利用微积分知识求 $f(x)$ 的极值和最小值；

③ 利用函数 fmintx 计算 $f(x)$ 的极值；

④ 求 $x\to\pi/2$ 时，函数 $f(x)$ 的极限。

3.5　迭代与混沌

俗话说：谋事在人，成事在天。意思是说：你可规划现在，但不可预测未来。但数学家们却认为，任何即使看似完全随机的事物也有一定的规矩可循。这就意味着：未来在某种程度上是可以预见的！这听起来似乎有些玄乎。但是数学家们证明了一切事物（如宇宙）的初始状态都是一堆看似毫不相干的碎片（即混沌状态），但经过一段也许是很长的时间后，这种混沌状态终将结束，代之这些碎片的，将是有机汇集成一体的某种情形下的有序状态。

“混沌”一词原指宇宙未形成之前的混乱状态，中国及古希腊哲学家认为：宇宙的起源为混沌状态，主张宇宙是由混沌之初逐渐形成现今有条不紊的世界。在井然有序的宇宙中，西方自然科学家经过长期的探讨，逐一发现众多自然界中的规律，如大家耳熟能详的地心引力、杠杆原理、相对论等。这些自然规律都能用数学公式加以描述，并可依据这些数学公式准确预测物体运动的行径。

混沌现象起因于物体不断以某种规则复制前一阶段的运动状态，而产生无法预测的随机效果。具体而言，混沌现象发生于易变动的物体或系统，该物体在行动之初极为单纯，但经过一定规则的连续变动之后，却产生始料未及的后果，也就是混沌状态。但是这种混沌状态并非杂乱无章的混乱状况，它经过相当长一段时间发展后，通过状态分析，可从中理出某种规则。混沌现象最先用于自然现象如气候变化、宇宙发展的解释。但在人文及社会领域中，混沌现象则更为常见。流行于欧洲的一首童谣说的就是这个混沌现象：

丢失一个钉子，坏了一只蹄铁；
坏了一只蹄铁，折了一匹战马；
折了一匹战马，伤了一位骑士；
伤了一位骑士，输了一场战斗；
输了一场战争，亡了一个帝国。

马蹄铁上一个钉子的丢失本是初始条件的微小变化，但其远期效应却关乎一个帝国的存亡。这也许有些夸张，但这就和咱们中国成语“千里之堤，毁于蚁穴”是一个道理，都是所谓的“蝴蝶效应”。

混沌学的诞生历史并不长。1972年12月29日，美国麻省理工学院教授洛仑兹(E. N. Lorence)在美国科学发展学会第一百三十九次会议上，发表了题为《蝴蝶效应(The Effect of Butterfly)》的学术演讲，提出了一个貌似荒谬的论断：一只位于巴西上空的蝴蝶的翅膀的扇动，可能会引起美国德克萨斯州刮起龙卷风！并由此提出天气的不可准确预报性。时至今日，这一论断仍为人们所津津乐道。它也激发了人们对混沌学的浓厚兴趣。今天，随着计算机技术和计算技术的飞速发展与进步，混沌学已经发展成为一门影响深远、发展迅速的前沿科学。

一般地，如果一个接近实际而本质上缺乏随机性的物理模型仍具有貌似随机的行为，我们就称该物理模型为混沌模型，对应的真实的物理系统就称为混沌系统。一个系统如果随着时间确定性变化，或具有微弱的随机性变化，那么该系统就称为动力系统。其系统状态可由一个或者多个变量确定。在某些动力系统中，如果两个相差细微的初始状态经过一段相当长时间后，其最终状态出现极大差异(就像从一个无穷序列中任意选取的两项)，那么我们就称该系统敏感地依赖于初始状态(初始条件)。这种对初始条件的敏感依赖性是混沌系统的一大特点。正所谓“差之毫厘，失之千里”，正是混沌现象的特色。

混沌来自于非线性动力系统。动力系统描述的是任意随时间发展变化的过程,例如生物物种的长期发展的最终性态。为了对这种最终性态进行判断预测,生物学家需要通过实验和观察来获取相关变量的值,并通过建立数学模型来描述生物的变化。

下面通过一个典型的例子来说明混沌现象和混沌模型。首先介绍混沌的数学模型。

1. 马修斯(Malthus)模型

设 x_n 是某生物群体在第 n 个时间段(例如年)末时的净人口数(出生率与死亡率之差)。若单位时间内人口相对增长率为 λ,那么人口增长数与原人口数成正比,从而

$$x_{n+1} = x_n + \lambda x_n \tag{3.5.1}$$

即 $x_{n+1}=\mu x_n$,其中 $\mu=1+\lambda>1$。记 $f(x)=\mu x$。已知初始时刻($t=0$)该生物群体人口总数为 x_0,那么函数迭代

$$x_{n+1} = f(x_n)$$

产生序列 $x_0, x_1, x_2, \cdots, x_n, \cdots$ 容易看出,该数列为几何数列。因此,Malthus 模型得出的结论是:人口增长呈几何级数,且约 35 年增加一倍,这一预测结果与 1700～1961 年的世界人口统计结果基本一致,但与近年统计结果有误差。

事实上,由于 $\mu>1$,x_n 趋向无穷大,这与实际情况不相符。因此过于简单的 Malthus 模型在人口长期预测方面必定是失效的。为此,考虑下述改进后得到的 Logistic 模型。

考虑到我们所生存的地球上的自然资源的有限性,人口进化模型必须考虑到生存资源的竞争这一重要因素。因此模型修改为

$$x_{n+1} = x_n + \lambda x_n - b x_n^2 \tag{3.5.2}$$

其中 $-b x_n^2$ 为竞争(约束)项,λ, b 称为生命系数,则

$$x_{n+1} = a x_n - b x_n^2, \quad a = 1 + \lambda \tag{3.5.3}$$

这是关于非线性映射 $f(x)=ax-bx^2$ 的迭代。下面的 MATLAB 代码中给出了参数 a, b 的一个具体值:

```
% popula01.m
% 给出 1979~2003 年间中国人口数
% 人口单位:10^8
a=1.029;
b=1.48654*10^(-11);
y_start=1979;
y_end=2003;
t=[y_start:y_end];
```

```
t1=t-y_start+1;
x(1)=9.7542*10^8;
for  i=2:t1(end)
x(i)=a*x(i-1)-b* x(i-1)*x(i-1);
fprintf('%6d     %7.5f\n',i+y_start-1,x(i)/10^8)
end
```

注意程序倒数第二行的指令“fprintf('%6d　%7.5f \n',i+y_start−1,x(i)/10^8)”为屏幕打印输出指令,其中括号里面单引号内部为打印输出内容,百分号%6d 表示以 6 位整数类型输出显示第 1 个变量(这里为表达式 i+y_start−1 的值),接连 4 个空格字符后,以浮点数格式(7.5f 表示含 5 位小数的 7 位数浮点数)打印第 2 个变量(x(i)/10^8)。注意“\n”表示每次打印结束后换行。输出结果如下:

```
1980    9.89564
1981    10.03704
1982    10.17836
1983    10.31953
1984    10.46049
1985    10.60118
1986    10.74155
1987    10.88154
1988    11.02108
1989    11.16013
1990    11.29863
1991    11.43652
1992    11.57375
1993    11.71026
1994    11.84601
1995    11.98094
1996    12.11501
1997    12.24816
1998    12.38035
1999    12.51153
2000    12.64167
2001    12.77071
```

2002　　12.89862

2003　　13.02536

这些数字与统计数字非常接近。

(3.5.3)式为 Logistic 映射(或称为 Logistic 函数)

$$f(x)=ax(1-x) \tag{3.5.4}$$

的具体体现。Logistic 映射要求迭代函数(3.5.4)中的参数 $a>0$,且 $x\in[0,1]$。

从(0,1)内一点 x_0 出发,由 Logistic 映射迭代形成一个序列,即

$$x_n=f^n(x_0),\quad n=1,2,3,\cdots \tag{3.5.5}$$

序列$\{x_n\}$称为 x_0 的轨道。

读者可能发现,我们没有称由(3.5.4)式确定的迭代序列符合 Logistic 模型,而称之为 Logistic 映射,是因为 Logistic 模型一般指一类概率分布模型,其概率密度函数为 $p=\dfrac{z}{\sigma(1+z)^2}\left(z=e^{\frac{x-\mu}{\sigma}}\right)$。

2. 数值迭代中的倍周期分叉现象

① $0<a<1$:注意到

$$0<x_n<ax_{n-1}<\cdots<a^n x_0 \tag{3.5.6}$$

因此有 $x_n\to 0$,即该物种将会逐渐灭亡。

练习 3.5.1　试证明:当 $0<a<1$ 时,由 Logistic 函数(3.5.4)生成的迭代序列(3.5.5)对于任意的初始值 $x_0\in[0,1]$都收敛,且收敛的极限值为 0。

② $1<a<3$:此时任何(0,1)中初始值 x_0 的轨道趋于 $x^*=1-\dfrac{1}{a}$,其中 x^* 是方程 $f(x)=x$ 的解,为映射 f 的不动点(称为 1-周期点)。例如 $a=\dfrac{3}{2}$ 时,$x_n\to\dfrac{1}{3}$。

练习 3.5.2　证明 $1<a<3$ 时,由 Logistic 函数(3.5.4)生成的迭代序列(3.5.5)对于任意的初始值 $x_0\in(0,1)$都收敛,且收敛的极限值为 $x^*=1-\dfrac{1}{a}$。试通过 MATLAB 编程来检验这一结果的正确性。

练习 3.5.3　① 对任意给定的初始值 x_0,试写出数列(3.1.4)的通项公式。

② 你能否给出(有可能依赖于 a,b,x_0 的)数列(3.1.4)收敛的充要条件?

③ 运用 MATLAB 编程,对任意给定的 a,b,x_0 和误差项 ε,当(3.1.4)中相邻两项的误差小于或等于 ε 时,就终止程序,并输出方程的近似解 x_n。

④ 如何确定并刻画序列(3.1.4)的收敛速度?

上面练习中,我们选取了简单的线性函数。如果 $f(x)$是一个非线性函数,情况将变得更加复杂:由于非线性方程的根一般不唯一,迭代序列(3.1.4)的收敛性(以及极限点的位置)不仅仅与方程函数有关,而且可能与初始值的选取

有关。

练习 3.5.4　考察方程 $g(x)=3\cos(x)-5x=0$ 的根。尝试以下解法：

① 选取函数 $f(x)=\frac{3}{5}\cos(x)$；

② 用 MATLAB 画出函数曲线 $y=f(x)$ 以及直线 $y=x$，观察它们的交点；

③ 选取一个适当的初始值 x_0 做迭代，考察该迭代产生的序列是否收敛，如果收敛，是否收敛于它们的交点；

④ 如果交点个数大于 1，那么通过选取不同的初始值 x_0，能否得到不同的交点？

练习 3.5.5　为了求无理数 $x=\sqrt{3}$，我们定义函数 $f(x)=\frac{1}{2}\left(x+\frac{3}{x}\right)$。选取适当的初始值，通过该函数 $f(x)$ 的迭代计算 $x=\sqrt{3}$ 的一个近似值。

我们称点 x^* 为函数 $f(x)$ 的一个稳定点，如果它满足式(3.1.3)。迭代函数 $f(x)$ 的连续性是保证 $f(x)$ 稳定点存在(即迭代序列(3.1.4)收敛)的必要条件。

练习 3.5.6　考虑函数

$$f(x)=\begin{cases}\frac{1}{2}x, & x\neq 0\\ 1, & x=0\end{cases}$$

用 MATLAB 验证该函数没有稳定点。

3.6　矩阵迭代在微分方程中的应用

在运用计算机实现迭代算法的时候，一般需要将问题转化为离散模型。这时就需要涉及矩阵的迭代模型和矩阵迭代算法。本节首先通过一个例子来介绍如何运用矩阵方法求解微分方程问题的数值解。

考虑一个单位正方形上的 Dirichlet 边界问题的数值解，即估计一个二元函数 $z=u(x,y)$，它在单位正方形的内部满足 Laplace 方程，即

$$\frac{\partial^2 u(x,y)}{\partial x^2}+\frac{\partial^2 u(x,y)}{\partial y^2}=0,\quad 0<x,y<1 \tag{3.6.1}$$

用 Γ 表示该正方形的边界，我们还要求函数 $z=u(x,y)$ 满足 Dirichlet 边界条件：

$$u(x,y)=g(x,y),\quad (x,y)\in\Gamma \tag{3.6.2}$$

其中 $g(x,y)$为已知函数。现在对该正方形进行网格化,其网格边长为 $h=\frac{1}{3}$。并考虑单位正方形中的点 $(x_0,y_0),(x_0\pm h,y_0),(x_0,y_0\pm h),(x_0\pm h,y_0\pm h)$,它们分别对应 9 个网格点。我们将函数 $z=u(x,y)$ 在(x_0,y_0)点展开为 Taylor 级数(这里假设该函数 4 次可微)

$$u(x_0\pm h,y_0)=u(x_0,y_0)\pm hu_x(x_0,y_0)+\frac{1}{2}h^2u_{xx}(x_0,y_0)$$

$$\pm\frac{1}{3!}h^3u_{xxx}(x_0,y_0)+\frac{1}{4!}h^4u_{xxxx}(x_0,y_0)\pm\cdots \tag{3.6.3}$$

类似有

$$u(x_0,y_0\pm h)=u(x_0,y_0)\pm hu_y(x_0,y_0)+\frac{1}{2}h^2u_{yy}(x_0,y_0)$$

$$\pm\frac{1}{3!}h^3u_{yyy}(x_0,y_0)+\frac{1}{4!}h^4u_{yyyy}(x_0,y_0)\pm\cdots \tag{3.6.4}$$

由(3.6.3)式和(3.6.4)式,可得

$$\frac{1}{h^2}[u(x_0+h,y_0)+u(x_0-h,y_0)+u(x_0,y_0+h)+u(x_0,y_0-h)-4u(x_0,y_0)]$$

$$=[u_{xx}(x_0,y_0)+u_{yy}(x_0,y_0)]+\frac{1}{12}h^2[u_x^{(4)}(x_0,y_0)+u_y^{(4)}(x_0,y_0)]+\cdots \tag{3.6.5}$$

这里用记号 $u_x^{(n)}(x_0,y_0)$表示函数 u 在点(x_0,y_0)关于变量 x 的 n 次偏导数。结合条件(3.6.1),同时注意到等式(3.6.5)右端第二项为关于 h 的高阶无穷小,得到关于 $u(x_0,y_0)$的表达式:

$$u(x_0,y_0)\approx\frac{1}{4}[u(x_0+h,y_0)+u(x_0-h,y_0)+u(x_0,y_0+h)+u(x_0,y_0-h)] \tag{3.6.6}$$

令

$$u_1=u\left(\frac{1}{3},\frac{2}{3}\right),\quad u_2=u\left(\frac{2}{3},\frac{1}{3}\right),\quad u_3=u\left(\frac{2}{3},\frac{2}{3}\right),\quad u_4=u\left(\frac{1}{3},\frac{1}{3}\right) \tag{3.6.7}$$

我们希望近似计算(3.6.7)式中 u_1,u_2,u_3,u_4的值。通过边界条件可以求得以下 12 个边界网格点的边界值:

$$g_1=u\left(\frac{1}{3},1\right)=g\left(\frac{1}{3},1\right),\quad g_2=u\left(\frac{2}{3},1\right)=g\left(\frac{2}{3},1\right),\quad g_3=u(1,1)=g(1,1),$$

$$g_4=u\left(1,\frac{2}{3}\right)=g\left(1,\frac{2}{3}\right),\quad g_5=u\left(1,\frac{1}{3}\right)=g\left(1,\frac{1}{3}\right),\quad g_6=u(1,0)=g(1,0),$$

$$\cdots,\quad g_{11}=u\left(0,\frac{2}{3}\right)=g\left(0,\frac{2}{3}\right),\quad g_0=u(0,1)=g(0,1) \tag{3.6.8}$$

用 w_i 表示 $u_i(1\leqslant i\leqslant 4)$ 用(3.6.6)式分别得到的近似值,则

$$\begin{cases} w_1 = \dfrac{1}{4}(w_3 + w_4 + g_1 + g_{11}) \\ w_2 = \dfrac{1}{4}(w_3 + w_4 + g_5 + g_7) \\ w_3 = \dfrac{1}{4}(w_1 + w_2 + g_2 + g_4) \\ w_4 = \dfrac{1}{4}(w_1 + w_2 + g_8 + g_{10}) \end{cases} \tag{3.6.9}$$

令

$$A = \frac{1}{4}\begin{pmatrix} 4 & 0 & -1 & -1 \\ 0 & 4 & -1 & -1 \\ -1 & -1 & 4 & 0 \\ -1 & -1 & 0 & 4 \end{pmatrix},\quad w = \begin{pmatrix} w_1 \\ w_2 \\ w_3 \\ w_4 \end{pmatrix},\quad b = \frac{1}{4}\begin{pmatrix} g_1 + g_{11} \\ g_5 + g_7 \\ g_2 + g_4 \\ g_8 + g_{10} \end{pmatrix} \tag{3.6.10}$$

其中向量 b 由边界条件可以得到。那么(3.6.9)式可等价地表示成线性方程组

$$Aw = b \tag{3.6.11}$$

于是一个微分方程的边值问题就转化成求解一个线性方程组的问题。记矩阵 $A=I-B$,其中 I 为 4 阶单位矩阵,B 为下列 4 阶非负对称矩阵:

$$B = \frac{1}{4}\begin{pmatrix} 0 & 0 & 1 & 1 \\ 0 & 0 & 1 & 1 \\ 1 & 1 & 0 & 0 \\ 1 & 1 & 0 & 0 \end{pmatrix}$$

则方程组(3.6.11)可以等价地改写为

$$w = Bw + b \tag{3.6.12}$$

假设 w_0 为方程组(3.6.11)唯一的解向量 w 的一个初始估计,我们采用(3.6.12)式生成迭代向量序列 $w^{(0)},w^{(1)},w^{(2)},\cdots$即

$$w^{(k+1)} := Bw^{(k)} + b,\quad k = 0,1,2,\cdots \tag{3.6.13}$$

一个关键的问题是:向量序列 $w^{(0)},w^{(1)},w^{(2)},\cdots$是否收敛?即是否存在极限向量 u,使得

$$\lim_{k\to\infty} w^{(k)} = u \tag{3.6.14}$$

事实上,易知 B 的特征值为 $0,0,-\dfrac{1}{2},\dfrac{1}{2}$(见练习(3.6.1))。若记 $\delta^{(k)}=w^{(k)}-u(k=0,1,2,\cdots)$,那么 (3.6.14)式中极限的存在性等价于 $\lim\limits_{k\to\infty}\delta^{(k)}=\lim\limits_{k\to\infty}B^k\delta^{(0)}=(\lim\limits_{k\to\infty}B^k)\delta^{(0)}$。注意到矩阵 B 满足$\lim\limits_{k\to\infty}B^k=0$(这是由于矩阵 B 的最大特征值的模小于 1),从而有$\lim\limits_{k\to\infty}\delta^{(k)}=0$,因此由(3.6.13)式生成的向量序列收敛。这说明我们可

以通过 MATLAB 编程，使得 k 足够大。当前后两项误差小于给定的阈值时，求出的迭代向量 $w^{(k)}$ 可作为原问题(3.6.2)在一个单位正方形的 4 个网格点上的函数值的近似解。类似地，如果考虑 $h=\frac{1}{n}$，那么可以求得该函数在单位正方形内部的 n^2 个网格点上的函数值的近似结果。有时，当 n 足够大，这种数值解正是我们所希望的。

在第 11 章第 5 节将对向量和矩阵范数进行详细介绍，由此可给出由(3.6.13)式生成的向量序列收敛的一个充分条件(见练习 11.5.17)。

练习 3.6.1 证明上述矩阵 B 的所有特征值为 $0,0,-\frac{1}{2},\frac{1}{2}$。

练习 3.6.2 证明上述矩阵 B 满足条件 $\lim\limits_{k\to\infty}B^k=0$。

练习 3.6.3 考虑本节问题中定义的迭代规则，试求该迭代规则产生的解向量的一个极限向量。进一步，运用 MATLAB 计算误差小于 0.001 的原问题在单位正方形内部的数值解。如果选取 $h=\frac{1}{10}$，那么情况如何？

3.7 基本迭代方法与比较定理

从上节可以看出，一个非线性方程可以通过离散化化为线性方程组来进行近似求解。而线性方程组的求解似乎很简单。例如，传统的求解线性方程组的方法有对线性方程组 $Ax=b$ 的系数矩阵 A 进行 LU 分解(三角分解)。这种方法的计算复杂度为 $2n^3/3$，存储量大约为 n^2+n，其中 n 为系数矩阵 A 的阶。若 $n=100$，那么需要的浮点计算步骤为 6.7×10^5，这在一般的个人台式电脑上大约需要 1 秒钟。如果 $n=1000$，那么浮点计算量为 6.7×10^8，这足以让你的电脑运行一段时间了。但在实际问题中，大型线性方程组如网页评价计算等，涉及的 n 可能是几十亿甚至更多，这种 LU 分解方法显然不可行。幸运的是，现实中的很多大型线性方程组涉及的系数矩阵都是稀疏矩阵，即其中的零元占大多数。假设记 N 为矩阵 A 中的非零元个数，那么我们希望算法复杂度为 $O(N)$。

事实上，如何快速、有效、精确地求解大型线性方程组，至今仍是我们所关注的问题。本节将简要地介绍几种常见的矩阵迭代方法，即 Jacobi 迭代、Gauss-Seidel 迭代和连续超松弛迭代方法。

3.7.1 Jacobi 迭代

先考虑线性方程组

$$Ax=b \tag{3.7.1}$$

其中矩阵 $A=[a_{ij}]\in \mathbf{R}^{n\times n}$，$b\in \mathbf{R}^n$，$x\in \mathbf{R}^n$。那么(3.7.1)式的解存在且唯一，当且仅当矩阵 A 为非奇异矩阵(A 的行列式不为零)，即矩阵 A 可逆。此时，方程组(3.7.1)的唯一解为

$$x=A^{-1}b$$

这里我们假设有：

① A 为方阵，即方程组中方程的个数等于未知量的个数；

② A 非奇异，即 A 可逆；

③ A 的对角元全非零，即 $a_{ii}\neq 0,\ \forall i=1,2,\cdots,n$。

现记 A 为形式

$$A=U+L+D \tag{3.7.2}$$

其中矩阵 U,L,D 与 A 大小相同，且 U 为将矩阵 A 的主对角线及其以下部分代之以零所得到的矩阵，称为 A 产生的上三角(upper triangle)矩阵，L 为将矩阵 A 的主对角线及其以上部分代之以零所得到的矩阵，称为 A 产生的下三角(lower triangle)矩阵，D 为 A 的对角元生成的对角矩阵。(3.7.2)式称为矩阵 A 的分裂式，如

$$\begin{bmatrix}1&2&3\\4&5&6\\7&8&9\end{bmatrix}=\begin{bmatrix}0&2&3\\0&0&6\\0&0&0\end{bmatrix}+\begin{bmatrix}0&0&0\\4&0&0\\7&8&0\end{bmatrix}+\begin{bmatrix}1&0&0\\0&5&0\\0&0&9\end{bmatrix}=U+L+D$$

将分裂式(3.7.2)代入(3.7.1)式，可得

$$\begin{aligned}(U+L+D)x=b\Leftrightarrow Dx&=-(U+L)x+b\\ \Leftrightarrow x&=-D^{-1}(U+L)x+D^{-1}b\end{aligned} \tag{3.7.3}$$

这里假设矩阵 A 的对角元均非零，于是得到迭代方程：

$$x^{(k+1)}=-D^{-1}(U+L)x^{(k)}+D^{-1}b \tag{3.7.4}$$

其中 $x^{(0)}$ 为迭代初始向量，$x^{(k)}$ 为迭代 k 次后产生的解向量。由(3.7.4)式产生的迭代方法称为 Jacobi 迭代。

下面具体给出 Jacobi 迭代的算法：

给定初始迭代点 $x(0)$，求解线性方程组 $Ax=b$。

输入：n：方程和未知量个数；

a_{ij}：$1\leqslant i,j\leqslant n$：　矩阵 A 的元素；

bi，$1\leqslant i\leqslant n$ ：向量 b 的元；

XOi，$1\leqslant i\leqslant n$ of XO=$x(0)$；

TOL：允许误差限 TOL

N：最大迭代次数

输出：近似解 $x1,\cdots,xn$

或超出迭代最大次数的信息

Step 1 令 k=1

Step 2 While(k≤N) do Steps 3～6

Step 3 For i=1,…,n

xi=(b_i-\sum_{j\neq i,j=1}^n a_{ij}XO_j)/a_{ii};

Step 4 若‖x-XO‖<TOL,则输出(x1,…,xn)

STOP

Step 5 令 k=k+1

Step 6 对 i=1,2,…,n, 令 XOi=xi

Step 7 输出('超出最大迭代次数')

STOP

需要注意以下几点：

① 在算法的第三步中要求每个对角元 a_{ii} 均非零。如果有某个对角元为零,且线性方程组对应系数矩阵 A 为非奇异,那么方程组经过适当置换,一定可以让每个对角元非零。

② 为了保证算法的快速收敛,一般需要对方程组进行适当置换,使得对角元尽可能大。

③ 在选择程序终止规则时,可以在第 4 步将绝对误差替换为相对误差。

例 3.7.1 考虑线性方程组 $Ax=b$,其中：

$$A=\begin{pmatrix}4&2&1\\1&3&1\\1&1&4\end{pmatrix},\quad b=\begin{pmatrix}3\\-1\\4\end{pmatrix}$$

那么(3.7.4)式产生的 Jacobi 迭代公式为

$$\begin{pmatrix}x_1^{(k+1)}\\x_2^{(k+1)}\\x_3^{(k+1)}\end{pmatrix}=\begin{pmatrix}0&-\frac{1}{2}&-\frac{1}{4}\\-\frac{1}{3}&0&-\frac{1}{3}\\-\frac{1}{4}&-\frac{1}{4}&0\end{pmatrix}\begin{pmatrix}x_1^{(k)}\\x_2^{(k)}\\x_3^{(k)}\end{pmatrix}+\begin{pmatrix}\frac{3}{4}\\-\frac{1}{3}\\1\end{pmatrix}$$

即

$$\begin{cases}x_1^{(k+1)}=\frac{1}{4}(3-2x_2^{(k)}-x_3^{(k)})\\x_2^{(k+1)}=\frac{1}{3}(-1-x_2^{(k)}-x_3^{(k)})\\x_1^{(k+1)}=\frac{1}{4}(4-x_2^{(k)}-x_3^{(k)})\end{cases}$$

取迭代初始点为 $x^{(0)}=(0,0,0)^{\mathrm{T}}$，则有

$$\begin{pmatrix} x_1^{(1)} \\ x_2^{(1)} \\ x_3^{(1)} \end{pmatrix} = \begin{pmatrix} 3/4 \\ -1/3 \\ 1 \end{pmatrix}, \quad \begin{pmatrix} x_1^{(2)} \\ x_2^{(2)} \\ x_3^{(2)} \end{pmatrix} = \begin{pmatrix} 0.6667 \\ -0.9167 \\ 0.8958 \end{pmatrix}, \quad \cdots$$

该方法似乎收敛到其精确解($x_1=1, x_2=-1, x_3=1$)较慢(注意到 $x_3^{(1)}$ 为精确解)。

一般地，Jacobi 迭代公式可具体表示为

$$x_i^{(k+1)} = \frac{b_i}{a_{ii}} - \sum_{j=1,j\neq i}^{n} a_{ij}x_j^{(k)}/a_{ii}, \quad \forall i=1,\cdots,n \tag{3.7.5}$$

对于给定初始值和给定误差 $\delta>0$，当迭代序列误差小于 δ，迭代终止。记

$$r_k = \| b - Ax^{(k)} \|, \quad \rho^{(k)} = \frac{\| x^{(k)} - x^{(k-1)} \|}{\| x^{(k)} \|}$$

通常通过设定相对容许误差的一个下阶来终止程序。

一个自然的问题是：对于什么样的系数矩阵 A 以及怎样的初始值 $x^{(0)}$，能保证 Jacobi 迭代一定收敛？为此，记 $M=-D^{-1}(U+L)$，$b_0=D^{-1}b$，则(3.7.4)式等价于

$$x^{(k+1)} = Mx^{(k)} + b_0 \tag{3.7.6}$$

反复使用该迭代式，可得

$$x^{(k+1)} = M^{k+1}x^{(0)} + f(M)b_0$$

其中多项式

$$f(x) = x^k + x^{k-1} + \cdots + x + 1 \tag{3.7.7}$$

则有

$$M = -D^{-1}(U+L) = I - D^{-1}A = D^{-1/2}(I - D^{-1/2}AD^{-1/2})D^{1/2} \tag{3.7.8}$$

练习 3.7.1　证明：一个上(下)三角矩阵的对角元恰为其特征值。

练习 3.7.2　证明：任何一个方阵 A 都相似于上三角(下三角)矩阵(Schur 标准型)。

练习 3.7.3　证明：假设一个 n 阶上三角阵 A 的对角元均小于 1，那么 $\lim\limits_{k\to\infty}A^k=0$。

练习 3.7.4　证明：在(3.7.8)式中，若记 $\tilde{A}=D^{-1/2}AD^{-1/2}=(\tilde{a}_{ij})$，那么对于所有 i，有 $\tilde{a}_{ii}=1$。

练习 3.7.5　证明：若 A 为正定矩阵，且 $\tilde{A}$ 的谱半径(绝对值最大的特征值) $\rho(\tilde{A})<1$，那么 Jacobi 迭代法对于所有初始值向量均收敛。

3.7.2　Gauss-Seidel 迭代

上一节介绍了 Jacobi 迭代方法，它本质上是将线性方程组(3.7.1)化成了形式

$x=Bx+g$ 后，运用迭代公式(3.7.4)进行迭代计算。本节简单介绍 Gauss-Seidel 迭代法。

任取初始近似 $x^{(0)}$，对 $k=1,2,\cdots$ 计算：

$$\begin{cases} x_1^{(k+1)} = \qquad\qquad b_{12}x_2^{(k)} + b_{13}x_3^{(k)} + \cdots + b_{1n}x_n^{(k)} + g_1 \\ x_2^{(k+1)} = b_{21}x_1^{(k+1)} + \qquad\qquad b_{23}x_3^{(k)} + \cdots + b_{2n}x_n^{(k)} + g_2 \\ \cdots\cdots\cdots\cdots \\ x_n^{(k+1)} = b_{n1}x_1^{(k+1)} + b_{n2}x_2^{(k+1)} + \qquad \cdots + b_{n,n-1}x_n^{(k+1)} + g_n \end{cases} \tag{3.7.9}$$

对预先给定的精度 $\varepsilon>0$，若有 $\| x^{(k+1)}-x^{(k)} \| \leqslant \varepsilon$，则迭代终止。用矩阵形式表示，即

$$x^{(k+1)} = Lx^{(k+1)} + Ux^{(k)} + g, \quad k=1,2,3,\cdots \tag{3.7.10}$$

Gauss-Seidel 迭代法中 $x^{(k+1)}$ 与 $x^{(k)}$ 有如下线性关系：

$$x^{(k+1)} = (I-L)^{-1}Ux^{(k)} + (I-L)^{-1}g$$

图 3.7.1 是 Gauss-Seidel 迭代法流程图。

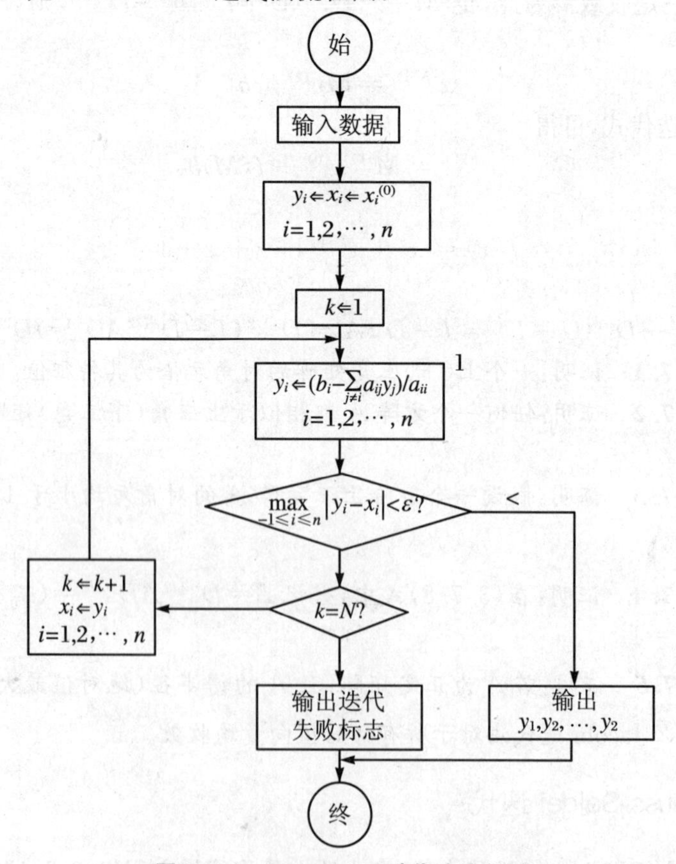

图 3.7.1 Gauss-Seidel 迭代法流程图

图 3.7.1 中,输入数据为系数矩阵 A、常数向量 b、初始值 $x^{(0)}$、停止条件 ε 和最大循环次数 N。流程图中的 y_j 是 Gauss-Seidel 迭代公式中的 $x_i^{(k)}$,y_i 是Gauss-Seidel 公式中的 $x_i^{(k+1)}$,k 是迭代次数,N 是最大循环次数。

例 3.7.2　方程组及转换与例 3.7.1 相同,迭代计算如下:

任取初始近似 $x^{(0)}$,对 $k=1,2,\cdots,n$ 计算:

$$\begin{cases} x_1^{(k+1)} = 0.1x_2^{(k)} + 0.2x_3^{(k)} + 0.72 \\ x_2^{(k+1)} = 0.1x_1^{(k+1)} + 0.2x_3^{(k)} + 0.83 \\ x_3^{(k+1)} = 0.2x_1^{(k+1)} + 0.2x_2^{(k+1)} + 0.84 \end{cases}$$

直至 $\| x^{(k+1)} - x^{(k)} \| \leqslant \varepsilon$,预定的精度。

计算结果如表 3.7.1 所示。

表 3.7.1　计算结果

k	$x_1^{(k)}$	$x_2^{(k)}$	$x_3^{(k)}$
0	0	0	0
1	0.72000000000000	0.90200000000000	1.16440000000000
2	1.04308000000000	1.16718800000000	1.28205360000000
3	1.09312952000000	1.19572367200000	1.29777063840000
4	1.09912649488000	1.19946677716800	1.29971865440960
5	1.09989040859872	1.19993277174179	1.29996463606810
6	1.09998620438780	1.19999154765240	1.29999555040804

练习 3.7.6　试描述 Jacobi 迭代、Gauss-Seidel 迭代和超松弛(SOR)迭代的算法,并进行算法的比较,说明这三种算法各自的优缺点和执行条件。

练习 3.7.7　尝试编写 Jocobi 迭代、Gauss-Seidel 迭代和超松弛(SOR)迭代的 MATLAB 程序。

练习 3.7.8　考虑下面的迭代方程组:

$$\begin{cases} x_1^{(k+1)} = (20 + x_2^{(k)} - 2x_3^{(k)})/8 \\ x_2^{(k+1)} = (30 - 40x_1^{(k+1)} + x_3^{(k)})/11 \\ x_3^{(k+1)} = (36 - 6x_1^{(k+1)} - 3x_2^{(k+1)})/12 \end{cases}$$

取初始迭代向量为 $x^{(0)}=(0,0,0)^{\mathrm{T}}$,试分别用 Jacobi 迭代、Gauss-Seidel 迭代和超松弛迭代方法对该迭代方程组求解,并比较产生的结果的精度与收敛状况。

练习 3.7.9　矩阵 A 称为是对角占优矩阵,如果 A 满足

$$|a_{ii}| \geqslant \sum_{j=1, j\neq i}^{n} |a_{ij}|, \quad \forall i = 1,2,\cdots,n$$

则 A 称为严格对角占优矩阵。如果上述每个不等式均为严格不等式,试利用 MATLAB 给出一个具体的严格对角占优方程组(即系数矩阵为对角占优矩阵的线性方程组),并分别利用 Jacobi 迭代方法和 Gauss-Seidel 方法求解。说明这两种方法在此情形下的收敛状况。

第4章　插值与拟合

工程实践和科学实验中经常需要通过部分离散信息来建立变量之间的对应规则，即函数关系式。从经验上，我们能预知这种对应关系在某个范围内的存在性，但通常只能观测到这种对应关系的部分信息，即只能获取某个范围内的一些离散点上的值，这些值构成观测数据集，它们类似于一个母体中的采样或者样本点，但能够反映它们的规律性的函数表达式一般是唯一的。这种通过分析有限观察值来推断数据发展趋势或者变量对应关系的方法就是数据插值方法或者数据拟合方法。

数据插值方法与数据拟合方法是计算数学中常用的两种数据处理方法。本章将重点介绍几类插值方法与数据拟合在数据处理和解决实际问题中的应用，特别强调 MATLAB 对应函数的使用，分为 8 节：第 1 节介绍数据插值问题起源、插值方法和插值问题的基本定义，以及插值多项式的唯一性和插值基多项式的定义等；第 2 节介绍拉格朗日插值多项式的基函数和拉格朗日插值方法；第 3 节介绍牛顿插值多项式及其相关内容；第 4 节介绍函数的等距节点条件下的插值多项式，它建立在牛顿插值多项式的基础上，其插值精度比牛顿插值公式更好；第 5 节介绍分段插值，包括分段线性插值、二次多项式插值方法；第 6 节介绍一类重要的分段插值——三次样条插值；第 7 节介绍数据拟合，包括拟合问题的提出、最小二乘拟合求解和相关 MATLAB 指令的使用；第 8 节通过实验形式和具体实例来介绍以上插值方法和拟合在解决问题中的具体应用。

4.1　插 值 方 法

插值在数学与工程科学发展史上是一个古老的问题。它最初来源于天体计算——由若干观测值计算任意时刻星球的位置。其在机械加工、工程设计与制造等工程技术和数据处理科学研究中有广泛的应用。插值还是数值微分、数值积分、常微分方程数值解等数值计算的基础。

在实际问题求解时，很多情况下无法准确得到表示变量关系的准确的函数表达式，或者能够写出该函数表达式但过于复杂。这时，我们需要对收集到的数据点采用插值方法来获取近似的函数关系,即插值多项式,从而近似计算非采样点处的函数值。这种解决问题的思路,即通过数据点建立一个便于计算的近似的函数关系表达式,来代替复杂的或者未知的函数关系,就叫做插值方法。对于一组给定的用表格表示的数据,插值方法可以理解为:根据该表格中的数据来计算表中没有的函数值。

准确地说,假设已知定义于区间 $[a,b]$上的未知函数 $y=f(x)$在 $n+1$ 个两两不同的点集 $x_0<x_1<x_2<\cdots<x_n$上的函数值 $f(x_0),f(x_1),\cdots,f(x_n)$。若存在一个函数簇 Φ,在其中找到一个函数 $\varphi(x)$,它满足

$$\varphi(x_i)=f(x_i),\quad i=0,1,2,\cdots,n \tag{4.1.1}$$

则称 $\varphi(x)$为 $f(x)$在函数簇 Φ 中关于节点$\{x_i\}$的一个插值函数。这里 $f(x)$称为被插值函数,$\varphi(x)$为插值函数,$[a,b]$为插值区间,而节点集合$\{x_i\}(i=0,1,\cdots,n)$为插值节点集合。

我们把以上求满足条件(4.1.1)的插值函数 $\varphi(x)$的问题称为插值问题。如果 Φ 为多项式集合,则称该插值问题为多项式插值问题。一个插值多项式对应的曲线应该经过每一个插值点(即经过给定的 $n+1$ 个点)。当然,多项式插值并非唯一的,如果数据点(具体地说,是数据应变量的变化)呈下降递减趋势,那么插值函数有可能是负指数函数,如 $\varphi(t)=a_1\mathrm{e}^{-k_1t}+a_2\mathrm{e}^{-k_2t}$;如果数据呈现振荡的趋势,那么选择三角函数作为插值函数就更加合理。

对于多项式插值问题,很显然的一个事实是,过 $n+1$ 个数据点,可唯一确定一个 n 次多项式(为什么?)。

例 4.1.1　假设已知平面上的一条二次曲线 C 过平面上的三个点 $A(-2,-15)$,$B(3,-5)$和 $C(1,3)$,那么可以求得该二次曲线对应的方程为

$$y=1+4x-2x^2 \tag{4.1.2}$$

事实上,我们可事先设该二次曲线方程为 $y=a+bx+cx^2$,那么通过将点 A,B,C 的坐标代入其中,可求得该二次多项式的三个系数。

有时候,有些问题中的被插值函数是已知的,如我们需要在某给定精度下计算正弦函数 $y=\sin(x)$ 在某些给定点处的函数近似值。这些值也许是我们通过查三角函数表所无法求得的。

为了进一步说明多项式插值,我们来考虑简单的一元多项式的情形。先来了解一下多项式构成的几种线性空间和多项式的几种表示方式。记 $R[x]$为全体实系数多项式构成的集合(包括零多项式),那么它构成一个无限维线性空间,它的一个基为

$$1,x,x^2,x^3,\cdots,x^n,\cdots$$

若记 $R_n[x]$为线性空间 $R[x]$中次数不大于 n 的实系数多项式全体构成的集合(包

括零多项式)，那么它构成 $R[x]$的一个 $n+1$ 维线性子空间，它的一个基为

$$1, x, x^2, \cdots, x^n \tag{4.1.3}$$

我们还可以在线性空间 $R[x]$上定义内积、范数和距离(度量)，这样线性子空间 $R_n[x]$就成为了(同构于)一个 $n+1$ 维欧氏向量空间。$R_n[x]$上的任意一个多项式都可以表示为基(4.1.3)下的一个 n 维向量(即线性组合系数构成的具有 n 个分量的向量)。这种表示尽管形式非常简单，但在多项式插值问题中却意义不大，原因是基(4.1.3)并非标准正交基。无论是求多项式的根，还是求解该多项式在某些点处的函数值，都不方便。

例 4.1.1 中的多项式可改写为

$$p_2(x) = -15 + 2(x+2) - 2(x+2)(x-3) \tag{4.1.4}$$

注意(4.1.4)式中采用了另外一组基，即 $1, x+2, (x+2)(x-3)$。该组基有其独特的优势。我们还可以将(4.1.2)式中的多项式改写为

$$p_2(x) = (x-1)(x-3) - 0.5(x+2)(x-3) - 0.5(x+2)(x-1)$$

这里出现了三项乘积，其中每项均是二次多项式，且恰是三个点中的其中两个对应的一次因子的乘积。这些形式的表达各有千秋，它们对应多项式插值的不同方法。接下来的内容中将逐一详细介绍。

一旦确定了 $R_n[x]$的一组基 $\alpha_0(x), \alpha_1(x), \cdots, \alpha_n(x)$，插值多项式

$$p(x) = a_0 + a_1 x + a_2 x^2 + \cdots + a_n x^n$$

就可在这组基下被唯一地线性表出，即

$$p(x) = \lambda_0 \alpha_0(x) + \lambda_1 \alpha_1(x) + \cdots + \lambda_n \alpha_n(x) \tag{4.1.5}$$

如何确定(4.1.5)式中的系数 λ_i，就成为问题的关键。

如果选取这组基 $\alpha_0(x), \alpha_1(x), \cdots, \alpha_n(x)$为(4.1.3)式中的基向量，那么问题就转化为解一个 $n+1$ 个方程 $n+1$ 个未知量的线性方程组：

$$Mx = y \tag{4.1.6}$$

其中：

$$M = \begin{pmatrix} 1 & x_0 & x_0^2 & \cdots & x_0^n \\ 1 & x_1 & x_1^2 & \cdots & x_1^n \\ 1 & x_2 & x_2^2 & \cdots & x_2^n \\ \vdots & \vdots & \vdots & & \vdots \\ 1 & x_n & x_n^2 & \cdots & x_n^n \end{pmatrix}$$

$$x = \begin{pmatrix} \lambda_0 \\ \lambda_1 \\ \lambda_2 \\ \vdots \\ \lambda_n \end{pmatrix}, \quad y = \begin{pmatrix} y_0 \\ y_1 \\ y_2 \\ \vdots \\ y_n \end{pmatrix}$$

方程(4.1.6)为范德蒙方程(M称为范德蒙矩阵)。由于节点的横坐标$x_0,x_1,\cdots,x_n$两两不等(一般情况下,我们不妨假设它们按照由小到大的顺序严格递增排列),故其对应系数行列式(称为范德蒙行列式)不为零,从而方程组(4.1.6)有唯一解。这证明了$n+1$个插值点确定的n次插值多项式唯一。

结论归纳如下:

定理 4.1.1 设$x_0,x_1,\cdots,x_n$是$n+1$个互异节点,且函数$f(x)$在这组节点的值$y_k=f(x_k)$ $(k=0,1,\cdots,n)$已知,那么存在唯一的次数$\leqslant n$的多项式$P_n(x)$,它满足

$$p_n(x_k)=y_k,\quad k=0,1,\cdots,n \tag{4.1.7}$$

对于给定的插值多项式$p_n(x)$,定义插值误差为

$$R(x)=f(x)-p_n(x)=f(x)-\sum_{j=0}^{n}\lambda_j\varphi_j(x) \tag{4.1.8}$$

值得注意的是,方程组(4.1.6)为病态方程组,即当插值点充分接近($|x_{i+1}-x_i|<eps$)时,系数行列式接近于零,方程组近似于一个奇异方程组,从而其扰动状态下的解出现急剧振荡,且阶数($n+1$)越高,方程组的病态越严重。因此,我们从另一途径来寻求获得$p_n(x)$的方法。拉格朗日插值多项式和牛顿插值多项式是两类有效方法。下面将逐一介绍拉格朗日插值多项式和牛顿插值多项式。

4.2 拉格朗日插值多项式

拉格朗日(Lagrange)插值是多项式插值方法中最经典的方法之一。下面先定义拉格朗日插值的基函数。

定义 4.2.1 设n次多项式$l_k(x)$ $(k=0,1,\cdots,n)$在$n+1$个插值节点$x_0<x_1<\cdots<x_n$上满足插值条件:

$$l_k(x_i)=\delta_{ik}=\begin{cases}1, & i=k,\\ 0, & i\neq k,\end{cases}\quad i,k=0,1,\cdots,n \tag{4.2.1}$$

则称这$n+1$个n次多项式$l_0(x),l_1(x),\cdots,l_n(x)$为插值节点$x_0,x_1,\cdots,x_n$上的$n$次插值基函数。

不难验证,n次插值基函数的线性组合在插值节点$x_0,x_1,\cdots,x_n$上满足插值条件,从而可以利用插值基函数来构造插值多项式。下面具体介绍插值多项式的构造方法。

先来看线性插值问题,即求次数$n\leqslant 1$的多项式$L_1(x)$,使得$L_1(x)$满足条件:

$$L_1(x_0)=y_0,\quad L_1(x_1)=y_1$$

则L_1为经过平面上两点(x_0,y_0)和(x_1,y_1)的一条直线。不难求解其方程:

$$L_1(x) = y_0 + \frac{y_1 - y_0}{x_1 - x_0}(x - x_0)$$

或者对称式：

$$L_1(x) = \frac{x - x_1}{x_0 - x_1}y_0 + \frac{x - x_0}{x_1 - x_0}y_1$$

其结果如图 4.2.1 所示。

记

$$l_0(x) = \frac{x - x_1}{x_0 - x_1},\quad l_1(x) = \frac{x - x_0}{x_1 - x_0}$$

那么有 $L_1(x)=y_0 l_0(x)+y_1 l_1(x)$，且有

$$l_i(x_j) = \begin{cases} 0, & i \neq j, \\ 1, & i = j, \end{cases} \quad 1 \leqslant i,j \leqslant 2 \quad (4.2.2)$$

则称 $l_0(x)$，$l_1(x)$ 为节点 x_0，x_1 处的插值基函数。

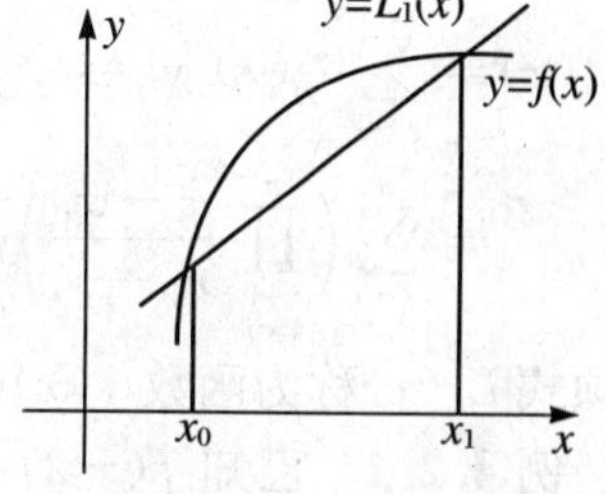

图 4.2.1　$f(x)$的线性插值

注：两结点间以直线段 L_1 来代替曲线。

下面再来考察函数的二次插值。假设已知三对数据点(x_0,y_0)，(x_1,y_1)，(x_2,y_2)，要找到次数$\leqslant 2$ 的多项式 $L_2(x)$，使其满足条件：

$$L_2(x_i) = y_i,\ i = 0,1,2$$

为此，定义二次多项式

$$L_2(x) = y_0 l_0(x) + y_1 l_1(x) + y_2 l_2(x)$$

其中基多项式 $l_0(x)$，$l_1(x)$，$l_2(x)$均是二次多项式，且满足(4.2.2)式，那么 $l_0(x)$一定含有因子 $x-x_1$ 和 $x-x_2$，从而有

$$l_0(x) = \lambda_0(x - x_1)(x - x_2)$$

再由条件(4.1.2)可得

$$\lambda_0 = [(x_0 - x_1)(x_0 - x_2)]^{-1}$$

从而有

$$l_0(x) = \frac{(x - x_1)(x - x_2)}{(x_0 - x_1)(x_0 - x_2)}$$

类似地，可求得

$$l_1(x) = \frac{(x - x_0)(x - x_2)}{(x_1 - x_0)(x_1 - x_2)},\quad l_2(x) = \frac{(x - x_0)(x - x_1)}{(x_2 - x_0)(x_2 - x_1)}$$

从而得 $f(x)$的二次插值多项式为

$$L_2(x) = \frac{(x - x_1)(x - x_2)}{(x_0 - x_1)(x_0 - x_2)}y_0 + \frac{(x - x_0)(x - x_2)}{(x_1 - x_0)(x_1 - x_2)}y_1 + \frac{(x - x_0)(x - x_1)}{(x_2 - x_0)(x_2 - x_1)}y_2$$

一般地，设有 $n+1$ 对数据点 (x_0,y_0)，(x_1,y_1)，…，(x_n,y_n)，要求一个次数为 n 的多项式 $L_n(x)$，使其满足

$$L_n(x_i) = y_i, \quad i = 0,1,\cdots,n \tag{4.2.3}$$

类似于以上情形，令

$$l_k(x) = \frac{\prod\limits_{j=0,j\neq k}^{n}(x - x_j)}{\prod\limits_{j=0,j\neq k}^{n}(x_0 - x_j)}, \quad k = 0,1,\cdots,n$$

于是得到函数 $f(x)$的满足插值条件(4.2.3)的 n 次插值多项式：

$$\begin{aligned} L_n(x) &= \sum_{j=0}^{n} l_j(x)\, y_j = \sum_{j=0}^{n} \frac{(x-x_0)\cdots(x-x_{j-1})(x-x_{j+1})\cdots(x-x_n)}{(x_j-x_0)\cdots(x_j-x_{j-1})(x_j-x_{j+1})\cdots(x_j-x_n)} y_j \\ &= \sum_{j=0}^{n}\left(\prod_{\substack{i=0\\ i\neq j}}^{n}\frac{x-x_i}{x_j-x_i}\right) y_j \end{aligned}$$

多项式 $L_n(x)$称为函数 $f(x)$的 n 次拉格朗日插值多项式。

例 4.2.1 已知 $f(-2)=2, f(-1)=1, f(0)=2, f(0.5)=3$，试选用合适的插值节点，通过二次插值来计算 $f(-0.5)$ 的近似值，使之精度尽可能高。

二次插值只需要 3 对点，但这里有 4 对已知点。依据就近选点(尽可能靠近待插值点 $x=-0.5$)原则，在已知的 4 对点中选取 $x=-1,0,0.5$，即 $x_0=-1, x_1=0, x_2=0.5$，对应有 $y_0=1, y_1=2, y_2=3$。按照构造规则，可得 3 个拉格朗日插值基函数：

$$l_0(x) = \frac{(x-0)(x-0.5)}{(-1-0)(-1-0.5)} = \frac{2}{3}x(x-0.5)$$

$$l_1(x) = \frac{(x+1)(x-0.5)}{(0+1)(0-0.5)} = -2(x+1)(x-0.5)$$

$$l_2(x) = \frac{(x+1)(x-0)}{(0.5+1)(0.5-0)} = \frac{4}{3}x(x+1)$$

它们通过线性组合生成拉格朗日插值多项式：

$$L_2(x) = l_0(x) + 2l_1(x) + 3l_2(x)$$

因此：

$$\begin{aligned} f(-0.5) \approx L_2(-0.5) &= l_0(-0.5) + 2l_1(-0.5) + 3l_2(-0.5) \\ &= \frac{1}{3} + 2 - 1 = \frac{4}{3} \end{aligned}$$

下面来分析运用拉格朗日插值多项式对应的误差。

按照插值余项的定义式(4.1.8)，不难得到下述定理：

定理 4.2.1 如果 $f^{(n)}(x)$在闭区间$[a,b]$上连续，且 $f^{(n+1)}(x)$在开区间(a,b)内存在，$L_n(x)$为在节点 $a\leqslant x_0<x_1<\cdots<x_n\leqslant b$ 上满足插值条件的 n 次拉格朗日插值多项式，则对任一 $x\in(a,b)$，其插值余项为

$$R_n(x)=f(x)-L_n(x)=\frac{f^{(n+1)}(\xi)}{(n+1)!}\omega_{n+1}(x)$$

其中 $\xi\in(a,b)$且依赖于 x。上式给出的余项通常称为拉格朗日型余项。

拉格朗日插值多项式的优势主要体现在构造的简单性和插值基多项式的正交性，它还简化了导函数的计算。由于它表现为插值基函数的简单线性组合，且组合系数恰是已知相应数据点处的函数值，其对于低次（如 $n\leqslant 10$，即插值点个数相对较少）插值情况非常适用。但是对于高次插值情形，由于其计算量相对较大，拉格朗日插值多项式并不适用。

例 4.2.2　已知单调连续函数 $y=f(x)$在采样点处的函数值如表 4.2.1 所示。

表 4.2.1　$y=f(x)$在采样点处的函数值

x_i	1.0	1.4	1.8	2.0
$y_i=f(x_i)$	−2.0	−0.8	0.4	1.2

求方程 $f(x)=0$ 在区间[1,2]上根的近似值 x^*，使得误差尽可能小。

由于函数 $f(x)$为单调连续函数，故 $f(x)$存在反函数。不妨记 $f(x)$的反函数为 $g(y)$，那么对应于函数 $x=g(y)$的数据点形式为（−2.0,1.0），（−0.8,1.4），（0.4,1.8），（1.2,2.0）。本题的目标是通过插值来求解 $g(0)$的近似解。

为此，通过给定的 4 个点进行 3 次拉格朗日插值。先计算对应的 4 个插值基函数，即

$$\begin{aligned}
l_0(x)&=\frac{(x+0.8)(x-0.4)(x-1.2)}{(-2+0.8)(-1-0.4)(-2-1.2)}\\
&=-0.1085(x+0.8)(x-04.)(x-1.2),\\
l_1(x)&=\frac{(x+2)(x-0.4)(x-1.2)}{(-0.8+2)(-0.8-0.4)(-0.8-1.2)}\\
&=-0.3472(x+2)(x-0.4)(x-1.2),\\
l_2(x)&=\frac{(x+2)(x+0.8)(x-1.2)}{(0.4+2)(0.4+0.8)(0.4-1.2)}\\
&=-0.4340(x+2)(x+0.8)(x-1.2)\\
l_3(x)&=\frac{(x+2)(x+0.8)(x-0.4)}{(1.2+2)(1.2+0.8)(1.2-0.4)}\\
&=0.1953(x+2)(x+0.8)(x-0.4)
\end{aligned}$$

从而得对应插值多项式为

$$L_3(x)=l_0(x)+1.4l_1(x)+1.8l_2(x)+2l_3(x)$$

化简后得

$$L_3(x) = -(5x^3)/384 - x^2/32 + (157x)/480 + 67/40$$

因此 $g(0) \approx L_3(9) = 1.6750$，即求得方程 $f(x)=0$ 在[1,2]上根的近似值 $x^* = 1.6750$。

例 4.2.3 MATLAB 中的函数“v＝interp(x,y,u)”可以用来进行拉格朗日插值计算。其中前两个输入变量 x 和 y 分别为插值点的横坐标与纵坐标，它们维数相同。第三个输入变量 u 是待插值点的横坐标(可以是向量或矩阵)。输出变量 v 维数与输入变量 u 相同，即

```
>>v(k)=interp(x,y,u(k))
```

MATLAB 插值函数 polyinterp 基于拉格朗日方法进行插值计算。

```
% POLYINTERP:基于拉格朗日方法的插值计算
function v=polyinterp(x,y,u)
n=length(x);   v=zeros(size(u));
for k=1:n
w=ones(size(u));
for   j=[1:k-1 k+1:n]   w=(u-x(j))/(x(k)-x(j)).*w;   end
v=v+w*y(k);
end
```

代入输入变量的值：

```
>>x=0:3;   y=[-5   -6   -1   16];
>>u=-.25:0.01:3.25;
>>v=polyinterp(x,y,u);
>>plot(x,y,'o',u,v,'-')
```

结果如图 4.2.2 所示。

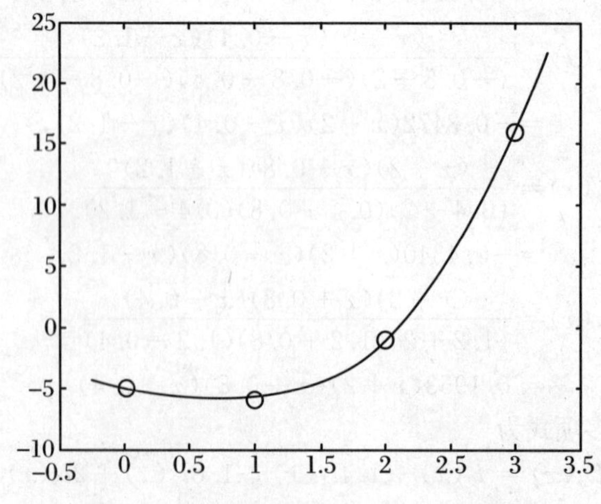

图 4.2.2　4 个数据点的拉格朗日插值图形

练习 4.2.1　已给 sin0.32＝0.314567，sin0.34＝0.333487，sin0.36＝0.352274，用线性插值及二次(抛物)插值计算 sin0.3367 的值并估计截断误差。

练习 4.2.2　设 $x_j(j=0,1,2,\cdots,n)$ 为互异节点，证明：

$$\sum_{i=0}^{n} l_i(x)x_i^k = x^k,\quad k=0,1,2,\cdots,n$$

提示：利用拉格朗日插值对多项式 $f(x)=x^k$ 进行插值，并分析其余项，证明余项为零。

练习 4.2.3　已知 $f(x)=\mathrm{e}^x$ 的数据点如表 4.2.2 所示。

表 4.2.2　$f(x)=\mathrm{e}^x$ 的数据点

x_i	0	1	2	3
e^{x_i}	1	2.7183	7.3891	20.0855

① 用 x_1,x_2,x_3 构造二次拉格朗日插值多项式 $L_2(x)$，并由此计算 $\mathrm{e}^{1.5}$ 的近似值 $L_2(1.5)$。

② 用事后误差估计方法估计 $L_2(1.5)$ 的误差。

4.3　牛顿插值多项式

拉格朗日插值多项式具有形式对称的优点，通常可用来对被插值函数的特性进行理论分析。但当插值点增加的时候，拉格朗日插值多项式就显示出其计算繁琐的弱点。每增加一个插值点，原来的每一个插值基多项式必须重新计算。这是拉格朗日多项式最不方便的地方。

现在我们想构造一个更加方便灵活的插值格式，使得每当增加插值节点时，只需在原有格式的基础上再增加一些即可。牛顿插值多项式为我们找到了答案。

为了定义牛顿插值多项式，需要先定义函数的差商：

定义 4.3.1　给定函数 $f(x)$ 在互异节点 $x_0<x_1<\cdots<x_n$ 处的函数值 $f(x_0)$，$f(x_1)$，…，$f(x_n)$，称

$$f[x_i,x_j]=\frac{f(x_i)-f(x_j)}{x_i-x_j},\quad i\neq j \tag{4.3.1}$$

为函数 $f(x)$ 在点 x_i,x_j 处的一阶差商。类似定义函数 $f(x)$ 在点 x_i,x_j,x_k 处的二阶差商为

$$f[x_i,x_j,x_k]=\frac{f[x_i,x_j]-f[x_j,x_k]}{x_i-x_k},\quad i\neq j\neq k \tag{4.3.2}$$

一般地，我们可运用递推关系来定义 k 阶差商为 $k-1$ 阶差商的差商，即

$$f[x_0,x_1,\cdots,x_k]=\frac{f[x_0,x_1,\cdots,x_{k-1}]-f[x_1,x_2,\cdots,x_k]}{x_0-x_k} \tag{4.3.3}$$

可以视差商为微分(导数)的离散形式,因为

$$f'(x_j)=\lim_{x_i\to x_j}\frac{f(x_i)-f(x_j)}{x_i-x_j}=\lim_{x_i\to x_j}f[x_i,x_j]$$

因此 k 阶差商相当于函数的 k 阶导数的离散形式。注意到函数的差商与插值节点的排列次序无关,即

$$f[x_i,x_j]=f[x_j,x_i]$$

$$f[x_i,x_j,x_k]=f[x_j,x_i,x_k]=f[x_k,x_i,x_j]=\cdots$$

差商的另一个重要性质是,k 阶差商 $f[x_0,x_1,\cdots,x_k]$可以表示为函数值 $f(x_0),f(x_1),\cdots,f(x_k)$的线性组合,即

$$f[x_0,x_1,\cdots,x_k]=\sum_{i=0}^{k}\frac{f(x_i)}{\omega'_{k+1}(x_i)} \tag{4.3.4}$$

其中

$$\omega_{k+1}=\prod_{i=0}^{k}(x-x_i) \tag{4.3.5}$$

为一个 $k+1$ 次多项式。

表 4.3.1 给出了差商的计算方式。

表 4.3.1　差商计算表

x	$f(x)$	一阶差商	二阶差商	三阶差商	…
x_0	$f(x_0)$				
		$f[x_0,x_1]$			
x_1	$f(x_1)$		$f[x_0,x_1,x_2]$		
		$f[x_1,x_2]$		$f[x_0,x_1,x_2,x_3]$	
x_2	$f(x_2)$		$f[x_1,x_2,x_3]$		…
		$f[x_2,x_3]$		⋮	
x_3	$f(x_3)$		⋮		
		⋮			
⋮	⋮				

例 4.3.1　给定一组数据点$(x_0,y_0),(x_1,y_1),\cdots,(x_4,y_4)$,如表 4.3.2 所示,计算其四阶差商。

表 4.3.2　数据点

x_i	f_i	$f[x_i,x_{i+1}]$	$f[x_i,\cdots,x_{i+2}]$	$f[x_i,\cdots,x_{i+3}]$	$f[x_i,\cdots,x_{i+4}]$
3.2	22.0	8.400	2.856	−0.528	0.256
2.7	17.8	2.118	2.012	0.0865	
1.0	14.2	6.342	2.263		
4.8	38.3	16.750			
5.6	51.7				

对于给定的数据节点$(x_0,y_0),(x_1,y_1),\cdots,(x_4,y_4)$，牛顿插值基多项式如下构造：

$$\begin{cases}\varphi_0(x)=1\\ \varphi_1(x)=x-x_0=(x-x_0)\varphi_0(x)\\ \quad\cdots\cdots\cdots\cdots\\ \varphi_{k+1}(x)=(x-x_k)\varphi_k(x)=(x-x_0)(x-x_1)\cdots(x-x_k)\end{cases}$$

其中 $k=0,1,2,\cdots,n-1$。因此，牛顿插值多项式为

$$\begin{aligned}N_n(x)&=\sum_{i=0}^{n}c_i\varphi_i(x)\\ &=c_0+c_1(x-x_0)+\cdots+c_n(x-x_0)(x-x_1)\cdots(x-x_{n-1})\end{aligned}$$

式中对应的常数系数 c_k 为函数 $f(x)$ 的 k 阶差商($k=0,1,2,\cdots,n$)。不难证明(见练习 4.4.3)：

$$f[x_0,x_1,\cdots,x_k]=\frac{f^{(k)}(\xi)}{k!} \tag{4.3.6}$$

牛顿插值多项式在增加一个插值节点时，插值多项式无需重新构造，而只需在原插值多项式的基础上增加一个基多项式即可。

不难发现，拉格朗日插值中的基多项式均为 ω_{k+1} 的因子多项式。

记 $N_n(x)$为 n 次牛顿插值多项式，$N_0(x)=f(x_0)$，那么有以下递推关系：

$$N_{n+1}(x)=N_n(x)+f[x_0,x_1,\cdots,x_n,x_{n+1}]\omega_{n+1}(x)$$

根据插值多项式的存在性和唯一性知，若 $f(x)$充分光滑，则有

$$R_n(x)=f(x)-N_n(x)=\frac{f^{(n+1)}(\xi)}{(n+1)!}\omega_{n+1}(x) \tag{4.3.7}$$

假设函数 $f(x)$的 $n+1$ 次导数有界，即存在有 $M_{n+1}>0$，使得

$$|f^{(n+1)}(x)|\leqslant M_{n+1},\quad \forall x$$

则有

$$|R_n(x)|=|f(x)-N_n(x)|\leqslant\frac{M_{n+1}}{(n+1)!}|\omega_{n+1}(x)| \tag{4.3.8}$$

(4.3.7)式给出了牛顿插值多项式的误差估计。

运用中值定理不难证明差商域函数导数之间的关系。

例 4.3.2　已知函数 $f(x)=\sin x$ 的函数值如表 4.3.3 所示。

表 4.3.3　$f(x)=\sin x$ 的函数值表

x	1.0	1.5	2.0
$\sin x$	0.8415	0.9975	0.9093

试用二次插值多项式计算 sin(1.8)的近似值。

解 第一步,先建立差商表,如表 4.3.4 所示。

表 4.3.4 差商表

x	$f(x)=\sin x$	$f[x_0,x_1]$	$f[x_0,x_1,x_2]$
1.0	0.8415		
1.5	0.9975	0.312	
2.0	0.9093	−0.1764	−0.4884

第二步,插值:

$$N_2(1.8)=0.8415+0.312\times(1.8-1.0)-0.4884\times(1.8-1.0)\times(1.8-1.5)$$
$$=0.973884$$

因此有:$\sin 1.8\approx N(1.8)=0.973884$。

练习 4.3.1 写出牛顿插值方法对应的 MATLAB 程序。要求:

① 输入变量个数至少为 3,若输入变量个数少于 3,则提示错误,并要求用户重新输入。

② 输入变量为维数相同的两个变量 X,Y,若输入的 X,Y 维数不同,提示错误,并要求用户重新输入。

③ 待插值点 x_i 是由多个点构成的向量。如果 x_i 为矩阵,则将 x_i 转化为向量。

④ 利用插值后生成的函数,画出该函数曲线,并标记出插值点。

⑤ 当输入变量 X,Y 为两个矩阵时,要求它们大小($m\times n$)相同,并对相应列进行匹配插值,得到 n 个插值多项式。

练习 4.3.2 写出对任意给定 $n+1$ 对点(x_i,y_i),$i=0,1,2,\cdots,n$,生成 n 次差商的 MATLAB 程序,并生成这 $n+1$ 个节点的 $k=0,1,2,\cdots,n$ 次差商表。

练习 4.3.3 试将拉格朗日插值和牛顿插值推广到二维情形,尝试写出相应的 MATLAB 代码。

4.4 等距节点插值

上节介绍了牛顿插值多项式的构造。当插值节点可按照意愿选取的时候,选择等距离分布的节点将有助于简化插值公式,增加插值的精度,从而加快插值算法的收敛。

假设插值区间$[a,b]$上的 $n+1$ 个节点:$a=x_0<x_1<\cdots<x_n=b$ 为等距节点,即

满足 $x_i = x_0 + ih$，且 $y_i = f(x_i)$ $(i=0,1,\cdots,n)$ 为对应节点函数值，其中 $h=(b-a)/n$ 称为插值步长。

先定义差分，并用差分代替差商来表示牛顿插值多项式，从而得到等距节点情形下的简化的插值公式。

定义 4.4.1(向前差分)　称

$$\Delta y_i = y_{i+1} - y_i, \quad i = 0,1,\cdots,n-1 \tag{4.4.1}$$

为函数 $f(x)$在 x_i处以 h 为步长的一阶向前差分。定义

$$\Delta^2 y_i = \Delta y_{i+1} - \Delta y_i = y_{i+2} - 2y_{i+1} + y_i, \quad i = 0,1,\cdots,n-2 \tag{4.4.2}$$

为函数 $f(x)$ 在 x_i处以 h 为步长的二阶向前差分。更一般地，定义

$$\Delta^m y_i = \Delta^{m-1} y_{i+1} - \Delta^{m-1} y_i, \quad i = 0,1,\cdots,n-m \tag{4.4.3}$$

为函数 $f(x)$在 x_i处以 h 为步长的 m 阶向前差分。

差分与差商之间存在密切联系，即

$$f[x_0,x_1,\cdots,x_n] = \frac{\Delta^n y_0}{n!h^n} \tag{4.4.4}$$

练习 4.4.1　证明(4.4.4)式成立。

练习 4.4.2　假定函数 $y=f(x)$在插值区间$[a,b]$上 n 次可导。证明：存在 $\xi\in(a,b)$，使得关系式

$$\Delta^n y_0 = h^n \cdot f^{(n)}(\xi)$$

成立。

类似地，我们可定义函数的一阶向后差分与一阶中心差分：

$$\nabla y_i = y_i - y_{i-1}, \quad i = 1,2,\cdots,n \tag{4.4.5}$$

$$\delta y_i = y_{i+\frac{1}{2}} - y_{i-\frac{1}{2}}, \quad i = 1,\cdots,n-1 \tag{4.4.6}$$

m 阶向后差分与 m 阶中心差分类似定义。

将差商与差分的关系式(4.4.4)代入牛顿插值多项式，结合节点等距特性，得

$$\begin{aligned} N_n(x_0+th) &= f(x_0) + \sum_{k=1}^{n}\left(\frac{\Delta^k f(x_0)}{k!h^k} h^k \prod_{i=0}^{k-1}(t-i)\right) \\ &= f(x_0) + t\Delta y_0 + \frac{t(t-1)}{2!}\Delta^2 y_0 + \cdots + \frac{t(t-1)\cdots(t-n+1)}{n!}\Delta^n y_0 \end{aligned} \tag{4.4.7}$$

其中待插值点 $x=x_0+th$。我们采用广义二项式系数，即对任意的实数 t，记

$$\binom{t}{n} = \frac{t(t-1)\cdots(t-n+1)}{n!}$$

那么(4.4.7)式可等价地改写为

$$N_n(x_0+th) = \sum_{k=0}^{n}\binom{t}{k}\Delta^k y_0 \tag{4.4.8}$$

这里定义 $\Delta^0 y_i = f(x_i)$。

类似于差商表，我们也可定义并计算差分表，如表 4.4.1 所示。

表 4.4.1 差分计算表

x	$f(x)$	一阶差分	二阶差分	三阶差分	…
x_0	$f(x_0)$				
		$\Delta f(x_0)$			
x_1	$f(x_1)$		$\Delta^2 f(x_0)$		
		$\Delta f(x_1)$		$\Delta^3 f(x_0)$	…
x_2	$f(x_2)$		$\Delta^2 f(x_1)$		
		$\Delta f(x_2)$	⋮	⋮	
x_3	$f(x_3)$				
⋮	⋮	⋮			

将差分表最上一个斜行代入到(4.4.8)式，可进行等分节点牛顿插值计算。

例 4.4.1 已知函数 $f(x) = \sin x$ 的函数值如表 4.4.2 所示，试计算 $\sin(0.42351)$的近似值。

表 4.4.2 $f(x)=\sin x$ 的函数值

x	0.4	0.5	0.6
$\sin x$	0.38942	0.47943	0.56464

解 第一步，先建立差分表，如表 4.4.3 所示。

表 4.4.3 差分表

x	$\sin(x)$	一阶差分	二阶差分
0.4	<u>0.38942</u>		
		<u>0.09001</u>	
0.5	0.47943		<u>−0.00480</u>
		0.08521	
0.6	0.56464		

第二步，注意到

$$x_0 = 0.4, \quad h = 0.1, \quad t = \frac{x - x_0}{h} = \frac{0.42351 - 0.4}{0.1} = 0.2351$$

运用等距节点插值公式(4.4.8)，有

$$\begin{aligned}\sin(0.42351) &\approx N_2(0.42351) \\ &= 0.38942 + 0.09001 \times 0.2351 - \frac{0.00480}{2} \times 0.2351 \times (0.2351 - 1) \\ &= 0.41101\end{aligned}$$

因此得到：$\sin 0.42351 \approx 0.41101$。

练习 4.4.3 证明：

$$f[x_0,x_1,\cdots,x_k]=\frac{f^{(k)}(\xi)}{k!}$$

练习 4.4.4　利用等距节点插值计算 sin1.8 的近似值，并与例 4.3.2 中的结果进行比较。

练习 4.4.5　表 4.4.4 所示是定积分

$$f(x)=\frac{1}{\sqrt{\pi}}\int_0^x \mathrm{e}^{-t^2}\,\mathrm{d}t$$

的部分数据。试分别用拉格朗日插值、牛顿插值和等距节点插值方法来计算：

① 当 $x=0.483$ 时，该积分值为多少？

② 当 x 为何值时，积分值为 0.5050？

表 4.4.4　$f(x)$的部分数据

x	0.46	0.47	0.48	0.49
$f(x)$	0.484655	0.493745	0.502750	0.511668

练习 4.4.6　给定数据如表 4.4.5 所示。

表 4.4.5　$f(x)$的部分数据

x	0.125	0.250	0.375	0.500	0.625	0.750
$f(x)$	0.7962	0.7733	0.7437	0.7041	0.6563	0.6023

① 试分别用三次和四次牛顿插值公式计算 $f(0.158)$ 以及 $f(0.580)$ 的值；

② 用等距节点插值方法计算 $f(0.158)$ 以及 $f(0.580)$ 的值；

③ 比较这两种方法的精度。

练习 4.4.7　设函数 $f(x)$ 在区间$[a,b]$上存在三次连续导数，将区间$[a,b]$ n 等分，这里 n 为偶数。证明：分段二次插值函数误差项满足

$$\max_{x\in(a,b)}|f(x)-p_2(x)|\leqslant\frac{1}{6}h^3M$$

其中 M 为函数 f 的三次导数在区间$[a,b]$上的最大值，$h=(b-a)/n$ 为插值步长。

4.5　分段插值

由前面的讨论可知，当插值节点较多（如大于 6）时，拉格朗日插值或者牛顿插值等方法会产生高次插值多项式，这会使生成的多项式变得复杂，使函数图像产生激烈振荡，从而对外插值点函数值估计造成较大误差，为函数值近似计算带来诸多

不利因素,尤其是对等距节点的插值情形。当插值区间较大时,尤为如此。这给我们在较大区间上进行的多项式插值提出了挑战。

解决该难题的一个有效途径就是将插值区间$[a,b]$划分成若干小区间,并在每个小区间上利用前面介绍的插值方法构建低次插值多项式。这类插值方法称为分段多项式插值。区间划分的分点一般来自于所给已知节点。我们把这些点称为断点。

分段线性插值是最简单的分段多项式插值,它在相邻节点之间以直线段相连接。分段多项式插值在一定程度上避免了函数曲线过分振荡和发散的情况,但这种改进是以牺牲插值函数光滑性作为代价的。为了保持这种插值函数的光滑性,可在节点处添加函数导数值约束作为插值条件。这种添加导数值作为插值条件的插值问题称为 Hermit 插值问题。

设已知节点 $a=x_0<x_1<\cdots<x_n=b$ 上的函数值为 $y_0,y_1,\cdots,y_n$。若存在函数 $\varphi_h(x)$满足以下条件:

① $\varphi_h(x_i)=y_i,i=0,1,\cdots,n$;

② $\varphi_h(x)$在每个小区间$[x_i,x_{i+1}]$上为低次多项式;

则称 $\varphi_h(x)$为分段插值函数。

一般情况下,我们希望函数 $\varphi_h(x)$ 在整个插值区间$[a,b]$上具有连续性,且随着子区间长度 h 变小,$\varphi_h(x)$在子区间上的插值幂次无需增加便可满足给定精度要求。另一方面,插值函数在子区间的端点处导数可能不存在。

设$n+1$ 个节点 $a=x_0<x_1<\cdots<x_n=b$,第 n 个小区间$[x_i,x_{i+1}]$长度记为$h_i=x_{i+1}-x_i$,且记 $h=\max\{h_i:i=0,1,\cdots,n-1\}$,在每个节点上函数值为 $y_0,y_1,\cdots,y_n$。对于线性插值,我们利用该区间的两个端点数据(如表 4.5.1 所示)构造线性函数:

$$L_{1,i}(x)=f(x_i)\frac{x-x_{i+1}}{x_i-x_{i+1}}+f(x_{i+1})\frac{x-x_i}{x_{i+1}-x_i} \tag{4.5.1}$$

表 4.5.1 端点数据

x	x_i	x_{i+1}
$f(x)$	$f(x_i)$	$f(x_{i+1})$

下面的 MATLAB 代码用来进行分段线性插值:

```
function y = piecelin(x0,y0,x)
n = length(x0);
for i = 1:n-1
    if(x >= x0(i)) && (x <= x0(i+1))
```

```
y=(x-x0(i+1))/(x0(i)-x0(i+1))*y0(i)+…
  (x-x0(i))/(x0(i+1)-x0(i))*y0(i+1);
  else continue;
  end
end
```

练习 4.5.1　试通过具体数据来运行并解释以上代码。修改上述程序，使其可以用于计算多个点处的插值。

练习 4.5.2　设插值区间$[a,b]$上 $n+1$ 个节点为 $a=x_0<x_1<\cdots<x_n=b$。记第 n 个小区间$[x_i,x_{i+1}]$ 长为 $h_i=x_{i+1}-x_i$，$h=\max\{h_i:i=0,1,\cdots,n-1\}$。在每个节点上函数值为 $y_0,y_1,\cdots,y_n$。证明：由线性插值公式(4.5.1)产生的分段误差估计 R_i满足

$$R_i\equiv\max_{x_i\leqslant x\leqslant x_{i+1}}|f(x)-L_{1,i}(x)|\leqslant\frac{1}{8}h^2M$$

其中：

$$M=\max_{x_i\leqslant x\leqslant x_{i+1}}|f''(x)|$$

现令函数 $\varphi(x)$为分段线性函数：

$$\widetilde{L}_1(x)=\begin{cases}L_{1,0}(x), & x\in[x_0,x_1)\\ L_{1,1}(x), & x\in[x_1,x_2)\\ \cdots\cdots\cdots\cdots & \\ L_{1,n-2}(x), & x\in[x_{n-2},x_{n-1})\\ L_{1,n-1}(x), & x\in[x_{n-1},x_n]\end{cases}\tag{4.5.2}$$

那么显然有

$$\widetilde{L}_1(x_i)=f(x_i),\quad i=0,1,\cdots,n$$

故插值函数满足插值条件。我们称该函数为函数 $f(x)$的分段线性插值函数。

练习 4.5.3　设函数 $f(x)=\dfrac{1}{1+25x^2}$定义在区间$[-1,1]$上。将区间$[-1,1]$进行 20 等分，并在每个小区间上进行线性插值。求生成的分段线性插值函数及与函数 $f(x)$的误差。

练习 4.5.4　考虑函数 $f(x)=\sin x$。试给出该函数 $f(x)$的等距节点函数值表。如果用线性分段插值函数进行插值近似计算，那么在截断误差不超过 0.5×10^{-4}的前提下，如何选取函数表的分段节点步长？

分段线性插值尽管在计算插值函数时表达式简单，但其近似效果明显较差。为此，我们考虑分段二次插值函数。插值条件依然还是以上给定的 $n+1$ 个节点上的函数值。现对断点数 n 分两种情形考虑：

① n 为偶数。对每个含 3 个连续节点的小区间 $[x_{2k},x_{2k+2}]$,我们利用该区间 3 个节点上的数据(如表 4.5.2 所示)生成二次插值函数:

$$\begin{aligned}S_{2,2k}(x)=&f(x_{2k})\frac{(x-x_{2k+1})(x-x_{2k+2})}{(x_{2k}-x_{2k+1})(x_{2k}-x_{2k+2})}\\&+f(x_{2k+1})\frac{(x-x_{2k})(x-x_{2k+2})}{(x_{2k+1}-x_{2k})(x_{2k+1}-x_{2k+2})}\\&+f(x_{2k+2})\frac{(x-x_{2k})(x-x_{2k+1})}{(x_{2k+2}-x_{2k})(x_{2k+2}-x_{2k+1})}\end{aligned}\tag{4.5.3}$$

于是求得插值区间$[a,b]$上的二次连续插值函数 $S_2(x)$,它在第 k 个小区间$[x_{2k-2},x_{2k})$上的函数形式为 $S_{2,2k}(x)$。

表 4.5.2 数据表

x	x_{2k}	x_{2k+1}	x_{2k+2}
$f(x)$	$f(x_{2k})$	$f(x_{2k+1})$	$f(x_{2k+2})$

② n 为奇数。区间$[a,b]$被分割成$[x_0,x_2)$,$[x_2,x_4)$,$[x_4,x_6)$,…,$[x_{n-3},x_{n-1})$,$[x_{n-1},x_n]$。对每个小区间利用该区间上的数据进行二次插值,得二次插值多项式函数 $S_{2,n-2}(x)$,最后得区间$[a,b]$上的二次连续插值函数 $S_2(x)$,它在第 k 个小区间$[x_{2k-2},x_{2k})$以及最后一个小区间上的函数形式为 $S_{2,2k}(x)$。

分段插值具有较好的收敛性,计算相对简单。我们还可以根据被插值函数 $f(x)$的具体情况在每个不同的局部小区间上采用不同次数的多项式进行插值。但是分段插值多项式在断点处的导数值不一定存在,事实上,很多情况下导数是不存在的,因此它在整个差值区间上不光滑。这是分段插值的最大弱点。下一节将介绍三次样条插值,三次样条插值避免了这一问题。

练习 4.5.5 类似于前面的误差估计,试分析给出由二次插值公式(4.5.3)产生的分段误差估计。

4.6 三次样条插值

在工程设计等实际问题中,无论从艺术角度还是实际问题需要,通常要求插值函数有较高的光滑度。数学上,称一个函数在某个区间上具有 k 阶光滑度,若该函数 k 阶导数存在且连续。显然,一般情形下的分段线性插值函数为零阶光滑函数,即不光滑。从物理意义上说,一个运动中的质点,其位移函数的一阶光滑度反映了其运动的连贯性,其二阶光滑度反映了其运动速度变化的均匀性。从几何上说,光滑度阶数越高，其函数曲线光滑程度就越好。分段线性插值函数在有限个节点上具有零阶光滑性。提高分段插值多项式的次数无疑可改进整体曲线光滑度，但这种改进是以增加计算复杂度为代价的。那么，是否存在低次插值多项式来达到较高光滑性呢？三次样条插值解决了这一问题。

样条曲线来源于飞机、船舶等外形曲线设计问题。在工程实际中，要求此类曲线对应的函数具连续二阶导数。普遍使用的样条插值函数为分段三次多项式。如图 4.6.1 所示为含 6 个数据点的三次样条插值。

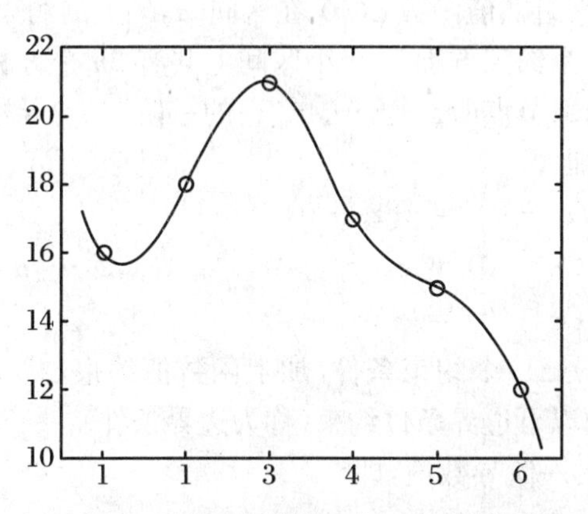

图 4.6.1　含 6 个数据点的三次样条插值

定义 4.6.1　设插值区间$[a,b]$上 $n+1$ 个节点为 $a=x_0<x_1<\cdots<x_n=b$。记第 n 个小区间为 $I_i=[x_i,x_{i+1}]$。$n+1$ 个节点上函数值依次为 $y_0,y_1,\cdots,y_n$。函数 $\varphi(x)$满足：

① $\varphi(x)$在每个小区间 I_i上都是次数不超过 3 的多项式；

② $\varphi(x_i)=y_i,\forall i=0,1,2,\cdots,n$；

③ $\varphi(x)$在$[a,b]$上有连续的二阶导数。

则称函数 $\varphi(x)$ 为三次样条插值函数。

定义 4.6.2　给定区间$[a,b]$上 $n+1$ 个节点 $a=x_0<x_1<\cdots<x_n=b$，以及该 $n+1$ 个节点上依次对应的函数值 $y_0,y_1,\cdots,y_n$。求三次样条插值多项式函数 $\varphi(x)$，使其满足 $\varphi(x_i)=y_i,\forall i=0,1,2,\cdots,n$。这类问题称为样条插值问题。

样条插值问题的关键是确定三次样条插值函数在每个小区间上的三次多项式的系数。下面介绍确定该函数系数的基本思想。

分段线性插值在每个小区间上的线性函数的两个参数是由两个方程（该区间两个端点的函数值为给定值）唯一确定的；分段二次插值多项式的三个参数（三个系数）同样由含有三个相邻节点的小区间的三个方程（对应于三个节点处的函数值）来确定。三次样条插值函数为一个分段函数，它在每个分段区间上为一个三次多项式,因此有四个参数(即该多项式的四个系数),在该小区间上两端点处产生两个方程,不能唯一确定四个参数。但三次样条函数在整个区间上的二阶导数存在且连续。下面从插值区间$[a,b]$的整体上来考察参数个数与约束方程个数的关系。

设三次样条插值函数 $\varphi(x)$ 在区间 $I_i=[x_i,x_{i+1}]$上形式如下:

$$\varphi_i(x)=A_i+B_ix+C_ix^2+D_ix^3,\quad i=0,1,\cdots,n-1 \tag{4.6.1}$$

其中系数 A_i,B_i,C_i,D_i待定。由此可见,插值函数 $\varphi(x)$ 在插值区间$[a,b]$上的参数个数为 $4n$ 个。

另一方面,我们来看插值函数 $\varphi(x)$ 在区间$[a,b]$上的约束条件的个数。首先,由给定函数值得到 2 个约束方程,n 个小区间上共有 $2n$ 个方程;其次,由于在区间$[a,b]$上的 $n-1$ 个内部节点$(x_1,x_2,\cdots,x_{n-1})$的一阶、二阶导数连续,故其一阶、二阶左右导数必相等,即

$$\begin{cases}\varphi(x_j-0)=\varphi(x_j+0),\\ \varphi'(x_j-0)=\varphi'(x_j+0),\quad j=1,2,\cdots,n-1\\ \varphi''(x_j-0)=\varphi''(x_j+0),\end{cases} \tag{4.6.2}$$

(4.6.2)式给出了 $3(n-1)$个约束条件,加上函数值约束,共 $4n-2$ 个。现对边界节点除函数值外附加以下边界条件约束(称为边界条件):

① 已知两端点的一阶导数值,即

$$\varphi'(x_0)=f'(x_0),\quad \varphi'(x_n)=f'(x_n) \tag{4.6.3}$$

② 已知两端点的二阶导数值,即

$$\varphi''(x_0)=f''(x_0),\quad \varphi''(x_n)=f''(x_n) \tag{4.6.4}$$

满足(4.6.4)式的一种特殊情形为

$$\varphi''(x_0)=\varphi''(x_n)=0 \tag{4.6.5}$$

这就得到由函数值约束、边界条件约束、导数约束等构成的 $4n$ 个方程、$4n$ 个未知量的唯一确定的系统。理论上,它有唯一解。但实际上,当 n 较大且用这种待定系数法求解时,这种方法并不可行。一种简单而有效的构造方法如下:

首先,三次样条插值函数 $\varphi(x)$ 的二次导函数为线性函数,在第 i 个小区间 $I_i=[x_i,x_{i+1}]$上运用条件(4.6.4),得线性插值多项式:

$$\varphi''(x)=f''(x_i)\frac{x_{i+1}-x}{h_i}+f''(x_{i+1})\frac{x-x_i}{h_i} \tag{4.6.6}$$

这里 $h_j=x_{j+1}-h_j$。对(4.6.6)式两次积分,并利用插值条件(4.6.2),(4.6.3),可得

$$\varphi(x)=\lambda_i\frac{(x_{i+1}-x)^3}{6h_i}+\lambda_{i+1}\frac{(x-x_i)^3}{6h_i}+\left(y_i-\frac{1}{6}\lambda_ih_i^2\right)\frac{x_{i+1}-x}{h_i}$$

$$+\left(y_{i+1}-\frac{1}{6}\lambda_{i+1}h_i^2\right)\frac{x-x_i}{h_i},\quad x\in[x_i,x_{i+1}];i=0,1,\cdots,n-1 \tag{4.6.7}$$

其中参数 $\lambda_0,\lambda_1,\cdots,\lambda_n$ 为未知待定参数。

练习 4.6.1　证明(4.6.7)式成立。

练习 4.6.2　证明：三次样条插值函数 $\varphi(x)$ 的一次导函数形如：

$$\varphi'(x)=-\lambda_i\frac{(x_{i+1}-x)^2}{3h_i}+\lambda_{i+1}\frac{(x-x_i)^2}{2h_i}+\frac{y_{i+1}-y_i}{h_i}-(\lambda_{i+1}-\lambda_i)\frac{h_i}{6},\quad x\in[x_i,x_{i+1}];j=0,1,\cdots,n-1 \tag{4.6.8}$$

由此进一步证明：参数 $\lambda_0,\lambda_1,\cdots,\lambda_n$ 满足以下 $n-1$ 个方程：

$$a_i\lambda_{i-1}+2\lambda_i+b_i\lambda_{i+1}=d_i,i=0,1,\cdots,n-1) \tag{4.6.9}$$

其中：

$$a_i=\frac{h_{i-1}}{h_{i-1}+h_i},\quad b_i=\frac{h_i}{h_{i-1}+h_i}$$
$$d_i=6\frac{f[x_i,x_{i+1}]-f[x_{i-1},x_i]}{h_{i-1}+h_i}=6f[x_{i-1},x_i,x_{i+1}] \tag{4.6.10}$$

练习 4.6.3　在练习 4.6.2 基础上证明：三次样条插值函数 $\varphi(x)$ 的函数表达式(4.6.7)中的参数 $\lambda_0,\lambda_1,\cdots,\lambda_n$ 满足以下矩阵方程：

$$\begin{pmatrix}2 & b_1 & & & \\ a_1 & 2 & b_2 & & \\ & \ddots & \ddots & \ddots & \\ & & a_{n-2} & 2 & b_{n-2} \\ & & & a_{n-1} & 2\end{pmatrix}\begin{pmatrix}\lambda_1\\ \lambda_2\\ \vdots\\ \lambda_{n-2}\\ \lambda_{n-1}\end{pmatrix}=\begin{pmatrix}d_1-a_1\lambda_0\\ d_2\\ \vdots\\ d_{n-2}\\ d_{n-1}-b_{n-1}\lambda_n\end{pmatrix} \tag{4.6.11}$$

练习 4.6.4　已知数据如表 4.6.1 所示。

表 4.6.1　数据表

i	0	1	2
x_i	2.0	5.5	10
$f(x_i)$	3.0	5.0	5.0
$f'(x_i)$	0.15		−0.15

求该表确定的三次样条插值函数。

练习 4.6.5　已知函数

$$f(x)=\frac{1}{1+x^2},\quad -5\leqslant x\leqslant 5$$

试用 MATLAB 中的三次样条插值函数选取 11 个基点计算其插值多项式。

4.7　最小二乘法与数据拟合

数据拟合方法是数据处理的一个非常有效的工具。通常，通过观测或实验获取的数据点会很多，如通过遥感、卫星传感或无线传感获取的数据点可能多至几万甚至几十万或者几亿，气象台站收集到的关于每日气温方面的累积数据同样是一个非常庞大的数据集。对于这样的数据集合(称为大数据集)，我们很难同时也没有必要用插值方法来实现近似。事实上，由于数据收集、仪器设备、收集方法等客观原因，导致收集或者观察到的数据点不可能精确，因此，没有必要建立一个精确反映这些点的分布规律性的函数表达式。相反，我们只需要考察和分析数据的大致整体分布结构或发展趋势，这就涉及数据拟合。

解决数据拟合问题的一个最有效的方法就是最小二乘法。最小二乘法是求解超定线性方程组(即方程个数大于未知量个数的线性方程组)近似解的一个标准方法，它能够实现总体误差平方和的最小化。最小二乘法一个直接且重要的应用是在数据拟合方面。

依据误差项是否线性，最小二乘法分为两大类：线性最小二乘法和非线性最小二乘法。线性最小二乘法主要出现在统计学的回归分析中，且具有解析式，而非线性最小二乘法没有解析式，一般需要通过若干次迭代改进才能得到最优解。最小二乘法最早是由法国数学家高斯(Carl Friedrich Gauss)大约在 1794 年提出的。

为了引进拟合问题的定义，先看几个简单的实例。

例 4.7.1　有一组关于热敏电阻的数据如表 4.7.1 所示。

表 4.7.1　热敏电阻数据

温度 t(℃)	20.5	32.7	51.0	73.0	95.7
电阻 R(Ω)	765	826	873	942	1032

求 60 ℃时的电阻 R。

先用 MATLAB 对这组数据进行作图，结果如图 4.7.1 所示。

```
>>X=[20.5  32.7  51.0  73.0  95.7];
>>Y=[765  826  873  942  1032];
>>plot(X,Y,'+r');
```

从图 4.7.1 中可发现数据点分布基本呈直线趋势，因此变量 X 和 Y 具有线性关系。故设有函数关系 $R=at+b$，其中 t 表示温度，R 表示电阻，a 和 b 为待定系数。如何选择理想的 a,b 值,使得该函数能“最佳地”反映变量之间关联性,是问题的关键。

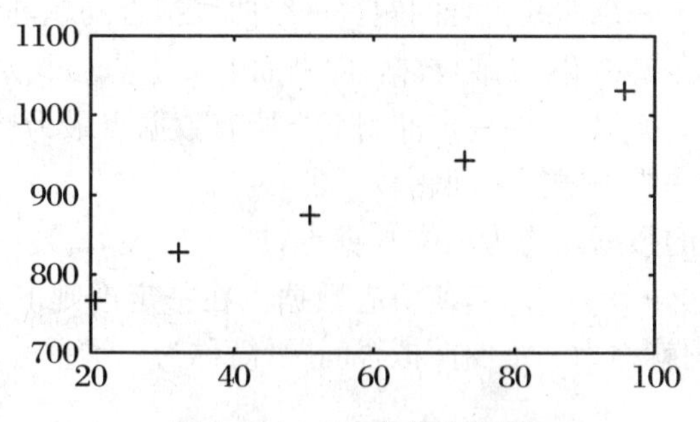

图 4.7.1　5 个数据点的图

注:横坐标表示温度,纵坐标表示电阻。

例 4.7.2　给定一室模型快速静脉注射下血药浓度数据($t=0$ 时注射 300 mg),如表 4.7.2 所示。

表 4.7.2　血药浓度数据

t (h)	0.25	0.5	1	1.5	2	3	4	6	6
C(g/mL)	19.21	18.10	15.36	14	12.90	9.30	7.55	5.20	3.00

求血药浓度随时间的变化规律 $c(t)$。

为此,先利用 MATLAB 作半对数曲线,即半对数坐标系(semilogy)下的图形:

```
>>T=[0.25  0.5  1  1.5  2  3  4  6  8];
>>C=[19.21  18.15  15.36  14.10  12.89  9.32  7.45  5.24  3.01];
>>semilog(X,Y,'+k');
```

结果如图 4.7.2 所示。

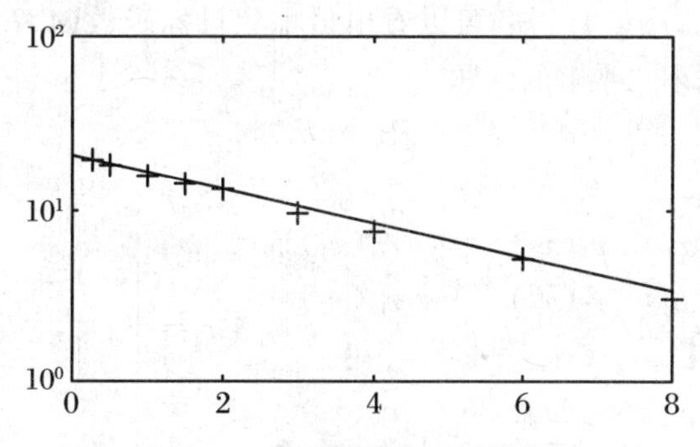

图 4.7.2　9 个数据点半对数作图

注:横坐标表示时间 t,纵坐标表示血液浓度。

由图 4.7.2 可见，血液浓度的对数值与时间 t 的关系接近线性函数，即 $\log C(t)\approx kt$，从而有 $c(t)=c_0\mathrm{e}^{-kt}$，其中 k 和 c_0 为待定系数。

以上问题均属于一维曲线拟合问题。一维曲线拟合问题具体可定义为：

定义 4.7.1 已知一组（二维）数据，即平面上 n 个点 (x_i,y_i)，$i=1,\cdots,n$，寻求一个函数 $y=f(x)$，使 $f(x)$ 在一定准则下与所有数据点最为接近，即曲线拟合得最好。该问题称为一维曲线拟合问题。

如果以上已知的数据点均为三维数据点，即 $\{(x_i,y_i,z_i):i=1,2,\cdots,n\}$，且需要寻求的函数关系为 $z=f(x,y)$，使所有数据点在一定准则下与曲面 $z=f(x,y)$ 最为接近，那么问题就称为二维曲面拟合问题，简称为二维拟合。类似还可定义高维拟合问题。

插值和拟合都是在给定一组数据点的情况下，来确定满足特定要求的曲线或曲面。但是两者不全相同：插值要求所求函数曲线（面）通过所有已知数据点；而拟合则不然，它强调数据的整体趋势，并企图寻求一个最佳的函数来反映该整体趋势。两者都是根据一组数据点来寻找变量之间的一个近似关系，从而得出新的点处的函数值。现实中，函数拟合应用更加广泛，更符合实际需要。

解决拟合问题常用的方法是最小二乘法。其步骤如下：

① 选定一组函数 $r_1(x),\cdots,r_m(x)$，$m<n$。我们称这组函数为拟合基函数。

② 作线性组合：

$$f(x)=a_1r_1(x)+a_2r_2(x)+\cdots+a_mr_m(x) \tag{4.7.1}$$

其中系数 $a_1,a_2,\cdots,a_m$ 为待定系数。

③ 利用最小二乘法确定系数 $a_1,a_2,\cdots,a_m$，使 n 个点 (x_i,y_i) 与曲线 $y=f(x)$ 距离平方和最小，即 $\min J(a_1,a_2,\cdots,a_m)$，其中：

$$J(a_1,\cdots,a_m)=\sum_{i=1}^{n}\Big(\sum_{k=1}^{m}a_kr_k(x_i)-y_i\Big)^2 \tag{4.7.2}$$

当基函数 $r_1(x),\cdots,r_m(x)$ 已知，可以看出最小化目标函数(4.7.2)等价于求解下列超定方程组的最小二乘解的问题：

$$Rx=b \tag{4.7.3}$$

其中：

$$R=\begin{pmatrix} r_1(x_1) & r_1(x_1) & \cdots & r_m(x_1)\\ r_1(x_2) & r_1(x_2) & \cdots & r_m(x_2)\\ \vdots & \vdots & & \vdots\\ r_1(x_n) & r_1(x_n) & \cdots & r_m(x_n)\end{pmatrix},\quad x=\begin{pmatrix}a_1\\ \vdots\\ a_m\end{pmatrix},\quad b=\begin{pmatrix}y_1\\ \vdots\\ y_n\end{pmatrix} \tag{4.7.4}$$

根据基函数组 $r_1(x),\cdots,r_m(x)$ 已知的选择，拟合问题分为多项式拟合、指数型拟合、对数线性拟合和高斯型拟合等。本节主要讨论多项式拟合和对数线性拟合方法。

为了说明一个模型或一个拟合方法的拟合效果,需要定义拟合残差(或称误差项)。它用于描述观察值和模型值之间的差异,即

$$r_i = y_i - \sum_1^n \beta_j \varphi_j(t_i, \alpha), \quad i = 1, \cdots, m$$

表示成矩阵向量形式,即

$$r = y - X(\alpha)\beta$$

其中 α,β 为待求参数向量。我们要找使残差 r 尽可能小的参数向量 α,β。这里的"尽可能小"是一个模糊的概念,我们需要对此进行精确地量化,使用以下方法:

① 插值:如果参数的个数等于观察值个数,那么残差有可能为零。对线性问题,这意味着 $m=n$(方程个数等于未知量个数),即目标系数矩阵 A 是方阵。如果 A 非奇异,那么关于 β 的线性方程组 $A\beta=y$ 的解为 $\beta=A\backslash y$。

② 最小平方问题:使残差平方和即 $\| r \|^2 = \sum_1^m r_i^2$ 最小。

③ 权重最小平方:如果得到的不同观察值的重要性或准确性不同,那么可使不同观察值具有不同权重,并使 $\| r \|_w^2 = \sum_1^m w_i r_i^2$ 最小化。如在第 i 个观察值中误差近似为 e_i,那么选择 $w_i=1/e_i$。

④ 赋权最小平方问题可通过缩放观察值和目标矩阵转化为非赋权情形来解决。如将 w_i 乘以 y_i 和 X 的第 i 行。MATLAB 中,它等价于 $X=\mathrm{diag}(w) * X$, $Y=\mathrm{diag}(w) * Y$。

⑤ 1-范数:残差绝对值和的最小化:$\| r \|_1 = \sum_1^m | r_i |$。从形式上表现为线性规划问题,但其计算比最小平方更难。

⑥ 无穷范数:使最大残差最小化:$\| r \|_\infty = \max_i | r_i |$。

向量和矩阵范数的有关概念与性质将在第 11 章第 5 节详细介绍。MATLAB 曲线拟合工具箱包括 1-范数和无穷范数的目标函数。MATLAB 还提供指令 fminbnd 来求函数在某个给定区间上的局部极大值或极小值。命令格式如下:

```
>>[x,fval]=fminbnd(fun,x1,x2)
```

这里 x 为函数极小值点(横坐标),fun 为目标函数,表示为字符串、无名函数或用户自定义函数,$x1,x2$ 定义了 x 位于的区间$[x1,x2]$。函数 fminbnd 先在开区间$(x1,x2)$上寻找函数的极小值点,并将它与区间边界上的函数值进行比较,最后 MATLAB 返回的是区间上的最小值。

例 4.7.3　表 4.7.3 所示为美国 1900～2000 年期间的总人口数统计情况(单位:百万人),由美国人口普查中心提供。通过该统计表,建立人口增长模型,并预

测 t=2010 年时的美国总人口数量。

表 4.7.3　美国 1900～2000 年人口数量统计表

t	1900	1910	1920	1930	1940	1950
y	75.995	91.972	105.711	123.203	131.669	150.697
t	1960	1970	1980	1990	2000	
y	179.323	203.212	226.505	249.633	281.422	

此处采用的模型是关于时间(以年为单位)t 的 3 次多项式,一般形式如下:

$$y \approx \beta_3 t^3 + \beta_2 t^2 + \beta_1 t + \beta_0 \tag{4.7.5}$$

该函数有 4 个参数($\beta_0 \sim \beta_3$),记

$$b = (\beta_0, \beta_1, \beta_2, \beta_3)^{\mathrm{T}}, \quad X(t) = (1, t, t^2, t^3)^{\mathrm{T}} \tag{4.7.6}$$

(4.7.5)式右端可表示为 $f(t) = X(t)^{\mathrm{T}} b$。假设给定 n 个时刻 $t_1, t_2, \cdots, t_n$ 的数据(人口数),那么可定义 X 为 $4\times n$ 矩阵 $X=(X_1, X_2, \cdots, X_n)$ $(X_j = X(t_j))$,并记向量

$$Y = (y_1, y_2, \cdots, y_n)^{\mathrm{T}}$$

其中 y_j 为 $t=j$ 时刻的实际人口数量。则(4.7.5)式等价于

$$Y \approx X^{\mathrm{T}} b \tag{4.7.7}$$

我们需要求一个最优向量 b,使得(4.7.7)式的两边充分接近,即最小化误差向量

$$err = Y - F = Y - X^{\mathrm{T}} b$$

由于矩阵 X 中元素太大,计算不便,同时也会造成较大误差,对变量 t 进行标准化变换,令

$$s = \frac{t - 1950}{50}$$

变量 s 满足 $-1 \leqslant s \leqslant 1$,其模型仍是

$$y \approx \beta_3 s^3 + \beta_2 s^2 + \beta_1 s + \beta_0$$

故(4.7.7)式仍适用,但用 $X_j = X(s_j)$ 作为矩阵 X 的第 j 个列向量。

图 4.7.3 为利用 MATLAB 拟合 GUI(图形用户界面)作图,通过 3 次多项式模型拟合显示人口统计数据拟合的效果。该模型对 2010 年的人口数据推断是合理且准确的。通过滑动图 4.7.3 中的按钮,可改变多项式次数。当多项式次数增加时,拟合误差减小,但拟合曲线变化起伏加剧,使得模型更加复杂,预测效果会减弱。

例 4.7.4　对表 4.7.4 中的数据作二次多项式拟合。

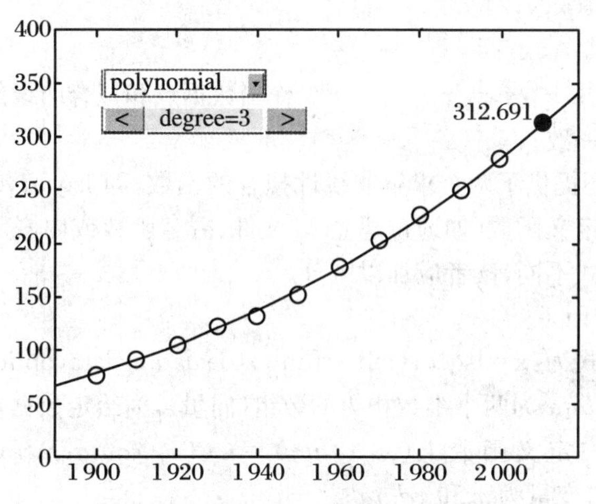

图 4.7.3　美国 1900～2000 年人口总数

表 4.7.4　数据表

x_i	0.1	0.2	0.4	0.5	0.6	0.7	0.8	0.9	1
y_i	1.978	3.28	6.16	7.34	7.66	9.58	9.48	9.30	11.2

即求一个二次多项式函数 $f(x)=ax^2+bx+c$,使

$$\min_{a,b,c} J(a,b,c)=\sum_{i=1}^{n}(ax_i^2+bx_i+c-y_i)^2$$

解　取基函数为 $1,x,x^2$,运用最小二乘法,用所给数据生成(4.7.4)式中的矩阵 R,注意 MATLAB 中斜杠(\)运算实际上是利用最小二乘法求解:

```
x=0:0.1:1;
y=[-0.447  1.978  3.28  6.16  7.08  7.34  7.66  9.56  9.48…
   9.30  11.2];
R=[(x.^2)' x' ones(11,1)];
A=R\y'
```

结果为

$$A=-9.8108\quad 20.1293\quad -0.0317$$

因此生成拟合多项式:

$$f(x)=-9.8108x^2+20.1293x-0.0317$$

另一个方法是直接利用 MATLAB 中的多项式拟合指令:

```
x=0:0.1:1;
y=[-0.447  1.978  3.28  6.16  7.08  7.34  7.66  9.56  9.48…
   9.30  11.2];
```

```
A=polyfit(x,y,2)
z=polyval(A,x);
plot(x,y,'k+',x,z,'r')          % 作出数据点和拟合曲线的图形
```

其结果完全一致。

MATLAB还提供了两个求解非线性拟合的函数，即 lsqcurvefit 和 lsqnonlin。它们都要求事先定义函数(如通过建立 M 文件、匿名函数或内嵌函数等)。但是两者定义的函数形式不同，读者应加以区分。

(1) lsqcurvefit ()

输入基本格式为：x=lsqcurvefit ('fun',x0,xdata,ydata,options)。

① *xdata*，*ydata* 为两个维数相等的数组(向量)，为给定数据点；

② *fun*：用户定义函数 $F(x, xdata)=(f(x, xdata_1), f(x, xdata_2), \cdots, f(x, xdata_n))$，自变量为 x 和 *xdata*；

③ $x0$ 为迭代初始值向量，其维数与 x 一致；

④ x：输出变量，使得目标函数值 $\| fun(x, xdata) - ydata \|^2$ 最小化的参变量；

⑤ options：选项设置。

(2) lsqnonlin()

输入基本格式为：x=lsqnonlin('fun',x0,options)。

函数 $fun=fun(x)$ 只含自变量 x，即 $f(x)=(f_1(x), f_2(x), \cdots, f_n(x))^{\mathrm{T}}$，其中：

$$f_i(x) = f(x, xdata_i, ydata_i) = F(x, xdata_i) - ydata_i$$

例 4.7.5　用表 4.7.5 中数据拟合函数 $c(t)=a+be^{-0.02kt}$ 中的参数 a, b, k，结合数据特点，构造函数 $Fun=(c(t_1), c(t_2), \cdots, c(t_{10}))^{\mathrm{T}}$，并令 $x=(a,b)^{\mathrm{T}}$。

表 4.7.5　数据表

t_j	100	200	300	400	500	600	700	800	900	1000
$c_j \times 10^3$	4.54	4.99	5.35	5.65	5.90	6.10	6.26	6.39	6.50	6.59

① 编写 M 文件 curvefun1.m：

```
function F=myfun1(x,tdata)
F=x(1)+x(2)*exp(-0.02*x(3)*tdata)
                                        % x(1)=a;x(2)=b;x(3)=k;
```

② 输入以下命令，调用该函数：

```
>>tdata=100:100:1000;
>>cdata=1e-03*[4.54,4.99,5.35,5.65,5.90,6.10,6.26,6.39,…
```

```
6.50,6.59];
>>x0=[0.2,0.05,0.05];
>>X=lsqcurvefit ('myfun1',x0,tdata,cdata)
>>Y=myfun1(X,tdata);
```

③ 运行结果:

```
X=0.0063   -0.0034   0.2542   % a=0.0063;b=-0.0034;c=0.2542
Y=0.0043    0.0051   0.0056   0.0059   0.0061
  0.0062    0.0062   0.0063   0.0063   0.0063
```

该题若改用指令 lsqnonlin,那么用户定义函数 myfun2 的自变量是 *x*,*cdata* 和 *tdata* 是已知参数,应将 *cdata*,*tdata* 的值代入 myfun2.m 中,即

```
function F=myfun2(x)
tdata=100:100:1000;
cdata=1e-03*[4.54,4.99,5.35,5.65,5.90,6.10,6.26,6.39,6.50,6.59];
F=x(1)+x(2)*exp(-0.02*x(3)*tdata)-cdata;
```

调用该函数,计算参数 a,b,k:

```
>>x0=[0.2,0.05,0.05];
>>x=lsqnonlin('curvefun2',x0)
>>f=curvefun2(x)
```

运算结果相同。

练习 4.7.1 用最小二乘法求解方程

$$15x^2-4\mathrm{e}^{-x}\cos(10x)=4$$

的三个正根。这里可采用 MATLAB 作图方法来确定三个正根的初始值,再利用 MATLAB 求根函数(如 fzero)来求出近似解。

练习 4.7.2 求解方程 $5x^3-3x^2\cos(2x)=2$ 的正根。

练习 4.7.3 求解函数 $f(x)=15x^2-4\mathrm{e}^{-x}\cos(10x)-4$ 的最小值。

练习 4.7.4 利用 MATLAB 相关指令,解下列非线性方程组:

$$\begin{cases}\sin(xy)+\dfrac{1}{2}=0\\ \mathrm{e}^{-x}y^2+2x^2=0\end{cases}$$

4.8 插值与拟合实验

本节通过具体实例来掌握拉格朗日插值、牛顿插值、分段线性插值和三次样条

插值等插值方法、数据拟合和最小二乘方法等，熟悉 MATLAB 数据处理工具箱提供的插值函数和拟合函数的使用方法，并使用这些函数解决实际问题。

1. 一维插值

运用 MATLAB 指令进行一维函数插值的步骤如下：

① 生成已知数据点（自变量和应变量构成的二维数据点）矩阵或向量；

② 构造出一个连续函数，即插值函数；

③ 计算任意节点或待插值点的函数值。

MATLAB 关于一维插值的基本指令是 interp1，其原理是利用用户选取的插值多项式（如拉格朗日、牛顿或者 Hermit 等类型）来进行插值运算。其基本语法结构为：

```
>>yi=interp1(x,y,xi,method)
```

其中输入变量 x 是插值数据点的横坐标（输入值），向量 y 是插值数据点的纵坐标（输出值），它们是维数相同的两个向量；xi 是插值点（输入值，对应输出值位置），字串 method 指定使用的方法：

① 'nearest'：近邻法插值；

② 'linear'：线性插值；

③ 'spline'：三次样条插值；

④ 'pchip'：保持形状的三次样条插值；

⑤ 'cubic'：同 'pchip'。

例 4.8.1　运用 MATLAB 指令对函数 $y=e^{-x/5}\sin x$ 在区间 $[0,4\pi]$ 上分别运用最近邻方法、线性插值、样条插值和三次多项式插值的方法进行插值。

程序如下：

```
x=0:1:4*pi;
y=sin(x).*exp(-x/5);
xi=0:0.1:4*pi;
y1=interp1(x,y,xi,'nearest');
y2=interp1(x,y,xi,'linear');
y3=interp1(x,y,xi,'spline');
y4=interp1(x,y,xi,'cubic');
plot(x,y,'o',xi,y1,'g-',xi,y2,'r:',xi,y3,'k-.',xi,y4,'b--');
legend('Original','Nearest','Linear','Spline','Cubic');
```

最后结果如图 4.8.1 所示。从图 4.8.1 可以看出，Spline 和 Cubic 所产生的曲线较光滑，但它们的计算量较大，程序运行时间较长，具体如表 4.8.1 所示。

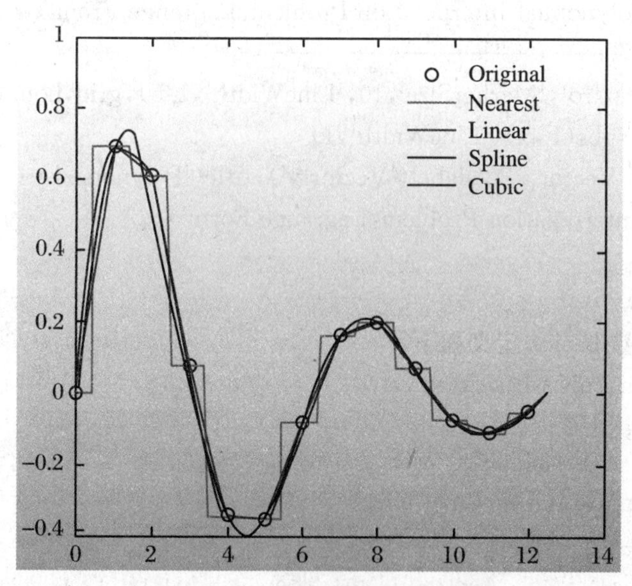

图 4.8.1　几种插值方法作图比较

表 4.8.1　四种插值方法比较

	Nearest	Linear	Cubic	Cubic Spline
计算时间	1(短)	2	3	4(长)
曲线光滑度	1(差)	2	3	4(好)
所用内存	1(少)	2	4(多)	3

拉格朗日插值是 $n+1$ 个插值基函数的线性组合，它具有很好的解析性质，即无穷次可微，缺点是产生的多项式函数可能出现严重的振荡现象，并且多项式函数的系数依赖于观测数据。

下面的 MATLAB 函数代码用于计算并屏幕显示拉格朗日插值多项式：

```
% MATLAB 函数 show_polinterp. m
function F=show_polinterp(x,y)
L=length(x);
if  length(x)~=length(y)  F='Error:x and y vectors must…
    have same dimensions';
elseif length(x)>10          F='Error:number of elements<=10';
else  for k=1:L  P(k)=basick(x,y,k);  end
F=simple(sum(P));
fprintf('\n')
```

```
disp('Polynomial Interpolation Problem:Lagrange From')
disp('-----------------------------------------------')
plot(x,y,'ro','MarkerSize',10,'LineWidth',1.5),grid,hold on
plot(x,subs(F,x),'LineWidth',1)
xlabel ('Vector x'),ylabel('Vector y'),title('Polynomial ...
        Interpolation Problem:Lagrange Form')
end
disp(F)
```

这里的函数 basick 定义如下：

```
function LnX=basick(x,y,L)
n=length(x);
Num=' ';  Den='';  X=sym('X');
for i=1:n
if i ~=L
   TempNum=strcat('(X-x(',num2str(i),')',')','*');
   Num=strcat(Num,TempNum);
   TempDen=strcat('(x(',num2str(L),')','-','x(',num2str(i),')',')','*');
   Den=strcat(Den,TempDen);
   end
end
Num(end)=[]; Den(end)=[];
LnX=(eval(strcat('(',Num,')','/','(',Den,')'))) * y(L);
```

练习 4.8.1　运行并解释以上语句。进一步改进该程序代码 polinterp.m 以及它的子函数程序 basick.m，以加快其运行速度和有效性。

练习 4.8.2　设某种药物最小有效浓度和最大允许浓度分别为 $m=10$ 和 $M=25$(ug/mL)。假设对一只小白鼠用快速静脉注射方式一次性注入该药物 300 mg 后，在 15 min～8 h 小时内的 9 个时刻采集血样，测得血药浓度 c(ug/mL) 如表 4.8.2 所示。

表 4.8.2　血药浓度

t(h)	0.25	0.5	1	1.5	2	3	4	6	8
C(g/mL)	19.21	18.15	15.36	14.10	12.89	9.32	7.45	5.24	3.01

试建立模型，研究在快速静脉注射给药方式下，血药浓度的变化规律。

例 4.8.2　针对函数 $f(x)=\dfrac{1}{1+x^2}$ 在 $[-5,5]$ 上取 $n+1$ 个等距节点，构造拉

格朗日插值多项式，并分别画出 $n=2,4,6,8,10$ 时的拉格朗日插值多项式对应的图形。程序运行的结果如图 4.8.2 所示。

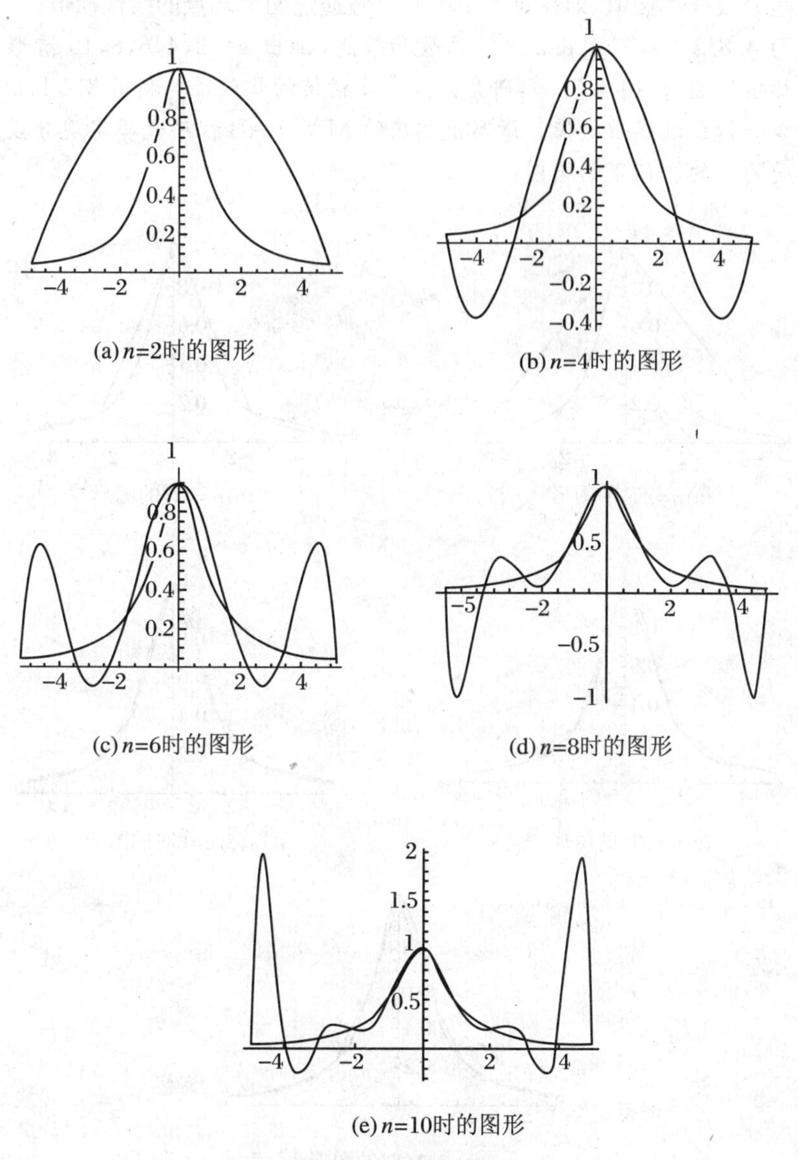

(a) n=2时的图形　(b) n=4时的图形　(c) n=6时的图形　(d) n=8时的图形　(e) n=10时的图形

图 4.8.2　运行结果

一般而言，插值节点越多，插值效果越好。但是对拉格朗日插值，情况并非如此。从图 4.8.2 中可以看出，随着 n 的增大，插值函数在区间端点处出现了剧烈的振荡现象，从而产生很大的误差。这种现象称为龙格(Runge)现象。

导致拉格朗日多项式插值出现龙格现象的原因在于:插值多项式并非次数越大越好！克服这个缺点的办法之一就是采用低次插值，即分段低次插值。其中最简单的是分段线性插值，即在每个子区间上做通过两个端点的线性插值。

练习 4.8.3 对例 4.8.2 中的函数和节点，画出 $n=2,4,6,8,10$ 情形下的分段线性插值的图形(图 4.8.3)，研究分段线性插值的收敛性。利用 MATLAB 中的插值命令进行分段线性插值。请写出相应的 MATLAB 程序代码实现分段线性插值和不同的 n 的取值下的绘图。

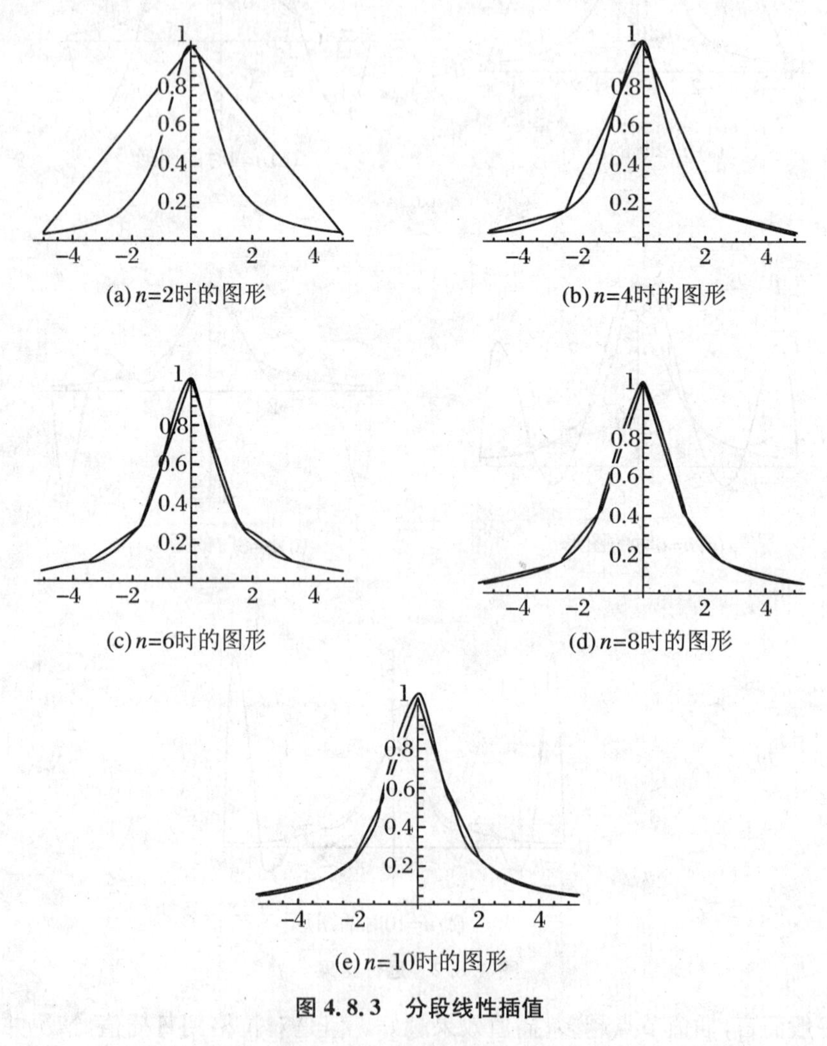

图 4.8.3 分段线性插值

从图 4.8.3 中可以看出，分段线性插值确实克服了拉格朗日多项式插值中出现的龙格现象。分段线性插值具有良好的收敛性，在计算插值时，它只用到前后两个相邻节点的函数值，计算量小。实际中用函数表作插值计算时，分段线性插值就足够了，如数学、物理中用的特殊函数表，数理统计中用的概率分布表等。

例 4.8.3　下面的MATLAB代码运用4类插值方法对正弦函数插值，并对其结果作图进行对比。

```
x=0:10;  y=sin(x);  xi=0:0.25:10;
strmod={'nearest','linear','spline','cubic'}
                                   % 将插值方法定义为单元数组
str1b={'(a) method=nearest','(b) method=linear',…
       '(c) method=spline','(d) method=cubic'}

for i=1:4
yi=interp1(x,y,xi,strmod{i});
subplot(2,2,i)
plot(x,y,'ro',xi,yi,'b'),xlabel(str1b(i))
end
% 三次样条插值
x0=0:10;  y0=sin(x0);  x=0:.25:10;
y=spline(x0,y0,x);  plot(x0,y0,'or',x,y,'k')
```

其结果与interp1一样。

2. 数据的二维插值(2D Interpolation)

它用于图形图像处理和三维曲线拟合等领域，由interp2实现，一般格式为：

```
>>ZI=interp2(X,Y,Z,XI,YI,method)
```

其中，X,Y 为自变量组成的数组，尺寸相同；XI,YI 为插值点的自变量数组；method为插值方法选项，有临近点插值('nearest')、线性插值('linear',缺省方法)、三次样条插值('spline')和立方插值('cubic')。

例 4.8.4　二维插值四种方法的对比。

```
[x,y,z]=peaks(7); figure(1),mesh(x,y,z);
[xi,yi]=meshgrid(-3:0.2:3,-3:0.2:3);
z1=interp2(x,y,z,xi,yi,'nearest');  z2=interp2(x,y,z,xi,yi,'linear');
z3=interp2(x,y,z,xi,yi,'spline');  z4=interp2(x,y,z,xi,yi,'cubic');
figure(2);
subplot(2,2,1);mesh(xi,yi,z1);  title('nearest')
subplot(2,2,2);mesh(xi,yi,z2);  title('linear')
subplot(2,2,3);mesh(xi,yi,z3);  title('spiine')
```

```
subplot(2,2,4); mesh(xi,yi,z4);  title('cubic')
```

3. 曲线拟合的最小二乘法

给定一组数据(x_i,y_i),$i=1,\cdots,n$。由这组数据得出经验公式:$y=f(x,a,b,\cdots,c)$,其中$a,b,\cdots,c$为一组待定参数,决定参数的原则通常是使拟合函数在x_i处的值与实验值的偏差平方和最小,即

$$\sum_{i=1}^{n}[y_i-f(x_i,a,b,\cdots,c)]^2$$

取到最小值,这种在方差意义下对数据拟合的方法叫做最小二乘法。确定了参数$a,b,\cdots,c$以后,就得到了一个由这组数据拟合的函数,并可用此函数来分析问题。

例 4.8.5 在1~12的11小时内,每隔1小时测量1次某物体表面的温度。已知测得的温度依次为:5,8,9,15,25,29,31,30,22,25,27,24。试估计每隔1/10小时的温度值。

建立M文件 temp. m:

```
hours=1:12;
temps=[5 8 9 15 25 29 31 30 22 25 27 24];
h=1:0.1:12;
t=interp1(hours,temps,h,'spline');
plot(hours,temps,'kp',h,t,'b');
```

例 4.8.6(机翼加工问题) 已知机翼断面下的轮廓线上的数据如表4.8.3所示。

表 4.8.3 机翼断面下的轮廓线上的数据

X	0	3	5	7	9	11	12	13	14	15
Y	0	1.2	1.7	2.0	2.1	2.0	1.8	1.2	1.0	1.6

注意用程控铣床加工机翼断面的下轮廓线时,每一刀只能沿X方向和Y方向走很小一步。

表4.8.3给出了下轮廓线上的部分数据。因工艺要求,铣床沿X方向每次只能移动0.1单位。现要求出X坐标每改变0.1单位时的Y坐标,完成加工所需的数据,并画出曲线。

采用三次样条插值对数据进行插值,具体步骤如下:

步骤1:用$x0$,$y0$两向量表示插值节点;

步骤2:被插值点 x=0:0.1:15;y=interp1(x0,y0,x,'spline');

步骤3:plot(x0,y0,'k+',x,y,'r')

```
grid on
```

建立 M 文件 plane. m：

```
x0=[0 3 5 7 9 11 12 13 14 15]；
y0=[0 1.2 1.7 2.0 2.1 2.0 1.8 1.2 1.0 1.6]；
x=0:0.1:15；
y1=interp1(x0,y0,x,'nearest')；
y2=interp1(x0,y0,x)；
y3=interp1(x0,y0,x,'spline')；
plot(x0,y0,'kp',x,y1,'r')
grid on
```

其结果如图 4. 8. 4 所示。

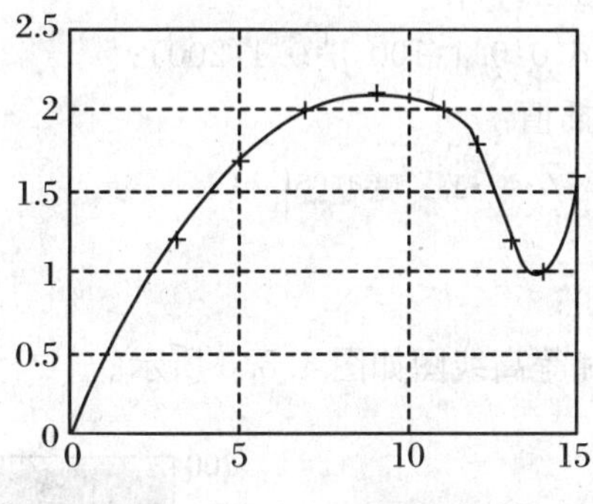

图 4. 8. 4　机翼曲线图

例 4. 8. 7(海底地形图的绘制问题)　为了在一新的海域建立新的航道，需要知道海底深度，并绘制海底地形图。现使用一艘勘测船，对一矩形区域内均匀网格上海底深度进行勘测，得到的数据如表 4. 8. 4 所示(x 和 y 为点的坐标)。

表 4. 8. 4　海底深度勘测数据

y \ x	0	20	40	60	80	100
0	8.73	8.32	8.00	7.97	7.77	7.99
40	8.94	8.78	6.87	7.22	7.92	7.99
80	8.88	8.91	4.21	6.38	7.37	7.95
120	8.79	8.79	8.54	5.82	4.88	7.97
160	8.75	8.80	7.91	5.80	4.77	7.85
200	8.52	8.31	6.61	6.06	6.49	7.97

假定海底经过海水冲刷，充分光滑，也没有礁石和洞穴。试用插值方法得到此海域深度数据并绘制海底地形图和等高线图。

解　我们先生成数据点。meshgrid 生成两个同样大小的矩阵。

```
x=20*[0:5];   y=2*x;
Z=[8.73,  8.32,  8.00,  7.97,  7.77,  7.99;
   8.94,  8.78,  6.87,  7.22,  7.92,  7.99;
   8.88,  8.91,  4.21,  6.38,  7.37,  7.95;
   8.79,  8.79,  8.54,  5.82,  4.88,  7.97;
   8.75,  8.80,  7.91,  5.80,  4.77,  7.85;
   8.52,  8.31,  6.61,  6.06,  6.49,  7.97];
[X,Y]=meshgrid(x,y);
[xi,yi]=meshgrid(0:0.1:100,0:0.1:200);
% 利用最近邻方式插值
zi1=interp2(X,Y,Z,xi,yi,'nearest');
surf(xi,yi,zi1);
contour(xi,yi,zi1);
```

画出的海底地形图和等高线图如图 4.8.5 所示。

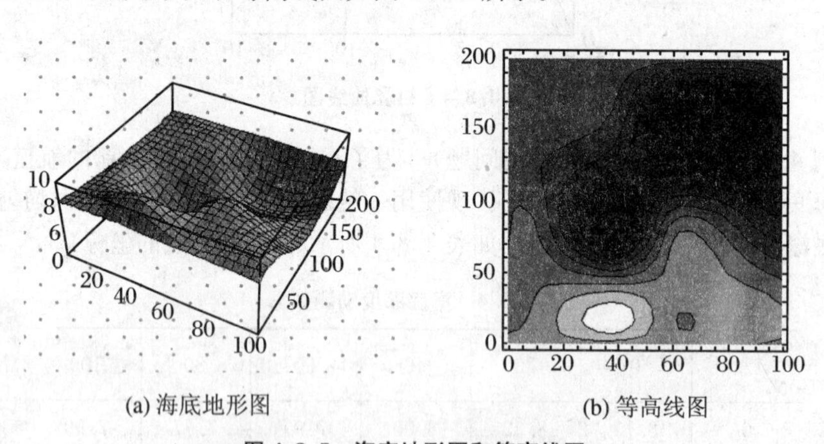

(a) 海底地形图　　　　(b) 等高线图

图 4.8.5　海底地形图和等高线图

这里采用了最近邻二维插值生成更多的数据点用于作图。我们还可以改变插值方法，如下面的语句用双线性二维插值方法进行插值：

```
>>zi2=interp2(X,Y,Z,xi,yi,'bilinear');
```

例 4.8.8（施肥效果问题）　某研究所为了研究氮肥（N）的施肥量对土豆产量的影响，做了 10 次实验，实验数据如表 4.8.5 所示，其中 ha 代表公顷，t 代表吨，kg 代表千克。

表 4.8.5　施肥量与土豆产量

施肥量(kg/ha)	0	34	67	101	135	202	259	336	404	471
产量(t/ha)	15.18	21.36	25.72	32.29	34.03	39.45	43.15	43.46	40.83	30.75

试分析氮肥的施肥量与土豆产量之间的关系。

这个问题可以看成一个数据拟合问题,关键是采用什么函数作为基函数。假设 y 代表土豆产量,x 代表氮肥的施肥量。先画散点图看看数据点的位置关系,如图 4.8.6(a)所示。数据点的分布近似一条抛物线,因此可采用二次函数来拟合,即采用 $1,x,x^2$ 作为基函数来拟合这组数据。

所得结果为:$14.7416+0.19715x-0.000339532x^2$,即拟合函数

$$y = 14.7416 + 0.19715x - 0.000339532x^2$$

其拟合效果如图 4.8.6(b)所示。

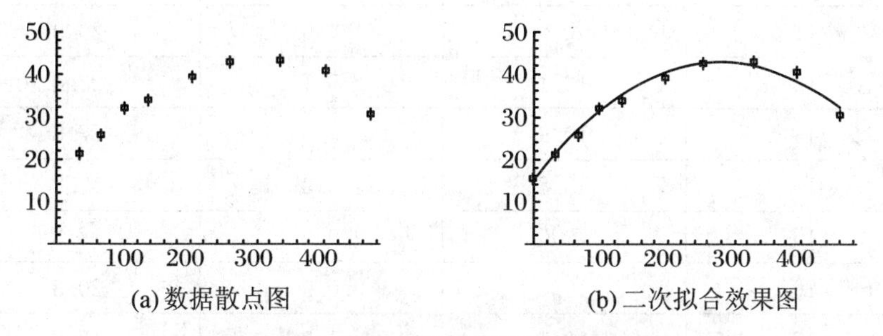

(a) 数据散点图　(b) 二次拟合效果图

图 4.8.6　数据散点图和二次拟合效果图

从图 4.8.6 中可以看出,拟合效果比较好,但是否还可以更好呢?一般而言,拟合次数的提高可以使得拟合效果变好,但是并不是次数越高越好。读者可尝试提高拟合次数,画出相应的拟合效果图进行比较。

例 4.8.9(砂岩体空间分布)　某浅层天然气开发公司所提供的某地区浅层十几口深井砂岩体柱状图和井位图表数据如表 4.8.6 所示,要求建立该地区的砂岩体空间分布数学模型,并在计算机上模拟砂岩体的空间分布数学三维图形及其等值线图,进而为该地区油气勘探提供一些可行的决策依据。

表 4.8.6　某地区深井砂岩体相关数据

井　号	坐　标		砂岩厚度 z(m)
	横 x(m)	纵 y(m)	
1	0.7	7.2	17.3
2	2.2	5.2	22.4

续表

井　号	坐	标	砂岩厚度 z(m)
	横 x(m)	纵 y(m)	
3	1.7	2.5	25.1
4	0.3	0.8	20.7
5	5.7	3.0	27.5
6	4.7	5.3	20.2
7	5.7	7.0	22.2
8	9.3	6.5	21.3
9	10.7	7.5	22.4
10	13.8	7.5	15.9
11	8.3	4.0	20.9
12	12.1	5.1	23.4
13	10.9	3.2	27.8
14	13.8	3.2	17.2
15	7.8	0.9	18.3
16	10.4	0.9	20.3
17	13.1	1.1	18.2

我们可用 Fit 构造三次二元拟合多项式，并分别作出它们所对应的三维图形及其等值线图，如图 4.8.7 所示。

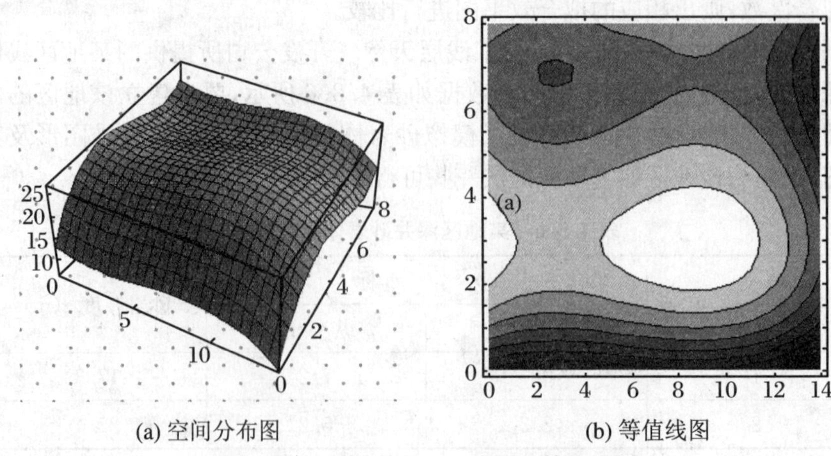

(a) 空间分布图　　(b) 等值线图

图 4.8.7　砂岩体空间分布图和等值线图

练习 4.8.3　已知某地区在不同月份的平均日照时间的观测数据如表 4.8.7 所示。

表 4.8.7　某地区不同月份平均日照时间观测数据

月份	1	2	3	4	5	6	7	8	9	10	11	12
日照	80.9	67.2	67.1	50.5	32.0	33.6	36.6	46.8	52.3	62.0	64.1	71.2

试分析日照时间的变化规律。

练习 4.8.4　在某山区(考虑平面区域(0,2800)×(0,2400)内,单位:m)测得一些地点的高度(单位:m)如表 4.8.8 所示。

表 4.8.8　某山区各点高度

2400	1430	1450	1470	1320	1280	1200	1080	940
2000	1450	1480	1500	1550	1510	1430	1300	1200
1600	1460	1500	1550	1600	1550	1600	1600	1600
1200	1370	1500	1200	1100	1550	1600	1550	1380
800	1270	1500	1200	1100	1350	1450	1200	1150
400	1230	1390	1500	1500	1400	900	1100	1060
0	1180	1320	1450	1420	1400	1300	700	900
y/x	0	400	800	1200	1600	2000	2400	2800

试作出该山区的地貌图和等值线图。

练习 4.8.5　为研究某一化学反应过程中温度 x(℃)对产品得率 y(%)的影响,测得数据如表 4.8.9 所示。

表 4.8.9　温度与产品得率

x(℃)	100	110	120	130	140	150	160	170	180	190
y(%)	45	51	54	61	66	70	74	78	85	89

试求其线性拟合函数。

练习 4.8.6　一种合金在某种添加剂的不同浓度之下做实验,得到数据如表 4.8.10 所示。

表 4.8.10　某合金在某添加剂不同浓度下的抗压强度

浓度 x	10.0	15.0	20.0	25.0	30.0
抗压强度 y	25.2	29.8	31.2	31.7	29.4

试以模型 $y=a+bx+cx^2$ 作曲线拟合。

练习 4.8.7　针对本节给定的美国人口数据(1900～2000 年)编写程序,绘制其中的数据点。

练习 4.8.8　针对美国人口数据(1900～2000 年)编写程序,分别用 1 次、2 次、3 次和 4 次多项式函数进行数据拟合,计算拟合误差,并绘制拟合曲线。

练习 4.8.9　在练习 4.8.8 基础上,分别用这些拟合函数模型来预测 2010 年美国的人口,并与实际人口数量(美国 2010 年 4 月 1 日实际统计人口数为 308745538)进行比对。

练习 4.8.10　表 4.8.11 为 2010 年美国人口普查得到的关于加州人口年龄的分布情况(来源于美国国家统计局网页:http://www.census.gov/)。

表 4.8.11　美国加州 2010 年人口年龄分布情况　　　(单位:万人)

男性	女性	<18	≥18	20～24	25～34	35～49	50～64	≥6.5
18517830	18736126	9295040	27958916	2765949	5317877	7872529	6599045	4246514

试利用 MATLAB 绘制人口分布图,并利用数据拟合方法,给出分布规律。

练习 4.8.11　表 4.8.12 为 2012 年 5 月全国 70 个大中城市住宅销售价格指数统计表(来源于中国国家统计局网页:http://www.stats.gov.cn/was40/)。

表 4.8.12　2012 年 5 月全国 70 个大中城市住宅销售价格指数统计

城市	新建住宅价格指数			城市	新建住宅价格指数		
	环比	同比	定基		环比	同比	定基
北京	100.0	98.8	101.8	唐山	100.0	99.7	101.4
天津	100.2	98.9	103.1	秦皇岛	99.9	99.3	106.2
石家庄	100.0	99.6	107.5	包头	100.1	99.2	103.7
太原	99.9	100.3	101.5	丹东	99.9	98.0	107.5
呼和浩特	99.9	99.8	104.7	锦州	100.0	99.4	104.9
沈阳	99.8	99.6	105.5	吉林	100.0	99.4	105.4
大连	100.1	99.9	105.3	牡丹江	100.0	99.7	106.5
长春	100.0	99.7	103.4	无锡	100.0	98.5	101.0
哈尔滨	99.9	100.1	103.7	扬州	99.9	98.8	103.3
上海	99.9	98.4	100.8	徐州	99.9	98.3	102.3
南京	100.0	97.3	99.1	温州	98.2	85.8	86.4
杭州	99.4	90.2	91.0	金华	99.7	94.3	97.9
宁波	98.4	92.7	94.6	蚌埠	100.0	99.3	103.1

续表

城市	新建住宅价格指数			城市	新建住宅价格指数		
	环比	同比	定基		环比	同比	定基
合肥	100.0	99.0	101.4	安庆	99.9	99.1	102.9
福州	99.8	99.0	103.0	泉州	99.8	99.1	100.1
厦门	99.8	98.7	104.7	九江	99.9	98.0	102.2
南昌	100.2	98.0	105.3	赣州	100.0	99.5	104.8
济南	99.9	98.1	102.2	烟台	99.9	97.7	102.7
青岛	99.9	96.1	99.9	济宁	99.9	99.0	102.9
郑州	100.0	99.3	105.7	洛阳	99.9	100.1	106.4
武汉	99.8	99.2	103.2	平顶山	99.8	100.2	104.2
长沙	99.9	99.7	107.4	宜昌	99.8	99.1	103.4
广州	99.9	98.4	103.1	襄阳	99.7	98.4	104.9
深圳	99.7	97.7	102.0	岳阳	100.0	99.7	106.7
南宁	100.0	98.3	101.1	常德	99.9	99.2	104.6
海口	99.8	98.4	101.0	惠州	100.0	99.5	104.3
重庆	100.0	98.1	102.9	湛江	100.0	100.1	105.3
成都	99.7	98.5	102.1	韶关	99.9	100.6	106.3
贵阳	100.1	100.9	105.3	桂林	100.0	99.8	105.8
昆明	99.9	100.1	105.7	北海	99.9	98.3	101.2
西安	100.0	99.8	104.0	三亚	99.8	98.9	100.7
兰州	100.0	100.3	107.0	泸州	100.0	101.1	102.0
西宁	100.1	101.4	107.7	南充	99.9	100.0	99.5
银川	100.0	100.8	103.4	遵义	99.8	100.4	105.3
乌鲁木齐	100.0	101.1	109.5	大理	99.9	100.5	101.6

注：环比以上月价格为 100，同比以去年同月价格为 100，定基以 2010 年价格为 100。

运用 MATLAB 绘制数据点，并进行以下数据分析：

① 与上月相比，70 个大中城市中价格下降、持平、上涨的城市有多少？环比价格上涨城市中涨幅未超过 0.1％的有多少？

② 与去年同月相比，70 个大中城市中，价格下降的城市有多少？比 4 月份增加了几个？上涨的城市有几个？平均涨幅是多少(百分比)？同比价格上涨的城市中涨幅比 4 月份回落的城市有几个？

第5章　矩阵变换与矩阵游戏

我们从小学甚至幼儿园就开始接触几何变换，如积木、拼图、魔方、折纸游戏等；生活中我们也处处离不开几何变换，如举重（哑铃的平移）、驾车（车轮的旋转和轮轴的平移）和走路（腿部摆动相当于旋转和平移）等。现代数学将游戏概念广义化，它已不仅局限于手工操作，而强调对人类智力的开发和挑战。有些看似简单的游戏（如三对折角、球填充问题、魔方等）至今悬而未决或没有唯一答案。

本质上讲，所有的游戏都可以化为数学问题，而几乎所有数学问题都可代数化（此为数学大师高斯的原话）。事实上，历史上很多著名的数学难题都和矩阵有关，如我们熟知的阿达玛矩阵猜想等。矩阵游戏是指与矩阵有关的游戏活动或游戏，包括经济或军事上的博弈等。

本章主要介绍运用矩阵方法处理T形拼图游戏、矩阵博弈论以及幻方矩阵（不是魔方）：第1节将介绍几类几何变换，如平移、旋转、反射和仿射变换等，以及相应的矩阵乘法表示；第2节介绍矩阵特征（即矩阵特征值和特征向量）表示与几何变换的关系；第3节介绍博弈论初步，主要涉及博弈论中的得分矩阵；第4节介绍幻方矩阵的基本定义和基本性质，分别通过T形拼图游戏、博弈论和分形蕨介绍矩阵变换的实际应用和意义。

5.1　几何变换与矩阵

假设你已经熟悉了线性代数课本中关于线性空间、欧氏距离等的基本概念，那么你一定对欧氏空间——一类定义了欧几里得距离（或范数）的线性空间，以及线性变换等概念不陌生。本节主要介绍欧氏空间中的线性变换在线性空间的一组基之下的矩阵表示。

建立了直角坐标系之后，平面上的一点 P 与其在坐标系下的坐标表示 (x,y) 满足一一对应关系。那么平面上的几何变换是否存在一般性的函数表达式？

给定矩阵 $A\in\mathbf{R}^{m\times n}$，则 A 唯一地对应两个线性空间 $\mathbf{R}^m$，$\mathbf{R}^n$ 之间的线性变换。事实上，我们有 $A:\mathbf{R}^n\mapsto\mathbf{R}^m$。函数 $y=f(x)=Ax$ 满足以下两条：

① 齐次性：$\forall\lambda\in C,\forall x\in\mathbf{R}^n\Rightarrow f(\lambda x)=\lambda f(x)$；

② 可加性：$f(x+y)=f(x)+f(y), \forall x,y\in \mathbf{R}^n$。

因此，矩阵—向量乘法对应的变换为一类线性变换。给定任意 2×2 实矩阵 A，通过矩阵向量乘法 Ax 定义的一类变换对应该平面上的唯一的一个线性变换。反之，如果给定平面上的一个几何变换，该变换是否一定可以表示为上述矩阵—向量乘积的形式呢？本节主要考察几类几何变换的矩阵表示。如图 5.1.1 所示为 $\mathbf{R}^2$ 上矩阵乘法对应的几何变换。

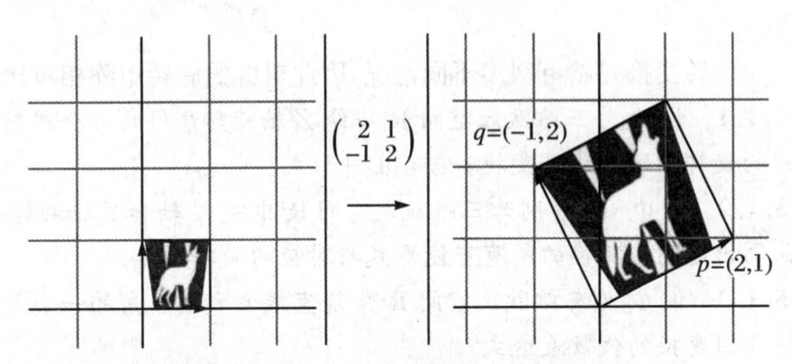

图 5.1.1　$\mathbf{R}^2$ 上矩阵右乘对应的几何变换

常见的几何变换包括平移、旋转、反射、缩放、切变及正投影变换。前三类变换均为欧氏变换（不改变任意两点间的距离），而后几类变换为非欧氏变换。下面介绍几类欧氏空间上的几何变换。

(1) 旋转变换

欧氏空间（记为 E）上的一类欧氏变换，记为 Φ。在 Φ 下，E 中每点 P 绕固定点 O（或固定轴线 L）旋转一个定角 θ，变换后得到的点 P' 称为 P 在变换 Φ 下的对应点。固定点 O（或直线 L）称为变换 Φ 的旋转中心（旋转轴），该定角称为变换 Φ 下的旋转角。

旋转变换具有以下性质：

① 对应点 P 和 P' 到旋转中心 O 的距离相等。

② 向量 OP 和 OP' 的夹角等于旋转角 θ。

③ 旋转前后的图形全等（如保持点的共线性、共圆性等）。

二维与三维欧氏空间中的旋转变换有它的直观意义，我们可以通过确定旋转中心、旋转方向和旋转角度来唯一地确定一个旋转变换。绕原点逆时针旋转 θ 角的变换公式是 $x'=x\cos\theta-y\sin\theta$ 与 $y'=x\sin\theta+y\cos\theta$，用矩阵表示为

$$\begin{pmatrix}x'\\ y'\end{pmatrix}=\begin{pmatrix}\cos\theta & -\sin\theta\\ \sin\theta & \cos\theta\end{pmatrix}\begin{pmatrix}x\\ y\end{pmatrix} \tag{5.1.1}$$

若记

$$X=\begin{pmatrix}x\\y\end{pmatrix},\quad X'=\begin{pmatrix}x'\\y'\end{pmatrix},\quad A=\begin{pmatrix}\cos\theta & -\sin\theta\\ \sin\theta & \cos\theta\end{pmatrix} \tag{5.1.2}$$

那么(5.1.1)式可等价地记为

$$X'=AX \tag{5.1.3}$$

称矩阵 A 为一个旋转矩阵。一般地，一个 n 维欧氏空间 $E=\mathbf{R}^n$ 上的一个旋转变换形如(5.1.3)，其中 A 为正交矩阵。二阶正交矩阵一定是形如(5.1.2)中的 A，且其行列式为1。

一个三阶旋转变换显然有很多不同情况，因此对应的旋转矩阵相对比较复杂。

练习 5.1.1 设 Φ_z 为三维欧氏空间 $\mathbf{R}^3$ 中绕 Z 轴旋转 θ 角的一个旋转变换，能否写出相应的旋转矩阵和旋转变换？它有几种形式？

练习 5.1.2 设 Φ_x，Φ_y 分别为三维欧氏空间 $\mathbf{R}^3$ 中绕 X 轴和 Y 轴旋转 θ 角的旋转变换。试写出这两个变换的所有可能形式与对应的旋转矩阵。

练习 5.1.3 设 Φ_L 为三维欧氏空间 $\mathbf{R}^3$ 中绕直线 L 旋转 θ 角的一类旋转变换，能否写出该几何变换的代数表达式？

提示：先考虑该直线 L 经过坐标原点 O，此时可以通过适当旋转将 L 变为坐标轴如 Z 轴。因此，Φ_L 为两次旋转变换的合成变换。对于一般情形下的 L，变换 Φ_L 可以视为平移变换与两次旋转变换的合成。

按照前面的讨论，旋转变换显然是一类线性变换。注意，若将(5.1.3)式中的矩阵 A 进行转置，那么得到的旋转变换为绕原点反方向(即顺时针)旋转 θ 角的变换公式。而两次旋转变换的合成对应的旋转矩阵恰为两次旋转对应旋转矩阵的乘积。

练习 5.1.4 利用上述矩阵乘法几何意义证明下列矩阵恒等式：

$$\begin{pmatrix}\cos\theta & \sin\theta\\ \sin\theta & -\cos\theta\end{pmatrix}^n=\begin{pmatrix}\cos n\theta & \sin n\theta\\ \sin n\theta & -\cos n\theta\end{pmatrix}$$

(2) 平移变换

平移变换(translation)是一类刚体运动，它由物理概念延伸而来。想象将一个物体从空间中某个位置搬至另一位置，且搬移过程中不改变物体中任两点的相对位置。物理中习惯将该物体视为一个质点，那么该物体的移动与该质点的移动等价。

代数上，固定欧氏空间 E 中的一个向量 $t=(t_1,t_2,\cdots,t_n)^{\mathrm{T}}\in\mathbf{R}^n$。向量 t 被称为平移向量，沿 t 的平移变换 Φ_t 把 E 中的任意一个向量 x 变换到向量 $x+t$，即

$$\forall\, x\in\mathbf{R}^n,\quad \Phi_t(x)=x+t\in\mathbf{R}^n \tag{5.1.4}$$

平移变换从形式上看，似乎与矩阵乘法甚至矩阵本身毫无关系。它甚至不满足线性变换的条件，因此使用非常不便。为了使得它在代数形式上与旋转等变换

保持形式上的一致,先定义点(或向量)的齐次坐标:设点 P 的直角坐标$(x,y)^{\mathrm{T}}$,定义它的齐次坐标为 $\bar{X}=(x,y,1)^{\mathrm{T}}$。在齐次坐标系下,有

$$(x,y,1)^{\mathrm{T}}=(\lambda x,\lambda y,\lambda)^{\mathrm{T}},\quad \forall\, 0\neq\lambda\in\mathbf{R} \tag{5.1.5}$$

按此惯例,齐次坐标(2,3,1),(4,6,2),(−1,−1.5,−0.5)均对应 $P(2,3)$。在齐次坐标下,无穷远点与一般点并无区别,如向量(2,3,0)表示沿极径 OP 方向的无穷远点。这样就可区分不同方向上的无穷远点。这是齐次坐标表示的一大优势。

记矩阵

$$A_t=\begin{pmatrix}E_n & t\\ \mathbf{0} & 1\end{pmatrix} \tag{5.1.6}$$

其中 E_n 为 n 阶单位矩阵,A_t 左下角的 $\mathbf{0}$ 为一个 n 维行向量。那么(5.1.4)式可改写成

$$\bar{X}'=A_t\bar{X} \tag{5.1.7}$$

若将(5.1.6)式中的单位矩阵用一个任意的 n 阶矩阵 A 来代替,那么(5.1.7)式等价于

$$X'=AX+t \tag{5.1.8}$$

我们把这类变换统称为仿射变换。特别地,若 A 为一个正交矩阵(如旋转矩阵),那么(5.1.8)式就表示旋转与平移变换的合成。

练习 5.1.5　利用齐次坐标表示改写旋转变换的表示,写出相应的变换矩阵。

练习 5.1.6　利用齐次坐标表示写出二维空间中的直线方程。

练习 5.1.7　利用齐次坐标表示写出三维空间中的直线方程和平面方程。

从以上练习不难发现,齐次坐标系下的点、线、面的表示都被统一在同一个形式下。事实上,三维空间中任意一个关于点的结论在平面情形下对偶成立。

上述讨论说明:所有的欧氏变换都是仿射变换的特例。

(3) 缩放变换(scaling)

这是一类非欧氏变换,因为缩放变换不保持点与点之间的距离。它可以对一条线段进行拉伸。二维欧氏空间缩放变换的公式为

$$x'=s_x\cdot x,\quad y'=s_y\cdot y$$

用矩阵表示为

$$\begin{pmatrix}x'\\ y'\end{pmatrix}=\begin{bmatrix}s_x & 0\\ 0 & s_y\end{bmatrix}\begin{pmatrix}x\\ y\end{pmatrix}$$

一般地,若记 D 为一个对角矩阵,即 $D=\mathrm{diag}(\lambda_1,\lambda_2,\cdots,\lambda_n)$,那么缩放变换的矩阵—向量乘积形式为 $X'=DX$。

缩放变换同样保持点与点之间的共线性,但因为不保持距离,所以会使物体的外观发生变形。如圆(球)在缩放变换下会变成椭圆(椭球)、正方体会变成一般的

六面体等。

(4) 切变

切变(skewing)是一类变形。在物理上它的意义相当于由于实验设备或者测量而产生的误差,如摄像机像平面中心差异等。在二维空间中,切变有两种形式:

① 平行于 x 轴的切变,坐标变换表示为:$x'=x+ky$, $y'=y$。对应矩阵表示为:

$$\begin{pmatrix} x' \\ y' \end{pmatrix}=\begin{pmatrix} 1 & k \\ 0 & 1 \end{pmatrix}\begin{pmatrix} x \\ y \end{pmatrix}$$

② 平行于 y 轴的切变,坐标变换表示为:$x'=x$, $y'=kx+y$。对应矩阵表示为:

$$\begin{pmatrix} x' \\ y' \end{pmatrix}=\begin{pmatrix} 1 & 0 \\ k & 1 \end{pmatrix}\begin{pmatrix} x \\ y \end{pmatrix}$$

切变变换通常与伸缩变换结合在一起,使得物体的形状产生扭曲,如一个正方形经过缩放和切变会变成一个毫无规则的四边形。切变矩阵在二维空间中类似于一个第三类初等矩阵(即单位矩阵通过将其第一行的 k 倍加至第二行得到)。三维空间的切变矩阵完全类似,只不过它有可能是几个这类初等矩阵的乘积。

练习 5.1.8 试证明两个同类的切变的合成还是同一类切变。不同类型的切变变换的合成是否还是切变变换,为什么?

练习 5.1.9 考虑二维欧氏空间中任意一个矩阵变换。假设该变换非退化(即对应的矩阵行列式不等于零),那么该变换一定可以分解成缩放、旋转和切变的合成。进一步,一般情形下,一个 n 维欧氏空间中的非奇异线性变换是否也可以分解成这三类变换的合成?为什么?

(5) 反射变换

反射变换(reflection)又称为镜像反射或镜像变换,类似于一个对象在一面镜子中的影子。二维平面上给定一条直线 L,我们可以作关于 L 的镜像反射;三维空间中,给定一个平面 π,我们可以做关于 π 的镜像反射。例如,在矩阵

$$A_1=\begin{pmatrix} -1 & 0 \\ 0 & 1 \end{pmatrix}$$

对应的变换下,点 $P(x,y)$ 变为点 $P'(x',y')$,其中:

$$\begin{pmatrix} x' \\ y' \end{pmatrix}=A_1\begin{pmatrix} x \\ y \end{pmatrix}\Rightarrow\begin{cases} x'=-x \\ y'=y \end{cases}$$

这说明点 P' 与 P 关于 Y 轴成镜像反射。

练习 5.1.10 求二维欧氏空间中关于 X 轴的反射变换对应的矩阵。

练习 5.1.11 求二维欧氏空间中关于坐标原点的反射变换对应的矩阵。

练习 5.1.12　求二维欧氏空间中关于直线 $y=x$ 的反射变换对应的矩阵。求抛物线 $y=x^2(x\geqslant 0)$ 在该反射之下得到的表达式，并用 MATLAB 绘图。

练习 5.1.13　求二维欧氏空间中关于直线 $y=-x$ 的反射变换对应的矩阵。

练习 5.1.14　分别求三维欧氏空间中关于 XY,YZ 和 ZX 三个坐标面的反射变换对应的矩阵。

练习 5.1.15　分别求三维欧氏空间中关于 X,Y 和 Z 轴的反射变换对应的矩阵，以及关于坐标原点的反射变换对应的矩阵。

练习 5.1.16　求二维欧氏空间中直线 $2x+y-5=0$ 在矩阵 $A=\begin{pmatrix}3 & 0\\ -1 & 1\end{pmatrix}$ 对应的几何变换之下所得的曲线方程，并利用 MATLAB 作出这两支曲线。

(6) 投影变换

投影变换(projection)又称为投影，是从一个向量空间 V 映射到自身的一种线性变换，它类似于现实生活中光照(如阳光)将物体投影到地面一样。投影变换将向量空间 V 映射到 V 的一个子空间 U，且在 U 中为恒等变换。

从向量空间 V 到自身的线性变换 P 是投影当且仅当 $P^2=P$。等价地，P 是投影当且仅当存在 V 的一个子空间 W，使得 P 将所有 V 中的元素都映射到 W 中，且 P 在 W 上是恒等变换。用数学语言描述，就是满足以下两条的变换 P：

① $\forall x\in V\Rightarrow P(x)\in W$；

② $\forall w\in W\Rightarrow P(w)=w$。

同反射一样，正投影到一条不经过原点的直线的变换是仿射变换，而不是线性变换。

平行投影也是线性变换，也可以用矩阵表示。但是透视投影不是线性变换，必须用齐次坐标表示。

5.2　T 形拼图与矩阵

积木游戏的历史悠久，如拼图游戏和七巧板游戏诞生的年份已无从考究。在新西兰的瓦纳卡市，有一种传统的广受欢迎的智力测验，那就是用木头做的 T 形拼图。这是一种 18 世纪初流行的玩具，到了 19 世纪，它成了一种广告工具。这种拼图游戏对应于我们所熟知的复数运算，还涉及几何和三角函数学。

图 5.2.1(a)中是四块宽度相同的木板，把它们竖起就如图 5.2.1(b)所示。游戏目标是将它们拼成图 5.2.2 中的 T 形、箭头和菱形。

实现 T 形拼图游戏的关键是复数运算。表示复数极坐标和直角坐标转换关系的欧拉公式如下：

$$e^{i\varphi} = \cos\varphi + i\sin\varphi$$

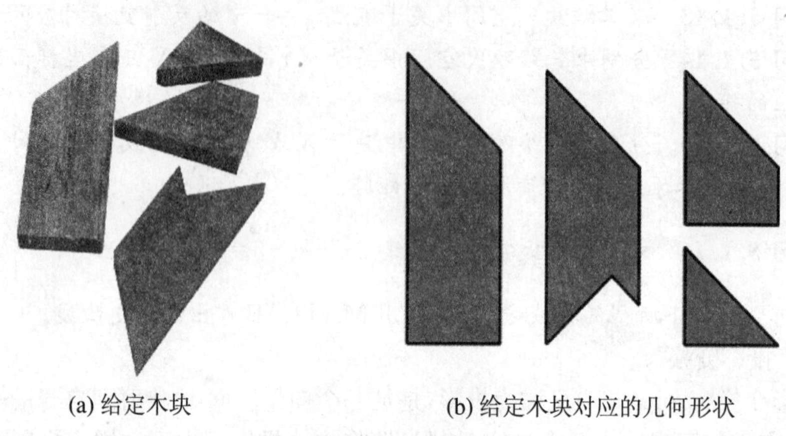

(a) 给定木块　　　　(b) 给定木块对应的几何形状

图 5.2.1　T 形拼图中的木块

图 5.2.2　拼接后的 T 形、箭头和菱形

T 形拼图程序通过将复数旋转角 θ 来实现。设 $x=e^{i\theta}, y=re^{i\varphi}$，则

$$w \cdot z = e^{i\theta} \cdot re^{i\varphi} = re^{i(\theta+\varphi)}$$

这里 i 代表虚数单位。我们来看下面的例子：

```
>>z=3+4i;
>>r=abs(z);Phi=angle(z);
>>w=r * exp(i * phi)
```

这里 MATLAB 函数 abs(z)和 angle(z)分别计算复数 z 的模和 z 的复角，因此 w 为复数 z 的极坐标表示。单位向量(模为 1 的向量)$e^{i\varphi}$被表示成 exp(i * phi)。

通过 MATLAB 向量表示

```
>>z=[0  1  1+2i  3i  0]
```

可表示拼图中最大的一个木块。图 5.2.3 是利用 MATLAB 语句

```
>>pdepoly ([0 1 1 0],[0 0 2 3])
```

画出的一个最大面积的木块。MATLAB 指令 pdepoly 可用于画出一个多边形，它通过依次连接角点(0,0)，(1,0)，(1,2)，(0,3)和(0,0)生成，注意起始点在首尾出

现,表示该多边形的封闭性。另外还可以通过指令

```
>>line([0 1 1 0 0],[0 0 2 3 0])
```

来画出该木块几何形状。当然,若借用复数表示和 plot 函数的复数作图方式,也可以画出该几何形状:

```
>>plot (z)
```

复数表示法可以用代数表达式来表示 T 形拼图中木块的平移和旋转变换。如:

```
>>z2=z-(3-i)/2
```

相当于重新放置图 5.2.3 中的块,使得 $z2$ 的四个顶点坐标如向量

```
>>z2=[-3/2+1/2 i,-1/2+1/2 i,-1/2+5/2 i,-3/2+7/2 i,…
-3/2+1/2 i]
```

中的前 4 个分量($z2$ 的第 5 个分量是第 1 个分量的重复)。复数的乘法运算可以实现木块旋转。如下面的 MATLAB 语句:

```
mu=mean (z (1:end-1));
theta=pi/20;
omega=exp (i * theta);
Z=omega * (z-mu)+mu
```

是对图 5.2.3 中的木块绕其中心点逆时针旋转 9°。其中 mu 为木块中心点坐标对应的复数(mu=1/2+5/4 i,因此中心点坐标为(1/2,5/4))。每执行一次该段代码,该木块就进行一次旋转变换。图 5.2.4 给出了这段语句多次执行的结果。

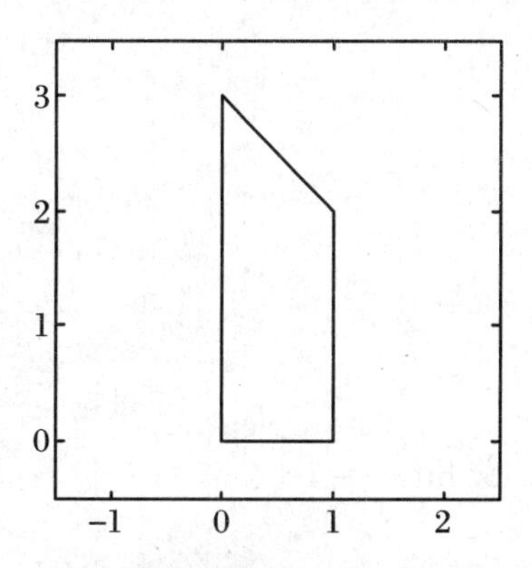

图 5.2.3　角点坐标分别为 0+0i,1+0i,1+2i,0+3i

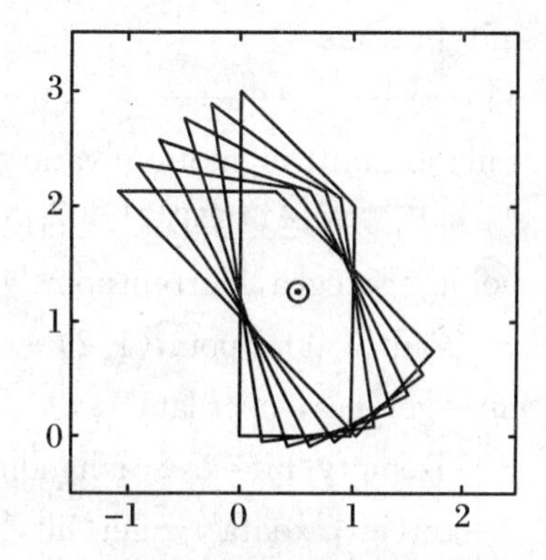

图 5.2.4　木块绕其中心的多次逆时针旋转(每次旋转角度为 9°)

下面具体介绍 T 形拼图游戏完整的 M 函数文件 t_puzzle.m 的主要代码。该函数首先定义了单元数组变量 T 和 P。单元数组 T 包含 4 个单元,每个单元为一个 4 维复向量,对应一个木块的 4 个角点坐标,因此这 4 个单元分别保存拼接前的

4 个木块；单元数组 P 包含 3 个单元，分别对应 3 个目标图形，即 T 形、箭头和菱形。通过 init_plot 和 init_subplot 来实现对 4 个木块和目标块的初始状态的绘制。

程序第二部分将游戏参与者的鼠标点击作为位置输入，并通过点击的位置来执行拖动或旋转。如果点击位置接近木块中心点，则对该木块实行拖动，如果点击位置接近块的某个顶点，则实现对块的旋转；在一个块上右击鼠标，可以改变该块的朝向（上下）。下面对该程序的一些关键部分进行分段解释，详细情况参见程序中的解释文字（%后面的文字）。

```
function t_puzzle
% 以下 4 个单元数组生成 4 个块
s=sqrt(2);
T{1}=[0 1 1+2*i 3*i 0];
T{2}=[0 s/2+s/2*i 1+(s-1)*i 1+(2*s-1)*i 2*s*i 0];
T{3}=[0 1 i 0];
T{4}=[0 1 1+(2-s)*i (3-s)*i 0];
% 3 个可选的目标形状（T 形、箭头和菱形）
P{1}=[2 2 1 1 0 0 -1 -1 2]-1/2+[2 1 1 -2 -2 1 1 2 2]*i;
P{2}=[0 2 2-s 2-s 1-s 1-s -2 0]+[2 0 0 -2 -2 0 0 2]*i;
P{3}=[1 3 0 -2 1]-1/2+[1 -1 -1 1 1]*i;
init_plot(T);
init_subplot(P);
init_buttons
% ----------------------
function button_motion(varargin)
% 利用复数运算实现对块的拖动或旋转
point=get(gca,'currentpoint');
v=point(1,1)+point(1,2)*i;
hit=get(gca,'userdata');
if ~isempty(hit) && ishandle(hit) && hit ~=1
u=get(hit,'xdata')+get(hit,'ydata')*i;
z=get(hit,'userdata');
% 检查当前光标位置接近块中心点还是顶点
w=mean(u(1:end-1));
if abs(w-v)<min(abs(u-v))
% 如果接近中心点，则实施拖动
```

```
u=u-(z-v);
else
% 如果接近边缘,则对块绕中心旋转 pi/20(9°)的倍数角
dtheta=pi/20;
theta=angle(v-w)-angle(z-w);
theta=round(theta/dtheta)*dtheta;
omega=exp(i*theta);
u=omega*(u-w)+w;
v=omega*(z-w)+w;
end
set(hit,'xdata',real(u),'ydata',imag(u),'userdata',v);
end
end
% ------------------
function init_plot(T)
% 初始化作图选项
clf
shg
set(gcf,'numbertitle','off','menubar','none','name','T-puzzle')
ax(1)=axes('pos',[0 0 1 1],'color',get(gcf,'color'),…
'xlim',[-4 4],'ylim',[-3 3],'userdata',[]);
hold on
axis off
bluegreen=[0 1/2 1/2];
init_shift=[-2-i -1/2-i 1-i 1+i/4];
for k=1:4
t=T{k}+init_shift(k);
fill(real(t),imag(t),bluegreen,…
'markeredgecolor','black','linewidth',2)
end
set(gcf,'userdata',ax);
end
% ------------------
function init_subplot(P)
```

```
% 对分窗口木块形状作图初始化
ax=get(gcf,'userdata');
ax(2)=axes('units','normal','position',[.02 .02 .24 .24]);
shape=1;
t=P{shape};
buttoncolor=[.8314 .8157 .7843];
bluegreen=[0 1/2 1/2];
fill(real(t),imag(t),bluegreen,…
'markeredgecolor','black','linewidth',1)
set(ax(2),'xtick',[],'ytick',[],'xlim',[-4 4],'ylim',[-3 3],…
'color',buttoncolor,'userdata',shape);
set(gcf,'userdata',ax);
end
% ------------------------
function init_buttons
% 初始化按钮与回调
ax=get(gcf,'userdata');
axis(ax(1));
set(gcf,'windowbuttondownfcn',@button_down,…
'windowbuttonmotionfcn',@button_motion,…
'windowbuttonupfcn',@button_up)
uicontrol('units','normal','pos',[.83 .12 .12 .05],'style','toggle',…
'callback','t_puzzle','string','restart')
uicontrol('units','normal','pos',[.83 .06 .12 .05],'style','push',…
'callback','close(gcf)','string','exit')
end
% ------------------------
function button_down(varargin)
ax=get(gcf,'userdata');
if gca==ax(1)
select_piece;
else
cycle_subplot(P)
end
```

```
end
% ------------------------
function select_piece;
% 选取一个木块并记入 userdate
point=get(gca,'currentpoint');
z=point(1,1)+point(1,2)*i;
delete(findobj(gca,'type','line'))
h=flipud(get(gca,'children'));
h=h(1:4);
hit=[];
for k=1:length(h)
x=get(h(k),'xdata');
y=get(h(k),'ydata');
if inregion(real(z),imag(z),x,y)
hit=h(k);
set(hit,'userdata',z)
break
end
end
set(gca,'userdata',hit)
% 右击关于中心点水平翻转木块
if ~isempty(hit) && isequal(get(gcf,'selectiontype'),'alt')
x=2*mean(x(1:end-1))-x;
set(hit,'xdata',x)
end
end
% ------------------------
function cycle_subplot(P)
% 在分窗口中对木块转动
ax=get(gcf,'userdata');
shape=get(ax(2),'userdata');
shape=mod(shape,3)+1;
t=P{shape};
f=get(ax(2),'child');
```

```
set(f,'xdata',real(t),'ydata',imag(t))
set(ax(1),'userdata',[])
set(ax(2),'userdata',shape)
axes(ax(1))
end
% ---------------------
function button_up(varargin)
% 上下翻转并与周边最近块交换
delete(findobj(gca,'type','line'))
hit=get(gca,'userdata');
set(gca,'userdata',[])
% 计算到其他块最近顶点距离
z=get(hit,'xdata')+get(hit,'ydata') * i;
h=get(gca,'children');
w=[];
for k=1:length(h)
if h(k) ~=hit
w=[w; get(h(k),'xdata')+get(h(k),'ydata') * i];
end
end
dz=1;
for k=1:length(z);
d=z(k)-w;
dw=d(find(abs(d)==min(abs(d)),1));
if abs(dw)<abs(dz)
dz=dw;
end
end
% 如果与邻近块充分近,则交换块
tol=1/8;
if abs(dz)<tol
set(hit,'xdata',real(z-dz),'ydata',imag(z-dz))
bluegreen=[0 1/2 1/2];
set(hit,'facecolor',1.25 * bluegreen)
```

```
pause(.25)
set(hit,'facecolor',bluegreen)
end
end
end              % 生成 T-块
```

练习 5.2.1　用极坐标形式表示这些数:

$$i,-4,3-4i,8+15i$$

练习 5.2.2　用笛卡尔形式(直角坐标)表示这些数:

$$e^{-i\pi},e^{i\pi/3},e^{i},e^{3}$$

练习 5.2.3　对 $N\leqslant 8$(N 为正整数),描述并解释下列语句运行的结果:

```
Z=exp(2*pi*i*(0:N)'/N);
plot (Z,'-o');
axis square;
S=sum(Z)
```

练习 5.2.4　用 T 形拼图方法有多少方式可形成如图 5.2.5 所示的形状?

图 5.2.5　条带

练习 5.2.5　假设 T 形拼图中每块每条边的长度均为 1,试求拼装后的几何图形面积。

练习 5.2.6　你能否用 MATLAB 生成如图 5.2.3 和图 5.2.5 所示的几何形状,以及如图 5.2.4 所示的多次旋转?

练习 5.2.7　上网搜寻"T-puzzle",你可以发现 T 形拼图有很多不同版本。尝试用 MATLAB 函数或自己编程来实现这些拼图的绘制。

5.3　博弈论中的得分矩阵

博弈,在日常生活中习惯称为赌博,似乎是研究赌博输赢的理论。实际上,这只是一种片面理解。矩阵和图这两个概念与我们的日常生活密不可分,它们从大的方面都与组合数学密切相关。例如,组合数学的一个分支——组合矩阵论,是近三十年来发展起来的组合数学的主要分支之一,就是运用矩阵方法来解决或揭示一些事物的组合结构。本节主要介绍矩阵理论在博弈论中的运用。

5.3.1 什么是博弈论

博弈论,又叫战略理论(strategy theory),或称为交互式决策理论。一个决策状态通常包含交战或游戏双方或者更多方在某个时刻的状态。决策者通过预测对方的状态或行为作出自己的行为决策。博弈论就是研究一般性决策原理,从而解释博弈并预测不同形势下的博弈结果。

假设游戏双方都已充分理解游戏规则,我们希望找到一个行为规则,使得游戏过程中我方的利益尽可能最大化。譬如说,甲乙双方下中国象棋,甲方在决定走下一步之前,必须考虑到目前双方的形式,同时意识到他的这一步棋将会导致对方可能的动作。

下面来看一个有趣的经典例子,它被称为囚徒困境(prisoner's dilemma):甲乙两个人因为偷盗被关监狱。他们两人被隔离,无法进行直接或者间接的沟通。警察希望结合两个人的供词来决定他们两人的定刑。如果甲承认了偷盗行为,而乙不承认犯罪事实,则甲无罪释放,而乙面临 10 年的监禁;如果乙承认犯罪事实,而甲不承认,其结果类似,即乙无罪释放,而甲被判刑 10 年;假设甲乙双方都承认犯罪事实,那么双方将都被判刑 7 年;如果双方都保持沉默,不承认犯罪事实,那么双方都将面临 2 年的监禁。现在警察告诉双方这样的一个规则。那么在甲乙双方没有任何沟通的条件下,他们又如何做出决策呢?

事实上,实验证明,大多数情况下,甲乙双方都会选择坦白罪行。为了分析其原因,建立矩阵

$$A=\begin{pmatrix}7 & 0\\ 10 & 2\end{pmatrix} \tag{5.3.1}$$

其中 $a_{11}=7$ 表示在甲乙都认罪情况下甲获刑 7 年;$a_{12}=0$ 表示在甲认罪、乙不认罪(沉默)情况下甲无罪释放;$a_{21}=10$ 表示在甲不认罪、乙认罪情况下甲获刑 10 年;$a_{22}=2$ 表示在甲乙都不认罪情况下甲获刑 2 年。不难看出,A 的第一行行和(平均值)明显小于第二行行和(平均值)。如果甲乙双方都选择沉默(不认罪),那么双方都将获 2 年监禁,从总体上看,这是最理想的状态(获刑最轻的)。但实验证明实际情况恰恰相反:通常出现的情况是甲乙双方都认罪,因此两人都获刑 7 年。究其原因,主要是任何一方在作出决策(是否认罪)前考虑的是自己个人利益的最大化(或损失的最小化)。

另一个与决策论有关的著名例子是中国战国时代田忌赛马的故事。相传战国时齐威王与大臣田忌赛马,两人各出上、中、下三匹马,齐威王的三个等级的马都比田忌的相应等级的马强,因此,田忌三战三败。后来,军事家孙膑给田忌出了个主意:以下马对齐威王的上马,以上马对他的中马,以中马对他的下马。结果,田忌一

败二胜。同样的马匹，由于田忌改变了出场顺序，从而实现了由败到胜的转变。

这个故事是关于矩阵对策的一个实例。一般地，矩阵对策只有两个参与者（决策者）或称局中人，每个局中人都只有有限个策略可供选择。任一局势下，两个局中人的得分之和总是等于零（这称为零和规则），即双方利益是激烈对抗的。我们用 P 和 Q 分别表示两个局中人，并设局中人 P 有 m 个纯策略 $a_1, a_2, \cdots, a_m$ 可供选择，局中人 Q 有 n 个纯策略 $b_1, b_2, \cdots, b_n$ 可供选择。则局中人 P, Q 的策略集分别为

$$S_1 = \{a_1, a_2, \cdots, a_m\}, \quad S_2 = \{b_1, b_2, \cdots, b_n\}$$

当局中人 P 选定纯策略 a_i 和局中人 Q 选定纯策略 b_j 后，就形成了一个纯局势 (a_i, b_j)，这样的纯局势共有 mn 个。对任一纯局势 (a_i, b_j)，记局中人 P 的赢得值（或称为 P 的得分）为 a_{ij}。我们规定 $a_{ij}<0$ 表示局中人 P 失分，局中人 P 的赢得矩阵（或称局中人 Q 的支付矩阵）$A=(a_{ij})\in \mathbf{R}^{m\times n}$。一般将矩阵对策记为 $G=(S_1, S_2; A)$。由于假定对策为零和，故局中人 Q 的赢得矩阵就是 $-A^{\mathrm{T}}$。很多情况下，局中人 P, Q 的策略集相同，把它记为 S。这时矩阵 A 为一个 n 阶方阵，而此时的矩阵对策记为 $G=(S; A)$。一旦局中人 P, Q 和策略集确定，并且 P 的赢得矩阵 A 已知，一个矩阵对策就给定了。

例如，在前面的田忌赛马的故事中，如果我们分别记上、中、下级的马为 1,2,3。按照题设，局中人田忌的得分矩阵 A 为

$$A = \begin{array}{c} \\ 1 \\ 2 \\ 3 \end{array} \begin{array}{c} \begin{array}{ccc} 1 & 2 & 3 \end{array} \\ \begin{pmatrix} -1 & 1 & 1 \\ -1 & -1 & 1 \\ -1 & -1 & -1 \end{pmatrix} \end{array} \tag{5.3.2}$$

该矩阵为一个 $(-1,1)$-矩阵。下面来解释其中的元素的含义。例如，$a_{ii}=-1$ 表示同级别马匹田忌一定不敌齐威王，而 $a_{ij}=-1(i>j)$ 或者 $a_{ij}=1(i<j)$ 表示高级别的马一定能够战胜低级别的马（不管是田忌的还是齐威王的）。那么，从齐威王的角度看，其得分矩阵为 $-A$。注意到齐威王和田忌的策略集相同，都是下面的集合：

$$S = \{(1\ \ 2\ \ 3), (1\ \ 3\ \ 2), (2\ \ 1\ \ 3), (2\ \ 3\ \ 1), (3\ \ 1\ \ 2), (3\ \ 2\ \ 1)\} \tag{5.3.3}$$

例如向量 $(3,1,2)$ 表示出马的顺序为下、上、中，对于对方给定的某个策略 (j_1, j_2, j_3)，要求一个策略，即 $(1,2,3)$ 的一个置换，如 (i_1, i_2, i_3)，使得有

$$a_{i_1 j_1} + a_{i_2 j_2} + a_{i_3 j_3} > 0 \tag{5.3.4}$$

注意(5.3.4)式左边出现的矩阵 A 的 3 个元素 $a_{i_1 j_1}, a_{i_2 j_2}, a_{i_3 j_3}$ 恰好位于 A 的一条对角线上。不难证明，本例中，对角线元素之和大于零的只有一条，这说明对于齐威

王的任意一个策略,田忌获胜的策略有且唯一。

练习 5.3.1　如何证明矩阵(5.3.2)满足(5.3.4)式的对角线恰有一条?是哪一条?从这里能说明什么问题?

练习 5.3.2　假设齐威王和田忌在彼此不知晓对方策略的情形下,事先布置好出招的顺序,那么田忌胜算的概率多大?

练习 5.3.3　假设齐威王和田忌双方各有 $1,2,3,\cdots,n$ 个等级的马匹。同一个等级的马匹中,齐威王占上风,即比赛一定是齐威王胜出;不同级别的马匹比赛,一定是级别高的(对应编号较小的)获胜。问:

① 如何写出田忌的得分矩阵 A?

② 对于齐威王所出的任意一个出招,作为田忌,应该如何应对?田忌胜出的策略是否唯一?

③ 如果双方都不事先知晓对方的出招顺序,那么作为田忌,如何出招才能胜算最大?

④ 你能否通过 MATLAB 编程,来实现你的算法?

⑤ 你能否将该问题推广至三个或者更多个局中人的情形?

5.3.2　矩阵博弈

博弈论研究始于策墨洛(Zermelo,1913)、波雷尔(Borel,1921)和冯·诺伊曼(Von Neumann,1928)。冯·诺伊曼和奥斯卡·摩根斯坦分别于 1944 年和 1947 年对博弈论进行了系统化和形式化研究(参照 Myerson,1991)。1951 年,约翰·福布斯·纳什(John Forbes Nash Jr.)利用不动点定理证明了均衡点的存在,为博弈论的一般化和普及化奠定了坚实的理论基础。博弈论由冯·诺伊曼和奥斯卡·摩根斯坦在 1944 年合作的著作《博弈论与经济行为》中正式提出。书中提出经济与社会问题可以从博弈论这个角度得到最好的解释,同时指出博弈论是建立经济行为理论的最恰当的方法。

在博弈论中,矩阵博弈是建立比较早且发展较为完善的理论之一,通常称为正规博弈论(normal form)。矩阵博弈论中建立的博弈矩阵(又称为得分矩阵或赢得矩阵)包含每局博弈所有可能的对策以及每种对策下局中人双方的得分情况。为了说明矩阵博弈论中涉及的一些基本概念,我们先来介绍 2011 年以来在网上一直很流行的美国耶鲁大学公开课"Game Theory"主讲者在他的第一次课中介绍的游戏节目。他首先给每位听众发放一张表格,并邀请每位听众参与以下游戏:每位参与者每次需从 $\{\alpha,\beta\}$(纯策略集合)中任选一个符号,共需选择 9 次(9 局),并记录下选择序列(如 $\alpha\alpha\beta\alpha\beta\beta\beta\alpha\beta$,这称为一个混合策略)。然后,教授收集所有参与者的记录结果,并对 80 位参与者(局中人)进行任意匹配(两人一组)。假设甲(你自己)和乙

(对手)一组,想象甲和乙进行了 9 局比赛(符号 PK)。图 5.3.1 首先列出了每局 PK 的得分情况(类似于斗地主、推牌九游戏,只不过这些游戏的局中人可以是 2～4 人,每次的选择也不止 2 个,得分规则也比较复杂)。

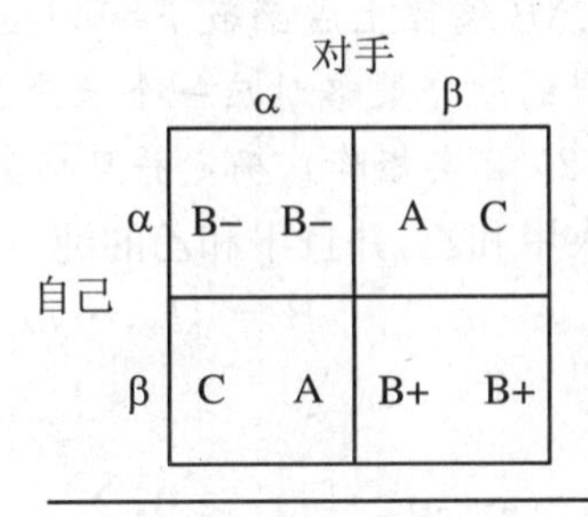

四种结果

你选择α对手选择α，你得 B–对手得B–
你选择β对手选择α，你得C 对手得A
你选择α对手选择 β，你得A 对手得C
你选择β对手选择 β，你得 B+对手得B+

你的选择是?

α β α β α β α β α β α β α β α β α

图 5.3.1　矩阵博弈中的得分矩阵

例如,假设甲的 9 次选择依次为:$\alpha,\alpha,\beta,\alpha,\beta,\beta,\beta,\alpha,\beta$,即甲的混合策略为$(\alpha,\alpha,\beta,\alpha,\beta,\beta,\beta,\alpha,\beta)$,乙的混合策略为$(\alpha,\beta,\alpha,\alpha,\beta,\beta,\alpha,\beta,\alpha)$。为了方便,我们规定:

$$A=3,\quad B+=1,\quad B-=0,\quad C=-1$$

那么甲的得分向量为

$$A=(0,3,-1,0,1,1,-1,3,-1)$$

乙的得分向量为

$$B=(0,-1,3,0,1,1,3,-1,3)$$

因此甲的总得分为 $0+3-1+0+1+1-1+3-1=5$,而乙的总得分为 $0-1+3+0+1+1+3-1+3=9$,乙获胜。

假设以上游戏中,每位参与者都是随机地选择 α 或 β,选手之间的匹配(pairing)也是随机挑选的,而且该班级有足够多的选手进行匹配(如 80 位,但是必须是偶数位)。如果你是其中之一的参与者,你又该如何来选择 α,β,从而保证自己以较大的可能战胜对手?

练习 5.3.4　运用 MATLAB 编程模拟上述游戏的结果(不妨称该游戏为耶鲁决策游戏):假设有 100 位参与者,对每位参与者,对应一个长度为 9 的(α,β)-序列(混合策略),运用上述规则,确定并且标出每对选手中的胜者。

练习 5.3.5 运用 MATLAB 编程生成函数 $r=\text{yalegame}(n,l)$，对于任意生成的 n 位参与者，每位参与者的混合策略对应一个长度为 l 的 (α,β)-序列。运用上述规则，确定并且标出每对选手中的胜者。

练习 5.3.6 运用 MATLAB 编程生成函数 $r=\text{yalegame}(n,l,A)$，对于任意生成的 n 位参与者，每位参与者的混合策略对应一个长度为 l 的 (α,β)-序列，并运用得分规则矩阵 A（A 为一个 2×2 实矩阵），确定并且标出每对选手中的胜者。

一般地，如果有两位局中人甲和乙，并且甲和乙的纯策略集分别为

$$A=\{a_1,\cdots,a_m\},\quad B=\{b_1,\cdots,b_n\} \tag{5.3.5}$$

定义集合

$$X=\left\{x=(x_1,\cdots,x_m)^{\mathrm{T}}:x_i\geqslant 0,\sum_{i=1}^{m}x_i=1\right\} \tag{5.3.6}$$

为甲的混合策略集，集合 X 中的一个元 $x=(x_1,x_2,\cdots,x_m)$ 称为甲的一个策略。其中坐标 x_i 反映甲在第 i 次选择 a_i 的概率。类似定义乙的混合策略集：

$$Y=\left\{y=(y_1,\cdots,y_n)^{\mathrm{T}}:y_i\geqslant 0,\sum_{i=1}^{n}y_i=1\right\} \tag{5.3.7}$$

进一步定义博弈矩阵(或称为支付矩阵)为 $C=(c_{ij})\in\mathbf{R}^{m\times n}$，其中 c_{ij} 反映当甲选 a_i、乙选 b_j 时甲的得分(或者乙支付给甲的分数)。由以上假设不难看出，甲的得分期望值为

$$\sum_{i=1}^{m}\sum_{j=1}^{n}c_{ij}x_iy_j=x^{\mathrm{T}}Cy \tag{5.3.8}$$

当然，甲希望(5.3.8)式中的数越大越好，而相反，乙则希望(5.3.8)式中的数越小越好。如果存在这样一对策略 $x^*=(x_1^*,\cdots,x_m^*)^{\mathrm{T}}\in X,y^*=(y_1^*,\cdots,y_n^*)^{\mathrm{T}}\in Y$，使得双方都满意，即

$$x^{*\mathrm{T}}Cy^*=\max_{x\in X}x^{\mathrm{T}}Cy^*=\min_{y\in Y}x^{*\mathrm{T}}Cy \tag{5.3.9}$$

那么 (x^*,y^*) 就称为此矩阵博弈的平衡点。冯·诺伊曼证明了任何一个矩阵博弈都存在一个平衡点。1950 年，Nash 将冯·诺伊曼研究的 2 人矩阵博弈问题推广到多人非合作博弈的情形。

5.4 幻方矩阵

一个 n 阶幻方矩阵(英文单词：magic)A 是一个 $1,2,3,\cdots,n^2$ 共 n^2 个自然数的排列，其每行行和相等、列和相等，且对角线和同反对角线和均相等。具有这种性质的矩阵称为一个幻方或幻方矩阵。

两千五百多年前，在中国的《易经》上就出现过类似的一个 3 阶幻方，中国古代

称之为洛书或纵横图，它是刻在乌龟背壳上的一些甲骨文图案(如图 5.4.1 所示)。

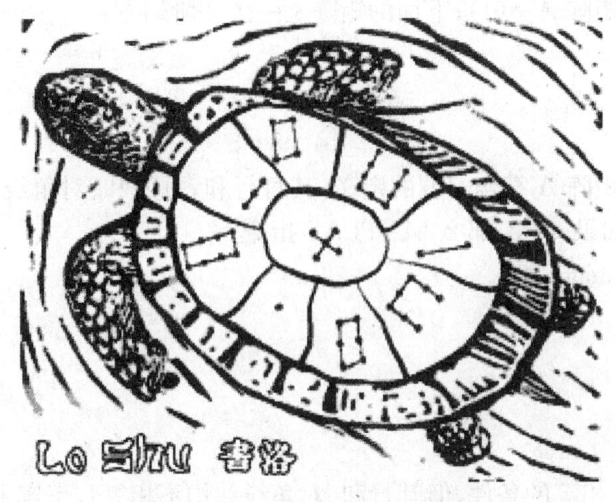

图 5.4.1　洛书:最早的幻方矩阵

幻方也称为魔方或者魔阵，它发源于中国古代的洛书——九宫图。洛书被世界公认为组合数学鼻祖，是中华民族对人类科学的伟大贡献之一。1975 年上海人民出版社出版的自然辩证法丛书《自然科学大事年表》对幻方作了特别的描述：“公元前 1 世纪，《大戴礼》记载，中国古代有象征吉祥的河图洛书纵横图，即为九宫算，被认为是现代‘组合数学’最古老的发现”，还附了全书唯一的插图。明代数学家程大位在《算法统宗》中也曾发出“数何肇？其肇自图、书乎？伏羲得之以画卦，大禹得之以序畴，列圣得之以开物”的感叹，大意是说，数起源于远古时代黄河出现的河图与洛水出现的洛书，伏羲依靠河图画出八卦，大禹按照洛书划分九州，并制定治理天下的九类大法，圣人们根据它们演绎出各种治国安邦的良策，对人类社会与自然界的认识也得到一步步深化。大禹从洛书中数的相互制约、均衡统一得到启发而制定国家的法律体系，使得天下一统，归于大治，这是借鉴思维的开端。这种活化思维的方式已成为科学灵感的来源之一。从洛书发端的幻方在数千年后的今天更加生机盎然，被称为具有永恒魅力的数学问题。13 世纪，中国南宋数学家杨辉在世界上首先开展了对幻方的系统研究，欧洲 14 世纪也开始了这方面的工作。著名数学家费尔玛、欧拉都进行过幻方研究，如今，幻方仍然是组合数学的研究课题之一，经过一代代数学家与数学爱好者的共同努力，幻方与它的变体所蕴含的各种神奇的科学性质正逐步得到揭示。目前，它已在组合分析、实验设计、图论、数论、群、对策论、纺织、工艺美术、程序设计、人工智能等领域得到广泛应用。1977 年，4 阶幻方还作为人类的特殊语言被美国旅行者 1 号、2 号飞船携入太空，向广袤的宇宙中可能存在的外星生命传达人类的文明信息与美好祝愿。

对于任意的不等于 2 的自然数 n,一定存在 n 阶幻方。当 $n=1$ 时,1 阶幻方就是一个 1×1 的矩阵 $A=(1)$;下面的矩阵是一个 3 阶幻方:

$$A=\begin{pmatrix}2&7&6\\9&5&1\\4&3&8\end{pmatrix}\tag{5.4.1}$$

不难检验,矩阵 A 符合幻方的定义:其每行和、每列和、对角线和、反对角线和均为 15。注意如果 $n=2$,那么 MATLAB 指令

```
>>A=magic(2)
```

产生矩阵

```
A=
1  3
4  2
```

该矩阵满足列和相等的条件,但其行和、对角线和均不相等。事实上并不存在 2 阶幻方矩阵。

幻方矩阵具有非常多好的性质,其中还有很多性质有待人们进一步开发,例如它与著名的 Hadarmard 矩阵联系紧密。那么如何构造一个给定阶的幻方矩阵呢?其实早在中国南宋时期,在数学家杨辉所著《续古摘奇算法》一书中,就列举了 3~10 阶幻方,只不过那时候还没有矩阵这一概念。他把类似于九宫图的图形命名为纵横图,实际上就是今天所说的矩阵。其中所述 3 阶幻方构造法:“九子斜排,上下对易,左右相更,四维挺出,戴九履一,左三右七,二四为肩,六八为足”,这里所说的排法生成的 3 阶幻方矩阵与(5.4.1)式一致。这种构造方法比法国数学家 Claude G. Bachet 提出的方法早三百余年。

根据构造方法的不同,幻方可以分成 3 类:奇数阶幻方、$4m$ 阶幻方和 $4m+2$ 阶幻方,其中 m 为自然数(注意不存在 2 阶幻方)。幻方构造法主要有:连续摆数法、阶梯法、奇偶分离菱形法、对称法、对角线法、比例缩放法、斯特雷奇法、LUX 法、拉伊尔法、镶边法、相乘法、幻方模式等。下面我们简单介绍几种常见的构造方法。

1. Siamese 方法

该方法用来构造奇数阶幻方矩阵,规则如下:

① 把 1 放置在第 1 行中间;

② 顺序将 2,3,…等数放在右上(或左下)方格中;

③ 若右上(左下)方格出界,则从另一边进入;

④ 当右上(左下)方格中已有数,则把数填入正下方的方格中;

⑤ 按照以上步骤直到填写完所有 N^2 个方格。

这里的“超出边界”可以理解为矩阵的行(列)标超出范围。以 5 阶幻方矩阵的构造为例。首先,1 放于(1,3)(第 1 行第 3 列)位置;2 应放于其右上方即(0,4)位置,但(0,4)超出边界(即行标 $i=0$ 应替换为 5),所以从最底行进入,即(5,4);3 填写在(5,4)的右上方格(4,5)中;4 填写在(4,5)的右上方格(3,6)中,由于(3,6)超出右边界(6=1),所以从最左列进入,即(3,1);5 填写在(3,1)的右上方格(2,2)中;6 应该填写的方格(1,3)已经被 1 所占据,因此填写在(2,2)的正下方格(3,2)中;按照上面的步骤直到所有数填入。最后生成如下的 5 阶幻方矩阵:

$$\begin{pmatrix} 17 & 24 & 1 & 8 & 15 \\ 23 & 5 & 7 & 14 & 16 \\ 4 & 6 & 13 & 20 & 22 \\ 10 & 12 & 19 & 21 & 3 \\ 11 & 18 & 25 & 2 & 9 \end{pmatrix} \tag{5.4.2}$$

幻方矩阵不唯一,比如 5 阶幻方矩阵还有

$$\begin{pmatrix} 15 & 6 & 19 & 2 & 23 \\ 16 & 12 & 25 & 8 & 4 \\ 9 & 5 & 13 & 21 & 17 \\ 22 & 18 & 1 & 14 & 10 \\ 3 & 24 & 7 & 20 & 11 \end{pmatrix} \tag{5.4.3}$$

2. 对称构造法

该方法用来构造偶数阶中阶数为 4 的倍数的幻方矩阵,相对较简单。如果阶数 $n=4m$ 为 4 的倍数,第一步,第 1 行:$[1\quad 2\quad 3\quad \cdots\quad n]$,第 2 行:$[n+1\quad n+2\quad \cdots\quad 2n]$,…,最后一行:$[n(n-1)+1\quad n(n-1)+2\quad \cdots\quad n^2]$,排列成矩阵;第二步,依照对称性,对调除主对角元和副对角元以外的元素。以 4 阶幻方矩阵的生成为例:

$$\begin{pmatrix} 1 & 2 & 3 & 4 \\ 5 & 6 & 7 & 8 \\ 9 & 10 & 11 & 12 \\ 13 & 14 & 15 & 16 \end{pmatrix} \Rightarrow \begin{pmatrix} 1 & 15 & 14 & 4 \\ 12 & 6 & 7 & 9 \\ 8 & 10 & 11 & 5 \\ 13 & 3 & 2 & 16 \end{pmatrix}$$

3. 加边法

该方法用来构造 $4m+2$ 阶幻方矩阵。以 $n=6$ 阶为例,先按上述方法排出 $4m$ 阶幻方 A_1,再将 A_1 中每个数加上 $8m+2=10$,得矩阵 A_2,在 A_2 外围加一圈格子,把 $1,2,3,\cdots,8m+2$ 和 $16m^2+8m+3,16m^2+8m+4,\cdots,(4m+2)^2$ 安排在外圈格内,使两相对数之和等于 $16m(m+1)+5$。对于 $m=1$,这些数是:1,2,3,4,5,6,7,8,9,10;27,28,29,30,31,32,33,34,35,36。结果如下:

$$\begin{pmatrix} 11 & 25 & 24 & 14 \\ 22 & 16 & 17 & 19 \\ 18 & 20 & 21 & 15 \\ 23 & 13 & 12 & 26 \end{pmatrix} \Rightarrow \begin{pmatrix} 1 & 9 & 34 & 33 & 32 & 2 \\ 6 & 11 & 25 & 24 & 14 & 31 \\ 10 & 22 & 16 & 17 & 19 & 27 \\ 30 & 18 & 20 & 21 & 15 & 7 \\ 29 & 23 & 13 & 12 & 26 & 8 \\ 35 & 28 & 3 & 4 & 5 & 36 \end{pmatrix}$$

练习 5.4.1 试运用 MATLAB 编程来验证(5.4.1)式中的矩阵 A 的每行和、每列和、对角线和、反对角线和均为 15,从而证明 A 为一个幻方。你能否找到所有的 3 阶幻方矩阵?

练习 5.4.2 对应以上方法,编写 MATLAB 程序生成任意阶幻方矩阵(提示,可通过阶数 n 取值的不同情形,利用条件语句或者开关语句来实现不同阶数情形下的幻方矩阵构造)。

幻方矩阵有很多不为人知的重要性质。例如,幻方矩阵是否非奇异?下面的程序来自于 Cleve Moler 的个人博客。它用于计算 3～50 阶幻方矩阵的秩,并作图显示幻方矩阵的秩随其阶数变化的情况。

```
r=zeros(1,50);
for n=3:50
r(n)=rank(magic(n));
end
bar(r);
xlabel('n');ylabel('rank')
title('rank(magic(n))')
snapnow
```

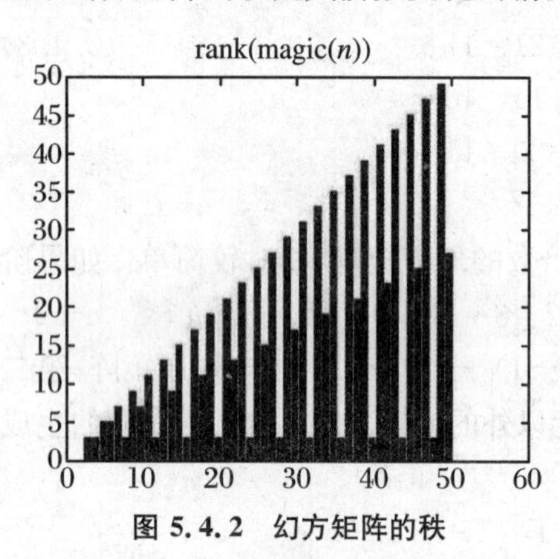

图 5.4.2 幻方矩阵的秩

该程序生成条形图如图 5.4.2 所示。从图中可以看出,所有阶数为 4 的倍数的幻方矩阵的秩均为 3。

练习 5.4.3 试通过 MATLAB 编程来验证结论:所有阶数为 4 的倍数的幻方矩阵的秩均为 3。你能否发现更多关于幻方矩阵的秩的结论?

练习 5.4.4 ① 对奇数阶幻方矩阵 A(即 $n=2k+1$),rank(A)是多少?为什么?

② 对所有不是 4 的倍数的偶数阶幻方矩阵(即 $n=4k+2$),rank(A)是多少?

5.5　几何变换的矩阵表示

矩阵—向量乘法 Ax 对应线性变换，它是把任意一个向量 x 变成另一个方向、长度甚至维数都可能不一样的新向量 $y=Ax$。对于一个 n 阶方阵 $A\in\mathbf{R}^{n\times n}$，变换后得到的新向量 y 依然与原来向量位于同一个线性空间 $\mathbf{R}^n$ 中。一个列向量 $x=(x_1,x_2)^{\mathrm{T}}$ 可用来表示平面上一个点或者一个向量，用 MATLAB 表示如下：

```
>>x=[x1; x2]
```

如图 5.5.1 所示，定义点 x 为

```
>>x=[1;2];
```

取变换矩阵 A 和平移向量 b 分别为

$$A=\begin{pmatrix}5 & 3\\ -3 & 5\end{pmatrix},\quad b=\begin{pmatrix}0\\2\end{pmatrix}$$

定义变换函数 $f(x)=Ax+b$。根据定义有

$$y=\begin{pmatrix}5 & 3\\ -3 & 5\end{pmatrix}\begin{pmatrix}1\\2\end{pmatrix}+\begin{pmatrix}0\\2\end{pmatrix}=\begin{pmatrix}11\\9\end{pmatrix}\tag{5.5.1}$$

运用 MATLAB 指令：

```
X=[x,y]';
plot(X(:,1),X(:,2),'bo','MarkerEdgeColor','k',…
'MarkerFaceColor','g','MarkerSize',10);
grid on;
axis([-1 15 -1 15]);
gtext('x');  gtext('f(x)')
```

结果如图 5.5.1 所示。

现设 A 为任意 $m\times n$ 矩阵，则 A 对应一个 $\mathbf{R}^n\mapsto\mathbf{R}^m$ 的线性变换。事实上，

$$A(sx+ty)=sAx+tAy,\quad\forall s,t\in\mathbf{R};x,y\in\mathbf{R}^n\tag{5.5.2}$$

这意味着 A 对应一个线性变换，且将 x 附近的点变为 Ax 附近的点（连续性），将一个平面（如平面上的直线、三维空间中的平面等）变为超平面。

例如：

$$\begin{pmatrix}4 & -3\\ -2 & 1\end{pmatrix}\begin{pmatrix}2\\4\end{pmatrix}=2\begin{pmatrix}4\\-2\end{pmatrix}+4\begin{pmatrix}-3\\1\end{pmatrix}=\begin{pmatrix}-4\\0\end{pmatrix}$$

$$x^{\mathrm{T}}=(2\quad 4),\quad A^{\mathrm{T}}=\begin{pmatrix}4 & -2\\ -3 & 1\end{pmatrix}$$

在 MATLAB 中,上述矩阵与向量的乘积可表示为:

```
>>x=[2; 4];
>>A=[4 -3;-2 1];
>>Y=A*x
```

产生的输出结果为:

```
Y=
-4
 0
```

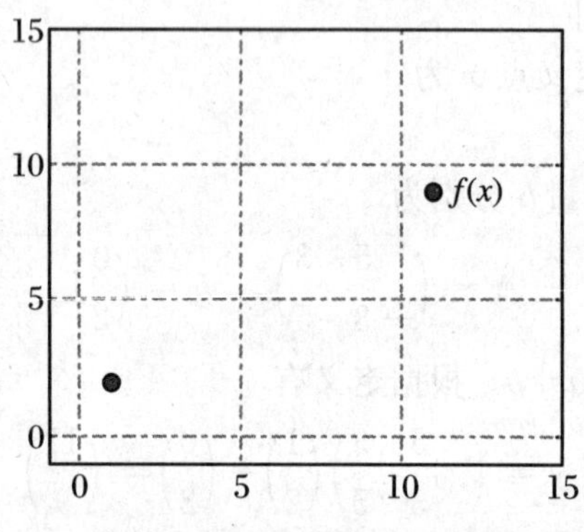

图 5.5.1 点 x 和 $y=Ax+b$

注意由于矩阵乘法不具有交换性,因此一般情况下,A′*A 与 A*A′不同:

```
>>A'*A=
 20  -14
-14   10
A*A'=
25    -11
-11   5
```

由 MATLAB 创始人 Clever Moler 创建的工具箱 exm(https://www.mathworks.com/moler)包括一个函数 house。语句 h=house 生成一个 2×11 的矩阵:

```
>>h=
-6  -6  -7  0  7  6   6  -3  -3   0   0
-7   2   1  8  1  2  -7  -7  -2  -2  -7
```

矩阵 h 的列是图 5.5.2(a)中所示的 11 个点在直角坐标系下的坐标。在 MATLAB 中,先将矩阵 h 的第一列添加到 h 的最后,生成一个 2×12 的矩阵 Z,这里矩阵 Z 的第一行 $Z(1,:)$ 为每个点对应的横坐标,矩阵 Z 的第二行 $Z(2,:)$ 为每个点对应的纵坐标，最后指令 line(Z) 完成绘制，如 5.5.2(b) 所示。

```
>>Z=[-6  -6  -7  0  7  6   6  -3  -3   0   0  -6;
     -7   2   1  8  1  2  -7  -7  -2  -2  -7  -7];
>>X=Z(1,:);  Y=Z(2,:);
>>line(X,Y);
```

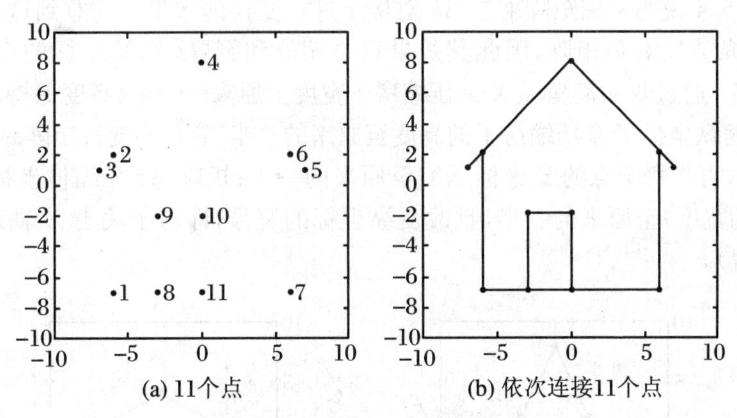

图 5.5.2　利用 line 函数绘制小屋

通过适当设置选项，可改变房子轮廓的颜色和线条粗细，如图 5.5.3 所示：

```
>>line (X,Y,'Color','r','LineWidth',5)
```

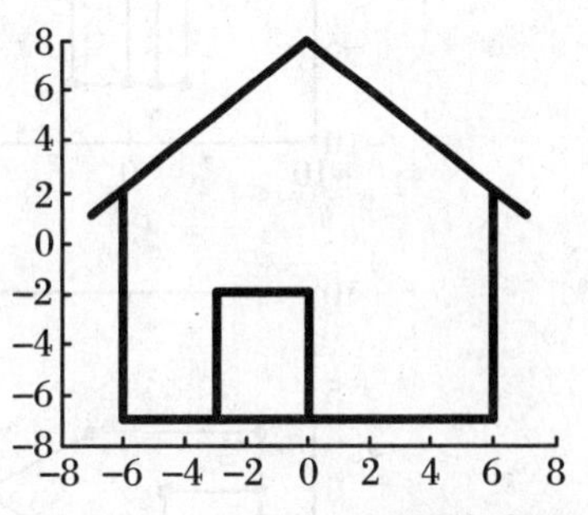

图 5.5.3　利用 line 函数的选项绘制不同线条和色彩的小屋

练习 5.5.1　试通过 MATLAB 帮助指令 help 来了解 line 指令的具体应用格式，并通过改变上述指令中的矩阵 h 和选项来改变以上小屋的大小、结构和颜色等。

练习 5.5.2　试在上例基础上通过构造一个 3×22 的矩阵 H 来构造一间立体小屋。将此 MATLAB 文件保存为 mysmallhouse. m.

Moler 创建的工具箱 exm 中有一个函数 wiggle，其中定义了 4 个矩阵：

```
>>A1=
1/2    0
0      1
>>A2=
1      0
0      1/2
>>A3=
```

```
0      1
1/2    0
>>A4=
1/2    0
0     -1
```

图 5.5.4 说明了用矩阵乘法 Ah 对房子进行变换的效果。注意到这里 4 个矩阵都是对角或反对角矩阵，因此其效果只是缩放和倒置（X,Y 坐标的交换）。例如，矩阵 $A1$ 通过收缩横坐标 X 来压缩房子宽度至原来的一半（高度保持不变）；矩阵 $A2$ 收缩纵坐标 Y 来压缩房子的高度至原来的一半（宽度不变）；矩阵 $A3$ 交换 X 与 Y 坐标，再将每个点的 Y 坐标压缩至原来的一半；矩阵 $A4$ 压缩横坐标 X 坐标（即房子的宽度）至原来的一半，且改变纵坐标的符号，即房子关于 X 轴进行镜像变换（倒置）。

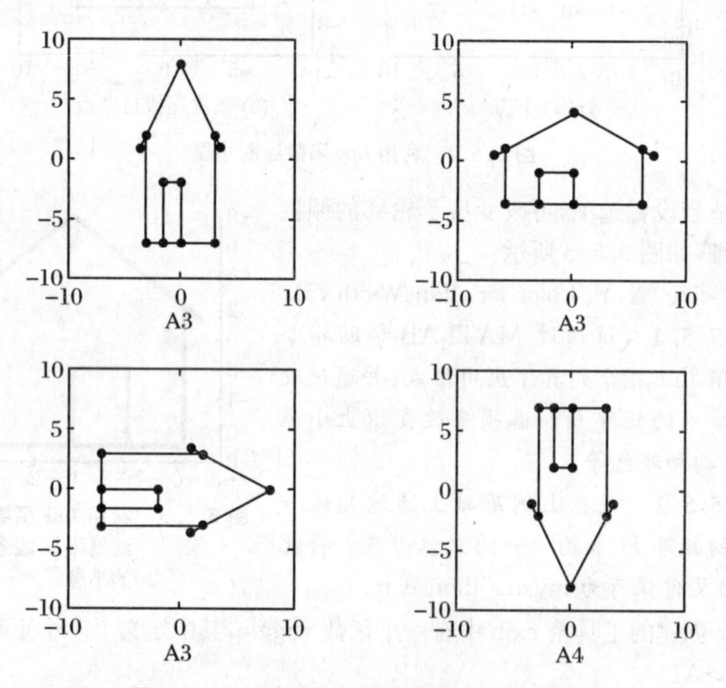

图 5.5.4　矩阵乘法实现小屋缩放与方向变化

上述 4 个矩阵都是 2×2 的特殊类矩阵（对角或反对角）。假设将以上矩阵换成一个一般性 2 阶方阵 A，那么变换 Ax 对上述小屋又会施行怎样的变换，其变换效果如何？

通过观察不难发现，上述 4 个矩阵中，前两个矩阵（$A1$ 和 $A2$）的行列式为正，对应房子的方向（如屋顶朝向）没有发生变化，而后面两个矩阵（$A3$ 和 $A4$）的行列式为负，其方向发生了变化(其屋顶分别朝向右边和下边)。

为了说明一般 2 阶矩阵对小屋的变换效果，用 MATLAB 函数 rand(m,n)来生成元素在[0,1]之间的一个随机矩阵。此处采用指令 $R=2*\text{rand}(2,2)-1$，该指令生成一个元素介于－1 到 1 的随机矩阵。运行该指令 4 次，分别将 R 改为 $R1$,$R2$,$R3$,$R4$。由于是随机生成，所以每次生成的结果都不一样(你的运行结果也会与这里显示的不同!!)。下面显示的运行结果来自于编者的运行：

```
>>  for i=1:4   R{i}=2*rand(2)-1; end
>>  [R{1},R{2},R{3},R{4}]
ans=
   0.3115 0.6983 0.3575  0.4863  0.3110  0.4121 -0.4462 -0.8057
  -0.9286 0.8680 0.5155 -0.2155 -0.6576 -0.9363 -0.9077  0.6469
```

最后出现的 2×8 矩阵为 4 个矩阵 $R\{1\}$,$R\{2\}$,$R\{3\}$,$R\{4\}$依次并排放置的结果。下面的语句将分别用 $R\{1\}$,$R\{2\}$,$R\{3\}$,$R\{4\}$来代替矩阵 A，计算向量(点的坐标)Ah，最后利用 line 函数画图，所得结果如图 5.5.5 所示。

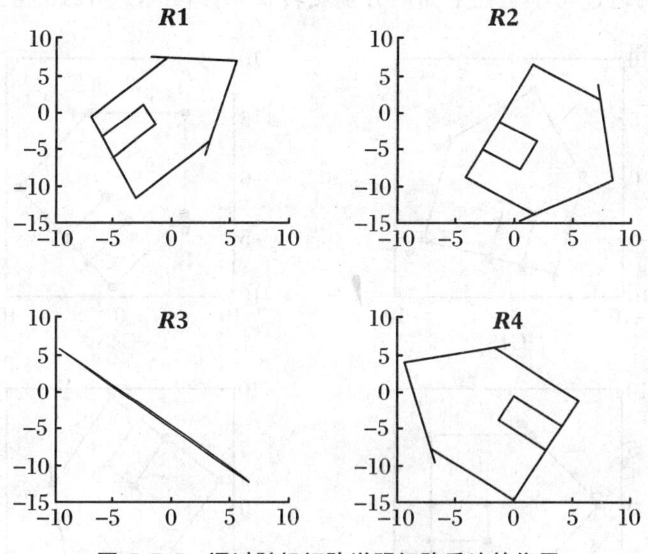

图 5.5.5　通过随机矩阵说明矩阵乘法的作用

图 5.5.5 通过四个随机矩阵的乘法说明了矩阵乘法与几何变换之间的关系。通过 MATLAB 指令，可发现矩阵 $R3$ 行列式为负且接近于零：

```
>>det(R{3})
ans=
-0.0202
```

因此矩阵 $R3$ 接近奇异矩阵，房子几乎被压缩为直线。

练习 5.5.3　在上述例子的基础上，假设给定一个行列式为零的 2×2 矩阵 A。那么变换 A 将小屋变成什么形状？为什么会这样？

练习 5.5.4　给定自然数 $n>3$，在单位圆上取 n 个点：

$$P_k=(\cos\omega_k,\sin\omega_k),\quad \omega_k=2k\pi/n,\quad 0\leqslant k\leqslant n-1$$

① 是否存在 2×2 矩阵 A，使得每个点 P_k 在 A 的变换下不动？如果存在，请写出 A。

② 记该单位圆圆心为 O，那么每个点 P_k 对应于向量 OP_k。是否存在这样一个矩阵 A，其对应的变换使得每个向量 OP_k 被拉长？如果使得其中的某个向量被拉长或者缩短，那么该矩阵 A 是什么？

为了进一步说明矩阵与几何变换之间的关系，选取矩阵 G 如下：

$$G=\begin{pmatrix}\cos\theta & -\sin\theta\\ \sin\theta & \cos\theta\end{pmatrix}\tag{5.5.3}$$

变换 $G:\mathbf{R}^2\mapsto\mathbf{R}^2$ 称为 Givens 变换，它对应于平面上绕坐标原点逆时针旋转角 θ。图 5.5.6 为通过将小屋在平面内分别旋转 $\theta=15°,45°,90°,215°$ 得到的效果图。

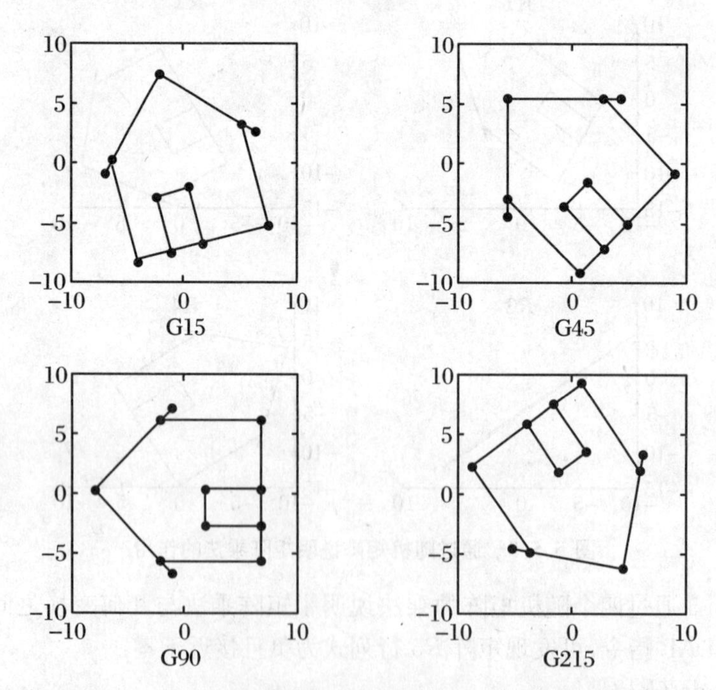

图 5.5.6　将小屋分别旋转 15°，45°，90°和 215°得到的效果图

对应的旋转矩阵分别如下：

G15＝

```
0.9659        -0.2588
0.2588         0.9659
G45=
0.7071        -0.7071
0.7071         0.7071
G90=
0             -1
1              0
G215=
-0.8192        0.5736
-0.5736       -0.8192
```

不难看出，矩阵 $G215$ 非常接近上面生成的随机矩阵 $R2$，它们对房子的影响相似。

exm 工具箱内的函数 wiggle 通过矩阵乘法和不断改变旋转角度来生成动画。

```
Function   wiggle(x)
thetamax=0.1;   delta=.015;   t=0;
stop=uicontrol('string','stop','style','toggle');
while ~get(stop,'value')
theta=(4*abs(t-round(t))-1)*thetamax;
G=[cos(theta) sin(theta);-sin(theta) cos(theta)];
dot_to_dot(G*X);
drawnow
t=t+delta;
end
set(stop,'string','close','value',0,'callback','close(gcf)');
```

通过增加变量 *thetamax* 的值可让小屋剧烈晃动。由于变量 *theta* 与 t 之间的关系相当于一个锯齿函数(图 5.5.7)，得到的变换相当于一个周期函数变换。因此，小屋就出现了周期性晃动(摇摆)。

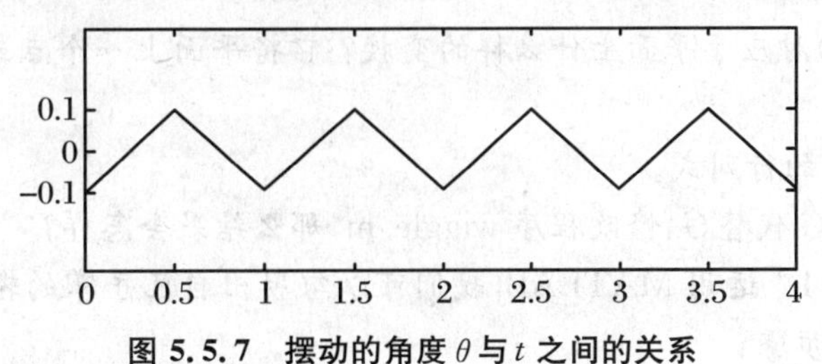

图 5.5.7　摆动的角度 θ 与 t 之间的关系

练习 5.5.5　试说明哪些矩阵满足以下性质？

① $A^2=I$。

② $A^TA=I$。

③ $A^TA=AA^T$。

它们对应的几何变换的特点是什么？

练习 5.5.6　设矩阵 A 如下：

$$A=\begin{pmatrix}0.99 & 0.01\\ -0.01 & 1.01\end{pmatrix}$$

求 A^n，并说明 A^n 的几何意义。

练习 5.5.7　设

$$A=\begin{pmatrix}1 & 1\\ 1 & 0\end{pmatrix}$$

① 求 A^n。

② 求变换 A 的几何意义。

③ 你能否说明矩阵 A 的其他应用？

练习 5.5.8　利用 MATLAB 画出平行于 X 轴和平行于 Y 轴的两组平行线 $x=k,y=k$，其中 $k=0,\pm1,\pm2,\cdots$ 它们构成坐标平面上的网格（可以利用 MATLAB 指令 MESHGRID 生成）。在以该网格线为背景的坐标系上画一个等边三角形。

① 利用练习 5.5.6 中的矩阵做变换，并观察网格线和三角形的变化。

② 说明在上述变换之下，平行线仍然平行，为什么？

③ 说明等边三角形在什么样的矩阵变换之下还是等边三角形？什么样的变换下不是？

练习 5.5.9　给定旋转矩阵 $G(\theta)$ 如(5.5.3)式。试计算 G 的行列式，并解释为什么 $G(\theta)^n=G(n\theta)$？

练习 5.5.10　令

$$\hat{G}(\theta)=\begin{pmatrix}\cos\theta & \sin\theta\\ \sin\theta & -\cos\theta\end{pmatrix}$$

问：① $\hat{G}(\theta)$ 对应于平面上什么样的变换？它将平面上一个点或者一条直线映射成为什么？

② 求 $\hat{G}(\theta)$ 的行列式。

③ 如果用 $\hat{G}$ 代替 G，修改程序 wiggle. m，那么结果会怎样？

练习 5.5.11　运用 MATLAB，我们可以勾勒出自己手掌的轮廓，如图 5.5.8 所示，按照以下步骤：

① 打开 MATLAB 编辑窗口，输入并运行以下指令：

```
figure('position',get(0,'screensize'))
axis('position',[0  0  1  1])
axis(10 * [-1  1  -1  1])
[x,y]=ginput;
H=[x,y];
```

② 把一只手放在电脑屏幕上，用鼠标选择一些点勾勒出你的手的轮廓。用回车终止 ginput。

③ 将保存的 x,y 保存在一个 $2\times n$ 矩阵 H 中，其中 H 的第一行放置向量 x，H 的第二行放置向量 y。通过数据的归一化，将矩阵 H 的元素局限在 -10 到 10 之间。

④ 运用 MATLAB 中的 plot 函数或 line 函数等来绘制手的轮廓。

⑤ 通过 wiggle 函数指令，实现摆手的动画演示。

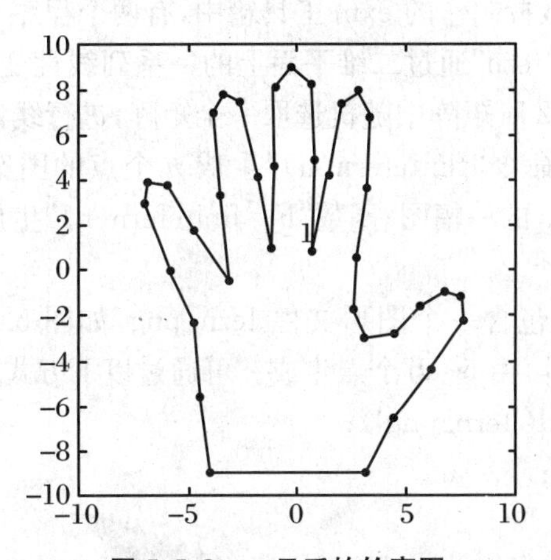

图 5.5.8　一只手的轮廓图

练习 5.5.12　在平面坐标系中，可以用一个矩阵 M 来表示一个闭合图形，从而描述平面上的刚体运动。矩阵 M 的每列有三个分量，表示刚体的一个顶点的齐次坐标（即 $P=(x,y,1)^{\mathrm{T}}$）。为使图形闭合，矩阵 M 的最后一列将重复第一列。因此，如果该刚体有 n 个顶点，那么矩阵 M 就为一个 $3\times(n+1)$ 的矩阵。表 5.5.1 所列数据可用于表示大写字母“A”。

表 5.5.1　用于表示大写字母“A”的数据

x	0	4	6	10	8	5	3.5	6.1	6.5	3.2	2	0
y	0	14	14	0	0	11	6	6	4.5	4.5	0	0

运用 MATLAB 编程，对“A”进行以下平面运动，并绘制移动前后的图形：

① 向上移动 15，向左移动 30；

② 逆时针转动$\frac{\pi}{3}$；

③ 先逆时针转动$\frac{3\pi}{4}$，然后向上平移 30，向右平移 20。

5.6 矩阵变换与分形

自然界中很多物质(如树叶、雪花等)的形状都具有对称性和循环性。蕨类植物树叶的对称性特征明显。本节我们将介绍利用 2 阶矩阵的乘法来实现分形蕨与雪片的制作。

在 Cleve Moler 教授制作的 exm 工具箱中，有两个程序 fern 和 finitefern 涉及分形蕨的生成。函数“fern”通过二维平面上的一系列线性变换(对应一个 2×2 矩阵的左乘)，即从 4 个 2 阶矩阵中随机选取一个矩阵，进行线性变换，生成的随机点序列构成叶片。函数命令“finitefern(n)”生成 n 个点的图案；命令“finitefern(n, 's')”显示了在时间点 s 的一幅图；函数“F=finitefern(n)”生成 n 个点的点序列 F，但不作图。

工具包 exm 中还包含一个图形文件 fern. png，如图 5.6.1 所示。它是一幅 768×1024 的彩色图片，由 50 万个点生成。可通过以下方式来显示该图形：

```
>>A=imread('fern. png');
>>image(A);
```

图 5.6.1 分形蕨

我们可以通过在计算机上运行程序 fern. m 来生成该图形。运行过程中，我们可以观察到叶片的颜色由浅入深，事实上这是点的个数在增加，我们还可随时点击运行 GUI 中的停止按钮“stop”(运行指令 fern 时会弹出一个带有按钮 start，stop 的界面)，以终止该程序的执行。这时，程序会定格在运行的最终画面上，并且显示迭代过程产生的总点数，可以 png，jpg，gif 等格式中的任意一种来保存该图形。

通过一个点在平面上重复做线性变换而产生新的点序列可生成叶片。若用向量$x=(x_1,x_2)^T$表示一个点的坐标，作线性转换

$$f(x) = Ax + b$$

其中矩阵 A 为 2 阶方阵，向量 b 为一个 2 维列向量，它们均事先给定。该线性变换为仿射变换。例如，取

$$A = \begin{pmatrix} 0.75 & 0.12 \\ -0.12 & 0.75 \end{pmatrix}, \quad b = \begin{pmatrix} 0 \\ 1.2 \end{pmatrix}$$

变换 f 包含对向量 x 的伸缩变换和旋转变换，同时将变换后得到的向量的第 2 个分量增加 1.2。反复应用该变换，可使得点实现上移和右移，一直到叶片尖端。这里选取 4 个特殊的矩阵 $A_1 \sim A_4$，以及 3 个平移向量 $b_1 \sim b_3$。每次的变换矩阵都是随机从 $A_1 \sim A_4$ 中任意挑选一个，对应的平移向量与 A_i 匹配。这些变换能够使得变换后的点进入叶片的右下部分、左下部分或茎部分。

练习 5.6.1 下面是 Cleve Moler 的 exm 工具箱中一个生成分形蕨的程序：

```
function fern
shg
clf reset
set (gcf,'color','white','menubar','none','numbertitle','off',…
    'name','Fractal Fern')
x=[.5; .5];
h=plot(x(1),x(2),'.');
darkgreen=[0 2/3 0];
set(h,'markersize',1,'color',darkgreen,'erasemode','none');
axis([-3 3 0 10]);  axis off
stop=uicontrol('style','toggle','string','stop','background','white');
drawnow
p=[.85 .92 .99 1.00];
A1=[0.85  0.04;  -0.04  0.85];  b1=[0; 1.6];
A2=[0.20  -0.26;  0.23  0.22];  b2=[0; 1.6];
A3=[-0.15  0.28;  0.26  0.24];  b3=[0; 0.44];
A4=[0  0 ; 0  1.6];
```

```
cnt=1;
tic
while ~get(stop,'value')    r=rand;
if r<p(1)        x=A1 * x+b1;
elseif  r<p(2)   x=A2 * x+b2;
elseif  r<p(3)   x=A3 * x+b3;
else             x=A4 * x
end
set(h,'xdata',x(1),'ydata',x(2));
cnt=cnt+1;
drawnow
end
t=toc;
```

试通过 MATLAB 中的 help 指令来了解以下语句在本程序中的目的和意义：

① shg;

② clf reset;

③ set (gcf, 'color', 'white', 'menubar', 'none', 'numbertitle', 'off', …
'name','Fractal Fern');

④ darkgreen=[0 2/3 0];

⑤ set(h,'markersize',1,'color',darkgreen,'erasemode','none');

⑥ axis([-3 3 0 10]);

⑦ stop=uicontrol('style','toggle','string','stop','background','white');

⑧ drawnow;

⑨ tic…toc

⑩ while ~get(stop,'value') …end;

⑪ set(h,'xdata',x(1),'ydata',x(2))

练习 5.6.2　试通过修改以上程序来改变叶片颜色，使得叶片颜色为粉红色。

练习 5.6.3　在以上程序中通过互换 x 和 y 的坐标来翻转叶片。进一步，通过修改程序 fern. m 来实现叶片坠落的动画效果。

练习 5.6.4　修改程序 fern. m 来生成由多个叶片组成的树枝。

练习 5.6.5　M 文件 finitefern. m 可用来生成叶片输出的打印结果，但函数 fern. m 则不能。试解释为什么？

练习 5.6.6　修改 M 文件 finitefern. m 中矩阵 $A4$ 中唯一的非零元，观察叶片会如何变化，为什么？

5.7　动力系统中的分形

几何中的分形不仅仅可以生成许多精美的几何图案，它在实际问题如动力系统中也有着非常重要的应用。那么什么叫分形？分形(fractal)是维数非整且具有自相似性的几何图形。如上面介绍的叶片，Sierpinski 三角形(简称为 S-三角形，或称为 Sierpinski's 垫片)是分形的另一个例子，它由一系列嵌套三角形(nested triangles)生成。有关分形理论更详细的介绍，请读者参看本书第 10 章。

下面来介绍分形混沌动力系统。动力系统，从数学角度看，就是当自变量(通常时间变量是其中之一)有微小变化时函数值却有巨大变化的函数系统。因此，随时间进化的任何变化过程都可视为动力系统，如大气变化模型(气象模型，或称为空气动力学)就是一个动力系统。在该系统中，气温、气压、风向、风速和降温量都是随时间变化的变量，但有可能它们中任一个微小变化都会带来天气的骤变，如阳光普照之后可能接着就是大雨倾盆；这种看似瞬间转换的天气其实同样也蕴含一个变化的动力过程。

1961 年，美国气象学家 Lorenz 在进行气象数据计算时，把一个上次计算结果作为初始值进行迭代计算，然后他走下楼喝咖啡。一小时后，他看到的结果却使他大吃一惊：计算得到的数据图形与上次的数据模式大有偏离。他进一步对该结果进行了验证，发现输入数据的细微差异可引起输出的巨大差别。著名的"蝴蝶效应"就是来自于 1979 年 Lorenz 的题为"可预言性：身处巴西的蝴蝶翅膀的扇动会引起得克萨斯的龙卷风吗?"的著名演讲，它形象地表达了结果对初始条件的敏感依赖性。不仅是天气预报，股票值升降、动物种群繁殖和细菌繁殖、宇宙变迁等都表现出这种对初始条件的依赖性。

一个更为广泛的例子就是生态系统中的 Logistic 方程：

$$f(x)=\lambda x(1-x),\quad x\in[0,1];\lambda\in[0,4] \tag{5.7.1}$$

其表示的动态过程在离散状态下表现为下述迭代公式：

$$x_{n+1}=\lambda x_n(1-x_n),\quad x_n\in[0,1] \tag{5.7.2}$$

当 $\lambda=0.5$ 时，迭代产生的数列 $\{x_n\}$ 收敛于零，这预示着该物种将灭绝；当 $\lambda=1.2$，2 和 2.7 时，迭代产生的数列 $\{x_n\}$ 收敛于一个大于零的常数；而当 $\lambda>3$ 时，迭代产生的数列 $\{x_n\}$ 变化无常。例如 $\lambda=3.1$ 时，数列 $\{x_n\}$ 最终在两个不同的数值间摆动；若 $\lambda=3.4$，数列 $\{x_n\}$ 最终在四个不同的常数值之间徘徊。

严格意义上说，动力系统是度量空间 (X,d) 上的一个变换 $f:X\mapsto X$，记为 $\{X;f\}$。任意点 $x\in X$ 的轨道为序列

$$\{x, f(x), f^2(x), \cdots, f^n(x), \cdots\}$$

例 5.7.1　设 $W(x)=Ax+t$ 是平面 $\mathbf{R}^2$ 上的仿射变换，则 $\{\mathbf{R}^2; W\}$ 是动力系统。

例 5.7.2　记 $V=[0,1]$，运算 (x) 表示对一个实数 x 取其小数部分，则 $\{V;(2x)\}$ 是动力系统。

设 $\{W; f\}$ 为一个动力系统，$f(x_0)=x_0$，$x_0\in W$，称 x_0 是函数 f 的一个不动点。如果存在 $\delta>0$，函数 f 将球 $B(x_0,\delta)$ 映射到自身，且

$$\exists c\leqslant 1,\quad f(B(x_0,\delta))\subset cB(x_0,\delta)$$

则称 x_0 为 f 的一个吸引子。如果存在 $\eta>0$ 和 $c>1$ 使得

$$\forall x\in B(x_0,\delta),\quad d(f(x_0),f(x))\geqslant cd(x_0,x)$$

则 x_0 称为 f 的一个排斥子或排斥不动点。注意这里的 $d(x,y)$ 表示两点 x,y 之间的距离。

来自美国 Los Alamos 国家实验室的 Feigenbaum 教授对 Logistic 方程进行了研究。记 $f(x_0)=x_0$，即 x_0 为一个 1-周期吸引子，其中 f 如(5.7.1)式所定义。不难解得 x_0 的两个解：$x_0=0$，$x_0=1-\dfrac{1}{\lambda}\in[0,1]\Rightarrow\lambda>1$。

练习 5.7.1　证明：对于 Lorenz 方程，当 $1<\lambda<3$ 时，上述不动点为吸引子；当 $\lambda>3$ 时，为排斥不动点。

练习 5.7.2　利用 MATLAB 指令来对函数(5.7.1)在 $\lambda=1,1.2,1.5,1.7,2,2.5,3,3.1,3.5$ 的迭代过程进行绘图，并解释发生的现象。

练习 5.7.3　通过在不断变小的尺度上施行同样的迭代过程，我们可以实现自相似图形的绘制。为此，需要一个始化子(即初始化几何图形，英文 initiator)和一个生成子(generator)。这里，生成子是始化子通过尺度的不断变化得到的不同大小的自相似的几何图形构成的集合。试指出图 5.6.1 的始化子和生成子。

第 6 章　机器视觉与矩阵

新的数学思想的一个主要来源渠道是实际生活和人类发展的需要。机器视觉，或称计算机视觉，诞生于 20 世纪 60 年代，其真正发展历史不到二十年。它是一个带有科幻色彩，已经或即将给我们的生活带来诸多便利和刺激的计算机分支，在与现代数学的交叉方面无疑具有一定的代表性。这一领域发展到今天，似乎已非常完美，那些本领域的先驱们当初预期的目标似乎都已经得以实现。该领域十年来解决的一些主要工作包括以下方面：

① 像素点匹配与摄像机标定问题；

② 通过两幅图像得到的 3D 场景与对象重构；

③ 多视图重构与标定问题；

④ 动态场景重构问题。

今天，这些问题已经解决并已经成为了现代技术。人们在享受数字化、多媒体和网络化的同时，通过计算机视觉可以享受视觉技术带来的革新，如 3D 电视和立体电影等。通过计算机视觉技术，人们可以将那些模糊的信息看得更加真实，同时也促使全世界无数数学、计算机科学和其他领域的工作者投身于该领域的研究。

本章通过向读者介绍计算机视觉这样一个计算机和应用数学的交叉分支，让读者对数学方法特别是矩阵代数在计算机科学中的应用有一个更加深刻的认识。事实上，正是因为有了计算机科学，才使得数学的应用更加广泛和深入。如今在课堂或实验室里，我们借助计算机，可对一些自然现象和社会现象进行模拟，由此来发现新的模型、数学方法和数学工具。因为有了计算机，诞生了生物信息学等以计算机和数学为基础的交叉学科，也使得一些数学猜想的证明变得更加快速。如通过计算机，数学家证明了著名的四色猜想，对已有几个世纪历史的哥德巴赫猜想和孪生素数猜想等难题的攻克增强了信心。所有这些事实证明，数学特别是应用数学与计算机科学是密不可分的。

本章共 5 节：第 1 节简单介绍射影几何、齐次坐标及其应用；第 2 节介绍射影平面与二维射影变换，并将射影变换与其他相关几何变换进行比较；第 3 节介绍三维射影空间、射影变换，以及三维射影空间中的点、线和面的表示；第 4 节介绍摄像机矩阵和摄像机几何；第 5 节介绍透视矩阵、透视变换的三种常见的线性近似，即正交投影、弱透视和平行透视，以及它们对应的摄像机矩阵。

6.1 射影几何与齐次坐标

在我们所熟知的欧几里得几何(简称为欧氏几何)里,基本要素无外乎点、线、面、体,其中距离是关键,没有距离的线性空间不能称为欧氏空间!这些几何要素从维数的角度来看呈现由简单到复杂的趋势,它们似乎没有任何共同点,譬如无法将它们的代数方程统一成某种形式。欧氏几何的另外一个问题是,对于无穷大(无穷远点)没有一个较好的表示。这导致很多问题,例如如何表示两条平行直线相交于无穷远点(不同方向的另外一组平行线也相交于无穷远点,但是这两个无穷远点对应的位置应该有所不同)?

为了解决以上问题,我们引进齐次坐标表示:平面上的一点 P 在欧氏空间中的直角坐标系下的坐标表示为一个二元数组 (x,y),其中 x 表示 P 点的横坐标,y 表示 P 点的纵坐标。P 点坐标 (x,y) 的一个齐次表示为 $(x,y,1)$。一般地,若 $z\neq 0$,那么一个齐次点表示 (x,y,z) 对应于欧氏空间平面直角坐标系下的一点 $(x/z,y/z)$;若 $z=0$,那么齐次表示 (x,y,z) 对应于欧氏空间平面直角坐标系下沿向量 (x,y) 方向的无穷远点。这样,在齐次坐标表示下,无穷远点与一般点可以同等对待,并且可以把沿不同方向的无穷远点以坐标表示。

这当然是一大进步,但还远远不止这些。一般坐标表示下,点与直线是完全不同的两个要素,但是在齐次坐标下,它们可以统一。例如,平面上的一条直线 l:$ax+by+c=0$ 可表示成 $A^{\mathrm{T}}X=0$,其中 $A=(a,b,c)^{\mathrm{T}}$,$X=(x,y,1)^{\mathrm{T}}$。这里 X 为点的齐次坐标表示,A 为直线的齐次表示。在此记号下,我们就说 l 为矢量 A,注意到这里直线 l 与矢量 A 之间不是一一对应的关系!

事实上,在二维空间 $\mathbf{R}^2$ 齐次坐标表示下,直线与点的表示已经完全统一。进一步,点 $(1,2,3)$ 与点 $(2,4,6)$ 表示的是同一点,在表示直线时为同一条直线。例如,若令 $l=(1,2,3)^{\mathrm{T}}$,则点 $x=(x,y,z)^T$(齐次坐标)在直线 l 上,等价于

$$x^{\mathrm{T}}l = 0 \tag{6.1.1}$$

(6.1.1)式也可以解释为直线 l 经过点 x,它还可以等价地表示为 $l^{\mathrm{T}}p=0$。

显然,在齐次坐标表示下,平面上一个点的自由度仍然为 2,直线也是如此。现考虑两条直线的交点。在欧氏几何中,我们需考虑这两条直线是相交还是平行。

练习 6.1.1 给定两条平面内的直线 l_1,l_2,如何求它们的交点坐标?反之,若给定两点坐标 $P_1=(x,y)^{\mathrm{T}}$,$P_2=(x,y)^{\mathrm{T}}$,写出经过 P_1,P_2 两点的直线方程。

练习 6.1.2 给定三维空间中的两条直线 l_1,l_2,如何求它们的交点坐标?反之,若给定两点坐标 $P_1=(x,y)^{\mathrm{T}}$,$P_2=(x,y)^{\mathrm{T}}$,写出经过 P_1,P_2 两点的直线方程。

给定向量 $(a_1,b_1,c_1)^T$，$(a_2,b_2,c_2)^T$，可将它们视为平面上的两条直线，也可以视为平面上的两个点。下面的定理说明平面上点与线的对称性。

定理 6.1.1 ① 两条直线 $l_1=(a_1,b_1,c_1)^T, l_2=(a_2,b_2,c_2)^T$ 的交点可表示为 $x=l_1\times l_2$；

② 平面上过两点 $p_1=(a_1,b_1,c_1)^T, p_2=(a_2,b_2,c_2)^T$ 的直线为 $l=p_1\times p_2$。

练习 6.1.3 证明定理 6.1.1 中的结论。

例 6.1.1 考虑平面上两条垂直的直线 $x=1, y=1$ 的交点，分别用 l_1, l_2 来表示这两条直线。那么它们的齐次表示为 $l_1=(1,0,-1)^T, l_2=(0,1,-1)^T$。由定理 6.1.1 中的①，得交点 $p=l_1\times l_2$，即

$$p=l_1\times l_2=\begin{vmatrix} i & j & k \\ 1 & 0 & -1 \\ 0 & 1 & -1 \end{vmatrix}=1\cdot i+1\cdot j+1\cdot k=(1,1,1)^T$$

例 6.1.2 考虑平面上两条平行直线 $y=1, y=3$ 的交点，分别用 l_1, l_2 来表示这两条直线。那么它们的齐次表示为 $l_1=(0,1,-1)^T, l_2=(0,1,-3)^T$。由定理 6.1.1 中的①，得交点 $p=l_1\times l_2$，即

$$p=l_1\times l_2=\begin{vmatrix} i & j & k \\ 0 & 1 & -1 \\ 0 & 1 & -3 \end{vmatrix}=(-2)\cdot i+0\cdot j+0\cdot k$$

$$=(-2,0,0)^T$$

该点代表这两条平行线交于沿射线 OP 方向的无穷远点，其中 $P=(1,0)$ 为对应点直角坐标系下的坐标表示。

以下内容里，若无特别说明，所有坐标表示都为齐次坐标表示。

平面上两条直线 $l_1=(a_1,b_1,c_1)^T, l_2=(a_2,b_2,c_2)^T$ 平行，当且仅当满足 $a_1:b_1=a_2:b_2=a:b$。运用向量差乘算法，可得交点坐标 $p=l_1\times l_2=\lambda(b,-a,0)^T$。它表示一无穷远点，其对应的非齐次表示为 $p=(b/0,-a/0)$。

习惯上把一个无穷远点称为理想点，所有理想点构成一条无穷远直线，其坐标表示为 $(0,0,1)^T$。用 l_∞ 来表示无穷远直线，l_∞ 上每点均为无穷远点，因此无穷远点的特点是其齐次坐标第三个分量为零。任意两条平行直线均交于 l_∞ 上一点。l_∞ 可以视为平面上所有方向的集合。

现在把这些概念推广到三维空间。自然地，三维空间一点 $P=(x,y,z)^T$ 的齐次坐标表示应该为 $P=(x,y,z,1)^T$。一般地，我们用齐次坐标 $(x,y,z,t)^T$ 来表示三维空间一点 $P=(x/t,y/t,z/t)^T$。类似于二维情形，齐次坐标中若第四个分量 $t=0$，那么该点就对应无穷远点。

在齐次坐标表示下，三维空间 $\mathbf{R}^3$ 中的一张平面

$$Ax + By + Cz + d = 0 \tag{6.1.2}$$

可表示为$\pi^{T}p=0$。这里$\pi=(A,B,C,d)^{T}$，$p=(x,y,z,1)^{T}$。我们用π来表示该平面，而p为平面π上一点，当且仅当p满足$\pi^{T}p=0$。注意到π可相差一个常数倍，即其自由度为3。事实上，π的前3个分量构成的向量(A,B,C)对应该平面的法向量在一般直角坐标系下的坐标表示。记$\vec{n}=(A,B,C)^{T}$，$X=(x,y,z)^{T}$，则有$d=-\vec{n}^{T}X$，$|d|/\|n\|$表示坐标原点到平面π的距离。

下面来定义射影几何。通俗地说，在射影几何里，我们假设任意两条不同的直线均交于一点，而任意不同两点均在某条直线上。用P^2表示一个二维射影平面，P^2对应于一个射线集合。该集合中无穷远点与一般点没有区别，所有向量均以3维坐标表示，即形如$(x,y,z)^{T}$，且$k(x,y,z)^{T}$当k变化时形成过原点的射线，它对应于射影平面P^2中的一个点。我们可以把射影平面P^2想象成一个三维欧氏空间在一个平面Ω上的投影（正如我们在摄影时所做的）：P^2中的一个点对应$\mathbf{R}^3$中过原点（摄像机中心点）O的一条射线，而P^2中的一条直线l对应$\mathbf{R}^3$中过点O的一张平面π，且π在平面Ω上的投影恰为直线l。

注意到射影平面P^2中的点和线形成对偶关系。这使得任何一个关于P^2中点的命题都可描述为关于直线的命题，反之亦然。

类似于直线，P^2中一条二次曲线可以用含有5个分量的向量来表示。一条二次曲线（非齐次坐标下）的一般方程为

$$ax^2 + bxy + cy^2 + dx + ey + f = 0 \tag{6.1.3}$$

方程(6.1.3)的矩阵方程表示为

$$x^{T}Cx = 0 \tag{6.1.3$'$}$$

其中C为一个3阶实对称矩阵：

$$C = \begin{pmatrix} a & b/2 & d/2 \\ b/2 & c & e/2 \\ d/2 & e/2 & f \end{pmatrix} \tag{6.1.4}$$

注意到C的自由度为5。若记$h=(a,b,c,d,e,f)^{T}$，那么一般位置的5个点可以唯一确定曲线C。这等价于解线性方程组$Ah=0$，其中系数矩阵A为

$$A = \begin{pmatrix} x_1^2 & x_1y_1 & y_1^2 & x_1 & y_1 & 1 \\ x_2^2 & x_2y_2 & y_2^2 & x_2 & y_2 & 1 \\ x_3^2 & x_3y_3 & y_3^2 & x_3 & y_3 & 1 \\ x_4^2 & x_4y_4 & y_4^2 & x_4 & y_4 & 1 \\ x_5^2 & x_5y_5 & y_5^2 & x_5 & y_5 & 1 \end{pmatrix}$$

二次曲线C称为非退化。如果矩阵C为非退化，即C为满秩（秩为3）矩阵。显然，C非退化当且仅当C的行列式不等于零。当C的秩小于3时，称C为退化二次

曲线。

定理 6.1.2　① 非退化二次曲线 C 上任意一点 p 的切线由 $l=Cp$ 确定；

② C 为退化，且 $\mathrm{rank}(C)=1$ 时，$C=l\cdot l^{\mathrm{T}}$；

③ C 为退化，且 $\mathrm{rank}(C)=2$ 时，$C=l_1\cdot {l_1}^T+l_2\cdot {l_2}^{\mathrm{T}}$。

练习 6.1.4　证明定理 6.1.2 中的结论。

6.2　射影平面与射影变换

几何学研究的关键是几何体在某种几何变换下保持不变的性质。射影几何就是研究在射影变换下保持不变的射影几何的性质。本节首先定义射影映射，然后对我们所熟知的所有几何变换进行比较，考察这些不同类型的几何变换的不变量。

定义 6.2.1　一个 P^2 到 P^2 上的可逆映射 $\mathcal{P}$ 称为射影映射，如果 $\mathcal{P}$ 把直线映射为直线。等价地说，就是 $A,B,C\in P^2$ 共线，当且仅当 $\mathcal{P}(A),\mathcal{P}(B),\mathcal{P}(C)\in P^2$ 共线。

下面的结论给出了 P^2 上的射影映射 $\mathcal{P}$ 的代数刻画：

定理 6.2.1　P^2 上的任意一个射影映射 $\mathcal{P}$ 对应一个 3 阶可逆矩阵 H，使得

$$\forall x\in P^2,\quad \mathcal{P}(x)=Hx \tag{6.2.1}$$

由于射影变换可以相差一个常数倍，因此(6.2.1)式中变换矩阵 H 真正的自由度为 8。与点的齐次表示一样，称这样的矩阵表示 H 为一个齐次矩阵。由(6.2.1)式可知一个射影变换等价于 $\mathbf{R}^3$ 中的一个线性变换。不难看出，要想唯一地确定变换齐次矩阵 H，至少需要知道 4 个位于一般位置的点。这里的“一般位置”是指 4 个点中的任意 3 点不能共线。

练习 6.2.1　如何检验平面上(或 P^2 上)任意给定的 4 点位于一般位置上？试通过 MATLAB 编程来实现。

练习 6.2.2　证明一般位置上的 4 个点可以唯一确定(6.2.1)式中的可逆矩阵 H？假设给定的 4 点不处于一般位置，会出现什么情形？

生活中大多数情形下遇到的变换均为射影变换，如阳光照射得到的影子、摄影照相等。那么在射影变换之下，直线和圆等几何元素的代数表示变成什么了？

事实上，由于 H 的保线性和可逆性，有：

性质 6.2.1　① 直线 l 在射影映射 $\mathcal{P}$ 之下的像 l' 是直线，且向量表示为 $l'=H^{-\mathrm{T}}l$；

② 二次曲线 C 在射影映射 $\mathcal{P}$ 之下的像为二次曲线 $C'=H^{-\mathrm{T}}CH^{-1}$。

证明：① 假设 p 为 l 上的点，那么 l' 上对应的点为 $p'=Hp$，因此有

$$l'^{\mathrm{T}}p' = (H^{-\mathrm{T}}l)^{\mathrm{T}}Hp = l^{\mathrm{T}}H^{-1}Hp = l^{\mathrm{T}}p = 0$$

② 假设 x 为 C 上的点，那么 C' 上对应的点为 $x'=Hx$，因此有

$$x'^{\mathrm{T}}(H^{-\mathrm{T}}CH^{-1})x' = (Hx)^{\mathrm{T}}(H^{-\mathrm{T}}CH^{-1})Hx = x^{\mathrm{T}}Cx = 0$$

记 P^2 上的所有的射影映射 $\mathcal{P}$ 构成的集合为 $\mathcal{G}$，那么 $\mathcal{G}$ 为一个群，我们称它为射影线性群。事实上，由于射影变换的合成为射影变换，且单位变换（对应于 3 阶单位矩阵变换）为射影变换，任意一个射影变换的逆变换仍为可逆射影变换，因此 $\mathcal{G}$ 构成群。一个 n 阶线性群 $\mathrm{GL}(n)$ 是由所有 n 阶可逆实矩阵构成的群，当定义两个相差常数倍因子的矩阵为一类等价矩阵时，这种等价关系对应的等价类构成的群 $\mathrm{PL}(n)$ 就称为射影线性群，它是线性群 $\mathrm{GL}(n)$ 的一个商群。一个变换 f 称为是一个等距变换(isometric)，如果

$$\forall\, x,y \in \mathbf{R}^3 \Rightarrow d(x,y) = d(f(x),f(y))$$

这里 $d(x,y)$ 表示 $\mathbf{R}^3$ 中两点之间的欧氏距离。

欧氏变换（平移、旋转和翻转）都是等距变换。在齐次表示下，P^2 中的等距变换 f 可表示为

$$\begin{pmatrix} x' \\ y' \\ 1 \end{pmatrix} = \begin{pmatrix} \delta\cos\varphi & -\sin\varphi & t_x \\ \delta\sin\varphi & \cos\varphi & t_y \\ 0 & 0 & 1 \end{pmatrix} \begin{pmatrix} x \\ y \\ 1 \end{pmatrix} \tag{6.2.2}$$

其中 $\delta=1,-1$。$\delta=1$ 时，等距变换 f 为平移和旋转变换的复合变换；$\delta=-1$ 时，f 为平移、旋转和反向变换的复合变换。由(6.2.2)式可以发现，欧氏变换其实是射影变换的特殊情形：当(6.2.2)式中 $\delta=1$，$t_x=t_y=0$ 时，(6.2.2)式表示旋转变换；当 $\delta=1$，$\varphi=0$ 时，f 对应一个平移变换。

第二类我们熟悉的变换就是相似变换(similarity transformation)。相似变换为一类保形变换，它保持向量之间的夹角以及向量长度比例不变，因此保持一个几何形状不变。它可表示成等距变换（欧氏）与均匀缩放变换的复合。对应在 P^2 上的相似变换的表达式为

$$\begin{pmatrix} x' \\ y' \\ 1 \end{pmatrix} = \begin{pmatrix} r\cos\varphi & -r\sin\varphi & t_x \\ r\sin\varphi & r\cos\varphi & t_y \\ 0 & 0 & 1 \end{pmatrix} \begin{pmatrix} x \\ y \\ 1 \end{pmatrix} \tag{6.2.3}$$

写成简单矩阵形式即 $X'=H_rX$。注意这里的变换矩阵 H_r 可以表示为

$$H_r = \begin{pmatrix} rR_\varphi & t \\ 0 & 1 \end{pmatrix} = D_r \begin{pmatrix} R_\varphi & t \\ 0 & 1 \end{pmatrix}, \quad D_r = \begin{pmatrix} r & & \\ & r & \\ & & 1 \end{pmatrix}$$

这说明相似变换 S 一般情形下为 3 个变换的合成，即平移、旋转和均匀缩放变换。

第三类重要变换是仿射变换(affine transformation)。射影平面上的仿射变换

为一个平移变换与一个非奇异线性变换的复合。其矩阵形式为

$$\begin{pmatrix} x' \\ y' \\ 1 \end{pmatrix} = \begin{pmatrix} a_{11} & a_{12} & t_x \\ a_{21} & a_{22} & t_y \\ 0 & 0 & 1 \end{pmatrix} \begin{pmatrix} x \\ y \\ 1 \end{pmatrix} \tag{6.2.4}$$

记变换矩阵为 H_A，(6.2.4)式可以表示成下述分块形式：

$$X' = H_A X = \begin{pmatrix} A & t \\ 0 & 1 \end{pmatrix} X \tag{6.2.5}$$

这里 A 为一个 2 阶非奇异矩阵，t 为一个 2 维列向量，为平移向量。注意到平面仿射变换的自由度(DOF)为 6。关于仿射变换，有以下性质：

性质 6.2.2　任意仿射变换一定可以表示为一些旋转、平移与非均匀缩放变换的复合。

证明：利用 SVD 分解，可将 H_A 分块中可逆阵 A 分解成

$$A = R_\theta R_{-\varphi} D_1 R_\varphi, \quad D_1 = \mathrm{diag}(d_1, d_2)$$

因此有

$$H_A = \begin{pmatrix} R_\theta & 0 \\ 0 & 1 \end{pmatrix} \begin{pmatrix} R_{-\varphi} & 0 \\ 0 & 1 \end{pmatrix} \begin{pmatrix} D_1 & 0 \\ 0 & 1 \end{pmatrix} \begin{pmatrix} R_\varphi & 0 \\ 0 & 1 \end{pmatrix} \begin{pmatrix} I_3 & t' \\ 0 & 1 \end{pmatrix} \tag{6.2.6}$$

现在让我们再回到射影变换。记射影变换 f 对应的矩阵为 H_f，对 H_f 进行类似于(6.2.5)式中的分块：

$$X' = H_f X = \begin{pmatrix} A & t \\ b^{\mathrm{T}} & a \end{pmatrix} X \tag{6.2.5}$$

其中向量 $b=(b_1, b_2)^{\mathrm{T}}$。因此，以上所有变换都可以视为射影变换的特殊情形。如仿射变换对应于 H_f 中向量 b 为零的情形，这是射影变换与仿射变换的根本区别，也是导致射影变换非线性的原因。

练习 6.2.3　考虑理想点$(a,b,0)^{\mathrm{T}}$，试分别说明它在射影变换、仿射变换、相似变换和欧氏变换之下的像。问：哪种变换把理想点映射为理想点？哪种变换把理想点映射为有限点(即一般点)？

练习 6.2.4　平面上保持两点间距离不变的点变换称为正交变换。试证明：二维空间中的正交变换等价于一个旋转变换，且它的矩阵表示为一个正交矩阵。

练习 6.2.5　证明：平面上的一个正交变换由不共线的三对对应点唯一确定。

练习 6.2.6　说明以上变换中，以下哪些是对应的不变量，为什么？

长度　面积　平行关系　夹角　无穷远线　长度比

面积比　共线性　相交线　交比

6.3 3D 射影几何与射影变换

三维空间的射影几何可以看成是二维空间射影平面的推广。本节主要讨论三维空间中的射影变换,先讨论二维空间中射影矩阵的计算,并考察在齐次坐标系下三维空间中的点、线、面的表示及其关系。

通过摄像机或者照相机拍摄的照片,其中的景象不一定能够保持其三维物体原型。例如,通过远距离拍摄的正方形的地板瓷砖、窗格的边缘会变成不再平行的直线,尽管它们在图像有限的空间上不会相交,但是它们一定会交于该像平面的某个延拓处。假定给定了照片上的一些点以及这些点对应的空间点,那么在对应点足够多的情况下,一定能够将拍摄该照片的照相机的参数确定,从而可以进一步通过照片上的其他点来查找其对应的三维空间中的点。这就是三维重构问题。

射影变换是所有已知线性变换中最复杂的一种。它可以涵盖其他所有类型的几何变换,因此它是最高层的变换。从代数表示角度看,它对应一个可逆三阶实方阵 H。一般用 H_p 来表示一个射影变换对应的射影矩阵(projection matrix)。

下面介绍平面射影矩阵计算,先来介绍几个基本概念。通常把一个要研究的三维空间称为一个场景。场景中建立的一个三维立体直角坐标系称为世界坐标系(the world coordinate system),把场景中的一个我们关心的平面称为一个世界平面。同时在摄像机成像时,摄像机内部有一个像平面,像平面上建立的以像平面中心点为原点的平面直角坐标系称为像坐标系,它可以用来刻画像平面上的像素点的分布。另外,一个摄像机有其光轴、中心,因此还可以通过光心建立一个摄像机坐标系,它是一个三维立体坐标系。我们所生活的三维空间中的一点 X 一般称为一个世界点。它在齐次坐标系下表示为一个四维列向量 $X=(x,y,z,w)^{\mathrm{T}}$,有时表示为$(x_1,x_2,x_3,x_4)^{\mathrm{T}}$。一个世界点 X 在图像中的对应点称为像点 x,它表示为一个三维的列向量。假设有两个摄像机(或者是同一个摄像机的两个位置),其中心点分别为 O_1,O_2,我们有时直接用其中心点来代替该摄像机。世界点 $X=(x,y,z)^{\mathrm{T}}$ 在摄像机 O_1,O_2 下的像点分别为 x,x',则称 x,x' 为一对匹配点。

假设对应的射影变换的变换矩阵 H 如下:

$$H=\begin{bmatrix} h_{11} & h_{12} & h_{13} \\ h_{21} & h_{22} & h_{23} \\ h_{31} & h_{32} & h_{33} \end{bmatrix} \tag{6.3.1}$$

按照比例关系,只需要确定 H 中的 8 个元素即可。现若 x 的非齐次坐标为 $(x_1,y_1)^{\mathrm{T}}$,那么有

$$x' = \frac{x_1'}{x_3'} = \frac{h_{11}x + h_{12}y + h_{13}}{h_{31}x + h_{32}y + h_{33}},\quad y' = \frac{x_2'}{x_3'} = \frac{h_{21}x + h_{22}y + h_{23}}{h_{31}x + h_{32}y + h_{33}} \tag{6.3.2}$$

任意一组对应点(X,x)对应两个方程。这里h_{ij}为未知量。因此，至少需要 4 组对应点来确定 8 个自由度的矩阵H。(6.3.2)式可以化简为关于H的元素的线性方程。

练习 6.3.1　试通过 MATLAB 先生成 4 对对应点(也可以自己构造)，然后再根据(6.3.2)式建立其对应关系，求解矩阵H。

练习 6.3.2　编写 MATLAB 程序，将上述射影变换代之以仿射变换或相似变换，通过对应点关系，分别求对应变换的矩阵表示。

三维空间中点$P(x,y,z)$的齐次坐标表示$(x_1,x_2,x_3,x_4)^{\mathrm{T}}$与其一般表示的关系为

$$X = \frac{x_1}{x_4},\quad Y = \frac{x_2}{x_4},\quad Z = \frac{x_3}{x_4} \tag{6.3.3}$$

当$x_4=0$，齐次坐标$(x_1,x_2,x_3,0)^{\mathrm{T}}$表示无穷远点。相应地，三维空间中的平面一般方程

$$ax + by + cz + d = 0$$

在齐次坐标系下可以简洁地表示为

$$p^{\mathrm{T}}\bar{x} = 0 \tag{6.3.4}$$

其中$p=(a,b,c,d)^{\mathrm{T}}$，$\bar{x}=(x_1,x_2,x_3,x_4)^{\mathrm{T}}$。把三维空间对应的射影空间记为$P^3$，$P^3$中的点在齐次坐标系下的表示为 4 维向量，它们通过(6.3.3)式与三维空间中的点形成一一对应关系。

下面考察齐次坐标系下P^3中的点、线、面的关系。设有空间 3 个点X_1,X_2,X_3在平面$\pi:p^{\mathrm{T}}\bar{x}=0$上，则有$X_1^{\mathrm{T}}p=0$，$X_2^{\mathrm{T}}p=0$，$X_3^{\mathrm{T}}p=0$。记矩阵

$$A = (X_1,X_2,X_3)^{\mathrm{T}},\quad A \in \mathbf{R}^{3\times 4} \tag{6.3.5}$$

那么有$Ap=0$。矩阵A的秩$\mathrm{rank}(A)=3$，故该线性方程组基础解系含一个非零向量p，它为平面π的坐标表示。

练习 6.3.3　试解释(6.3.5)式中矩阵A在什么情况下满足$\mathrm{rank}(A)=1$和$\mathrm{rank}(A)=2$?

练习 6.3.4　运用 MATLAB 程序随机产生空间 3 个点X_1,X_2,X_3，得到矩阵(6.3.5)式中的矩阵A，并通过行列式求平面π的方程。

练习 6.3.5　类似于三点确定一个平面，我们考虑由 3 个相交平面来确定一个点。设空间 3 个平面$\pi_i:\pi_i^{\mathrm{T}}X=0,i=1,2,3$。试运用上述三点决定平面的方法来确定三平面交点的坐标表示。

练习 6.3.6　考虑射影点变换$P:P(X)=HX=X'$，其中矩阵H为 4 阶可逆

矩阵。问空间平面 π 在 H 下的像是什么？已知平面 $\pi=(a,b,c,d)^{\mathrm{T}}$，试求 π 上的点的参数表示。

提示：先求出方程 $\pi^{\mathrm{T}}X=0$ 的一个基础解系，那么 π 上的点 X 为方程的一个解。

在我们熟知的空间直角坐标系下，空间直线方程的一般形式并不为我们所接受：与平面直线方程比较起来，三维空间直线方程有 4 个自由度，其参数方程形式为

$$l:p=w_0+tv,\quad t\in\mathbf{R} \tag{6.3.6}$$

其中 w_0 为直线 l 经过的定点，v 为 l 的方向向量，t 是任意实数，p 是 l 上任意一点。当直线方向向量确定，其自由度为 1。现假设 l 为经给定两点 A,B(齐次坐标)的直线，记 $P=[A,B]$，P 为一个 4×2 的实矩阵。我们有：

定理 6.3.1　设直线 l 经过 A,B 两点，定义矩阵 $P=(A,B)$。则

① 直线 l 上点的集合构成 P 的生成子空间；

② 矩阵 P^{T} 的零空间 $N(P^{\mathrm{T}})$ 构成以 l 为轴的平面束。

定理 6.3.1 的证明不难，留给读者自己证明。现在假设直线 l 为给定两个平面 π_1,π_2 的交线，类似于上面矩阵 P，我们定义矩阵 $Q=(\pi_1,\pi_2)$，那么 Q 是一个 4×2 的实矩阵。

练习 6.3.7　假设矩阵 Q 如上定义，证明：

(1) $N(Q^{\mathrm{T}})$ 为 l 上的点束；

(2) 过直线 l 的平面束为 Q 的生成子空间 $R(Q)$。

由练习 6.3.7 可以看出，三维空间中的点与平面为对偶关系。事实上，在齐次坐标系下，所有关于点和面的命题，在交换点和面的角色之后，命题仍然成立。

例 6.3.1　三维空间直角坐标系中的 X 轴可以视为 X 轴上两点(原点 $O=(0,0,0,1)^{\mathrm{T}}$ 和 i 方向单位向量点 $x_1=(1,0,0,1)^{\mathrm{T}}$)的连线，也可以视为两个坐标平面 $XY:(0,0,1,0)^{\mathrm{T}}$ 和 $XZ:(0,1,0,0)^{\mathrm{T}}$ 的交线。因此令

$$P=\begin{pmatrix}0&1\\0&0\\0&0\\1&1\end{pmatrix},\quad Q=\begin{pmatrix}0&0\\0&1\\1&0\\0&0\end{pmatrix}$$

那么矩阵 P 的生成子空间和 P^{T} 的零空间分别为

$$R(P)=\{(x,0,0,\lambda)^{\mathrm{T}}:x,\lambda\in R\},\quad N(P^{\mathrm{T}})=\{(0,x_2,x_3,0)^{\mathrm{T}}:x_2,x_3\in\mathbf{R}\}$$

显然 $R(P)$ 即为 X 轴，当 $\lambda\neq0$ 时为一般点，$\lambda=0$ 时为无穷远点；注意到 $N(P^{\mathrm{T}})$ 与 $R(P)$ 正交，且 $N(P^{\mathrm{T}})$ 可表为两个坐标平面 XY 和 XZ 的任意线性组合生成的二维子空间，因此为过直线 X 轴的平面束。

练习 6.3.8　利用 MATLAB 定义点列，并完成以下任务：

① 随机生成三维空间中的六个点 $A1,\cdots,A6$，使得它们两两之间的距离不小于 1；

② 用红色圆圈圈出这些点，并考察它们是否位于一般位置；

③ 画出所有可能的经过其中两点的直线；

④ 取其中三个点，作过这三点的平面和另外三点的平面，画出它们的交线；

⑤ 能否用这六个点的齐次坐标来表示上述平面和交线？

6.4　摄像机矩阵

摄像机是我们认识世界的又一双眼睛。通过摄像机获取的一幅图片能够将我们所生活的三维世界转化为一个二维平面，从而让我们能够把美好的过去记忆、储存和回放。当然，由三维世界到二维平面的过渡，是一个信息减少的过程。但是当对某一个事物在某个瞬间拥有多幅图片的时候，就一定可以将二维平面恢复到三维的真实场景。这不是科幻，借助于摄像机和计算机视觉，这已经成为了现实。本节主要关心一个简单的摄像机模型——中心投影射线机。本节通过摄影几何来介绍摄像机模型。通过摄像机矩阵，可以得到诸如投影中心（摄像机中心）和图像平面的表示，并进一步通过摄像机矩阵来进行图像恢复与矫正。

在介绍摄像机几何之前，先熟悉几个基本概念：

① 光心：摄像机投影中心，也称为摄像机中心；

② 主轴：或称为主射线，是指摄像机中心到图像平面的垂线；

③ 主点：主轴与图像平面的交点；

④ 主平面：过摄像机中心平行于图像平面的平面；

⑤ 图像平面，焦平面：空间点到中心投影到平面 $Z=f$，f 为焦距。

在大多数情况下都可用简单的针孔摄像机来近似真实摄像机。在针孔摄像机模型下，令投影中心位于一个欧氏坐标的原点，空间点 $X=(x,y,z)^{\mathrm{T}}$ 被映射到图像平面上点 $(fx/z,fy/z,f)^{\mathrm{T}}$。需要定义以下几种坐标系：

定义 6.4.1（世界坐标系）　三维直角坐标系，是现实世界中研究场景的坐标系，其定义一般依观察者需要而定。一个空间点 P 在世界坐标系中的坐标一般记为 $M_w=(X_w,Y_w,Z_w)^{\mathrm{T}}$。

定义 6.4.2（摄像机坐标系）　三维直角坐标系，其原点在摄像机焦心，Z 轴为沿光轴方向，X 和 Y 轴为两个正交方向，三者组成右手直角坐标系，其中 XY 坐标平面为焦平面。

一个空间点 P 在该坐标系中的坐标一般记为 $M_c=(X_c,Y_c,Z_c)^{\mathrm{T}}$。这里摄像机可视为人眼。当人眼观察世界坐标系时，摄像机坐标系以人眼为原点，视线方向为 Z 轴。随着观察位置（眼睛位置）和视线方向的变化，摄像机坐标系也同时变化。

定义 6.4.3（像平面坐标系） 建立在像平面上的平面直角坐标系。其原点位于光轴和成像平面交点 c（称为主点），两坐标轴分别与摄像机坐标相应坐标轴方向一致。世界点 X 在图像平面上的投影点 x 在图像坐标系下的齐次坐标一般表示为$(x,y,1)^{\mathrm{T}}$。

某些情况下，像平面坐标系的 X 轴和 Y 轴方向会与摄像机坐标系相应坐标轴方向相反，如图 6.4.1 所示。

定义 6.4.4（像素坐标系） 建立在图像平面上的平面直角坐标系。其原点位于像平面左上角位置，u 轴平行于图像坐标系的 Y 轴，方向相反（自上而下）；v 轴平行于图像坐标系的 X 轴，方向自左向右（如图 6.4.1）。像素坐标系的建立使得我们可以确定图像中每个像素点的位置，像点 m 在该坐标系中齐次坐标一般表示为$(u,v,1)^{\mathrm{T}}$。在该坐标系下，图像被视为像素网格，每个像素点坐标均为整数值。如一幅 800×600 的图片，其每个像素点 $m=(u,v,1)^{\mathrm{T}}$ 像素坐标 u,v 的范围为：$1\leqslant u\leqslant 600, 1\leqslant v\leqslant 800$。

定义了世界坐标系、摄像机坐标系和像平面坐标系后，投影模型就可表为这些坐标系之间的转换。实际问题中，研究对象离焦心距离一般都远大于焦距，因此常在光轴上和实际图像平面关于焦心对称的位置上放置一个虚拟图像平面，如图 6.4.2 所示。在该平面上建立二维坐标系，其原点为光轴与该平面的交点，两坐标轴分别与 H'和 V'平行且方向一致。将像平面上的点经焦心作中心对称映射到该虚拟平面上。此虚拟平面称为像平面。

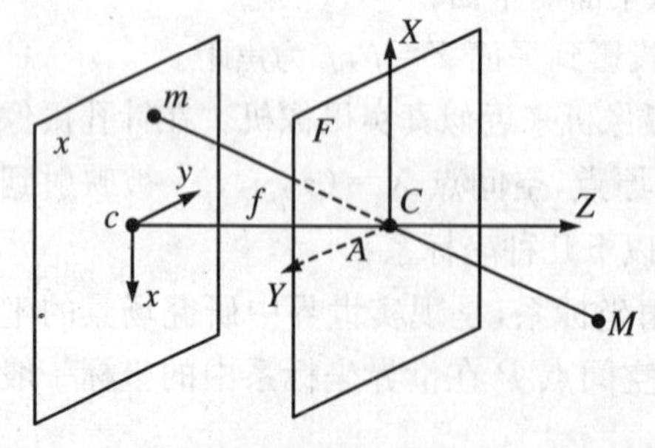

图 6.4.1 针孔摄像机模型：过焦心 C 和成像平面平行的平面为焦平面

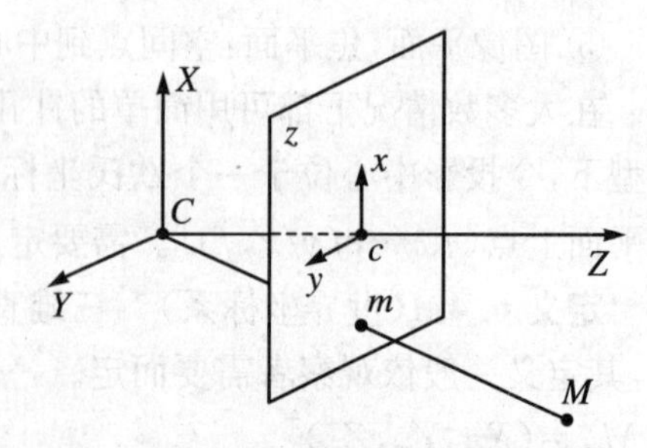

图 6.4.2 虚拟图像平面针孔模型

记像点 m 齐次坐标为 $(U,V,S)^{\mathrm{T}}$，$S\neq 0$，则

$$\begin{pmatrix} U \\ V \\ S \end{pmatrix} = \begin{pmatrix} f & 0 & 0 & 0 \\ 0 & f & 0 & 0 \\ 0 & 0 & 1 & 0 \end{pmatrix} \begin{pmatrix} X_c \\ Y_c \\ Z_c \\ 1 \end{pmatrix} \tag{6.4.1}$$

若记 $u=U/S, v=V/S$，那么$(u,v)^{\mathrm{T}}$ 为场景点 $A(X_c, Y_c, Z_c)$ 在像平面上的投影。记 P_c为矩阵：

$$P_c = \begin{pmatrix} f & 0 & 0 & 0 \\ 0 & f & 0 & 0 \\ 0 & 0 & 1 & 0 \end{pmatrix} \tag{6.4.2}$$

则(6.4.1)式可写成线性形式：

$$s\tilde{m} = P_c \tilde{M}_c \tag{6.4.3}$$

其中 $s=S$ 为一比例因子，$\tilde{m}$，$\tilde{M}_c$分别为场景点 A 在像平面上投影点的齐次坐标和在摄像机坐标系下的齐次坐标表示。

上述讨论都是在摄像机坐标系(C, X_c, Y_c, Z_c)中进行的。实际应用中，摄像机方位总在不断变化，因此我们用世界坐标系(O, X, Y, Z)来表示三维空间中的被观察点。记 P_c在世界坐标系中的坐标为$M=(X,Y,Z)^{\mathrm{T}}$，则两坐标系的关系满足

$$M_c = RM + t \tag{6.4.4}$$

其中 R 是一个 3 阶正交（旋转）矩阵，表示摄像机方向；t 与摄像机位置有关，它等于世界坐标系原点在摄像机坐标系下的非齐次坐标。R 和 t 称为摄像机外参数。

练习 6.4.1　写出齐次坐标下(6.4.4)式的等价形式。

练习 6.4.2　结合练习 6.4.1 和(6.4.3)式，建立场景点由世界坐标系到像平面坐标系之间的转化，这里的坐标表示均为齐次坐标。证明：对应转换矩阵 P 可以分解成 $P=P_cD$，其中 P_c 由(6.4.2)式定义，而 D 由式(6.4.5)式所定义：

$$D = \begin{pmatrix} R & t \\ \mathbf{0}_3^{\mathrm{T}} & 1 \end{pmatrix}, \quad \mathbf{0}_3 = (0,0,0)^{\mathrm{T}} \tag{6.4.5}$$

注意到图像坐标系原点不一定与光轴和图像平面的交点(即主点)重合，且图像坐标系中两坐标轴刻度单位由实际设备采样率(即像素值)决定，它们不一定相同。另外，图像坐标系中两坐标轴不一定成直角。为此，我们来建立图像坐标系和像素坐标系间的仿射变换关系。如图 6.4.3 所示，平面直角坐标系 (c,x,y) 为图像坐标系，并且两个轴向上的单位相同。定义像素坐标系(o,u,v)，其原点位于图像左上角(而非主点 c)，像素也常常不是方的。设 k_u，k_v是 u，v 轴上的单位在图像坐标系中的度量值，θ 是 u，v 两轴的夹角，(u_0, v_0)是 c 在像素坐标系中的坐标。这五个参数就是摄像机的内参数。

令 $m_{\mathrm{old}}=(x,y)^{\mathrm{T}}$ 为图像坐标系中的坐标值，$m_{\mathrm{new}}=(u,v)^{\mathrm{T}}$ 则是像素坐标。显

然有

$$\tilde{m}_{\text{new}} = H\tilde{m}_{\text{old}}$$

其中：

$$H = \begin{pmatrix} k_u & k_u\cot\theta & u_0 \\ 0 & k_v/\sin\theta & v_0 \\ 0 & 0 & 1 \end{pmatrix}$$

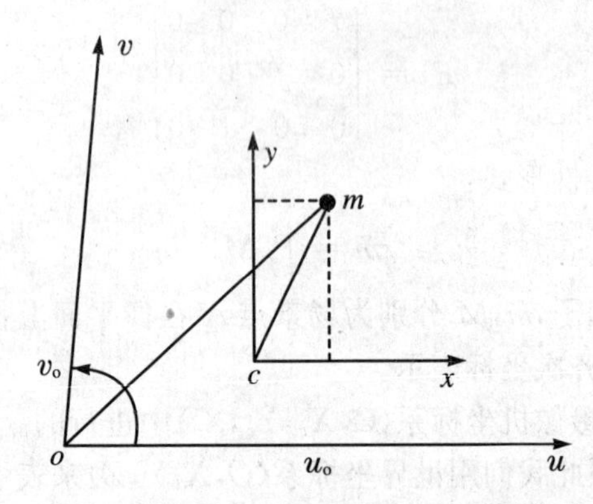

图 6.4.3　摄像机内参数，图像平面上的坐标变换

另外，根据(6.4.3)式，有 $s\tilde{m}_{\text{old}} = P_{\text{old}}\tilde{M}_c$，代入上式，得

$$s\tilde{m}_{\text{new}} = HP_{\text{old}}\tilde{M}_c = P_{\text{new}}\tilde{M}_c$$

其中：

$$P_{\text{new}} = HP_{\text{old}} = H\begin{pmatrix} f & 0 & 0 & 0 \\ 0 & f & 0 & 0 \\ 0 & 0 & 1 & 0 \end{pmatrix} = \begin{pmatrix} fk_u & fk_u\cot\theta & u_0 & 0 \\ 0 & fk_v/\sin\theta & v_0 & 0 \\ 0 & 0 & 1 & 0 \end{pmatrix} \tag{6.4.6}$$

P_{new}即像素坐标表示的投影矩阵。从(6.4.6)式可见，焦距的变化和像素尺度的变化在最终的图像上是不可区分的。实际应用中，我们常使用定义在图像平面上的归一化坐标系。在此坐标系下，投影矩阵 P_N有简单形式：

$$P_N = \begin{pmatrix} 1 & 0 & 0 & 0 \\ 0 & 1 & 0 & 0 \\ 0 & 0 & 1 & 0 \end{pmatrix} \tag{6.4.7}$$

它等价于该摄像机满足以下三个理想条件：像素坐标系原点与主点重合，像素坐标系坐标轴刻度单位相同，像素坐标系中两坐标轴成直角。

假设场景点在摄像机坐标系下非齐次坐标为 (X_c, Y_c, Z_c)，那么其归一化像点坐标(x_N, y_N)满足

$$x_N = X_c/Z_c, \quad y_N = Y_c/Z_c \tag{6.4.8}$$

由(6.4.6)式和(6.4.7)式,P_N和P_{new}满足

$$P_{\text{new}} = AP_N \tag{6.4.9}$$

其中:

$$A = \begin{pmatrix} \alpha_u & \alpha_u cot\theta & u_0 \\ 0 & \alpha_v/\sin\theta & v_0 \\ 0 & 0 & 1 \end{pmatrix} \tag{6.4.10}$$

而归一化坐标$(x_N, y_N)^{\mathrm{T}}$和像素坐标$(u,v)^{\mathrm{T}}$满足

$$\begin{pmatrix} x_N \\ y_N \\ 1 \end{pmatrix} = A^{-1} \begin{pmatrix} u \\ v \\ 1 \end{pmatrix} \tag{6.4.11}$$

使用归一化坐标系后,摄像机内外参数可分开考虑。矩阵 A 被称为摄像机标定矩阵,它包含了摄像机内外参数(摄像机方位、焦距和偏差)。像素点 m 的齐次坐标与三维对应点在世界坐标系中的齐次坐标M_{w}之间满足关系:

$$s\widetilde{m} = P\widetilde{M}_{\mathrm{w}} \tag{6.4.12}$$

其中:

$$P = AP_N D = A(R \quad t) \tag{6.4.13}$$

P 称为摄像机矩阵。这里 A 如(6.4.10)式所定义,R 为一个 3 阶正交矩阵,表示摄像机方向,t 为世界坐标系原点在摄像机坐标系下的非齐次坐标。显然,矩阵 P 为一个 3×4 矩阵,其自由度为 11。

现记 p_{ij} 为矩阵 P 的第(i,j)位置的元素。由(6.4.12)式中消去尺度因子 s,得到

$$u = \frac{p_{11}X_w + p_{12}Y_w + p_{13}Z_w + p_{14}}{p_{31}X_w + p_{32}Y_w + p_{33}Z_w + p_{34}} \tag{6.4.14}$$

$$v = \frac{p_{21}X_w + p_{22}Y_w + p_{23}Z_w + p_{24}}{p_{31}X_w + p_{32}Y_w + p_{33}Z_w + p_{34}} \tag{6.4.15}$$

若给定 6 组以上空间点与对应像素点,运用(6.4.14)式和(6.4.15)式,可求出 P。通过对矩阵 P 的分解,可得出摄像机的内外参数值,从而达到摄像机标定的目的。

令 $P=(B \quad b)$,B 为 3×3 的矩阵,b 为三维列向量,则有 $P\widetilde{C}_w=0$,即

$$(B \quad b)\begin{pmatrix} C_w \\ 1 \end{pmatrix} = 0$$

故

$$C_w = B^{-1}b \tag{6.4.16}$$

(6.4.16)式为焦心 C 在世界坐标系下的非齐次坐标表示。

练习 6.4.3　设射线 l 由焦心 C 和像点 m 确定。证明:射线 l 的参数方程为

$$M = B^{-1}(-b + \lambda\tilde{m})$$

其中λ为任一正实数。

练习 6.4.4　CCD 摄像机不同于针孔摄像机。针孔摄像模型假定图像坐标在两个轴上有等尺度的欧氏坐标。但 CCD 摄像机的一个像素不一定是正方形(一般为一个小长方形)。所以,我们分别记m_x和m_y为在x和y方向上图像坐标单位距离的像素。CCD 的摄像机标定矩阵的一般形式是:

$$K = \begin{pmatrix} a_x & s & x_0 \\ & a_y & y_0 \\ & & 1 \end{pmatrix} \tag{6.4.17}$$

其中$a_x = fm_x, a_y = fm_y$,f为焦距,参数s称为扭曲参数。对于大多数标准的摄像机来说,其扭曲参数为零。(x_0, y_0)为主点在图像坐标系下的坐标。(6.4.17)式对应的摄像机有时称为有限摄像机。

设矩阵P为摄像机矩阵,那么P一定存在分解$P = KR[I \mid -C]$,其中K如(6.4.17)式,它称为摄像机内标定参数矩阵,R是一个3阶旋转矩阵,表示摄像机坐标系的方位。

① 给定一个摄像机矩阵P,如何将它分解成以上形式?

② 给定一个3×4的实矩阵P,它在什么情况下可以如上分解?

练习 6.4.5(射影摄像机)　一般射影摄像机P按公式$x = PX$将世界点X映射到图像点x。其摄像机中心点C满足线性方程组$Px = 0$,即$PC = 0$。证明:

① 当M非奇异时,$C = \begin{pmatrix} -M^{-1}p_4 \\ 1 \end{pmatrix}$,且$P$为有限摄像机;

② 当M奇异时,求其摄像机中心点坐标(这时称P为无穷远摄像机)。

有时称摄像机矩阵P为一个摄像机。由于P为3×4矩阵,且秩$\mathrm{rank}(P)=3$,故线性方程组$Px = 0$的解空间为一维,即有一个线性无关的解向量C,使得$PC = 0$。

定理 6.4.1　证明:线性方程组$Px = 0$的解空间C是齐次坐标表示下的摄像机中心。

证明:在三维空间中找任意一点A,连接CA的直线记为l。l上的任意点可表示为

$$X = \alpha A + \beta C, \quad \alpha, \beta \in \mathbf{R}$$

因此有

$$x = PX = \alpha PA + \beta PC = \alpha PA$$

上式表明直线l上所有点都被映射到同一个图像点PA,因而该直线必是过摄像机中心的一条直线。由此推出,C是摄像机中心的齐次表示。

射影摄像机 P 的 3 个行向量均是 4 维矢量，它们在几何上对应一些特殊的世界平面。记

$$P = \begin{pmatrix} p_{11} & p_{12} & p_{13} & p_{14} \\ p_{21} & p_{22} & p_{23} & p_{24} \\ p_{31} & p_{32} & p_{33} & p_{34} \end{pmatrix} = \begin{pmatrix} q_1^{\mathrm{T}} \\ q_2^{\mathrm{T}} \\ q_3^{\mathrm{T}} \end{pmatrix}, \quad q_i \in \mathbf{R}^4 (i = 1,2,3)$$

那么 q_1, q_2, q_3 分别代表三个平面的齐次坐标表示。

定义主平面 π_m 为过摄像机中心且平行于像平面的平面。它由像平面上无穷远直线 l_∞ 的在主平面上的原像点集 X 组成，即

$$\forall X \in \pi_m, \quad PX = (x, y, 0)^{\mathrm{T}} \in l_\infty$$

从而有

$$X \in \pi_m \Leftrightarrow q_3^{\mathrm{T}} X = 0$$

因此一个点在摄像机主平面上的充要条件是它的齐次坐标与 q_3 正交。换句话说，q_3 是摄像机主平面的矢量表示。

练习 6.4.6　考察射影摄像机 P 的第一个行向量 q_1 作为一个平面的非齐次表示。

① 证明平面 q_1 上的任意点 X 都被投影到图像的 y 轴上；

② 证明摄像机中心 C 也在平面 q_1 上。从而平面 q_1 可由摄像机中心 C 和像平面中的直线 $x=0$（图像坐标系中的 Y 轴）来定义。

练习 6.4.7　证明射影摄像机 P 的第二个行向量平面 q_2 由摄像机中心和像平面图像坐标系中的 X 轴所定义。

练习 6.4.8　射影摄像机 P 的 4 个列向量是 3 维向量，它们对应一些特殊的图像点。记

$$P = (P_1, P_2, P_3, P_4), \; P_j \in \mathbf{R}^3 (j = 1,2,3,4)$$

$P_j (j=1,2,3,4)$ 为 P 的第 j 个列向量。证明：P_1, P_2, P_3 分别表示世界坐标 X, Y, Z 轴上的消影点（即无穷远点），因为这些点是轴方向的图像点。例如 X 轴方向向量 $D=(1,0,0,0)^{\mathrm{T}}$ 被映像到像点 $P_1 = PD$。列 P_4 是世界坐标系原点（即 $O=(0,0,0,1)^{\mathrm{T}}$，注意到 $PO=P_4$）对应的图像点。

练习 6.4.9　假设三维场景中的一个点集 A 在经过摄像机矩阵 P 映射后的图像为图像坐标系下的直线 l（齐次表示）。问：点集 A 是什么？如何代数表示？

练习 6.4.10　假设有两个摄像机 P_1, P_2，它们具有相同的中心 C。P_1 上的像点 x_1 与 P_2 上的像点 x_2 称为一对对应点，如果它们对应于同一个场景点 X，求 x_1，x_2 之间的映射。

6.5 透视变换的线性近似

为简单起见，以下讨论中用归一化坐标来表示像点，用摄像机坐标来表示三维场景中的点。透视变换非线性映射，在求解实际问题时计算量较大。透视模型的线性模型近似可大大简化模型推导和计算。

对透视模型最简单的线性近似是正投影，即正交投影。这种投影忽略了深度信息。在正投影下，物体到摄像机垂直距离（即深度）和物体到光轴距离（位置信息）完全丢失，它是一类平行投影，其投影线垂直于像平面，所有垂直于像平面的直线或线段在正投影下的像为一个点，垂直于像平面的平面图形的正投影是直线或线段。正投影的公式为 $x=X, y=Y$。

第二类线性近似称为弱透视。假设物体尺寸相对其到摄像机距离可忽略不计，那么物体上各点深度可近似为一个常数 Z_0（一般取物体质心的深度）。这样透视模型可近似为

$$x = \frac{X}{Z_0}, \quad y = \frac{Y}{Z_0} \tag{6.5.1}$$

这种近似可以看作两步投影的合成：

① 物体按平行于光轴方向正投影到过物体质心并与图像平面平行的平面上；

② 相似投影到像平面，实现全局缩放。记

$$P_{wp} = \begin{pmatrix} 1 & 0 & 0 & 0 \\ 0 & 1 & 0 & 0 \\ 0 & 0 & 0 & Z_0 \end{pmatrix} \tag{6.5.2}$$

则弱透视模型可写成与透视投影类似的形式

$$s\begin{pmatrix} x \\ y \\ 1 \end{pmatrix} = P_{\mathrm{wp}} \begin{pmatrix} X \\ Y \\ Z \\ 1 \end{pmatrix}$$

考虑摄像机内外参数，有

$$s\tilde{m} = AP_{\mathrm{wp}} D\tilde{M}_{\mathrm{w}} \tag{6.5.3}$$

其中 s 为比例因子，A 和 D 分别如(6.4.10)式和(6.4.5)式所定义。(6.5.3)式反映了消去因子 s 后三维点与投影点之间的线性对应关系。弱透视投影中，三维点先被正投影到过物体质心并与图像平面平行的平面上。这一过程中丢失了物体的位置信息。如果物体离光轴较远，弱透视带来的误差是很大的。

第三类为平行透视。平行透视也分为两步：

① 把物体按平行于质心和焦心连线的方式投影到过质心且与像平面平行的平面上；

② 按照透视投影模型投影到像平面。

平行透视公式为

$$
\begin{aligned}
x &= \frac{1}{Z_0}\left(X - \frac{X_0}{Z_0}Z + X_0\right) \\
y &= \frac{1}{Z_0}\left(Y - \frac{Y_0}{Z_0}Z + Y_0\right)
\end{aligned}
\tag{6.5.4}
$$

其中(X_0, Y_0, Z_0)为质心三维坐标。令

$$
P_{\mathrm{pp}} = \begin{pmatrix} 1 & 0 & -\frac{X_0}{Z_0} & X_0 \\ 0 & 1 & -\frac{Y_0}{Z_0} & Y_0 \\ 0 & 0 & 0 & Z_0 \end{pmatrix}
\tag{6.5.5}
$$

则

$$
s\begin{pmatrix} x \\ y \\ 1 \end{pmatrix} = P_{\mathrm{pp}} \begin{pmatrix} X \\ Y \\ Z \\ 1 \end{pmatrix}
$$

可见三维点与其对应像素点之间的对应关系仍是线性。

图 6.5.4 是各种线性近似和透视模型的比较。从图中可以看出，各模型的近似程度与我们的分析一致。

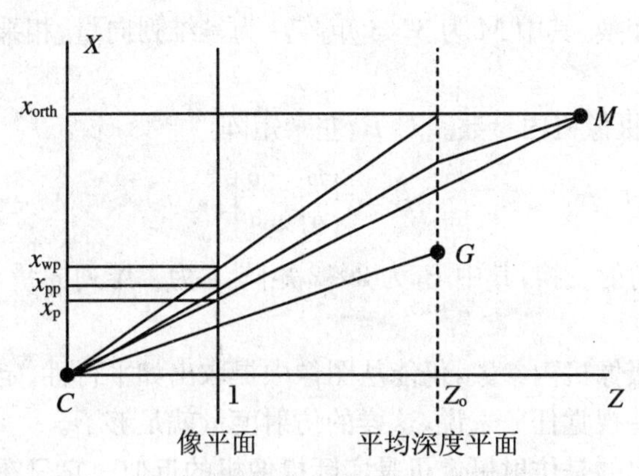

图 6.5.4　透视模型及其各种线性近似的比较

图 6.5.4 中 x_{orth}，x_{wp}，x_{pp}和 x_{p}分别是三维点 M 在正投影、弱透视、平行透视和透视投影下的投影点。G 为物体质心。

观察正投影、弱透视和平行透视下的投影矩阵可发现它们都有如下形式：

$$P_A = \begin{bmatrix} p_{11} & p_{12} & p_{13} & p_{14} \\ p_{21} & p_{22} & p_{23} & p_{24} \\ 0 & 0 & 0 & p_{34} \end{bmatrix} \tag{6.5.6}$$

P_A是一个 3×4 的矩阵，它决定了一个三维空间到二维平面的线性映射（齐次坐标下），称 P_A为仿射摄像机。与透视投影矩阵类似，P_A可相差一个尺度因子，因此自由度为 8，可由 4 组二维点和三维点的对应决定。

在非齐次坐标下，(6.5.6)式对应的仿射摄像机可表示为

$$m = T_A M + t_A \tag{6.5.7}$$

其中 T_A为 2×3 矩阵，其元素 $T_{ij} = P_{ij}/P_{34}$，t_A为二维向量 $(P_{14}/P_{34}, P_{24}/P_{34})^{\mathrm{T}}$。

仿射摄像机的一个重要性质是保平行性：三维空间的平行线投影为二维空间的平行线。这和透视投影不同。

练习 6.5.1　设 $M_1(\lambda) = M_a + \lambda u$ 和 $M_1(\mu) = M_b + \mu u$ 是三维空间的两平行线，其中 u 是三维方向向量，λ 和 μ 是直线参数。试用(6.5.7)式证明它们在仿射投影下保持平行。

练习 6.5.2　证明：仿射摄像机把三维空间中物体的质心投影为对应二维图像的质心。透视投影是否具有这个特点？为什么？

仿射摄像机几何意义不明显，它是前面介绍的各种透视投影线性近似的推广：

① 允许三维物体作某种非刚性变形。实际上，如果对 P_A右乘矩阵

$$D = \begin{bmatrix} M & t \\ \mathbf{0}_3^{\mathrm{T}} & 1 \end{bmatrix}$$

这样的三维仿射变换，其中 M 为 3×3 矩阵，t 为三维列向量，相乘的结果仍是仿射摄像机。

② 无需标定摄像机内参数。对 P_A左乘矩阵

$$B = \begin{bmatrix} B_1 & b \\ \mathbf{0}_2^{\mathrm{T}} & 1 \end{bmatrix}$$

B 对应一个二维仿射变换，其中 B_1为 2×2 矩阵，b 为二维列向量，其结果仍是仿射摄像机。

即使不标定摄像机内参数，仍能从图像中提取出如平行性、定长度比这样的仿射度量。对于某些视觉任务来说，这样的仿射度量就足够了。

最后需要指出的是仿射摄像机是实际摄像机的近似。它只在感兴趣目标的深度变化相对其深度而言可忽略不计时才适用。

第7章　数字图像处理

数学在计算机科学中的另一个重要应用领域是图像处理。图像处理技术就是将图像信号转换成数字格式并利用计算机进行处理的过程,其研究内容涉及计算机科学、数学、信息学、光学、微电子和统计学等。本章介绍关于数字图像处理的一些基础,其目的是让读者了解函数和几何变换与图像处理之间的关系,掌握运用MATLAB处理数字图像的基本方法,同时也能让计算机科学专业的学生了解数字图像处理中涉及的数学知识,如傅里叶变换、余项变换和Hadarmard变换等。事实上,MATLAB把一幅图像视为一个矩阵或者高维数组。在此意义下,图像的任何一个变换或者运算都可以视为矩阵的运算和操作。因此,数字图像处理本质上是关于矩阵的算法与运算。

在数学实验课程中介绍一些简单初等的数字图像处理函数指令,一是为了适应现代应用数学与计算机紧密结合的发展趋势,同时也是因为数字图像处理在现实中的普及性。通过本章内容学习,读者可以利用MATLAB图像处理工具箱(DIP),掌握图像处理基本函数指令,通过MATLAB编程,结合图像基本知识和矩阵处理方法,掌握运用MATLAB进行数字图像处理的基本方法和过程。

本章共4节:第1节介绍有关数字图像的基本理论与MATLAB中数字图像处理工具箱,包括数字图像基本类型、数字图像基本概念和数字图像处理中的基本操作,以及DIP工具箱的功能介绍;第2节介绍运用MATLAB进行图像数据的载入、读取和显示操作;第3节介绍图像形态学几何变换,包括膨胀、腐蚀、开、闭、击中击不中等基本运算及其MATLAB相应函数,并通过一些实例来说明这些运算的效果;第4节介绍图像的傅里叶变换,主要介绍傅里叶级数基本理论、一维傅里叶变换基本定义以及傅里叶变换的应用。

7.1　数字图像与DIP工具箱

本节主要介绍数值图像基本概念以及MATLAB图像处理工具箱,包括图像与数字图像基本定义、像素的定义、DIP工具箱基本功能、DIP包含的图像处理基本函数与指令、DIP中支持的图像类型和图像转换基本函数指令等。

一幅灰度图像在数学上对应一个二元函数 $f(x,y)$，其中 x,y 为平面点坐标，函数值 f 在任意点(x,y)的取值为图像在该点的灰度值。当 x,y 和 f 的取值为有限个离散值时，称该图像为数字图像。数字图像处理是将连续的模拟图像经过离散化处理后得到的计算机能够辨识和处理的点阵图像。一幅图像 f 经过采样和量化处理后，就成为一幅数字图像，仍记它为 $f(x,y)$。假设采样后的图像为 M 行 N 列，那么该数字图像可用一个 $M\times N$ 矩阵来表示

$$A=\begin{bmatrix} f(0,0) & f(0,1) & \cdots & f(0,N-1) \\ f(1,0) & f(1,1) & \cdots & f(1,N-1) \\ \vdots & \vdots & & \vdots \\ f(M-1,0) & f(M-1,1) & \cdots & f(M-1,N-1) \end{bmatrix} \tag{7.1.1}$$

这里 M,N 均为正整数，矩阵 A 中的每个元素称为数字图像 f 的图像单元，或称为像素。坐标(x,y)处的像素值即为函数值 $f(x,y)$，它为该像素点的灰度级值，满足

$$0\leqslant f(x,y)\leqslant L-1 \tag{7.1.2}$$

其中 L 为该图像离散化得到的灰度级值，一般取 L 为 2 的幂，即 $L=2^k$。譬如一幅大小为 1024×512 的图像，是指该图像在水平方向上有 $2^{10}=1024$ 个等距点(包括端点)，在垂直方向上有 $512=2^9$ 个等距点，这构成了共有 1024×512=524288 个像素点的一幅数字图像。

假设离散灰度级均匀分布在区间$[0,L-1]$上，那么存储一幅具有灰度级 k 的 $M\times N$ 的图像所需比特数为$M\times N\times k$。

每个像素具有自身的属性，如颜色或灰度等，它们是决定一幅图像表现力的关键。颜色量化等级包括单色、4 色、16 色、256 色和 24 位真彩色等。等级越高，图像效果越好、图像越清晰。但是随着量化等级的增高，其数据量也大大增加。这使得图像处理的计算复杂度和储存量增加，处理速度变慢。

一幅图像在它量化成数字图像前包含连续的灰度值，图像信息以这些灰度值来表示；为了诠释一幅图像，必须分析这些灰度值的分布变化；表示一幅图像的最普遍使用的量化水平数为 256 个不同灰度值；当然，不排除使用水平数为 32，64，128 或 512 甚至 4096 个灰度值的数值图像；灰度值水平数越多，清晰度越高，对场景的描述就越清晰，同时其储存量也越大。

六十多年前，受计算机计算速度和存储量限制，大多数人将精力集中在二值图像处理上。一个二值图像只含两个灰度值，即 0 和 1。但二值图像至今仍然有用，这主要是因为人们对直线和轮廓线等二值图像处理的需要，同时也因二值图像的理解容易、存储量小、处理要求较低等优点。相对于灰度图像和彩色图像，二值图像处理代价小、速度快。同样大小的一幅标准为 256 水平的灰度值图像存储量要高出二值图像 8 倍。事实上，二值图像上的很多操作表现为逻辑运算(而非整数运

算),这使得在二值图像上的操作与运行时间比其他格式图像要明显短。

MATLAB 提供了专门的图像处理工具箱,即 Digital Image Processing Toolbox,简称为 DIP。该工具箱为从事图像处理的研究和开发人员提供了直观可靠的一体化开发工具,它们被广泛应用于军事国防、航天航空、汽车工业、艺术加工、动漫设计、生物工程、遥感测量、网络安全和模式分类等。该工具箱主要包含以下功能:

① 图像的采集与导出:DIP 集成了大量的函数,用来采集图像或视频信号,并读取各种功能丰富的数据文件。它支持大多数格式的图像采集工具,如 PC 图像采集卡、数码相机或摄像机智能卡,还支持 Windows 和 ISO 平台下 USB 和火线技术(IEEE. 1394)下的视频摄像头设备的输入。DIP 工具箱还支持多种图像数据格式,其中包括常见的 jpeg,tiff,bmp,png 等格式。DIP 还可以导入或导出 AVI 格式的视频数据文件、EXCEL 表格数据、ASCII 文本文件以及二元数据等。

② 图像分析与增强:DIP 提供了大量的图像分析方面的函数,利用这些函数,可以对原始图像进行分析、细节提取、噪声剔除和对比度增强等。

③ 图像处理:DIP 还提供了许多高级的图像处理函数,其中包括排列、几何变换、形态学变换以及图像锐化等。

④ 数据可视化:MATLAB 本身强大的可视化特征主要来源于此。事实上,任何数据的分析与处理都离不开数据的可视化。DIP 工具箱在对各类数据进行分析的基础上,运用 MATLAB 强大的作图功能,可将各类数据以不同方式显示。如灰度直方图、等高线、条形图、图层变换、蒙太奇混合图、材质贴图和各种统计图形等。

⑤ 算法设计:MATLAB 强大的可扩展性允许用户按照自己的要求对各类算法进行扩展,并将这些扩展性能进行分装,嵌入到 DIP 当中,如内置 GUI(图形用户界面)、可视化调试器(Debugger)、算法调试器等。

事实上,MATLAB 中有至少 15 个工具箱与 DIP 有关,如:

① Image Acquisition Toolbox;

② Image Processing Toolbox;

③ Signal Processing Toolbox;

④ Wavelet Toolbox;

⑤ Statistic Toolbox;

⑥ Bioinformatics Toolbox。

DIP 包含诸多支持图像处理操作的函数与指令。这些操作包括几何操作、区域操作和块操作、线性滤波设计、DCT/DFT 变换等。按照功能划分,DIP 内部函数主要包含以下 10 大类:

① 图像显示(image display and printing);

② 几何操作(spatial transformations)；

③ 图像配准(image registration)；

④ 邻操作、块操作与区域操作(neighborhood,block and regional operation)；

⑤ 线性滤波与滤波设计(linear filtering and filter design)；

⑥ 图像转换(image transformation)；

⑦ 图像分析与增强(image analysis and enhancement)；

⑧ 形态学变换(morphological operation)；

⑨ 图像恢复与去噪(deblurring or denoising)。

DIP 中支持的图像类型主要有以下 5 种：

① 二进制图像：如果在(7.1.1)式中每个元素 $f(x,y)$ 只取值 0 或者 1，那么 f 就称为二进制图像。二进制图像采用 uint8 或者双精度数据类型来保存。

② 索引图像：索引图像把像素直接作为 RGB 调色板下标的图像。索引图像包含一个数据矩阵 X 和一个颜色映射(调色板)矩阵 map。数据矩阵 X 可以是 uint8，uint16 或者双精度类型；颜色映射矩阵是一个 $L\times 3$ 的数据阵列，其中每个元素均为位于[0,1]之间的双精度浮点型数据；map 中的三列代表从左至右分别表示红、绿、蓝颜色值。索引图像直接把像素的值映射为调色板矩阵的数值，数据矩阵 X 中每个位置(i,j)的数值 $s=a_{ij}$ 对应于矩阵 map 中相应的第 s 行中的颜色(r,g,b)。例如，若矩阵 X 中元素 $a_{23}=5$，且颜色矩阵 map 的第五行为(0,0,1)，那就表示 X 对应的图像的第(2,3)位置的颜色为蓝色。

③ 灰度图像：通常可由 uint8，uint16 或双精度类型数组来描述。对应的 $M\times N$ 矩阵 X 中元素取值范围依照事先定义的灰度级数来确定，一般位于[0,255]上，每个元素的值对应一个灰度级值，如 0 代表黑色，255 代表白色。

④ 多帧图像：是一种包含多幅图像或者帧的图像文件，又称为图像序列。它存在的意义在于我们有时候需要对一个多幅图像构成的集合进行统一操作，如磁共振图像切片和电影帧等。在 MATLAB 中，这类图像文件表示为一个 4 维数组，其中第 4 维表示帧的序号。

⑤ RGB 图像：RGB 图像用来表示真彩图像。在 MATLAB 中，其数据表现为一个 $M\times N\times 3$ 的数据矩阵，它可以视为 3 个矩阵的叠加，其中第 1 个矩阵 R 表示每个像素点红色部分，第 2 个矩阵 G 表示绿色部分，第 3 个矩阵 B 表示蓝色部分，R,G,B3 个矩阵的大小都是 $M\times N$。通过这 3 个基色的比例调配，可以构成各种不同的颜色。与索引图像不同的是，RGB 图像不使用调色板，每个像素直接存储该像素点的颜色中红绿蓝 3 种基色的比例，如坐标(50,100)处的红、绿、蓝颜色值分别保存在(50,100,1)，(50,100,2)，(50,100,3)中。

DIP 中包含很多用来进行图像类型转换的函数。例如，如果要把一个索引图像转换为彩色图像，那么首先得把它转换为真彩格式。下面列出了部分图像格式转换函数：

① demosaic：将 Bayer 模式编码图像转换为一个 RGB 图像；

② dither：运用 dithering 将一个灰度图像转换为一个二元图像，或者将一个 RGB 图像转换为一个索引图像；

③ gray2ind：将一个灰度图像转换为一个索引图像；

④ grayslice：通过多重阈值方法将一个灰度图像转换为一个索引图像；

⑤ im2bw：将一个灰度索引（或者彩色图像）转换为二值图像；

⑥ ind2gray：将索引图像转换为一个灰度图像；

⑦ ind2rgb：将索引图像转化为彩色图像；

⑧ mat2gray：将一个数据矩阵转换为一个灰度图像；

⑨ rgb2gray：彩色图像到灰度图像的转换；

⑩ rgb2ind：彩色图像到索引图像的转换。

练习 7.1.1　① 运用 MATLAB 建立一个 5 阶幻方矩阵，然后用 image 指令将该矩阵显示为一个彩色图像，并将该图像文件保存为"mymagic5. png"。

② 将该图像分别转换为索引图像、灰度图像和二值图像。

③ 试着运用指令 imwrite 将图形文件改写为 jpeg 格式。

⑤ 说明指令 imwrite 与以上图像转换指令之间的区别。

练习 7.1.2　MATLAB 中指令 imadjust 主要用来调节灰度值范围。其基本格式为

```
>>g=imadjust (f,[low_in,high_in],[low_out,high_out],gamma);
```

例如，一个对比度较差的灰度图像，可能灰度水平范围为[0,255]中的一个子集[200,250]，这说明该幅图像总体趋向于亮度较强，不是通常所说的"黑白分明"。请解释下面的指令能够实现什么样的目的：

① g1=imadjust (f,[0 1],[1 0]);

② g2=imadjust (f,[0.5,0.75],[0,1]);

③ g3=imadjust (f,[],[],2);

练习 7.1.3　请通过 MATLAB 帮助文件来了解指令 im2uint8。图像在经过 Fourier 变换后的灰度值范围可能是$[1,10^6]$甚至更大。因此产生的图像只能显示灰度值较大的部分。为此，我们先对灰度值数据取对数（以 e 为底），如 $g=c*\log(1+\text{double}(f))$。那么灰度值范围将大大缩小，如上述范围$[1,10^6]$在自然对数运算下大约是 [0,14]，因此其输出灰度值范围可充分显示。通过指令 g1=mat2gray(g)，可将函数 g 的取值范围映射到区间[0,1]上，再通过指令 im2uint(g1)将 $g1$ 的范围从[0,1]映射到[0,255]。

试通过以上指令,将 MATLAB 中的某个图像进行 Fourier 变换后,再显示其效果图。

在进行图像分析和分割的过程中,像素点之间的关联性可帮助我们分辨图像中不同的前景对象和背景,从而可对这些对象进行提取、分析和重新组合。本章第3节会涉及相邻像素点之间的相互影响及形态学运算,故像素点之间的关联性非常重要。下面先定义像素点的邻、图像的连通性和距离等。

1. 领域

或称为邻(neighbor),定义为一个像素点(i,j)的上、下、左、右4个点,其坐标分别为:$(i,j+1)$,$(i,j-1)$,$(i-1,j)$,$(i+1,j)$。该4个点构成的集合称为像素点(i,j)的一个4-邻,记为$N_4(p)$,其中p为坐标(i,j)的像素;p的4个角邻坐标分别为$(i,j+1)$,$(i,j-1)$,$(i-1,j)$,$(i+1,j)$。用$N_D(p)$表示这4个角邻构成的集合;p的一个8-邻为它的4-邻与角邻的并集,记为$N_8(p)$。需要说明的是,当像素(i,j)位于图像边界时,其4-邻、角邻和8-邻中的某些点消失。

2. 距离

假设像素点p,q的坐标分别为(x_1,y_1)和(x_2,y_2),那么p,q之间的欧氏距离为

$$D_e(p,q)=\sqrt{(x_2-x_1)^2+(y_2-y_1)^2} \tag{7.1.3}$$

它们之间的 Manhattan 距离(或称为4-邻距离)定义为

$$D_4(p,q)=|x_2-x_1|+|y_2-y_1| \tag{7.1.4}$$

p,q之间的棋盘距离(或称为8-邻距离)定义为

$$D_8(p,q)=\max\{|x_2-x_1|,|y_2-y_1|\} \tag{7.1.5}$$

根据这3个距离度量,我们可以组成以某个像素为中心的不同形状的邻。如与像素$p(x,y)$欧氏距离$\leqslant d$的像素组成以p为中心、d为半径的圆;与像素$p(x,y)$ 4-邻距离$\leqslant d$的像素组成以p为中心的二层菱形;与像素$p(x,y)$ 8-邻距离$\leqslant d$的像素组成以p为中心的二层方形。

练习 7.1.4 对一幅512×512且灰度级为256的图片,其空间分辨率定义为数$512^2=262144$。试通过读取一幅大小为262144的图像,保持其灰度级256,而逐步减小数M与N的乘积,来查看其效果。

练习 7.1.5 对上幅图片,保持其空间分辨率$MN=262144$,即保持其数据矩阵X的大小,而将其灰度级值从$L=256$逐步减小到16,8,4和2级,观察其效果。

练习 7.1.6 利用 MATLAB,绘制以下图形:

① 与像素$p(0,0)$的欧氏距离小于或等于2的像素集合;

② 与像素$p(0,0)$的4-邻距离小于或等于2的像素组成的菱形;

③ 与像素$p(0,0)$的8-邻距离小于或等于2的像素组成的方形。

练习 7.1.7 MATLAB 工具箱提供了哪些图像处理函数？请通过 help 来详细了解它们的使用方法。

练习 7.1.8 利用 MATLAB 来了解数字图像的空间分辨率和像素分辨率，它们之间是否存在相关性？

练习 7.1.9 灰度图像的连通性非常重要。当两个像素相邻且具有同一灰度级别时，称它们为连通的。假设用 V 来表示连通性灰度值集合。例如，二值图像中，$V=\{1\}$；当灰度值位于 200～255 的灰度连通时，$V=\{200,201,\cdots,255\}$。以下为常见的几种连通性：

① 4-连通：像素 r 称为与像素 p 为 4-连通的，若 $r\in N_4(p)$；

② 8-连通：像素 r 称为与像素 p 为 8-连通的，若 $r\in N_8(p)$；

③ m-连通：像素 r 满足以下条件之一：r 与像素 p 为 4-连通的；$r\in N_D(p)$ 且 $N_D(p)\cap N_D(p)\cap V=\varnothing$。

注意，m-连通（混合连通）介于 4-连通和 8-连通之间，它可以消去 8-连通导致的一些情况下的歧义。观察以下图形中的 8-连通和 m-连通：

$$\begin{pmatrix} 0 & 1 & 1 \\ 0 & 1 & 0 \\ 0 & 0 & 1 \end{pmatrix}$$

试分别说明这里 4 个像素（取值为 1 的像素）对应的 4-连通像素、8 连通像素和 m-连通像素点。

练习 7.1.10 若存在像素 $p_1,p_2,\cdots,p_r$，它们相邻两个之间是连通（4-连通、8-连通或者 m-连通）的，称该像素序列为一个连通像素序列或连通路径。两个像素 p 和 q 称为是连通的，如果存在从 p 到 q 的一个连通像素路径，p 到 q 之间的连通长度定义为所有从 p 到 q 的最短连通路径长。

① 问上题中位置(1,3)的像素与(3,3)像素是否 4-连通？若 4-连通，求其最短连通路径。

② 将 4-连通换成 8-连通，结论如何？

③ 如果考虑 m-连通，结论如何？

练习 7.1.11 一个图像子集就是一幅图像中的部分像素点构成的一个集合。称一幅图像 G 中的两个图像子集 S_1,S_2 为连通的，如果 S_1 中存在的像素与 S_2 中的某像素连通。

① 取 $V=\{1\}$，说明图 7.1.1 中的两个图像子集 S_1,S_2 是否 4-连通、8-连通？

② 如图 7.1.2 所示，令 $V=\{0,1\}$。计算 p,q 之间的 4-连通、8-连通和 m-连通最短路径的长度。

练习 7.1.12 如图 7.1.2 所示，取 p 和 q 分别为(4,1)和(1,4)位置的像素

点,并令 $V=\{1,2\}$,分别计算 4-连通、8-连通和 m-连通时像素 p 和 q 之间的距离。

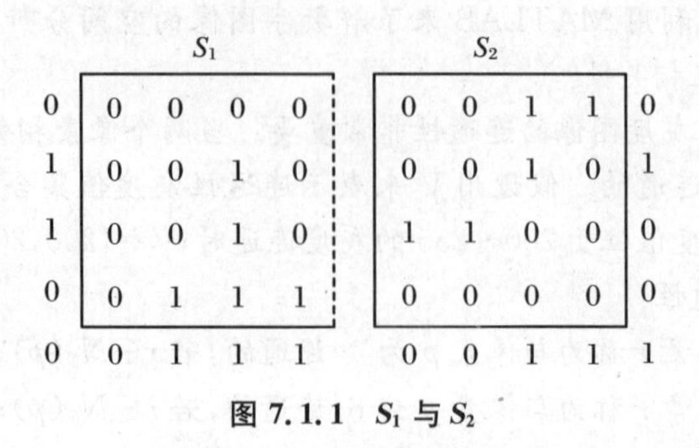

图 7.1.1 S_1 与 S_2

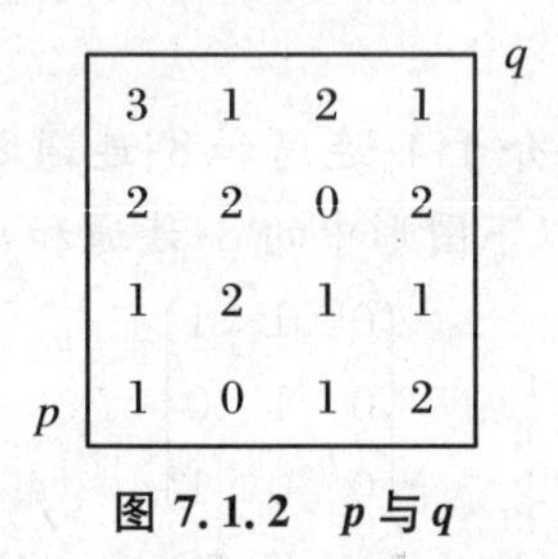

图 7.1.2 p 与 q

7.2 图像读取与显示

本节主要讨论 MATLAB 中图像文件载入、文件读取与保存、图像显示、灰度值显示、灰度均衡化、图像信息屏幕显示、图像对比度调整等基本图像处理操作。

MATLAB 配有专门获取图像数据的工具箱 Image Acquisition Toolbox(简称为 IAT)。在电脑上安装图像捕获软件后,就可将摄像机等设备与图像捕获板连接。常见 Windows 平台下的图像捕获装置如网络摄像头、数码相机等无需安装接口软件,可直接通过 USB 接口或者火线接口来完成连接。连接安装和调试好相应图像捕获设备后,启动 MATLAB,即可对图像获取设备中的文件进行各种类型的操作。

读取图像前,先清除 MATLAB 工作空间中那些不必要的变量(这是我们应该养成的好习惯),使用文件和数据载入函数"load myimfile. jpg"装入图像文件。如果图像文件位于当前工作路径下,那么可使用图像读取函数 imread 来读取该图像数据。MATLAB 将一幅图像视为矩阵(索引图像对应两个矩阵,而一般真彩图像对应一个多维数组）。如下述指令读取DIP工具箱内的一幅名为“pout. tiff”的图片，并将该图片对应的矩阵赋给变量 I：

```
>>I=imread('pout.tif');
```

该图片为索引图像文件格式（tagged image file format，简写为tiff）。下面的指令imshow显示该图片（图7.2.1(a)）：

```
>>imshow(I)
```

(a)

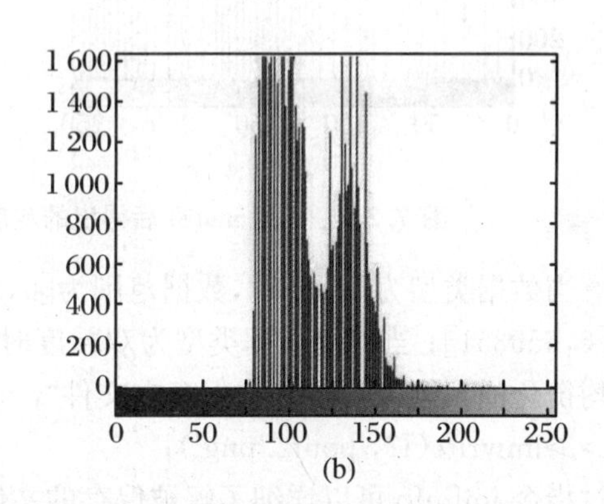

(b)

图7.2.1 运用imshow和imhist得出的图

DIP工具箱包含两个图像显示函数，即imshow和imtool。imshow为基本图像显示函数，而指令imtool则启动图像显示处理界面。该界面包含imshow的所有功能，同时还包含图像浏览和开发等功能，如滚动条、像素区域化、图像信息显示和对比度增强等。可通过whos来查看immread读取的数据信息：

```
>>whos
Name    Size       Bytes   Class   Attributes
I       291×240    69840   uint8
```

即通过imread得到的图像数据 I 为一个大小为291×240、元素为uint8的整型矩阵，其所占字节数为69840。注意到图像pout. tiff对比度较低。事实上，我们可以通过MATLAB来画出该图片的灰度值分布直方图（图7.2.1(b)）：

```
>>figure,imhist(I)
```

可见图片灰度值分布在[0,255]区间中的一个小范围内，因而图片对比度不高。DIP提供了几种方法来提高图像对比度，其中之一就是使用指令histeq来使得灰度值充满区间[0,255]。这种变换称为图像的直方图均衡化（图7.2.2(a)）。

```
>>I2=histeq(I);
```

运行下面的指令：

```
>>figure,imhist(I2);
```

显然，灰度值均衡后图像灰度分布改变了原图对比度较差的缺点（图7.2.2(b)）。

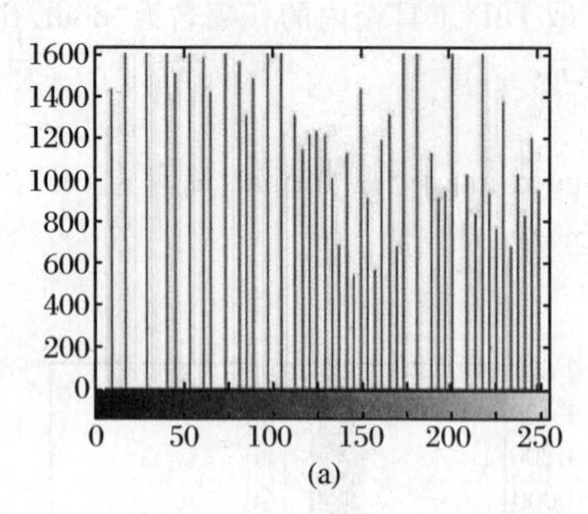

(a)

(b)

图 7.2.2 运用 imhist 后得出的灰度分布和图像效果

注意当数据类型为 uint8 时，数据范围为[0,255]；如果类型是 uint16，则取值范围为[0,655351]；当存储数据类型为双精度时，数据取值范围为[0,1]。下面的指令将均衡化的数据以 png 格式保存在文件"pout2. png"中：

```
>>imwrite(I2,'pout2. png');
```

通过指令 imfinfo 可以详细了解被保存的文件信息，如：

```
>>imfinfo('pout2. png')
ans=
    Filename:'pout2. png'
    FileModDate:'29-Dec-2005 09:34:39'
    FileSize:36938
    Format:'png'
    FormatVersion:[]
    Width:240
    Height:291
    BitDepth:8
    ColorType:'grayseale'
    FormatSignature:[137 80 78 71 13 10 26 10]
    Colormap:[]
    Histogram:[]
    InterlaceType:'none'
    Transparency:'none'
    SimpleTransparencyData:[]
    BackgroundColor:[]
    ……
```

假设输入的图像格式采用8-比特像素，imread会将该图像数据以uint8类型保存。对于16比特的图像数据文件，如PNG和TIFF格式，imread会创建一个数据类型为uint16的矩阵。

imread可使用两个输出变量来保存工作空间中的索引图像：一个保存图像，另一个保存色图(colormap)。该色图保存为双精度矩阵，尽管图像对应的矩阵可能为uint8或uint16。如果图像文件包含多幅图片，那么imread只读取文件中的第一幅。如果希望读取文件中的多幅图片，那么用户可以指定需要读取的图片序号。

例7.2.1　指令load装入help文件内含文件clown，我们可通过whos来了解该文件内的变量信息。

```
>> load clown
whos
Name      Size       Bytes     Class     Attributes
X         200×320    512000    double
Caption   2×1        4         char
map       81×3       1944      double
```

指令imwrite将其中的变量 X 和map(colormp)以一个位图格式保存为文件clown. bmp：

```
>> imwrite(X, map, 'clown. bmp');
```

练习7.2.1　找一幅真彩色图片，将它命名为"mypic. jpg"，并进行以下操作：

① 将文件mypic. jpg读入MATLAB工作空间，并赋给变量 RGB；

② 考虑用1个和2个输出变量来分别保存该文件，解释这两个格式的含义；

③ 用imfinfo来查看该文件信息，绘制其灰度值分布图。

练习7.2.2　MATLAB支持很多格式的图片，如tiff,png,jpg,bmp等。试利用MATLAB了解这些格式的图像之间的区别，它们在MATLAB中的表现形式是否一样？读取、存取和写入方式是否相同？

练习7.2.3　MATLAB函数imhist有两种格式，一种带输出变量，一种不带输出变量。

① 试利用MATLAB帮助文件来了解这两种格式的用法和区别；

② MATLAB用来绘制直方图hist所用的实际函数为条形图指令bar，事实上，bar的一般格式为：

```
>>bar (horz,v,width)
```

这里 v 为一个行向量，内含所需绘制的点 $v=[v_1,v_2,\cdots,v_n]$，$horz$ 为一个维数与 v 相同的行向量，如 $horz=[h_1,h_2,\cdots,h_n]$，且有 $h_1<h_2<\cdots<h_n$；$width$ 为区间 $[0,1]$ 上的一个数 a。如果 $horz$ 被省略，那么 $horz$ 为 $[1,2,\cdots,n]$。当 $a=0$ 时，绘

制的条形图中每个条为一根垂线；当 $a=1$ 时，绘制的条形图中任意两相邻条相互接触。因此，*width* 表示条形的宽度。默认情况下，$a=0.8$。

试通过读取一个图形文件 f=imread('picfile.jpg')（自己命名），解释并运行下述指令：

```
>>h=imhist(f);
>>h1=h (1:10:256);
>>horz=1:10:256;
>>bar (horz,h1);
>>axis([0 255 0 15000]);
>>set(gca,'xtick',0:50:255);
>>set(gca,'ytick',0:2000:15000);
```

7.3　图像的形态学运算

本节介绍图像基本形态学运算，包括图像的膨胀运算、腐蚀运算、开运算、闭运算以及击中击不中运算等基本概念及其数学表示，通过一些实例来说明这些形态学操作的具体 MATLAB 指令的使用方法和效果。

7.3.1　形态学基本运算

形态学是用具有一定形态的结构元去量度、提取或近似图像中的对应形状以简化图像数据、保持图像中对象的基本形状特性、除去不相干的噪声结构等。形态学运算能大大提高图像分析和处理的速度。它有两个基本算子，即膨胀（或扩张）和腐蚀（或侵蚀），并构成开启和闭合运算。这些运算可用来进行图像分割、特征抽取、边界检测、图像滤波、图像增强和恢复等。

形态学方法首先定义一个结构元和像素邻（如 4-邻、8-邻、方邻、圆邻等）。通过移动结构元，可将图像中的每个像素与其邻比较并进行运算，输出图像与输入图像大小相等。

形态学基本运算之一膨胀用来扩大图像中物体边界，而腐蚀让边界变薄。其中增加或削减的边界点个数依赖于所选取的结构元。形态变换使得基于形状的思维变得简单，其基本图形单位为二进制图像。下面介绍形态学中涉及的基本概念。

定义 7.3.1　两个二进制图像 A 和 B 的交 $A\cap B$ 定义为一幅图像，其在 A 和 B 均为 1 的像素处取值为 1，即 $A\cap B=\{p|p\in A$ 且 $p\in B\}$。类似定义两个图像的并 $A\cup B=\{p|p\in A$ 或 $p\in B\}$。

定义 7.3.2（图像 A 的补 A^c）　与 A 大小相等并交换 A 中 0 和 1 像素值得到的图像，即 $A^c=\{p \mid p\in\Omega, p\notin A\}$，其中 Ω 为全 1 图像（全区域中的像素值均为 1）。

定义 7.3.3（像素的向量和与差）　记 $p[i,j]$ 表示位于 (i,j) 处像素值为 p 的像素，则两个像素 $p[i,j]$，$q[k,l]$ 的向量和为 $(p+q)[i+k,j+l]$；向量差为 $(p-q)[i-k,j-l]$。

定义 7.3.4　设 A 为二进制图像，p 为一个像素。定义 A 的一个 p-平移（迁移）为图像：

$$A_p=\{a+p \mid a\in A\} \tag{7.3.1}$$

定义 7.3.5（膨胀）　或称扩张，是指一个二进制图像 A 的 p-迁移。它将图像 A 的中心移至 p 点。设 B 也为一个二进制图像，$B=\{b_1,b_2,\cdots,b_n\}$，其中的 b_k 均为 1 像素。定义运算

$$A\oplus B=\bigcup_{b_i\in B}A_{b_i}=\bigcup_{a_i\in A}B_{a_i} \tag{7.3.2}$$

称图像 $A\oplus B$ 为 A 经 B 的膨胀。膨胀运算具有结合律和交换律等特性。一些复杂结构的图像可以视为一个简单图像经过若干次连续扩张而至。

定义 7.3.6（腐蚀）　为膨胀逆运算。一个二进制图像 A 经图像 B 的腐蚀是指图像

$$A\bullet B=\{p \mid B_p\subseteq A\} \tag{7.3.3}$$

定义 7.3.7（结构元）　上述膨胀或腐蚀运算中的图像 B 通常为一个规则图形，且作为图像 A 的一个探针，称为一个结构元。

图像 A 经过一个结构元 B 的腐蚀后得到的图像反映了这样一些像素 p 的位置：B 经过 p 的迁移得到的图像完全包含在 A 中。膨胀后的图像包含结构元经平移后的每个像素点，而腐蚀后的图像则是原图像中删除了一些像素，B 经过这些像素的平移不完全包含在 A 中。对于 A 的那些使得 B 经此平移后完全包含于 A 的像素，腐蚀不改变它们的像素值。

膨胀与腐蚀常用来过滤图像。如果知道一幅图像的噪声特性，那么可通过适当选取结构元和一系列膨胀－腐蚀变换来过滤掉噪声。这种过滤也会影响图像中的物体的形状。

形态学的这些基本运算还可组合在一起产生复杂的图像序列。

定义 7.3.8（开运算（opening））　对应于同一结构元的腐蚀－膨胀组合运算（先腐蚀再膨胀）。开运算能消除图像中那些较小（不能包含结构元）的图形。表达式为

$$A\circ B=(A\bullet B)\oplus B \tag{7.3.4}$$

这里 B 为结构元，A 为图像。

定义 7.3.9（闭运算（closing））　为开的逆。对应于同一结构元的膨胀－腐蚀

组合运算(先膨胀再腐蚀)。它将填上图像中那些比探针小的空洞或者凹区域。表达式为

$$A \cdot B = (A \oplus B) \cdot B \tag{7.3.5}$$

例如,若一个探针(结构元)为一个圆盘,那么图像中所有大小小于该圆盘的凸集或者孤立的区域都将抹去。这种过滤能够保留并压缩空间有用的信息;而原图像与最终图像的差别将能显示图像中的哪些区域(或部位)比探针小。

7.3.2　一个关于米粒的故事

图 7.3.1 中关于米粒的图片来自于 MATLAB 中 DIP 工具箱内。通过该例可发现,适当的图像加强可以纠正图片中光照不一致的问题,从而可以帮助我们了解米粒的像素特征,识别米粒,并进一步计算米粒的相关统计量。该图像中心背景光明显亮于边缘背景光,我们希望通过形态学有关操作来达到底色均衡的特征(即将图片底色转换为全黑色)。

下面通过形态学操作来近似求出图像的背景光照。

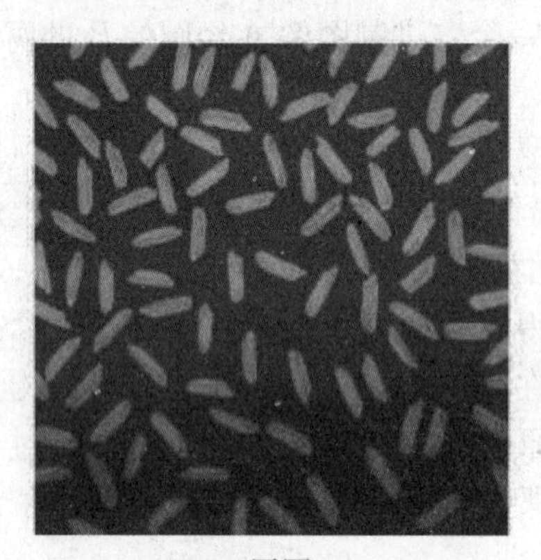

(a) 原图

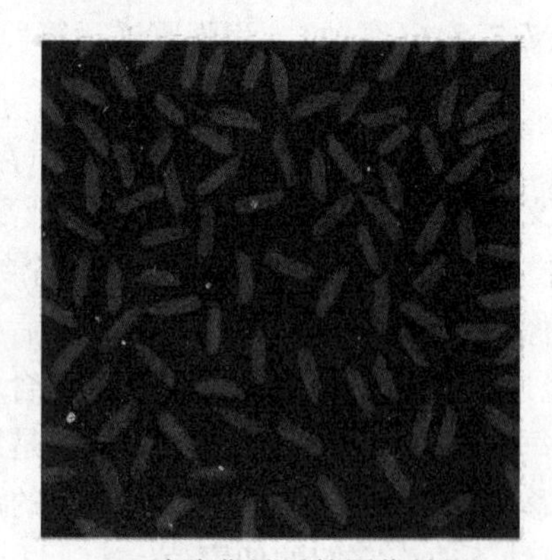

(b) 消除背景后的图像效果

图 7.3.1　关于米粒的图片

以下指令可以提取图像背景:

```
>>background=imopen(I,strel('disk',15));
```

函数 imopen 执行形态学中的开运算。这里使用的结构元为半径为 15 的圆盘,观察发现它不可能包含在任何米粒内部。这使得图片中的所有米粒在经过开运算后被消去。这样得到的图像恰为原图的背景图。

由于图片背景底部光照强于图像中心光照,可运用开运算(见定义 7.3.8)来估计背景光照。开运算是先腐蚀再膨胀(见式(7.3.4))。它可从图像中清除那些不能完全被结构元覆盖的对象。下面的指令先通过 strel('disk',15) 生成一个半

径为15的圆盘作为结构元，然后再以该结构元作用于图像 I，并进行开运算：

```
>>background=imopen(I,strel('disk',15));
```

为了移去米粒，必须选取足够大且结构相对简单的结构元，使得它不能完全包含于米粒内。指令 strel('disk',15) 产生的圆盘显然不能含于任意一个米粒内，因此所有米粒都被从图像中移去，产生背景图像 background。下面的指令从原图中减去背景，得到图片(图7.3.1(b))：

```
>>I2=I-background;
>>figure,imshow(I2);
```

得到的图像其背景光照完全一致，但是整个图像灰度偏黑。为此，我们使用指令 imadjust 来增加图像对比度。imadjust 实现对比度调整，经过调整后的图像如图7.3.2(a)所示。

```
>>I3=imadjust(I2);
>>figure,imshow(I3);
```

现在来产生一个二值图像，以便于数出米粒的个数：

```
>>level=graythresh(I3);
>>bw=im2bw(I3,level);
>>bw=bwareaopen(bw,50);
>>figure,imshow(bw)
```

这里首先通过函数 graythresh 自动计算一个合理的阈值来将图像二值化，再通过函数 im2bw，利用阈值方法将灰度图像转化为一个二值图像，然后通过指令 bwareaopen 消去背景噪声，最后显示结果图像(图7.3.2(b))。

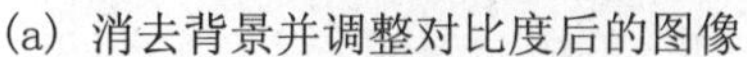
(a) 消去背景并调整对比度后的图像

(b) 二值图像

图7.3.2　调整后的图像和结果图像

函数 bwconncomp(bw,m)可用来找出一幅二值图像中所有连通分支(即目标对象)，其中第一个输入变量 bw 为输入的二值图像，第二个变量 m 为连通参数。输出结果的准确率依赖于目标本身的大小(像素面积)、连通参数(4-连通、8-连通或 m-连通)以及目标之间接触与否(相互接触的对象会被视为一个对象)。该图像中有些米粒相互接触(图 7.3.3(a))。

```
>>cc=bwconncomp(bw,4)
cc=Connectivity:4
      ImageSize:[256 256]
      NumObjects:95
      PixelIdxList:{1×95 cell}
```

输出结果 cc 中的信息表示：该图像连通参数为 4(4-连通)；图像大小为 256×256；图片中有 95 颗米粒(目标数量)，它们被标以相同的标号(标号以单元数组格式保存)。

下面的指令只显示第 50 个连通分支(第 50 颗米粒，见图 7.3.3(b))：

```
grain=false(size(bw));  grain(cc.PixelIdxList{50})=true;
figure,imshow(grain);
```

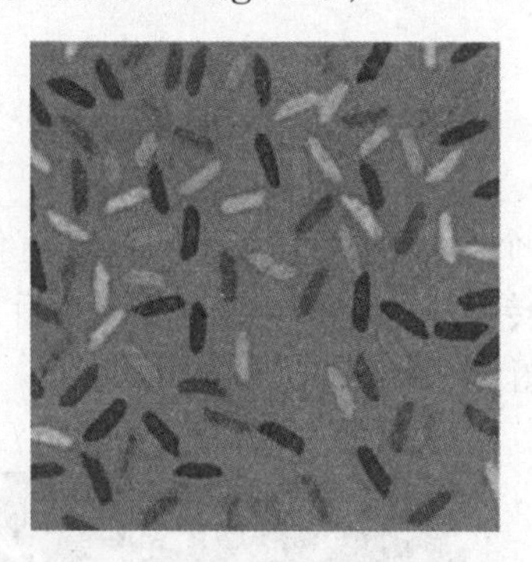

(a) 标号矩阵产生的亚色索引图像

(b) 第50颗米粒

图 7.3.3 亚色索引图像和第 50 颗米粒

可视化连通分支的一种方法是创建一个标号矩阵(labeled matrix)，并用一类亚色索引图(pseudo-color indexed image)来显示该矩阵。下面的指令将函数 labelmatrix 作用于变量 cc 来创建标号矩阵。注意到 bw 只含有 95 个对象，因此标号矩阵以最简格式 uint8 来存储：

```
>>labeled=labelmatrix(cc);
>>whos labeled
  Name      Size       Bytes   Class   Attributes
  labeled   256×256    65536   uint8
>>RGB_label=label2rgb(labeled,@spring,'c','shuffle');
```

```
>>figure
>>imshow(RGB_label)
```

米粒的面积分布情况如图 7.3.4 所示。

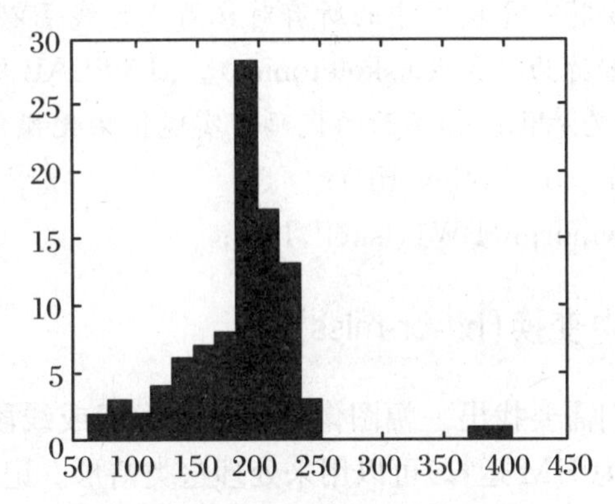

图 7.3.4　米粒面积分布直方图

在输出变量 *cc* 中，每颗米粒都是一个连通分支。因此，可利用指令“graindata＝regionprops (cc,'basic')”来计算面积，得到如下输出结果：

```
draindata=
95×1 struct array   with fields:
    Area
    Centroid
    BoundingBox
```

要了解第 50 颗米粒的面积，可以使用以下指令：

```
>>A50=graindata(50). Area
  A50=
      194
```

练习 7.3.1　利用 MATLAB 创建一个向量 grains_area 来保存和输出所有 95 颗米粒的面积，从其中找出并显示面积最小的米粒。

练习 7.3.2　MATLAB 中的有些函数可以用来处理图像序列，如电影中的帧和核磁共振成像(magnetic resonance imaging，简称 MRI)图像片段。一个图像序列可表示为一个高维数组(N-dimensional array)。如一个实的 $M \times N \times P$ 的数组可解释为 P 个灰度图像或者二值图像。

① 如何用高维数组保存一个有 P 幅大小相等的彩色图像(例如大小为 1024×980)序列？

② 解释下面的 MATLAB 语句，说明其用意：

```
m=zeros([256 256 3 50],'uint8')
```

```
for frame=1:50
[m(:,:,:,frame),map]=imread('mri.tif',frame);
end
```

有些情形下，需要将一个图像中的所有对象简化为线条以获取对象的轮廓，称为图像的轮廓化，或者称为骨架化(skeletonize)。MATLAB 中的函数“bwmorph”可以用来实现对象的轮廓化。如下面的代码可实现轮廓化操作：

```
>>BW1=imread('circbw.tif');
>>BW2=bwmorph(BW1,'skel',Inf);
```

7.3.3 击中击不中变换(hit-or-miss)

很多情况下，我们需要找出一幅图像中的孤立像素或线段的端点。击中击不中(hit-or-miss，简记为 HM 运算)可以用来处理这类情形。记

$$A \otimes B = (A \cdot B_1) \cap (A^c \cdot B_2) \tag{7.3.6}$$

从(7.3.6)式可以看出，HM 运算中需要进行两次腐蚀运算，其中第一次是针对原图，而第二次是针对原图的补图，两次运算的结果图再进行交，得到的运算称为击中击不中运算。注意这里两次腐蚀运算的结构元不一定相同。下面通过例子来说明 HM 运算的方法与步骤。

例 7.3.1 下面通过 HM 运算来确定给定图像中的十字形像素的组态对象(图 7.3.5)：

$$\begin{array}{ccc} 0 & 1 & 0 \\ 1 & 1 & 1 \\ 0 & 1 & 0 \end{array} \qquad \begin{array}{ccc} & 1 & \\ 1 & 1 & 1 \\ & 1 & \end{array} \qquad \begin{array}{ccc} 1 & & 1 \\ & 0 & \\ 1 & & 1 \end{array}$$

(a) 目标组态　　(b) B_1　　(c) B_2

图 7.3.5　目标组态与腐蚀运算结构元

假设原图对应的二值图像为如下 9×16 的矩阵：

$$A = \begin{pmatrix} 0&0&0&0&0&0&0&0&0&0&0&0&0&0&0&0 \\ 0&0&1&0&0&0&0&0&0&0&0&0&0&0&0&0 \\ 0&0&1&0&0&0&1&1&1&1&0&0&0&0&0&0 \\ 0&1&1&1&0&0&0&0&0&0&0&0&1&1&0&0 \\ 0&0&1&0&0&0&0&0&0&0&0&0&1&1&1&0 \\ 0&0&0&0&0&1&0&0&0&0&0&0&0&1&0&0 \\ 0&0&0&0&1&1&1&0&0&0&0&0&0&0&0&0 \\ 0&0&0&0&0&1&0&0&0&0&0&0&0&0&0&0 \\ 0&0&0&0&0&0&0&0&0&0&0&0&0&0&0&0 \end{pmatrix}$$

下面的 $A \cdot B_1$ 和 $A^c \cdot B_2$ 分别为 A 和 A 的补腐蚀后得到的二值图像：

$$A \cdot B_1 = \begin{pmatrix} 0&0&0&0&0&0&0&0&0&0&0&0&0&0&0&0 \\ 0&0&0&0&0&0&0&0&0&0&0&0&0&0&0&0 \\ 0&0&0&0&0&0&0&0&0&0&0&0&0&0&0&0 \\ 0&0&1&0&0&0&0&0&0&0&0&0&0&0&0&0 \\ 0&0&0&0&0&0&0&0&0&0&0&0&0&1&0&0 \\ 0&0&0&0&0&0&0&0&0&0&0&0&0&0&0&0 \\ 0&0&0&0&0&1&0&0&0&0&0&0&0&0&0&0 \\ 0&0&0&0&0&0&0&0&0&0&0&0&0&0&0&0 \\ 0&0&0&0&0&0&0&0&0&0&0&0&0&0&0&0 \end{pmatrix}$$

$$A^c = \begin{pmatrix} 1&1&1&1&1&1&1&1&1&1&1&1&1&1&1&1 \\ 1&1&0&1&1&1&1&1&1&1&1&1&1&1&1&1 \\ 1&1&0&1&1&1&0&0&0&0&1&1&1&1&1&1 \\ 1&0&0&0&1&1&1&1&1&1&1&1&0&0&1&1 \\ 1&1&0&1&1&1&1&1&1&1&1&1&0&0&0&1 \\ 1&1&1&1&1&0&1&1&1&1&1&1&1&0&1&1 \\ 1&1&1&1&0&0&0&1&1&1&1&1&1&1&1&1 \\ 1&1&1&1&1&0&1&1&1&1&1&1&1&1&1&1 \\ 1&1&1&1&1&1&1&1&1&1&1&1&1&1&1&1 \end{pmatrix}$$

$$A^c \cdot B_2 = \begin{pmatrix} 1&0&1&0&1&1&1&1&1&1&1&1&1&1&1&1 \\ 1&0&1&0&1&0&0&0&0&0&0&1&1&1&1&1 \\ 0&0&0&0&0&1&1&1&1&1&1&0&0&0&0&1 \\ 1&0&1&0&1&0&0&0&0&0&0&0&0&0&0&0 \\ 0&0&0&0&0&1&0&1&1&1&1&0&0&0&0&1 \\ 1&0&1&0&0&0&0&0&1&1&1&0&0&0&0&0 \\ 1&1&1&1&0&1&0&1&1&1&1&1&0&1&0&1 \\ 1&1&1&0&0&0&0&0&1&1&1&1&1&1&1&1 \\ 1&1&1&1&0&1&0&1&1&1&1&1&1&1&1&1 \end{pmatrix}$$

HM 运算作用于图像 A 的结果为：

$$A \otimes B = \begin{pmatrix} 0&0&0&0&0&0&0&0&0&0&0&0&0&0&0&0 \\ 0&0&0&0&0&0&0&0&0&0&0&0&0&0&0&0 \\ 0&0&0&0&0&0&0&0&0&0&0&0&0&0&0&0 \\ 0&0&1&0&0&0&0&0&0&0&0&0&0&0&0&0 \\ 0&0&0&0&0&0&0&0&0&0&0&0&0&0&0&0 \\ 0&0&0&0&0&0&0&0&0&0&0&0&0&0&0&0 \\ 0&0&0&0&0&1&0&0&0&0&0&0&0&0&0&0 \\ 0&0&0&0&0&0&0&0&0&0&0&0&0&0&0&0 \\ 0&0&0&0&0&0&0&0&0&0&0&0&0&0&0&0 \end{pmatrix}$$

需要指出的是，尽管这里的大多数方法局限于灰度图像，其应用也适用于彩色图像。对于图像识别方面的内容，若轮廓线包含足够信息来帮助识别一个对象，那么我们可以通过图像格式转换将其转换为一个二值图像，这时二值图像就已经足够。有时为了获得一个较好的物体轮廓，我们需要将目标与背景分离。这可通过增强照明效果和减少场景中目标的个数来实现。

练习 7.3.3　找一幅 jpg 格式的含有圆和长方形物体的图片，将它转换并命名为“exam01. tif”。

① 创建一个适当边长的正方形结构元；

② 利用工具箱 DIP 中的开和闭运算来产生新的图像并显示它们。

练习 7.3.4　先随机生成 200×200 的元素介于 0～255 的矩阵 A，使得 A 的图像中呈现 10 个大小不一的圆盘和 5 个长方形区域。

① 以亚色索引图(pseudo-color indexed image)形式显示矩阵 A，并通过阈值方法将上述图形转换为灰度图像和二值图像；

② 利用形态学运算提取图像中的某型号的圆盘；

③ 将图像中的圆盘和长方形物体分离。

练习 7.3.5　找一幅含有森林、道路和天空的 jpg 格式的图片，将它转换并命名为“scene01. tif”。利用自动生成阈值方法将它转换为一幅灰度图像，并利用 DIP 中的开和闭运算来分离森林、道路和天空。

练习 7.3.6　用 MATLAB 随机生成 100 个位于区间[0,10]上的二维数据点，并将它们用小正方形来显示，正方形的边长视其数值的相对大小来确定。

① 用下面的指令构造两个结构元：

```
>>B1=strel([0 0 0 ; 0 1 1; 0 1 0]);
>>B2=strel([1 1 1 ; 1 0 0; 1 0 0]);
```

② 使用下面的指令进行 HM 运算，并显示最终图像：

```
>>g=bwhitmiss (f,B1,B2);
```

```
>>imshow(g)
```

③ 通过开运算删除一些较小的正方形，确定余下小正方形个数、面积等信息，并绘制小正方形面积分布直方图；

④ 按照面积由大到小排序，找出并单独显示其中第 10 个正方形；

⑤ 求出面积序列中的中位数 m，以 m 为阈值，将面积小于 m 的正方形转换为面积相等的圆，并绘制最终结果图。

7.4　图像的傅里叶变换

傅里叶变换在图像处理中无疑是非常重要的工具之一，它将难以处理的时域信号转换成了易于分析的频域信号，从而可对频域信号进行处理和加工。利用傅里叶逆变换，还可将这些频域信号转换成时域信号。

傅里叶变换有以下优势：

① 线性：若赋予适当的范数，它还是酉算子；

② 可逆性：逆变换易求出，且形式与正交变换类似；

③ 基函数：其基函数为正弦函数，使线性微分方程可化为常系数代数方程求解；

④ 频率不变性：对复杂响应可通过组合不同频率正弦信号响应获取；

⑤ 算法快速：快速傅里叶变换算法(FFT)快速、高效。

正是由于上述的良好性质，傅里叶变换在物理、数论和组合、信号处理、概率、统计、密码学、声学与光学等领域有着广泛的应用。

本节先简单介绍傅里叶级数的基本理论，然后介绍傅里叶变换以及与傅里叶变换有关的 MATLAB 指令及其在图像处理中的应用。

7.4.1　傅里叶级数基本理论

称具有性质

$$f(x) = f(x+T), \quad \forall x \in D_f \tag{7.4.1}$$

的函数 $f(x)$ 为周期函数。满足(7.4.1)式的最小正数 T 称为函数 f 的最小正周期，简称为周期；$1/T$ 表示单位时间振动的次数(单位：Hz/s)，称为频率。对周期函数只需考察一个周期内的情况即可。由于奇偶性和对称性对于函数定义域的要求，我们通常考虑闭区间$[-T/2, T/2]$内函数变化的情况。最简单的周期函数是三角函数。事实上，所有的工程中使用的周期函数都可以通过三角函数的线性组合来逼近。

定义 7.4.1　若函数 $f(x)$满足以下条件,则称 $f(x)$ 满足 Dirichrit 条件:

① $f(x)$连续或只有有限个第一类间断点;

② $f(x)$只有有限个极值点。

我们知道,最简单的波是谐波,即正弦波,它是形如 $A\sin(\omega t+\theta)$ 的波,其中 A 是振幅,ω 是角频率,θ 为初相位。其他的波如矩形波、锯形波等往往都可以用一系列谐波的叠加表示出来。

定义 7.4.2(傅里叶级数展开)　设函数 $f(x)$ 是周期函数,且周期为 T,那么在满足 Dirichrit 条件下,$f(x)$ 可展开成

$$f(x)=\frac{a_0}{2}+\sum_{n=1}^{\infty}a_n\cos n\omega x+b_n\cos n\omega x \tag{7.4.2}$$

其中:

$$a_n=\frac{2}{T}\int_{-T/2}^{T/2}f_T(t)\cos n\omega t\,\mathrm{d}t,\quad n=0,1,\cdots \tag{7.4.3}$$

$$b_n=\frac{2}{T}\int_{-T/2}^{T/2}f_T(t)\sin n\omega t\,\mathrm{d}t,\quad n=1,2,\cdots \tag{7.4.4}$$

称其中的第 n 个求和项

$$a_n\cos n\omega x+b_n\cos n\omega x=A_n\sin(n\omega x+\theta_n)$$

为 n 阶谐波(正弦波)。(7.4.2)式称为函数 $f(x)$的傅里叶级数展开,并称(7.4.2)式右端的级数是由 $f(x)$ 确定的傅里叶级数,a_n,b_n 称为傅里叶系数。

傅里叶原理告诉我们:满足一定条件的函数一定可以分解成正弦波之和,或者用正弦波的有限叠加来逼近。

如图 7.4.1 所示,当 $n=100$ 时,正弦波的叠加可以非常好地近似方形波,但在 $n=4$ 时,这种近似效果并不理想。

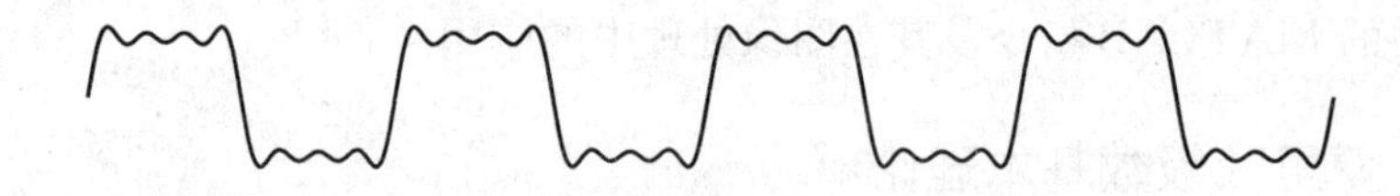

(a) 4个正弦波的叠加对方形波的逼近

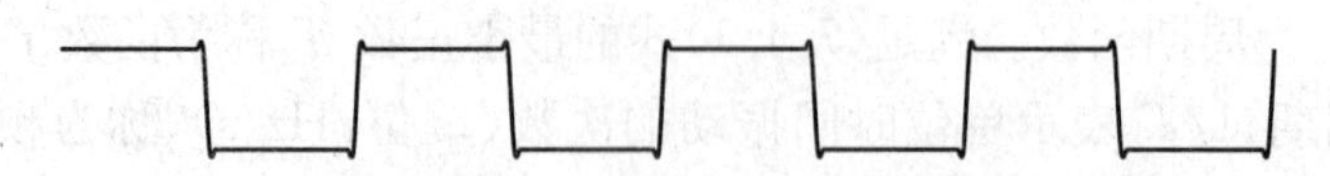

(b) 100个正弦波的叠加对方形波的逼近

图 7.4.1　4 个和 100 个正弦波的叠加对方形波的逼近

傅里叶级数原理的证明主要依赖于三角函数系

$$\{1,\cos x,\sin x,\cos 2x,\sin 2x,\cdots,\cos nx,\sin nx,\cdots\} \tag{7.4.5}$$

在区间$[-\pi,\pi]$上的正交性，即该集合中任何两个不同函数的乘积沿区间$[-\pi,\pi]$上的积分为零，而每个函数自身的平方在该区间上的积分非零。该结论留给读者证明。

练习 7.4.1　设函数

$$f(x)=\begin{cases}c_1, & -\pi\leqslant x<0\\ c_2, & 0\leqslant x<\pi\end{cases}$$

计算其傅里叶级数展开。

练习 7.4.2　设函数 $f(x)=x$。计算其在区间$[0,2\pi]$上的傅里叶级数展开。

练习 7.4.3　证明积分$\int_{-\infty}^{\infty}|\sin x|\,\mathrm{d}x$不存在。你能否运用傅里叶级数展开来近似该积分？为什么？如果去掉绝对值符号，情况又如何？

练习 7.4.4　证明：对于任意一个非零周期函数 $f(x)$，积分$\int_{-\infty}^{\infty}|f(x)|\,\mathrm{d}x$不存在。

练习 7.4.5　假设函数 $f(x)$为偶函数，那么其傅里叶变换是否为偶函数？如果是奇函数呢？反之，如果一个函数的傅里叶变换为偶函数，那么原函数是否为偶函数？

练习 7.4.6　证明三角函数系(7.4.5)在区间$[-\pi,\pi]$上的正交性。

7.4.2　傅里叶变换

傅里叶变换是一种线性的积分变换。根据函数的形式(解析形式下的连续函数或离散型的数列)、变量类型(连续变量或离散变量)和变量的个数，它分为很多种类型，如离散傅里叶变换、快速傅里叶变换、一元傅里叶变换、多元傅里叶变换等。

下面的定义为连续一维傅里叶变换：

定义 7.4.3　函数 $f(x)$的傅里叶变换定义为

$$F(s)=\int_{-\infty}^{\infty}f(t)\mathrm{e}^{-\mathrm{i}2\pi st}\,\mathrm{d}t \tag{7.4.6}$$

对应的函数 $F(s)$的逆傅里叶变换定义为

$$f(t)=\frac{1}{2\pi}\int_{-\infty}^{\infty}F(s)\mathrm{e}^{-\mathrm{i}2\pi st}\,\mathrm{d}s \tag{7.4.7}$$

为了方便，有时记 $F=\bar{f}$。在此记号下，有以下性质：

① $\overline{FG}=\bar{F}*\bar{G}$；

② $\overline{F*G}=\bar{F}\cdot\bar{G}$；

③ $\overline{\bar{F}\cdot\bar{G}}=F*G$;

④ $\overline{\bar{F}*\bar{G}}=FG$。

例如,性质①表明,两个函数的乘积的傅里叶变换等于它们的傅里叶变换的乘积;性质②为性质①的逆命题;性质③和性质④表明傅里叶变换的可逆性。

练习 7.4.7　证明以上性质①～④。

练习 7.4.8　设函数 $f(x)=\mathrm{e}^{-\pi x^2}$,计算其傅里叶级数和傅里叶变换 $\bar{f}(s)$。

练习 7.4.9　函数 $f(x)$的余弦变换定义为

$$F_c(s)=2\int_0^{\infty}f(x)\cos 2\pi sx\,\mathrm{d}x,\quad s>0$$

函数 $F_c(s)$的逆余弦变换定义为

$$g(x)=2\int_0^{\infty}F_c(s)\cos 2\pi sx\,\mathrm{d}s,\quad x>0$$

证明:$g(x)=f(x)$。

7.4.3　傅里叶变换及其应用

MATLAB 中,有专门用于各种傅里叶变换的指令。MATLAB 嵌入多个工具箱用来处理数字信号,如 FFT,DSP Toolbox(数字信号处理),DSP 中提供 M 文件 dspstartup. m,该函数自动执行仿真模块进行信号仿真。

图像频率是图像灰度变化剧烈程度的指标,表现为灰度函数在二维平面上的梯度。如大面积的沙漠在图像中是一片灰度变化缓慢的区域,对应的频率值很低;而地表属性变换剧烈的边缘区域在图像中是一片灰度变化剧烈的区域,对应的频率值较高。傅里叶变换是将图像的灰度分布函数变换为图像频率分布函数,傅里叶逆变换则反其道而行之。

通常用一个矩阵 $z=f(x,y)$来表示图像。对图像进行二维傅里叶变换得到的频谱图就是图像梯度分布图。图像上某点与邻域点差异强弱(即梯度)即该点频率。梯度大则亮度强,否则该点亮度弱。通过观察傅里叶变换后的频谱图就可看出图像的能量分布。

练习 7.4.10　证明:一个长度为 N 的信号可分解成 $N/2+1$ 个正余弦信号。

假设用小写字母 x 表示信号在各时刻对应的幅度值数组,大写 X 表示各频率幅度值数组。对于一个长度为 N 的信号,因有 $N/2+1$ 个频率,故 X 长度为 $N/2+1$。数组 X 分两类项:一类是余弦波的频率幅度值 $\mathrm{Re}X[j]$,另一个是正弦波频率幅度值 $\mathrm{Im}X[j]$。其中余弦和正弦波系数分别对应下面的(7.4.4)式和(7.4.5)式。

练习 7.4.11　MATLAB 在信号处理方面有专门的函数,如脉冲生成器

(pulse generator)、信号生成器(signal generator),同时还配有信号运算方面的函数如卷积函数(conv)、二维卷积运算(conv2)等。试通过 MATLAB 帮助文件来了解卷积函数的使用。

下面来看一维离散傅里叶变换(DFT)。函数 fft 和 ifft 执行一维离散傅里叶变换和逆傅里叶变换。其基本格式为:

```
>>A=fft (a);
```

其中 a 为一个数列,A 为离散傅里叶变换后生成的长度与 a 相等的序列。它对应的变换为

$$A_n = \sum_{m=1}^{N} a_m \mathrm{e}^{-2\pi\mathrm{i}(m-1)(n-1)/N}, \quad n = 1,2,\cdots,N \tag{7.4.8}$$

A_n对应的傅里叶逆变换为

$$a_m = \sum_{n=1}^{N} A_n \mathrm{e}^{2\pi\mathrm{i}(m-1)(n-1)/N}, \quad m = 1,2,\cdots,N \tag{7.4.9}$$

傅里叶变换可用来计算含噪时域信号中的频域分支。离散傅里叶变换(DFT)可将时域函数(信号序列)转化为频域函数(序列),通过频域函数,我们可以很轻易地发现不同频率的信号分支。

例 7.4.1　方形声波函数(square wave sounds)形如图 7.4.1(b)的极限形式。其对应函数相当于练习 7.4.1 中取 $c_1=-1, c_2=1$。记该函数为 $f(x)$,那么 $f(x)$ 为周期为 2π 的函数。$f(x)$ 可展开成(7.4.2)式,其中的傅里叶系数为

$$a_n = \frac{1}{\pi}\int_{-\pi}^{\pi} f(t)\cos nt\,\mathrm{d}t = \frac{1}{\pi}\left(\int_0^{\pi}\cos nt\,\mathrm{d}t - \int_{-\pi}^{0}\cos nt\,\mathrm{d}t\right) = 0$$

$$b_n = \frac{1}{\pi}\int_{-\pi}^{\pi} f(t)\sin nt\,\mathrm{d}t = \frac{1}{\pi}\left(\int_0^{\pi}\sin nt\,\mathrm{d}t - \int_{-\pi}^{0}\sin nt\,\mathrm{d}t\right)$$

$$= \begin{cases} \dfrac{4}{n\pi}, & n = 2k-1 \\ 0, & n = 2k\ (k=1,2,\cdots) \end{cases}$$

因此,得到的关于方形声波函数的傅里叶展开为

$$F(\theta) = \frac{4}{\pi}\left(\sin\theta + \frac{1}{3}\sin 3\theta + \frac{1}{5}\sin 5\theta + \cdots + \frac{1}{2k-1}\sin(2k-1)\theta + \cdots\right)$$

通过取 $k=2,3,7,14$,分别得到 F 的近似图像,如图 7.4.2 所示。注意到 k 在递增过程中与图(7.4.2)(b)的逼近。

例 7.4.2　考虑采样频率为 1000 Hz 的采样数据。假设幅值 0.7、频率 50 Hz 的正弦函数与赋值 1 且频率 120 Hz 的正弦函数的叠加信号受到均值为零的随机噪声的干扰。下面的一段指令生成该含噪信号:

```
Fs=1000;                    % 采样频率
```

```
T=1/Fs;                              % 采样时间
L=1000;                              % 信号长度
t=(0:L-1)*T;                         % 时间向量
% 50 Hz 和 120 Hz 正弦函数的叠加信号
x=0.7*sin(2*pi*50*t)+sin(2*pi*120*t);
y=x+2*randn(size(t));                % 添加噪声
plot(Fs*t(1:50),y(1:50))
title('含零均值随机器噪声信号')
xlabel('time (milliseconds)')
```

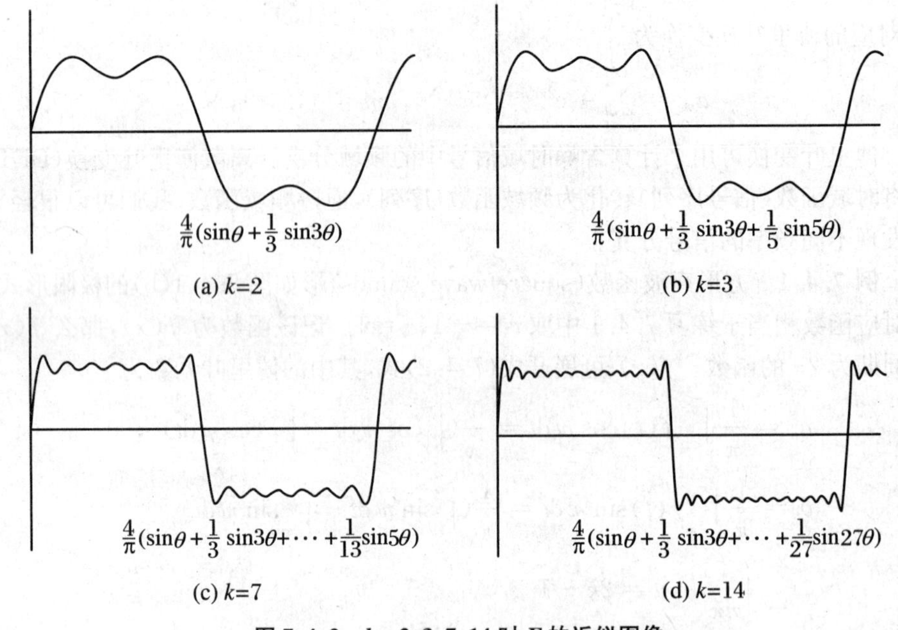

图 7.4.2　$k=2,3,7,14$ 时 F 的近似图像

下面的指令通过快速傅里叶变换(FFT)将时域信号 y 转换为频域信号 Y。这里取变换序列长度 T 为 2 的方幂是为了加速变换的执行。

```
T=2^nextpow2(L);                     % T 为满足 2^P≥L 的最小自然数 P
Y=fft(y,T)/L;
f=Fs/2*linspace(0,1,T/2+1);
plot(f,2*abs(Y(1:T/2+1)))            % 绘制单边幅值的谱
title('Single-Sided Amplitude Spectrum of y(t)');
xlabel('Frequency (Hz)');   ylabel('|Y(f)|')
```

从图 7.4.3(a)中很难分辨原始信号的不同频率分支。但在经 FFT 处理后的

图7.4.3(b)中可明显地看到两个分别为50 Hz和120 Hz、幅值约为0.77和1.1的信号。幅值误差主要来自于噪声,通过增加采样频率(如将L增加到5000)可以减小幅值误差。

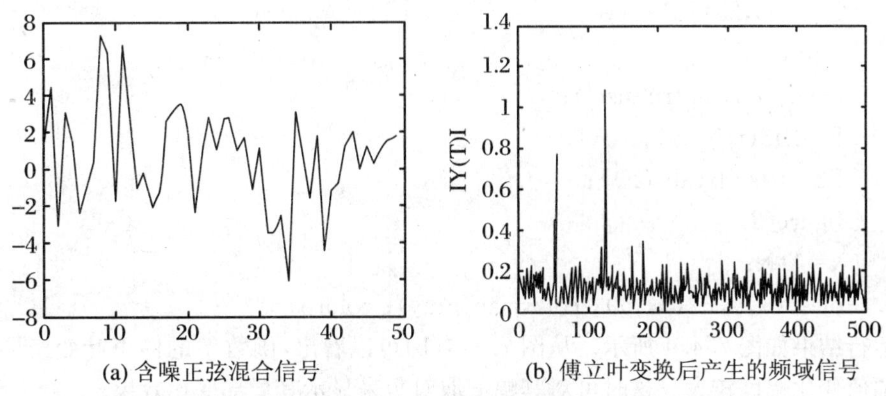

图7.4.3　含噪正弦混合信号和傅里叶变换后产生的频域信号

现在我们考虑连续二元函数$z=f(x,y)$。令m,n在整数环Z上取值,它对应的二维傅里叶变换为

$$F(\tilde{\omega}_1,\tilde{\omega}_2)=\sum_{m=-\infty}^{\infty}\sum_{n=-\infty}^{\infty}f(m,n)\mathrm{e}^{-\mathrm{j}m\tilde{\omega}_1}\mathrm{e}^{-\mathrm{j}n\tilde{\omega}_2} \tag{7.4.10}$$

其中$\tilde{\omega}_1,\tilde{\omega}_2$为频域变量。$F(\tilde{\omega}_1,\tilde{\omega}_2)$为复函数,它被称为函数$z=f(m,n)$的频域表征,且变量$\tilde{\omega}_1,\tilde{\omega}_2$的周期均为$2\pi$。在图像处理方面,因为这种周期性,变量$\tilde{\omega}_1,\tilde{\omega}_2$的取值范围一般在$[-\pi,\pi]$上。

反之,给定函数$F(\tilde{\omega}_1,\tilde{\omega}_2)$,那么其对应的傅里叶逆变换为

$$f(m,n)=\frac{1}{4\pi^2}\int_{-\pi}^{\pi}\int_{-\pi}^{\pi}F(\tilde{\omega}_1,\tilde{\omega}_2)\mathrm{e}^{-\mathrm{j}m\tilde{\omega}_1}\mathrm{e}^{-\mathrm{j}n\tilde{\omega}_2}\mathrm{d}\tilde{\omega}_1\mathrm{d}\tilde{\omega}_2 \tag{7.4.11}$$

(7.4.11)式对应的离散情形为有无限多项不同频率的复函数之和。MATLAB对以上傅里叶变换和傅里叶逆变换的处理均为离散化形式。采样点越多,其对连续函数的逼近效果越好。MATLAB中二维傅里叶变换的指令为

```
>>B=fft2(A)
```

其中输入变量A为一个矩阵,它是一个二元函数$f(x,y)$的离散形式,输出变量B为通过二维离散傅里叶变换算法(FFT)计算得出的与A大小相等的矩阵。指令“B=fft2(A,m,n)”等同于指令“fft(fft(A).').'”。它在对A进行FFT前先对A进行裁剪或者用零元填充,使得矩阵A大小为$m\times n$,输出变量B的大小为$m\times n$。该指令先对A的每个列向量执行一维DFT变换,再对结果矩阵的每一行采用DFT。

例7.4.3　下面是运用快速傅里叶变换(FFT)进行图像处理的一段程序:

```
clear all;
N=100;
f=zeros (50,50);
f(15:35,23:28)=1;
figure (1)
imshow(f,'notruesize');
F=fft2(f,N,N);
F2=fftshift(abs(F));
figure(2)
x=1:N;   y=1:N;
mesh(x,y,F2(x,y)); colormap(gray); colorbar
```

其运行结果如图 7.4.4 所示。从图 7.4.4(b)可以看出，函数 f 的傅里叶变换导致的幅值变化幅度较大。这时可对其幅值取对数来显示其局部变化效果。

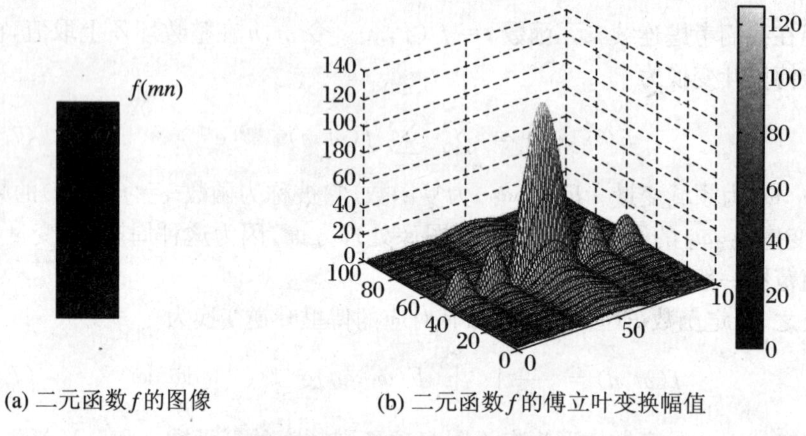

(a) 二元函数 f 的图像　　(b) 二元函数 f 的傅立叶变换幅值

图 7.4.4　例 7.4.3 运行结果

练习 7.4.12　线性滤波器中的冲击效应的傅里叶变换能很好地反映滤波器的频率响应特性。MATLAB 中函数 freq2 可以对线性滤波器的频率响应进行分析。试通过 MATLAB 内部的帮助文件来了解以下指令的用途：

```
>>h=fspecial('gaussian');
>>freq2(h)
```

练习 7.4.13　傅里叶变换能够用来实现快速卷积运算。证明：两个函数的卷积的傅里叶变换等于其傅里叶变换的卷积。

练习 7.4.14　与傅里叶变换有关的 MATLAB 函数中，指令 fftw 可以让我们优化诸如 fft，fft2，ifft，ifft2 等算法。对给定大小和维数的数据，通过设置选项，

fftw 可以用来实现算法的最优。例如当 fft 的变换维数 N 非 2 的幂次时，指令“fftw('planner',method)”可以为 fft 函数找到一个最佳算法来实现快速傅里叶变换。下面的语句创建一个含噪的 50 Hz 和 120 Hz 的混合正弦波：

```
>>t=0:0.001:5;
>>x=2*sin(2*pi*50*t)+3*sin(2*pi*120*t);
>>y=x+2*randn(size(t));
```

对 N=2000，3000，5000，比较运用 fft 和 fftw 指令产生的结果和运行时间。如果连续运行 1000 次，效果如何？

第 8 章　信号处理中的数学方法

上一章介绍了数字图像处理特别是傅里叶变换在数字图像处理方面的应用，以及 MATLAB 处理图像的基本方法与指令。本章简单介绍数字信号处理中的基本数学处理方法。对于信息计算科学、电子或计算机科学专业的学生来说，适当掌握该方面内容非常必要。本章还加入了压缩感知理论的基本内容介绍，其目的是希望读者能了解信息处理方法的最新进展，并结合本专业知识，运用 MATLAB 软件实现压缩感知理论的数据矩阵压缩处理。

本章共 3 节：第 1 节介绍数字信号的一些基础知识，包括数字信号基本定义、几类特殊的离散时间信号及其波形，以及离散信号序列的基本运算等；第 2 节介绍常系数线性差分方程基本概念与表达、线性差分方程对应的信号系统、系统结构及其解法等；第 3 节介绍线性代数、最优化等理论在稀疏信号处理方面的应用。

8.1　数字信号系统与信号处理基础

信号处理为信息科学的一个重要分支，同时也是信息计算科学的一个重要的应用领域。在其众多的数学处理方法中，线性代数方法和傅里叶变换是信号处理的两个核心方法。

信号可视为传递信息的函数，其函数变量可包含时间和空间位置等。一个连续信号是某时间区间内(可能除有限时间点外)所有瞬时均有确定值的信号。模拟信号是连续信号的特例，其时间和信号变化幅度均为连续变量。离散信号为变化时间不连续的信号。信号包括视频、图像、声音、文字和符号信号，甚至是任何形式的可量化的信息，如一个机场每天飞机着陆架次、某地日均降雨量等。它一般表示为离散形式的数据列表或阵列。

一个关于时间的连续脉冲函数被称为连续信号。离散信号可由一个序列表示，如{1,2,2.5,12.5,…}，也可是一个矩阵或一个高维数组。有时，我们把一个离散信号 $f(n)$视为由连续函数 $f(t)$ 生成的序列：当时间变量 t 取整数值时，连续信号就实现了离散化，成为离散信号。这时离散信号也称为连续信号的采样或样本点。例如，一幅数字化图像就是一个二维或者三维的样本点集合。当计算机处理一幅数字图像时，它处理的就是一个连续信号的离散信号。另一方面，通过离散信号 $f(n)$，我们可重新还原原始信号。当然，离散信号有可能来自于原本就是离散形式的信号。

图 8.1.1 为一般情形下数字信号处理过程示意图。

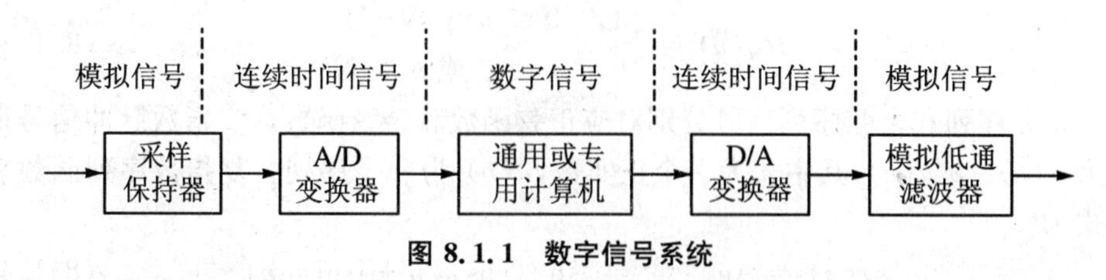

图 8.1.1　数字信号系统

经典的数字信号处理方法局限于线性时不变系统、数字滤波和快速傅里叶变换等方法。该领域发展至今天，已有自适应滤波、离散小波变换、高阶矩分析、分形和混沌理论等新方法。为了说明数学方法在离散系统理论中的应用，我们先来介绍离散时间信号。

离散信号包括单位脉冲信号（图 8.1.2(a)）、单位阶跃信号（图 8.1.2(b)）、矩形脉冲信号（图 8.1.2(c)）、实指数脉冲信号（图 8.1.2(d)），以及正弦脉冲信号等。单位脉冲信号除在坐标原点取值为 1 外，其余点函数值为 0，即

$$\delta(n)=\begin{cases}1, & n=0\\ 0, & n\neq 0\end{cases} \tag{8.1.1}$$

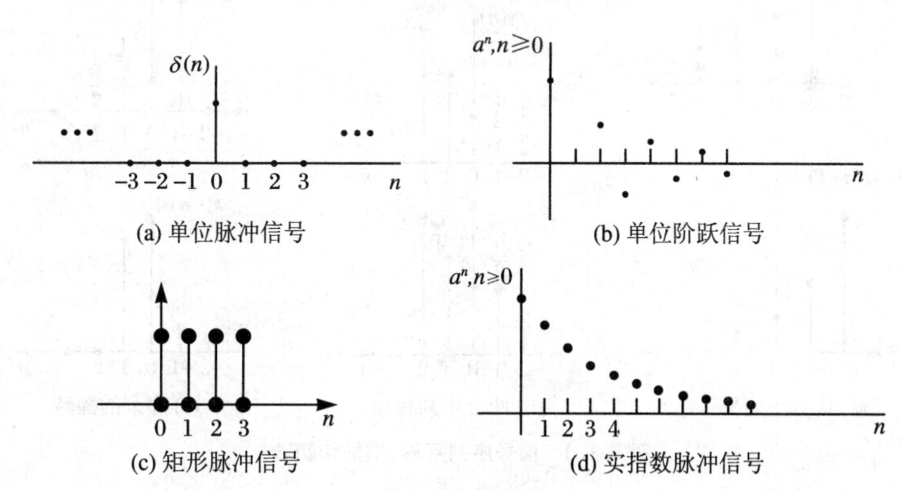

(a) 单位脉冲信号　(b) 单位阶跃信号

(c) 矩形脉冲信号　(d) 实指数脉冲信号

图 8.1.2　离散信号

单位阶跃信号是仅在 n 取非负整数处函数值为 1，其余点函数值为 0 的数列，即

$$u(n)=\begin{cases}1, & n\geqslant 0\\0, & n<0\end{cases}\tag{8.1.2}$$

矩形脉冲信号对应函数在 N 个整点处($n=0,1,\cdots,N-1$)函数值为 1,其余为 0,即

$$R_N(n)=\begin{cases}1, & 0\leqslant n\leqslant N-1\\0, & n<0 \text{ 或 } n\geqslant N\end{cases}\tag{8.1.3}$$

正弦序列和余弦序列信号分别对应正弦函数和余弦函数。实指数脉冲信号形式为 $x(n)=a^n u(n)$,其中 a 为一个正实数,$u(n)$ 为一个序列。复指数序列函数表达式为

$$x(n)=A\mathrm{e}^{(\alpha+\mathrm{j}\omega_0)n}=A\mathrm{e}^{\alpha n}(\cos\omega_0 n+\mathrm{j}\sin\omega_0 n)\tag{8.1.4}$$

$x(n)$的实部和虚部均为实指数型信号,当 $a=0$ 时它们分别是余弦和正弦序列。

离散信号运算按数组运算执行。如序列移位对应序列的平移(图 8.1.3(a)),即 $y(n)=x(n-m)$;序列加法 $z(n)=x(n)+y(n)$ 对应两个向量 x,y 相加(图 8.1.3(b)),序列乘法 $f(n)=x(n)y(n)$ 对应于数组的逐项相乘。若定义 $x(-n)=x(n)$,那么生成的序列称为原序列的翻转(或称翻皱,见图 8.1.3(c))。

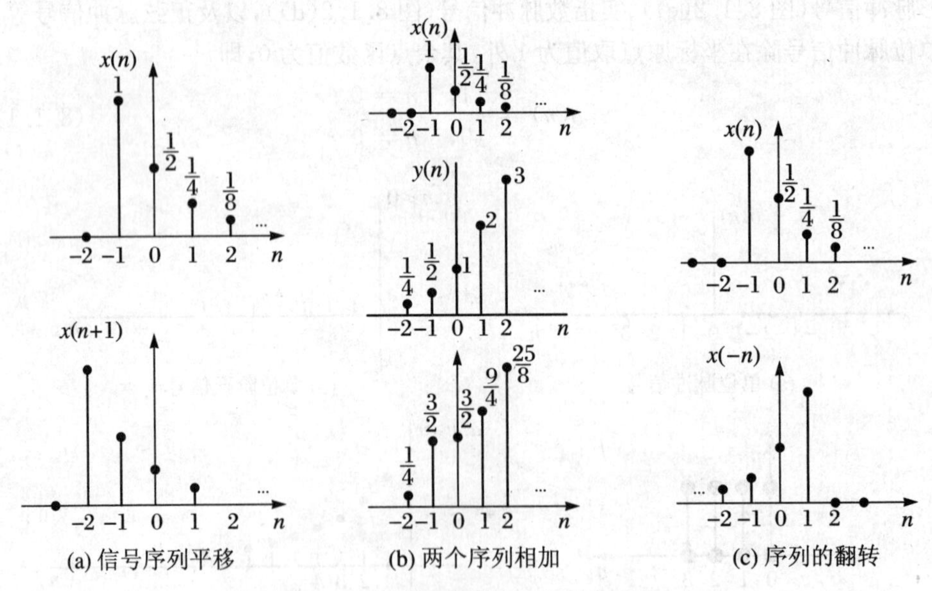

(a) 信号序列平移　(b) 两个序列相加　(c) 序列的翻转

图 8.1.3　信号序列平移、相加和翻转

定义

$$\nabla x(n)=x(n)-x(n-1),\quad \Delta x(n)=x(n+1)-x(n)\tag{8.1.5}$$

它们分别称为信号序列的向前差分和向后差分。信号序列的尺度变换定义为$x(n)$到 $x(mn)$的变换;而 $x(n)$到 $x(n/m)$的变换称为函数或序列 x 的插值,这里 m 均

为正整数。

信号序列的一个重要运算是卷积。设序列 $x(n)$，$h(n)$，它们的卷积 $y(n)$ 定义为

$$y(n)=\sum_{m=-\infty}^{\infty}x(m)h(n-m)=\sum_{m=-\infty}^{\infty}h(m)x(n-m) \tag{8.1.5}$$

两个序列 x，y 的卷积记为 $x*y$，其计算分翻转、平移、相乘和相加四步(图 8.1.4)。注意任意一个信号序列可以表示成其自身与单位抽样信号(即全 1 信号)的位移加权和，即

$$x(n)=\sum_{m=-\infty}^{\infty}x(m)\delta(n-m) \tag{8.1.7}$$

对于周期信号，若存在正整数 N，使得 $x(n)=x(n+N)$，那么序列 $x(n)$ 为周期序列，满足该条件的最小正整数 N 称为信号 x 的周期。

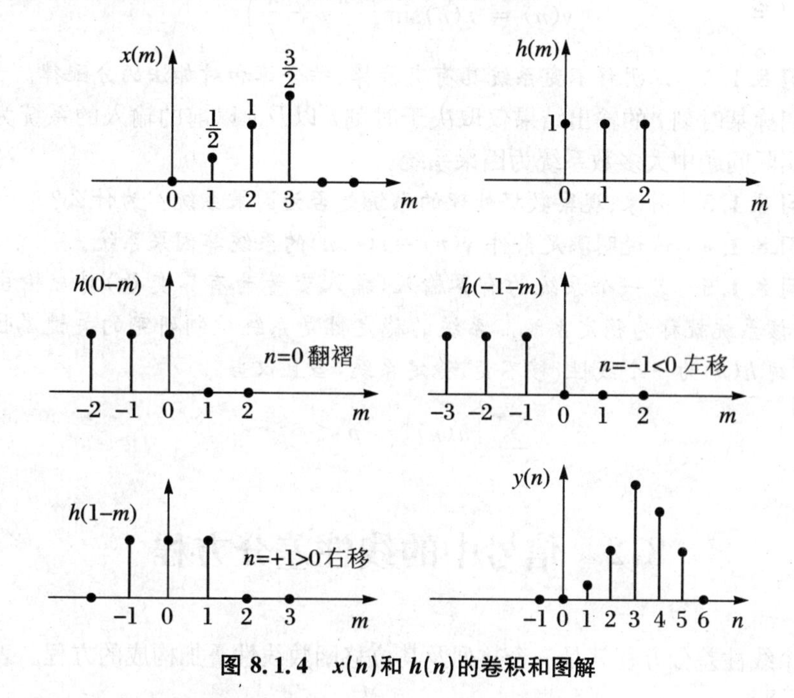

图 8.1.4　$x(n)$和 $h(n)$的卷积和图解

信号 $x(n)$的能量定义为

$$E=\sum_{n=-\infty}^{\infty}|x(n)|^2$$

一个系统表示对输入信号的一种运算，离散系统就是对输入信号序列的运算，即 $y(n)=T[x(n)]$。从函数特性来看，系统可分为线性和非线性系统。线性系统具有线性函数的特性，如均匀性和线性可加性：

$$y_1(n) = T[x_1(n)], \quad y_2(n) = T[x_2(n)]$$
$$T[a_1x_1(n) + a_2x_2(n)] = a_1T[x_1(n)] + a_2T[x_2(n)]$$

一个系统 $T[x(n)]=y(n)$ 若满足条件 $T[x(n-m)]=y(n-m)$，则称该系统为移不变系统，即该系统的输出整体波形与输入初始时间无关。线性移不变系统运算如图 8.1.5 所示。

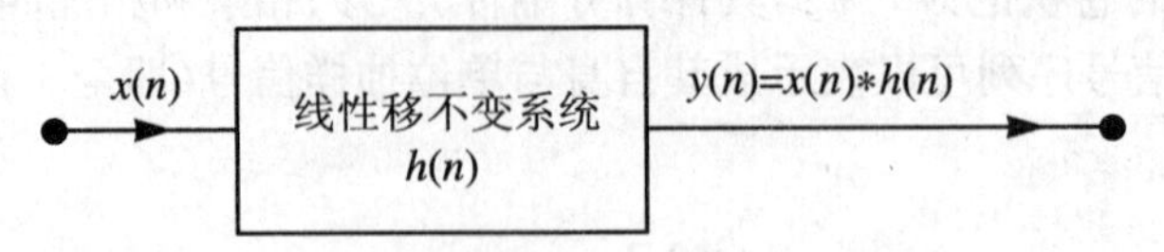

图 8.1.5 线性移不变系统运算

练习 8.1.1 证明下列系统非移不变系统：

$$y(n) = x(n)\sin\left(\frac{2\pi}{9}n + \frac{\pi}{7}\right)$$

练习 8.1.2 证明移不变系统具有交换律、结合律和对加法的分配律。

我们称某时刻 t 的输出结果仅取决于时刻 t 以及 t 以前的输入的系统为因果系统。实际问题中大多数系统为因果系统。

练习 8.1.3 图像、观察数据处理的系统是否为因果系统？为什么？

练习 8.1.4 试说明满足条件 $y(n)=x(-n)$ 的系统非因果系统。

练习 8.1.5 若一个系统的有界输入(输入变量为有界变量)对应输出为有界，那么该系统就称为稳定系统。系统的稳定性是系统控制研究的关键属性。试证明：系统 $h(n)$ 为一个线性、移不变、稳定系统，当且仅当

$$\sum_{n=-\infty}^{\infty} |h(n)| = p < \infty$$

8.2 信号中的线性差分方程

一个线性差分方程就是一个数列及其位移函数线性叠加构成的方程。表达式

$$\sum_{k=0}^{N} a_k y(n-k) = \sum_{m=0}^{M} b_m x(n-m) \tag{8.2.1}$$

为线性差分方程的一般表达式。(8.2.1)式称为常系数线性差分方程，如果系数 $a_0, a_1, \cdots, a_N$；$b_0, b_1, \cdots, b_M$ 均为常数。可以视数列 $y(n)$ 为函数 $y(x)$ 在自变量 x 取整数值 $\{0,1,2,\cdots,N\}$ 时的离散情形，并称自变量 n 的最大取值 N 为该方程的阶；注意(8.2.1)式中的变量 $y(s)$ 和 $x(t)$ 各项均为一次，因此方程(8.2.1)称为线性常系数差分方程，简称为线性差分方程。

(8.2.1)式的解法有迭代法、卷积法和 Z 变换法。迭代法一般用于求解初始状态为零的系统，其输出信号形如 $y(n)=x(n)*h(n)$。因此，若已知 $h(n)$，就可求出 $y(n)$。

例 8.2.1　已知常系数线性差分方程为 $y(n)-ay(n-1)=\delta(n)$，其中 a 为一个实常数。试求单位抽样响应 $y(n)$。

这里用迭代法来求解信号序列 $y(n)$。假设该系统为因果系统，则对所有 $n<0$ 有 $y(n)=0$。于是方程可写为 $y(n)=ay(n-1)+x(n)$，其中 $x(n)=\delta(n)$ 为 δ 信号，那么 $h(n)=ah(n-1)+\delta(n)$。因此：

$$h(0)=\delta(0)=1;$$

$$h(1)=ah(0)+\delta(1)=a+0=a;$$

$$h(2)=ah(1)+\delta(2)=a^2;$$

……

$$h(n)=a^n;$$

……

当 $|a|\leqslant 1$ 时，系统为稳定的。

注意一个线性差分方程不一定是因果系统，也不一定是线性移不变系统。一般情况下，我们所讨论的常系数线性差分方程均为线性移不变因果系统。

利用系统差分方程，可得到关于系统的输入输出关系表述。事实上，系统差分方程可用来求解系统的结构。

系统结构图里，用⊕表示加法器，⊗表示乘法器，Z^{-1} 表示一位延时单元（时间平移）。

例 8.2.2　差分方程 $y(n)+a_1y(n-1)=b_0x(n)$ 表示的系统结构如图 8.2.1 所示。

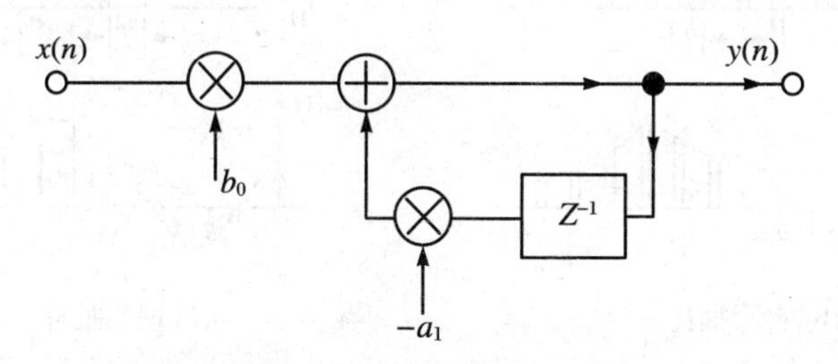

图 8.2.1　差分方程对应的系统运算

现在来考察连续时间信号抽样。MATLAB 内含抽样函数，抽样器对信号进行时间离散化。这是对信号数字化处理的第一个环节。实际抽样时，$p(t)$ 为脉冲序列，抽样器一般由电开关组成，开关每隔 T 秒短暂闭合一次，将连续信号接通，实现一次采样（图 8.2.2(a)）。如开关每次闭合 τ 秒，则采样器输出一串重复周期

为 T、宽度为 τ 的脉冲,脉冲幅度是该时间内信号幅度,如图 8.2.2(b)所示。这一采样过程可视为一个脉冲调幅过程,脉冲载波是一串周期为 T、宽度为 τ 的矩形脉冲,以 $P(t)$表示,调制信号是输入的连续信号 $x_a(t)$,则采样输出为 $X_p(t)=X_a(t)P(t)$。

实际抽样中,τ 很小。τ 越小,采样输出脉冲的幅度越接近输入信号在离散时间点上的瞬时值。对于理想抽样,满足条件

$$P(t)=\delta_T(t)$$

当抽样器的电开关闭合时间 $\tau\to 0$ 时,实际采样接近理想采样,且采样序列表示为冲激函数的序列,这些冲激函数准确地出现在采样瞬间,其积分幅度准确地等于输入信号在采样瞬间的幅度,即理想采样可看作是对冲激脉冲载波的调幅过程。用 $M(t)$表示冲击载波,那么理想采样信号的数学表示为

$$M(t)=\sum_{n=-\infty}^{\infty}\delta(t-nT)$$

因此,理想采样信号(图 8.2.2(c))可表示为

$$\hat{x}_a(t)=x_a(t)M(t)=\sum_{n=-\infty}^{\infty}x_a(t)\delta(t-nT)=\sum_{n=-\infty}^{\infty}x_a(nT)\delta(t-nT)$$

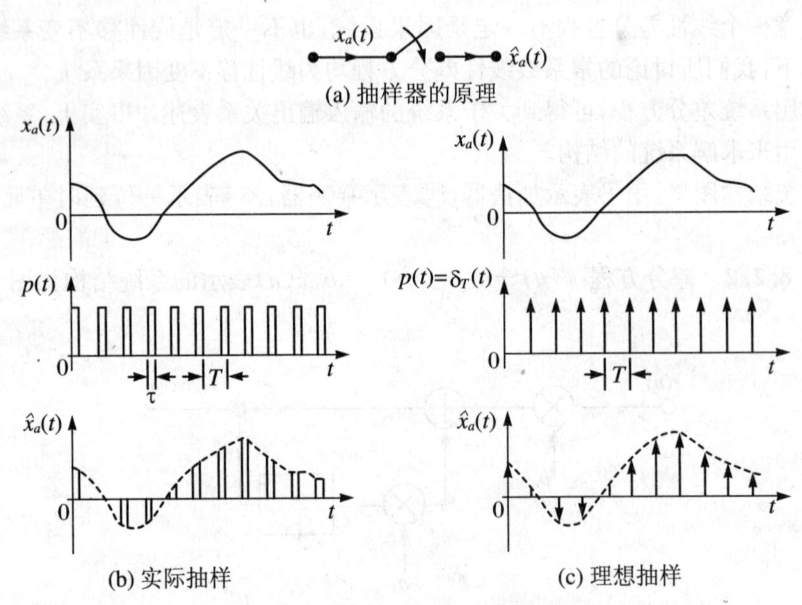

图 8.2.2 实际抽样与理想抽样比较

实际情况下,极限 $\tau=0$ 达不到,但 $\tau\ll T$ 时,实际采样接近理想采样。理想采样可看作是实际采样物理过程的抽象,便于数学描述,可集中反映采样过程的所有本质特性,理想采样对 Z 变换分析相当重要。

练习 8.2.1 试通过举例说明连续信号与采样信号之间的差异,它们的哪些

性质不一样？信号内容是否有丢失，采样序列能否代表原始信号？

练习 8.2.2　由离散信号恢复连续信号的条件是什么？试举例说明什么样的离散信号不能恢复原始连续信号？

练习 8.2.3　理想采样信号的频谱有何特点，它与连续信号频谱的关系如何？

练习 8.2.4　如图 8.2.3 所示，对理想采样信号进行傅里叶变换。证明：理想

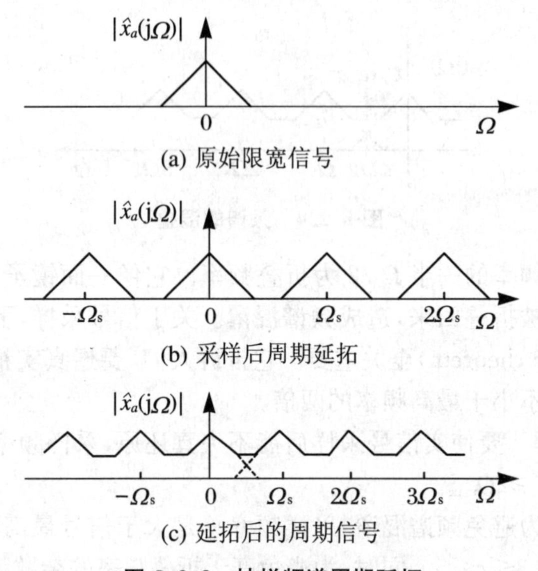

(a) 原始限宽信号

(b) 采样后周期延拓

(c) 延拓后的周期信号

图 8.2.3　抽样频谱周期延拓

采样信号的频谱是连续信号频谱的周期延拓，重复周期为 Ω_s（采样频率），即

$$\hat{X}_a(\mathrm{j}\Omega)=\frac{1}{T}\sum_{m=-\infty}^{\infty}X_a(\mathrm{j}\Omega-\mathrm{j}m\Omega_s)$$

其中 $\hat{X}_a(\mathrm{j}\Omega)$ 为理想采样信号的频谱，$X_a(\mathrm{j}\Omega)$ 为连续信号的傅里叶变换。显然，$\hat{X}_a(\mathrm{j}\Omega)$ 是频率 Ω 的连续函数。

采样定理　如果信号 $x_a(t)$ 是实的带限信号，且最高频谱不超过 $\Omega_s/2$，即

$$X_a(\mathrm{j}\Omega)=\begin{cases}X_a(\mathrm{j}\Omega), & |\Omega|<\Omega/2\\ 0, & |\Omega|\geqslant\Omega/2\end{cases}$$

那么理想采样频谱中，基带频谱和各次谐波调制频谱不重叠，用一个带宽为 $\Omega_s/2$ 的理想低通滤波器可以将各次谐波调制频谱滤除，保留不失真的基带频谱，从而不失真地还原出原来的连续信号。

如果信号最高频谱超过 $\Omega_s/2$，那么理想采样频谱中，各次调制频谱会出现交叠，出现频谱混淆现象，如图 8.2.4 所示。为简明起见，图 8.2.4 中将 $X_a(\mathrm{j}\Omega)$ 作为标量，一般 $X_a(\mathrm{j}\Omega)$ 为复数，交叠也是复数相加。当出现频谱混淆后，用基带滤波进

行信号恢复会出现失真。

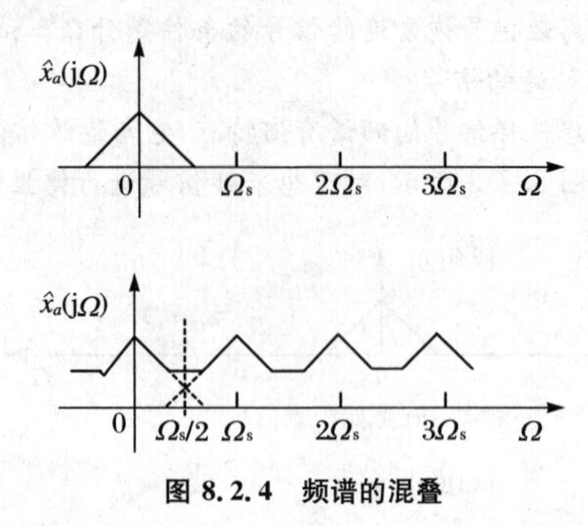

图 8.2.4 频谱的混叠

因此，称采样频率的一半 $\Omega_s/2$ 为折叠频率。它像一面镜子，当信号频谱超过折叠频率时，就会被折叠回来，造成频谱混淆。关于信号采样，下面的奈奎斯特采样原理(Neiquister theorem)至关重要。它告诉人们，要想真实精确地还原原始信号，采样频率必须不小于最高频率的两倍。

奈奎斯特定理 要使实信号采样后能不失真还原，采样频率须不低于信号最高频率两倍，即 $\Omega_s \geqslant 2\Omega_{max}$。

实际问题中，为避免频谱混淆，采样频率总是大于信号最高频率 Ω_{max} 的两倍，如 $\Omega_s > c\Omega_{max}$，其中 $3 \leqslant c \leqslant 5$。同时，为避免高于折叠频率的杂散频谱进入采样器造成频谱混淆，采样器前常增加前置低通滤波器(抗混叠滤波器)，用以阻止高于 $\Omega_s/2$ 的频率分量进入。

抗混叠滤波器(图 8.2.5)：理想采样信号的频谱是连续信号频谱以采样频率为周期的周期延拓，为避免采样信号频谱混叠产生失真而处理频带外的高频分量。

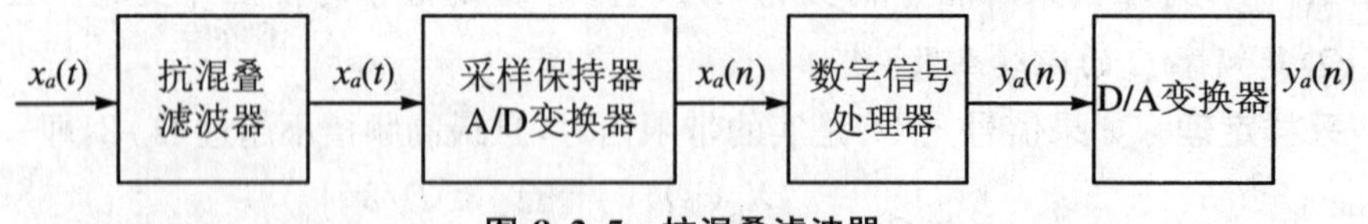

图 8.2.5 抗混叠滤波器

理想采样后，信号的拉氏变换在 S 平面沿虚轴周期延拓，也即 $\hat{X}_a(s)$ 在 S 平面上的虚轴上是周期函数。如果理想采样满足奈奎斯特定理，信号最高频率不超过折叠频率，即

$$X_a(j\Omega) = \begin{cases} X_a(j\Omega), & |\Omega| < \Omega/2 \\ 0, & |\Omega| \geqslant \Omega/2 \end{cases}$$

则理想采样的频谱不会产生混叠，因此有 $|\Omega| < \Omega_s$。

可见采样信号 $\hat{x}$ 通过理想低通滤波器后，其带宽等于折叠频率 $\Omega_s/2$，如图 8.2.6 所示。这里的低通滤波器定义为函数

$$G(\mathrm{j}\Omega)=\begin{cases}T, & |\Omega|<\Omega_s/2\\ 0, & |\Omega|\geqslant\Omega_s/2\end{cases}$$

由于 $\hat{X}_a(\mathrm{j}\Omega)=\frac{1}{T}X_a(\mathrm{j}\Omega)$，采样信号通过此滤波器后，就可滤出原信号频谱：

$$Y(\mathrm{j}\Omega)=\hat{X}_a(\mathrm{j}\Omega)G(\mathrm{j}\Omega)=X_a(\mathrm{j}\Omega)$$

也就恢复了模拟信号 $y(t)=x_a(t)$。实际上，理想低通滤波器是不可能实现的，但在满足一定精度条件下，总可用一个可实现网络去逼近。

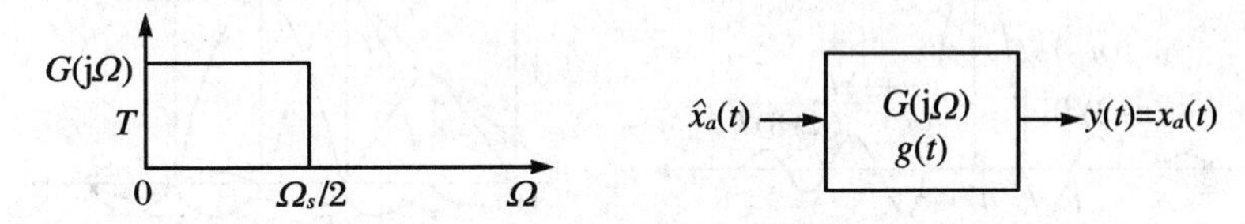

图 8.2.6　采样信号通过理想低通滤波器

理想低通 $G(\mathrm{j}\Omega)$ 的冲激响应为

$$g(t)=\frac{1}{2\pi}\int_{-\infty}^{\infty}G(\mathrm{j}\Omega)\mathrm{e}^{\mathrm{j}\Omega t}\,\mathrm{d}\Omega=\frac{T}{2\pi}\int_{-\frac{\Omega_s}{2}}^{\frac{\Omega_s}{2}}\mathrm{e}^{\mathrm{j}\Omega_s}\,\mathrm{d}\Omega$$

$$=\frac{\sin\frac{\Omega_s}{2}t}{\frac{\Omega_s}{2}t}=\frac{\sin\frac{\pi}{T}t}{\frac{\pi}{T}t}$$

由于频域相乘对应时域卷积，利用卷积公式，可得采样信号经理想低通后的输出信号：

$$y(t)=\int_{-\infty}^{\infty}\hat{x}_a(\tau)g(t-\tau)\mathrm{d}\tau=\int_{-\infty}^{\infty}\Big[\sum_{n=-\infty}^{\infty}x_a(\tau)\delta(\tau-nT)\Big]g(t-\tau)\mathrm{d}\tau$$

$$=\sum_{n=-\infty}^{\infty}\int_{-\infty}^{\infty}x_a(\tau)g(t-\tau)\delta(\tau-nT)\mathrm{d}\tau=\sum_{n=-\infty}^{\infty}x_a(nT)g(t-nT)$$

这里 $g(t-nT)$ 称为内插函数，即

$$g(t-nT)=\frac{\sin\frac{\pi}{T}(t-nT)}{\frac{\pi}{T}(t-nT)}$$

内插函数在采样点 nT 上取值为 1，其余采样点上为 0。将内插函数代入卷积公式，可得采样内插公式：

$$x_a(t)=\sum_{n=-\infty}^{\infty}x_a(nT)\frac{\sin\frac{\pi}{T}(t-nT)}{\frac{\pi}{T}(t-nT)}$$

如图 8.2.7(a)所示。图 8.2.7(b)为采样内插恢复的连续信号。图中每个采样点上对应的内插函数非零,保证了各采样点信号值不变,而采样之间的信号则由各采样内插函数的波形延伸叠加而成。

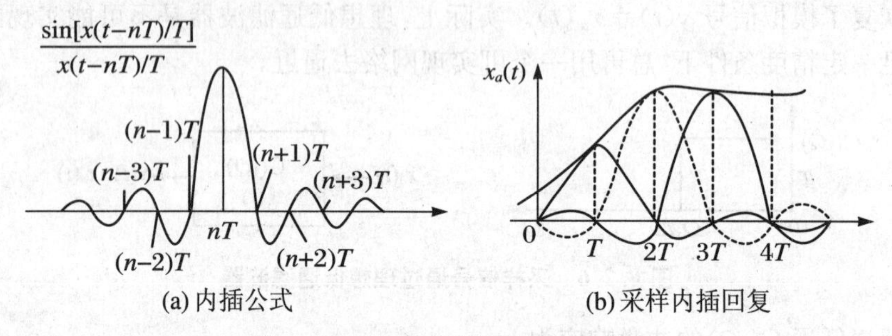

图 8.2.7　内插公式与采样内插恢复

内插公式表明,只要采样频率高于两倍信号最高频率,连续信号就可用其采样值完全表示,且无信息损失。这就是奈奎斯特定律。

例 8.2.3　如图 8.2.8 所示,已知一模拟信号 $x(t)=3\cos(20\pi t)+5\sin(60\pi t)+10\cos(120\pi t)$, $fs=50$ Hz。试求抽样后的 $x(n)$。若从 $x(n)$ 信号恢复成连续信号,是否与原模拟信号一样,为什么?

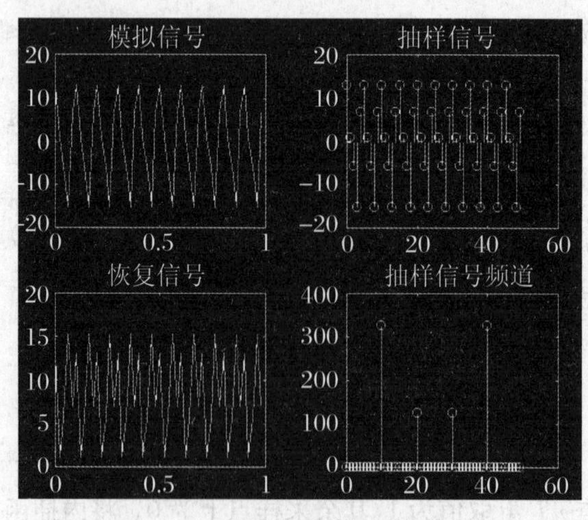

图 8.2.8　采样恢复信号与模拟信号

例 8.2.4　一个声频信号的函数表示为

$$x(t) = 2A\cos(a\pi t) + 2B\cos(3a\pi t) + 2C\cos(a\pi t/2) + 2D\cos(6a\pi t)$$

试问:① 该信号由哪些频率构成?(t:ms)

② 信号的哪些部分是可听到的,为什么?

③ 如果前置滤波器的截止频率为 20 kHz,听到的是什么?

8.3　信号压缩与压缩感知

傅里叶变换能够将复杂信号分解成一些简单信号的叠加,因而可以看清楚原始信号的特征。然而,由于信号多样性和信号噪声等原因,一般很难从傅里叶变换来区分主信号和噪声。我们需要通过信号采样来获取更多更全面的信号信息。那么如何采样才是最佳的?

本节简要介绍压缩信号感知理论。该理论是最近六年才发展起来的信号处理领域的一个分支。按照奈奎斯特采样定理,采样速率达到信号带宽两倍以上时,才能由采样信号精确重建原始信号。可见带宽是奈奎斯特采样定理对采样的本质要求。然而随着信息量的增加,信号带宽越来越宽,以此为基础的信号处理框架要求的采样速率和处理速度也越来越高。解决这些压力常见的方案是信号压缩。但传统的信号压缩实际上是一种资源浪费,因为大量不重要或冗余信息在压缩过程中被丢弃。因此带宽不能本质地表达信号的信息,从而基于信号带宽的奈奎斯特采样机制是冗余的或者说是非信息的。

一个自然的问题是:能否利用其他变换空间描述信号,建立新的信号描述和处理的理论框架,使得在保证信息无损前提下,用远低于奈奎斯特采样定理要求的频率采样,同时又可以完全恢复信号。

事实上,2006 年以来,基于信号稀疏性提出的压缩感知的采样理论,已成功实现了信号的同时采样与压缩。压缩感知理论指出:稀疏信号通过变换投影和优化可重构原信号。在该理论框架下,采样速率不再取决于信号带宽,而在很大程度上取决于两个基本准则:稀疏性和等距约束性。压缩感知理论的某些抽象结论源于 Kashin 创立的泛函分析和逼近论。2006 年以来,由美国加州大学(UCLA)陶哲轩、斯坦福大学和加州大学伯克利分校 Candes,Romberg 和 Donoho 等人构造了具体的算法,并通过研究表明了这一理论的巨大应用前景。目前国内已有学者对其展开研究,如西安电子科技大学课题组基于该理论提出采用超低速率采样检测超宽带回波信号。显然,在压缩感知理论中,图像或者信号的采样和压缩同时以低速率进行,使传感器的采样和计算成本大大降低,而信号的恢复过程是一个优化计算的过程。因此,该理论指出了将模拟信号直接采样压缩为数字形式的有效途径。从理论上讲,任何信号,只要能找到其相应的稀疏表示空间,就可有效地进行压缩采样。

当前,压缩感知理论主要涉及三个核心问题:

① 具有稀疏表示能力的字典矩阵设计;

② 满足非相干性或等距约束性准则的测量矩阵设计;

③ 快速鲁棒的信号重建算法设计。

压缩感知理论必将给信号采样方法带来一次新的革命。这一理论的引人之处还在于它对应用科学的许多领域具有重要的影响,如统计学、信息论、编码等。目前,学者们已经在模拟与信息采样、合成孔径雷达成像、遥感成像、核磁共振成像、深空探测成像、无线传感器网络、信源编码、人脸识别、语音识别、探地雷达成像等诸多领域对压缩感知展开了广泛的应用研究。Rice 大学已经成功设计出了一种基于压缩感知的新型单像素相机,在实践中为取代传统相机迈出了实质性的一步。

传统的信号采集、编解码过程如图 8.3.1 所示,编码端先对信号进行采样,再对所有采样值进行变换,并将其中重要系数的幅度和位置进行编码,最后将编码值进行存储或传输。信号的解码过程仅仅是编码的逆过程,接收的信号经解压缩、反变换后得到恢复信号。采用这种传统的编解码方法,由于信号的采样速率不得低于信号带宽的 2 倍,使得硬件系统面临着很大的采样速率的压力。此外在压缩编码过程中,大量变换计算得到的小系数被丢弃,造成了数据计算和内存资源的浪费。

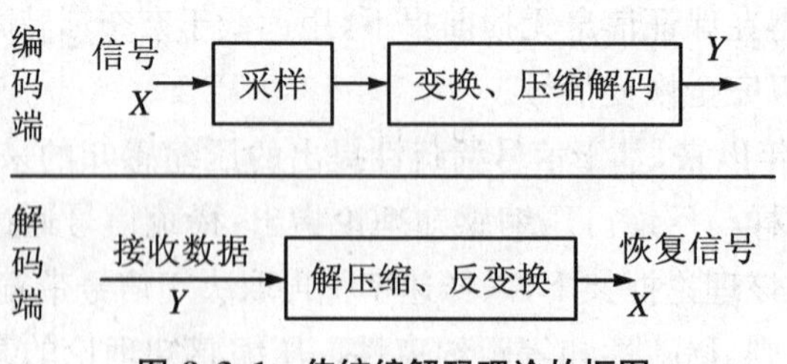

图 8.3.1　传统编解码理论的框图

如图 8.3.2 所示,压缩感知理论允许信号采样和编码压缩同时进行,利用信号稀疏性,以远低于奈奎斯特采样率的速率对信号进行非自适应的测量编码。测量值并非信号本身,而是从高维到低维的投影值,从数学角度看,每个测量值是传统理论下的每个样本信号的组合函数,即一个测量值已经包含了所有样本信号的少量信息。解码过程不是编码的简单逆过程，而是在盲源分离中的求逆思想下，利用信号稀疏分解中已有的重构方法在概率意义上实现信号的精确重构或者一定误差下的近似重构。解码所需测量值的数目远小于传统理论下的样本数。

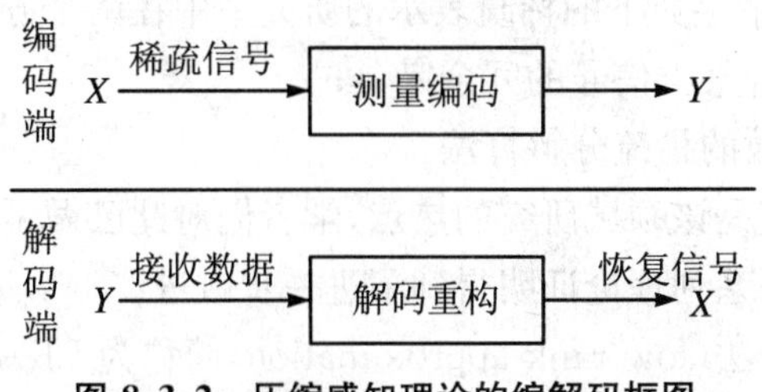

图 8.3.2　压缩感知理论的编解码框图

下面介绍压缩感知的基本理论及核心问题。假设有一长度为 N 的信号 $f\in\mathbf{R}^N$，基向量为 $A_i(i=1,2,\cdots,N)$，对信号进行变换：

$$f=\sum_{i=1}^{N}a_iA_i \tag{8.3.1}$$

或简单记为 $f=Av$，其中向量 f 是信号在时域的表示，$A=(A_1,A_2,\cdots,A_N)$ 为矩阵，向量 v 是信号在基矩阵 A 下的表示。

信号的稀疏性或近似稀疏性是压缩感知理论的关键。若(8.3.1)式中的 v 只有 K 个非零值($N\gg K$)，可认为信号是稀疏的。信号的稀疏表示是压缩感知的先验条件。在已知信号可压缩的前提下，压缩感知过程可分为两步：

① 设计与变换基无关 $M\times N$ 测量矩阵 $A(M\ll N)$，对信号进行观测，得测量向量 m；

② 由测量向量 m 重构信号。

定义 8.3.1　信号 X 在正交基 W 下的变换系数向量为 $\Theta=W^{\mathrm{T}}X$，若对 $0<p<2$ 和 $R>0$，有

$$\|\Theta\|_p\equiv\Big(\sum_i|\theta_i|^p\Big)^{1/p}\leqslant R \tag{8.3.2}$$

则称系数向量 Θ 在某种意义下是稀疏的。

稀疏信号的另一种定义是：如果变换系数 $\theta_i=\langle X,W_i\rangle$ 的支撑集

$$\mathrm{Supp}(X)=\{i:\theta_i\neq0,i=1,2,\cdots,N\} \tag{8.3.3}$$

满足 $|\mathrm{Supp}(X)|\leqslant K$，则称信号 X 是 K-稀疏的。

寻找信号最佳稀疏域问题是压缩感知理论应用的基础和前提。只有选择合适的基表示信号才能保证信号的稀疏度，从而保证信号的恢复精度。通过变换系数的衰减速度可以衡量变换基的稀疏表示能力。稀疏表示研究的另一个热点是信号在冗余字典下的稀疏分解。这是一种全新的信号表示理论，用超完备冗余函数库

取代基函数，称之为冗余字典，字典中的元素被称为原子。字典选择应尽可能好地符合被逼近信号的结构，其构成是自由的。从冗余字典中找到具最佳线性组合的 K 个原子来表示一个信号，称作信号的稀疏逼近。

目前，信号在冗余字典下的稀疏表示的研究集中在两个方面：

① 构造一个适合某类信号的冗余字典；

② 设计快速有效的稀疏分解算法。

这两个问题一直是该领域研究的热点，学者们对此已做了一些探索，其中以非相干字典为基础的一系列理论证明得到了进一步改进。

矩阵低秩逼近方法(low rank approximation，简称为 LRA)在某些情况下可以用来处理这类问题。一个实对称的 $n\times n$ 矩阵 A 一定可以正交对角化，即存在实的正交矩阵 Q，使得

$$A=Q^{\mathrm{T}}DQ$$

其中 $D=\mathrm{diag}(d_1,d_2,\cdots,d_n)$ 为 n 阶对角矩阵。如果 A 为一个一般 $m\times n$ 矩阵，那么 A 存在分解

$$A=UDV^{\mathrm{T}},\quad U\in\mathbf{R}^{m\times r};V\in\mathbf{R}^{n\times r}\tag{8.3.4}$$

其中 U,V 均为列正交矩阵，而 $D=\mathrm{diag}(\lambda_1,\lambda_2,\cdots,\lambda_r)$ 满足 $\lambda_1\geqslant\lambda_2\geqslant\cdots\geqslant\lambda_r>0$，$r=\mathrm{rank}(A)$。(8.3.4)式称为 A 的简化 SVD(奇异值分解)，且 $\lambda_1,\lambda_2,\cdots,\lambda_r$ 称为 A 的全部非零奇异值。(8.3.4)式可以等价地写成：

$$A=\sum_{j=1}^{r}\lambda_j u_j v_j^{\mathrm{T}},\quad u_j\in\mathbf{R}^m;v_j\in\mathbf{R}^n\tag{8.3.5}$$

压缩感知理论中，矩阵 A 对应的行列数 m,n 通常较大且 $m\ll n$。同时，由于这些数据反映了具有某些规律的数据分布，因此 A 的秩 r 一般(相对于 m,n)较小。

假设在(8.3.5)式的右边取 $k(k<r)$ 的项的和，那么有结论：

定理 8.3.1 假设实 $m\times n$ 矩阵 A 具有 SVD 分解式(8.3.4)或(8.3.5)，记

$$A_k=\sum_{j=1}^{k}\lambda_j u_j v_j^{\mathrm{T}},\quad 1\leqslant k\leqslant r\tag{8.3.6}$$

那么

$$A_k=\underset{\mathrm{rank}(X)\leqslant k}{\mathrm{Arg}}\ \min\{X:\|X-A\|_2\}\tag{8.3.7}$$

即 A_k 为所有秩不大于 k 的矩阵中离 A“最近的”矩阵。

低秩逼近可用于数据的降维和压缩。假设一个 $m\times n$ 数据矩阵 A 可写成一个较小秩矩阵和稀疏矩阵之和，即

$$A=B+E\tag{8.3.8}$$

矩阵 B 元素非负且满足 $\mathrm{rank}(B)\ll r\min(m,n)$，$E$ 为稀疏阵(非零元个数远小于零

元个数)。B 为无噪矩阵,结构简单、低秩,E 为噪声矩阵。我们从 A 很难发现数据结构和特征。寻找接近 A 且低秩的非负矩阵 B 成为问题核心。该问题称为矩阵 A 的低秩逼近(LRA)问题。

定义 8.3.2　若 $A\in\mathbf{R}^{m\times n}$,$\mathrm{rank}(A)=r$,且 $k\leqslant r$,则 A 的 k-秩逼近就是寻找 $B\in\mathbf{R}^{m\times n}$,使得

$$B=\underset{\mathrm{rank}(X)\leqslant k}{\mathrm{Arg}}\ \min\{X:\|X-A\|_2\} \tag{8.3.9}$$

成立。

由定理 8.3.1 可知,通过计算 A 的 SVD,可求出矩阵 B,即(8.3.6)式中的 A_k。实际问题中,由于 A 的阶 m,n 非常庞大,使得 SVD 分解代价昂贵,因此必须寻找其他途径。

非负矩阵分解(nonnegative matrix factorization,简称 NMF)方法是求解低秩逼近矩阵 B 的一个有效而简单的方法。

定义 8.3.3　给定一个 $m\times n$ 非负矩阵 V 和目标分解秩 k,NMF 就是寻找 $n\times k$ 的非负矩阵 W 和 $k\times m$ 的非负矩阵 H,使

$$V=WH \tag{8.3.10}$$

其中 W 称为基矩阵,H 称为编码矩阵,且一般要求有 $k\ll\min(m,n)$。因此分解后得到的矩阵乘积 WH 为原始数据提供了一种压缩表示。同时由于分解前后矩阵仅含非负元,原矩阵 V 中的每个列可解释为 W 的列向量的加权和,加权向量则为 H 中对应的列向量。

定义 8.3.3 等价于求解最优化问题:

$$\min_{W\in\mathbf{R}_+^{m\times k},H\in\mathbf{R}_+^{k\times n}}\|V-WH\|_F \tag{8.3.11}$$

这里的范数为 F-范数,它定义为 $\|M\|_F=(\sum_{i,j}|m_{ij}|^2)^{1/2}$。基矩阵 W 的列向量揭示了原始数据的内部结构或模式,编码矩阵 H 的列向量为对应权重系数。某些情况下,我们要求 W 或 H 具有一定的稀疏性。

对一般的 NMF 算法,假设误差矩阵 $E(=V-WH)$服从正态分布,其与梯度法结合得迭代算法为

$$W\leftarrow W\otimes(VH^{\mathrm{T}})\oslash(WHH^{\mathrm{T}})$$
$$H\leftarrow H\otimes(WV^{\mathrm{T}})\oslash(W^{\mathrm{T}}WH)$$

符号⊗和⊘分别代表矩阵元素之间的数组点乘与点除。

MATLAB 中,NMF 函数包含在统计工具包(statistics)中,具体指令为:

```
>>[W,H]=nnmf (A,k,'w0',W0,'h0',H0,'options',opt,…
    'algorithm','als');
```

它对 A 进行秩 k 近似分解，WH 相当于 A 的秩 k 低秩逼近。

① $W0$，$H0$：分别为 W 和 H 的初始化矩阵；

② options：迭代选项，有最大迭代次数(maxiter)、显示模式(display)等；

③ algorithm：算法设置，取值 als(交错最小二乘法)或 mult (乘法迭代)。

一般情况下，ALS 算法收敛速度快、稳定，而 MULT 算法对初始矩阵敏感，当使用选项 'replicates' 进行多次初始化时该算法比较理想。输出结果(W，H)满足正规化条件，即 H 的每个行向量均为单位向量(长度为 1)，W 的列向量长度按照从大到小的顺序排序。

NMF 首先利用随机化生成的方式进行初始化，并采用多次迭代的算法实现逼近。注意到(8.3.10)式的分解不唯一，最小化问题(8.3.11)式的一个解(W，H)可能使得(8.3.11)式达到局部最小化，因此程序的重复运行可能导致不同的分解结果。该算法还有可能收敛于秩小于 k 的矩阵对(W，H)，这时产生的收敛结果并非最优。

下面通过例题来说明 NMF 算法程序的应用。

例 8.3.1　MATLAB 内 help 文件包含一个数据文件 fisheriris。通过装载该数据：

```
>>load fisheriris
```

可在 MATLAB 的内存空间中查看文件 fisheriris 中的数据变量信息：

```
>>whos
  Name      Size      Bytes   Class    Attributes
  meas      150×4     4800    double
  species   150×1     19300   cell
```

数据矩阵 *meas* 有 4 列，分别表示变量花萼长度、花萼宽度、花瓣长度和花瓣宽度。对数据矩阵 *meas* 进行秩 2 逼近的非负矩阵分解：

```
>>[W,H]=nnmf(meas,2);
>>H
  H=
      0.6852   0.2719   0.6357   0.2288
      0.8011   0.5740   0.1694   0.0087
```

注意 $W=[w1,w2]$中第 1，2 列分别反映了花萼长和宽度，H 的列变量反映了原始数据依赖于 W 中各列(即长度和宽度)的程度，如 H 的第 1 行中第 1，3 个分量相对较大，说明萼片长和花瓣长对 W 的第 1 列的依赖性较强。

下面我们通过 MATLAB 指令 biplot 来显示 4 个因子的权重：

```
biplot(H','scores',W,'variables',{'sl','sw','pl','pw'}) ;
axis([0 1.1 0 1.1]);
xlabel('Column 1');
ylabel('Column 2')
```

其结果如图 8.3.3 所示。

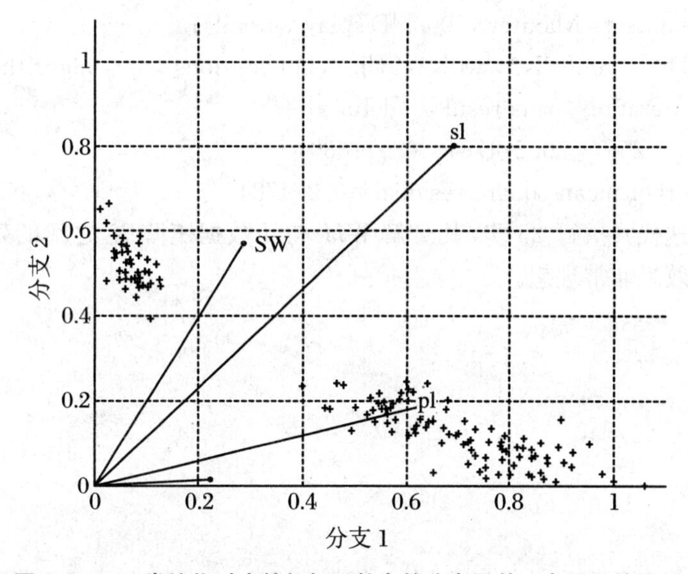

图 8.3.3　3 类植物对应的加权系数点的分布及其 4 个因子的贡献

下面首先随机生成秩为 20 的矩阵 X，运用 NMF 乘法规则对 X 进行秩 20 的低秩逼近：

```
X=rand(100,20) * rand(20,50);
opt=statset('MaxIter',5,'Display','final');
[W0,H0]=nnmf(X,5,'replicates',10,'options',opt,'algorithm','mult');
```

产生的输出结果如下：

```
Rep   iteration       rms   resid       |delta x|
 1        5          0.631782         0.0308427
 2        5          0.620543         0.0372132
 3        5           0.63532         0.0355024
 4        5           0.64306         0.0299519
 5        5          0.633687         0.0398203
 6        5          0.605157         0.0584086
 7        5          0.590941         0.0324291
```

```
 8        5        0.605321     0.0329191
 9        5        0.637175     0.0356282
10        5        0.63825      0.0474288
Final root mean square residual=0.590941
```

在此基础上，运用交错最小二乘法(ALS)进行进一步迭代：

```
opt=statset('Maxiter',1000,'Display','final');
[W,H]=nnmf(X,5,'w0',W0,'h0',H0,'options',opt,'algorithm','als');
rep   iteration   rms resid    |delta x|
 1       25       0.274784   0.0116804
Final root mean square residual=0.274784
```

第二次迭代共执行 25 步，其分解 WH 与元数据矩阵 X 之间的残差范数为 0.0116804，效果非常理想。

第9章 素数与编码

素数,又称质数,是一类只能被1和其自身整除的自然数(1除外),如2,3,5,7,11,13,17,19,23等。比1大但不是素数的数称为合数。1和0既非素数也非合数。素数在数论中有着很重要的地位。任何一个自然数都可以分解为若干个素数的乘积,如63=3×3×7,100=2×2×5×5等,从这个角度看,素数就可以称为自然数中最基本的单元。

数学史上,数论无疑是所有数学分支中最具有魅力的一个分支。有很多著名的经典猜想似乎都与数论有关。而数论的几乎所有部分都与素数分不开,例如著名的几个世纪以来一直悬而未决的哥德巴赫猜想、最近刚获进展的孪生素数猜想、费尔马定理等。数论中关于素数的分解问题一直是困扰人类的一大难题。数论发展对于数学的每个分支产生了积极且深远的影响,如数论与组合数学的结合产生了组合数论,数论与代数学的结合诞生了代数数论,数论的应用现在遍及数学以及其他如编码理论、几何、计算机科学等领域。本章试图向读者介绍该领域中一些基础知识,以及利用MATLAB可以实现的一些素数分解等问题。

本章共5节:第1节介绍素数的分解及其MATLAB程序的实现;第2节介绍素数的计数问题和相关MATLAB程序;第3节介绍素数的生成函数;第4节介绍素数的分布理论;第5节介绍素数的一些应用,其中包括编码理论、线性码等。

9.1 素数分解

我们把能整除一个正整数N的所有素数称为N的素因子。2是最小的素数,也是素数中唯一的偶数;其他素数都是奇数。

练习9.1.1 试运用MATLAB编程给出自然数中前100个素数的列表。

练习9.1.2 考虑1～100之间的素数,尝试一些方法快速地筛选出其中的素数。

以下的问题是关于素数的几个基本问题:

① 给定正整数N,如何判断N是否为素数?

② 自然数中,有多少素数?素数有无穷多吗?

③ 给定正整数 N,如何对 N 进行素数分解?

④ 给定正整数 N,N 的素数分解式是否唯一?

对于较小的正整数 N,以上问题显然比较简单。但是对于一些较大的正整数,如 60984,以上两个问题显然不是这么简单。如下列分解:

$$\begin{aligned}60984 &= 4\times 15246 = 2\times 2\times 2\times 7623\\ &= 2\times 2\times 2\times 3\times 2541\\ &= 2\times 2\times 2\times 3\times 3\times 847\\ &= 2\times 2\times 2\times 3\times 3\times 7\times 121\\ &= 2^3\times 3^2\times 7\times 11^2\end{aligned}$$

最后一个分解式表明,60984 这个数的素因子按照从小到大顺序依次为 2,3,7,11。

给定正整数 $N>1$,记 $p_1,p_2,\cdots,p_r$ 为 N 的全体素因子($r\geqslant 1$),且 $p_1<p_2<\cdots<p_r$。显然 N 为一个素数当且仅当 $r=1$。一般地,N 可分解成

$$N = p_1^{n_1}p_2^{n_2}\cdots p_r^{n_r} \tag{5.3.1}$$

其中 $n_1,n_2,\cdots,n_r$ 为正整数。(5.3.1)式称为正整数 N 的标准素数分解式,简称为标准分解式,对应的分解称为 N 的标准分解。

引理 9.1.1 任何一个大于 1 的正整数的标准分解式都唯一。

如果读者注意到一个自然数的素因子的唯一确定性,就不难证明这个结论,我们把它作为练习。

给定任意一个自然数 N,设 a,b 为 N 的任意两个因子,且 $a<b$,则 $a^2<ab\leqslant N$,因此有 $a<\sqrt{N}$。因此,通过检验所有不大于 N 的平方根的数是否为 N 的因子,可以检验 N 是否为一个素数。下面的 MATLAB 函数可用于实现该目的:

```
% PRIME.m
function  P=prime(n)
% PRIME.m 用来判断一个自然数 N 是否为素数
% 若输出变量 P=0,表示 N 非素数;若 P=1,则表示 N 为素数
if  N<2  P=0  end
A=fix(sqrt(N)); % A 为√N的整数部分
for i=2:A  R=mod(N,i);
if  (R=0)  P=1;  break;
else
P=0;
end
end
```

例如,在 MATLAB 命令窗口输入:

```
>>N=114;
>>P=prime(N)
P=
    0
```

说明数 $N=114$ 非素数。下面是上面程序经简化后的程序：

```
function p=prime2(n)
  if n<2
    p=0;
  else
    a=fix(sqrt(n));
    R=fix(n./[2:a]);
    if any(R==n./[2:a])
      p=0;
    else
      p=1;
  end
end
```

下面的程序列出自然数 N 的全体素因子：

```
% primelist.m
function  S=primelist(N)
% 列出 N 的所有素因子
P=prime(N);
L=[];
if  P=0
  L=[];
else
  for i=2:N
    if  (mod(N,i)==0) & (prime(i)==1)
      L=[L i];
    end
  end
end
```

例如：

```
>>N=100;
```

```
>>L=primelist(N)
L=
  [2 5]
```

表明 $N=100$ 非素数,且其素因子为 2,5。

9.2 素数的个数

为了方便,记 P 为全体素数构成的集合。下面的结论回答了素数基本问题。

引理 9.2.1 $|P|=\infty$,即素数有无穷多个。

证明:反设自然数中素数的个数有限,记它的个数为 r,不妨设 $P=\{p_1,p_2,\cdots,p_r\}$。那么按照定义,任何一个给定的正整数 N 都可以分解成形式:

$$N = {p_1}^{n_1} {p_2}^{n_2} \cdots {p_r}^{n_r}$$

其中 $n_1,n_2,\cdots,n_r$ 为非负整数,但这里 n_i 可以为零(p_i 非 N 的素因子)。现取

$$N = p_1 p_2 \cdots p_r + 1$$

则每个 p_i 都不能整除 N,从而 $N\in P$,与 P 的定义矛盾。因此结论成立。

给定任意正整数 n,用 P_n 来表示不超过正整数 n 的全体素数构成的集合,并记 $\pi(n)=|P_n|$。显然:

$$\pi(1) = 0,\quad \pi(2) = 1,\quad \pi(3) = 2,\quad \pi(4) = 2,\quad \pi(5) = 3$$

引理 9.2.1 告诉我们,当 n 趋于无穷大时,$\pi(n)\to\infty$,即素数有无限多个。

练习 9.2.1 运用 MATLAB 来验证素数是稀疏的,即当 n 趋于无穷大时,有

$$\frac{\pi(n)}{n} \to 0$$

对于一个正整数 n,显然 $\pi(n)$ 为有限数,如何求 $\pi(n)$?如小于 $n=100000$ 的素数有多少个?给定一个 100 位数 x,x 为素数的概率有多大?这两个问题都直接与 $\pi(n)$ 的计算相关。

对一个给定的正整数 n,下面是查找介于 $1\sim n$ 之间的所有素数的一个古老且简单的方法:

① 依次列出从 1 到 n 的所有正整数 $1,2,3,4,5,6,7,8,\cdots,n$;

② 从 4 开始,划掉 2 的所有倍数(保留 2),如 $4,6,8,10,12,14,16,\cdots$

③ 从 9 开始,划去 3 的所有倍数(保留 3,$6=3\times 2$ 已划去);

④ 从 10 开始,划去 5 的所有倍数(保留 5);

⑤ 删去所有 7 的倍数(保留 7);

……

如此下去，每次删去一个素数的倍数（保留该素数自身），直到剩下的数都是素数为止。这种生成素数的古典方法仅使用了简单的乘法运算。它起源于公元前3世纪，由希腊数学家Eratosthenes（第一个计算出地球直径的人）提出，因此该方法又称为Eratosthenes筛法，简称为素数计算的E-筛法。今天，人们仍然用这种简单算法来计算具有某种特征的素数的列表。

E-筛法运用到简单的数的乘法，但是当给定的正整数n足够大时，这种乘法筛选法并不方便。为此，人们发明了一种运用除法计算素数列表的方法。其MATLAB算法如下：

```
% MATLAB 程序
function   z=prime(n)
% function  prime(n) 确定给定的正整数 N 是否为素数
% prime(n) 通过考察 2<a<m=sqrt(n)的正整数 a 是否满足a|n 来判
% 断 n 是否为素数
% 当 n 为素数时，输出结果 z=1，否则 z=0
m=fix (sqrt (n));
a=1;
for i=1:m
if  (rem(n,i)==0)
z=0;
break;
end
z=1;
end
```

练习 9.2.2　考察1到100之间的素数，结合MATLAB快速地筛选出其中的所有素数。

练习 9.2.3　试改进上述MATLAB程序，使得函数prime(n)允许输入变量n为一个向量，其输出结果为一个同样大小的向量m和一个数r。对向量n的每一个分量，如果该分量非正整数或是非素的正整数，则m对应的分量为零，否则该分量位置对应输出结果为1。输出变量r统计向量n中素数分量的个数。

练习 9.2.4　MATLAB中的内部函数isprime(n)用来判断一个正整数n是否为一个素数，请利用该函数改进上述程序。如果要生成小于n的所有素数的集合，如何改进上述程序？将改进后的算法与E-筛法进行比较。

练习 9.2.5　编程，运用函数isprime(n)来计算$\pi(n)$，并验证练习9.2.1中的结论。

9.3 梅森素数

关于素数研究的一个基本且非常重要的问题是:是否存在这样的一个函数,它能生成全体素数?如果存在,如何构造这样的函数?

1644 年,法国修道士、数学家梅森(Marin Mersenne,1707~1783)猜想:

$$M_n = 2^n - 1 \text{ 为素数} \Leftrightarrow n = 2,3,5,7,13,17,19,31,67,127,257$$

该猜想被后人称为梅森猜想。梅森猜想对应这样一个梅森问题,即形如 2^n-1 的数何时为素数?

梅森猜想中定义的 n 均为素数,即梅森猜想意味着 M_n 为素数仅当 n 为素数。事实上,假设 n 非素数,那么存在两个大于 1 的自然数 r 和 s,使得 $n=rs$,则有

$$2^n - 1 = 2^{rs} - 1 = (2^r)^s - 1 = (2^r - 1) \cdot q$$

其中:

$$q = a^{s-1} + a^{s-2} + \cdots + a + 1 > 1$$

这里 $a=2^r$。因此当 n 非素数时,数 M_n 一定不是素数。

人们定义形如 $M_p:=2^p-1$ 的素数为梅森素数,或简称梅森数。对于 $n=2,3,5,7,13,17,19,31$,梅森数有:3,7,31,127,8191,131071,524287,2147483647。后来人们找到了越来越大的梅森数。梅森猜想后来被证明是错误的。

由美国中部密苏里州立大学(Central Missouri State University,简称 CMSU)数学系的 Curtis Cooper 和 Steven Boone 两位数学家领导的一个研究小组早在 1996 年就开始了一个名为"因特网梅森素数大搜索(great internet mersenne prime search,简称为 GIMPS)"的大型合作计划的研究。该计划早期的素数搜寻主要在 i386 的机器上运行。计划很快就被全球的科学家响应,到 1996 年底,参与者有一千多人。1996 年 11 月 13 日,其中的一位计划参与者 Joel Armengaud 发现了梅森素数 $M_{1398269}$。

GIMPS 为目前规模最大的全球互联网大型合作研究计划之一,参与者均为志愿者,并提倡使用免费软件来搜寻未知的梅森素数。该计划发起人——数学家 George Woltman 教授还为该项目创建了软件 Prime95 和 MPrime。截止到 2013 年 2 月 5 日,通过该计划共发现了 14 个梅森数,其中的 11 个为发现时最大的素数。2013 年 1 月 25 日由 CMSU 的 Curtis 发现的最大的素数为 $M_{57885161}=2^{57885161}-1$。

参与该项计划的全球数万台计算机只要处于空闲状态就会在线运行软件 MPrime 和格点计算的发明人 Scott Kurowski 编写的程序,逐个系统地筛选可能

的素数。为了鼓励参与合作的研究人员，电子前沿基金组织设立了一个十万美元的奖项用来授予找到第一个有一千万位的素数的个人或集体。

早期的 GIMPS 计划中的梅森素数发现者来自于不同的国家：

① 1996 年 11 月，来自法国的 Joel Armengaud 等人发现了第 35 个梅森数；

② 1997 年 8 月，来自英国的 Gordon Spence 等人发现了第 36 个梅森数；

③ 1998 年 1 月，来自美国的 Roland Clarkson 等人发现了第 37 个梅森数；

④ 1999 年 6 月，来自美国的 Nayan Hajratwala 等人发现了第 38 个梅森数；

⑤ 2001 年 11 月，来自加拿大的 Michael Cameron 等人发现了第 39 个梅森数；

⑥ 2003 年 11 月，来自加拿大的 Michael Shafer 等人发现了第 40 个梅森数；

⑦ 2004 年 5 月，来自美国的 Josh Findley 等人发现了第 41 个梅森数；

⑧ 2005 年 2 月，来自德国的 Martin Nowak 等人发现了第 42 个梅森数；

⑨ 2005 年 12 月，来自美国的 Curtis Cooper 和 Steven Boone 等人发现了第 43 个梅森数；

⑩ 2006 年 9 月，来自美国的 Curtis Cooper 和 Steven Boone 等人发现了第 44 个梅森数；

⑪ 2008 年 8 月，来自美国的 Edson Smith 等人发现了第 45 个梅森数；

⑫ 2008 年 9 月，来自德国的 Hans-Michael Elvenich 等人发现了第 46 个梅森数；

⑬ 2009 年 4 月，来自挪威的 Odd Magnar Strindmo 等人发现了第 47 个梅森数；

⑭ 2013 年 1 月，来自美国的 Curtis Cooper 发现了第 48 个梅森数。

通过梅森素数，我们还可以生成完美数。一个自然数 N 称为完美数，如果 N 等于它的所有因子之和。如最小的完美数为 $6=1+2+3$。利用梅森数最新发现的完美数为 $2^{57885160}\times(2^{57885161}-1)$。该数字有 34000000 位数字！

关于 GIMPS 计划还有一段独特的历史：20 世纪 90 年代，美国的 Richard Crandall（后来成为了苹果公司的杰出科学家）发现了一种可以加速卷积运算的算法。该算法不仅可以用于寻找大素数，而且可以用于其他方面的计算。他还创建了快速椭圆解码系统（fast elliptic encryption system，简称为 FEES）。该系统可利用梅森素数来进行快速的编码和解码。后来，George Woltman 利用汇编语言对 Crandall 的算法进行编程，并生成了一个高效的素数搜索法，最终产生了 GIMPS 计划。

在美国以及其他一些西方国家，很多中学乃至小学的数学教师，通过使用 GIMPS 计划来提高学生学习数学的兴趣。学生们通过运行这些免费软件，可以参与到一些简单的数学研究当中,这一方面有助于他们掌握数学基础知识,同时也让学生们了解并对数学的进一步研究产生兴趣。人们还通过对梅森数的搜寻来进行计算机硬件性能的测试。事实上,GIMPS 计划已帮助人们发现了很多 PC 上潜在的硬件问题。

不难看出,素数构造并非一件简单的事情。人们自然要问:

① 是否存在一个函数(或简单的一个多项式),它的值域包含了全体素数?

② 是否存在一个函数(或多项式),其函数值为素数?

③ 能否构造一个简单多项式,其值域中包含无数个素数?

前两个问题至今没有答案。对问题③,结论是肯定的,取函数 $f(x)=2x-1$。显然 $f(x)$值域中包含了除 2 以外的所有素数。

练习 9.3.1 编写一个 MATLAB 程序,对给定的素数 p,检验数 2^p-1 是否为素数。

练习 9.3.2 用上述程序对 $p<40$ 进行梅森素数检验。计算所得到的 1～2^p-1(p 为小于 40 的最大的素数,即 37)当中,有多少梅森素数?

练习 9.3.3 修改上述梅森素数生成程序,对 $x=1\sim50$ 进行欧拉素数检验。

练习 9.3.4 我们可以把梅森素数视为通过多项式 x^2-1 生成的素数。1772 年,数学家欧拉研究了运用整系数(系数为整数)多项式来生成素数的可能。

若有正整数 n,使得多项式 $f(x)$在该点的函数值 $f(n)$为一个素数,那么显然多项式 $f(x)$ 一定不可约。欧拉给出的一个著名例子是二次不可约多项式 $f(x)=x^2+x+41$,如:

$$f(1)=43,\quad f(2)=47,\quad f(3)=53,\quad f(4)=61$$

都为素数。我们称这类素数为欧拉素数。

现在取二次多项式 $f(x)=x^2-79x+1601$。试修改梅森素数程序,取 $x=10:10:90$,对该多项式进行素数检验。你能够通过观察得到什么结论?解释得到的结果。

练习 9.3.5 考虑多项式 $g(x)=x^2+x+2$,对于 $1<x\leqslant11$,它生成的最长(即位数最多)的素数是什么?它对哪些 x 生成素数?如何证明你的结论?

练习 9.3.6 考虑更一般的多项式 $g(x)=x^2+x+q$,其中 $q=3,5,11,17,41$;$1<x\leqslant50$。试通过列表说明它生成的最长素数是什么?对哪些 x 生成素数?如果选取 $q=7$ 或 37,情况如何?

9.4 素数的分布

素数的分布是不规则的。欧几里得在他的著作《几何原本》中首次证明了素数有无穷多个。19 世纪后，素数定理的证明给出了素数在自然数中大致的分布情况。根据素数定理，在前 n 个自然数里，素数的个数约为 $n/\ln n$，即前 n 个数里素数的比例是 $\frac{1}{\ln n}$。因此，随着 n 的增大，前 n 个自然数中素数的比例会越来越小。图 9.4.1 显示了素数在正整数中的分布情况。

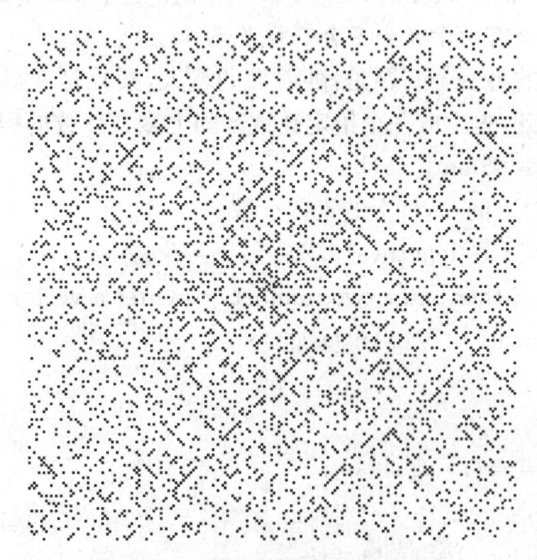

图 9.4.1　素数在正整数中的分布

给定一个自然数 $n>1$，可以给出连续的 $n-1$ 个非素数的自然数：

$$n!+2,\quad n!+3,\quad n!+4,\quad \cdots,\quad n!+n \tag{9.4.1}$$

不难证明，这些数都非素数。事实上，(9.4.1)中的 $n-1$ 个数依次可被 2,3,4,…,n 整除。如 $n=3$ 时，$n!+n=9$，前 9 个自然数 1,2,…,9 中，不出现素数的最大连续子序列(8,9)含有 2 个元；$n=4$ 时，$n^2+n=20$，前 20 个数 1,2,…,20 中，不出现素数的最大连续子序列有(8,9,10)和(14,15,16)。我们称这样一个子序列为最大非素子序列。对应的最大非素子序列的长度称为稀素度。

一个自然的问题是：$1\sim n!+n$ 的自然数序列中，(9.4.1)是否给出了最大非素子序列？

练习 9.4.1　对 $n=5\sim10$，找出 $1\sim n!+n$ 的自然数中所有最大非素子序列，并验证子序列(9.4.1)是否为最大非素子序列？

练习 9.4.2　利用 MATLAB 编程，对 $n=2\sim20$，找出 $1\sim n!+n$ 的自然数中所有最大非素子序列，计算它们的稀素度，并用图形显示。

为了研究素数分布，记

$$\pi_1(n)=\{p\ 为素数\mid p\leqslant n\ 且\ \exists k,p=1+4k\}$$

$$\pi_3(n)=\{p\text{ 为素数} \mid p\leqslant n\text{ 且 }\exists k, p=3+4k\}$$

即集合 $\pi_i(n)$ 为所有不超过数 n 且被 4 除余数为 i 的素数(显然 i 只能取 1 或 3)。

练习 9.4.3 对于 $n=25,50,75,100$,分别计算 $\pi(n)$,$\pi_1(n)$,$\pi_3(n)$。

练习 9.4.4 修改前面计算 $\pi(n)$的程序,并计算 $\pi(n)$,$\pi_1(n)$,$\pi_3(n)$。

练习 9.4.5 你能否证明 $\pi_1(n)$,$\pi_3(n)$中所含有的素数个数都是无穷多? 你认为这两个集合中含有的素数会不会一样多呢?

关于素数分布的另一个问题是:随着数的增大,素数是变得越来越密,还是变得越来越稀疏? 为此,先生成一个给定整数区间上素数计数的程序:

```
function   cp=countp (a,b)
% countp:对区间[a,b]上的素数计数
if   (nargin<2 & length(a)<2)
    errors('Either enter two numbers or enter a vector of dimension ...
           at least two. \n');
    return;
end
if   (nargin==2)
    if (a>b)
         C=b;   b=a;   a=C;
    end
cp=sum(isprime(a:b));
end
  If   (nargin==1) & (length(a)>=2)
  X=min(a);    Y=max(a);
  cp=sum(isprime(X:Y));
  end
```

上述函数 countp(a,b)允许用户输入一个长度大于 1 的向量作为输入变量,并且将该向量的最小分量和最大分量分别作为区间左端点和右端点,来生成区间$[a,b]$,再生成区间$[a,b]$上的所有素数的个数。

练习 9.4.6 用上述程序计算以下各个整数区间上素数的个数 $\pi(a,b)$。

① $a=1,b=100$;

② $a=1001,b=1100$;

③ $a=10001,b=10100$;

④ $a=100001,b=100100$。

这些区间的长度均为 99,试通过观察,看看当区间远离坐标原点时,区间中的

素数是越多还是越少？你还可以选择一些更长的区间来进行你的实验。

关于素数的稀疏度，可以这样来理解：给定一个素数 p，它的下一个素数离它多远？即对于两个相邻的素数的差，有什么结论？在此方面最有名的结论是建立在一类特殊的素数对定义上——孪生素数。注意到两者相差为 1 的素数对只有(2,3)，两者相差为 3 的素数对只有(2,5)。

一对差为 2 的素数称为一对孪生素数，如(3,5)，(5,7)，(11,13)，…，(10016957,10016959)，…都是孪生素数。

由前面的讨论，我们似乎会觉得素数越大，其出现越稀疏。因此越大的素数，似乎两两之间就隔得越远。实际上不然。例如即使是非常大的两个素数，它们的差有可能很小，譬如两个连续素数之间相差 2。因此孪生素数就是相差为 2 的一对素数。那么这样的素数对有多少对？以下列出了最小的 35 对孪生素数：(3,5)，(5,7)，(11,13)，(17,19)，(29,31)，(41,43)，(59,61)，(71,73)，(101,103)，(107,109)，(137,139)，(149,151)，(179,181)，(191,193)，(197,199)，(227,229)，(239,241)，(269,271)，(281,283)，(311,313)，(347,349)，(419,421)，(431,433)，(461,463)，(521,523)，(569,571)，(599,601)，(617,619)，(641,643)，(659,661)，(809,811)，(821,823)，(827,829)，(857,859)，(881,883)。

即使是大的素数，也可能成为孪生素数。通过穷举式计算发现：在小于 10^{15} 的 29844570422669 个素数中，有 1177209242304 对孪生素数，占了 3.94%。到 2009 年 8 月为止，已发现的最大孪生素数为 $2003663613\times 2^{195000}\pm 1$。这两个数都有 100355 位。

素数定理说明素数分布在趋于无穷大时有变得稀少的趋势。而孪生素数与素数一样，也有相同的趋势，并且这种趋势比素数更为明显。直觉上可以作如下的估计：在前 n 个自然数里找一个数，它是素数的可能性大约是 $\dfrac{1}{\ln n}$；所以在前 n 个自然数里找一个数 p，p 和 $p+2$ 都是素数的可能性大约是 $\dfrac{1}{\ln^2 n}$。这是因为概率上"p 是素数"与"$p+2$ 是素数"是两个独立事件。但这种推算缺乏严谨的证明，因为素数排列是已知的，而不是概率事件。

素数领域有两个相关的猜想都被称为孪生素数猜想。

猜想 1(twin prime conjecture)　存在无穷多个孪生素数对。

该猜想至今仍未得到证实，尽管数学家们一直认为该结论正确。1979 年，著名数学家、剑桥大学教授 Hardy 和 Wright 断言该猜想正确。1993 年，数学家 Shanks 认为有足够足以令人信服的证据证明该猜想的正确性。Hardy 和 Wright 甚至认为孪生素数猜想的证明已超出数学范畴。2004 年，Arenstorf 声称给出了该猜想的一个证明，但最终发现其证明中存在严重错误。2013 年旅美华人数学家张益唐先生(毕业于北京大学,现于美国新罕布什尔大学数学系工作)为该猜想的证明作出了突出贡献,他证明了存在无数多个素数对(p_n,p_{n+1}),它们的差小于7000万。该结果在数月内就已经被大大改进为25万。它将一个无穷大数(两素数差)一下拉到了一个有限数,是一个里程碑式的突破。当然,该结论与孪生素数猜想还有一定距离,但显然已十分靠近。

利用张益唐先生的工具,可知存在一个常数 C,使得对任意 C 个连续偶数,都存在无穷对相邻素数,它们的差是这些偶数之一。因此,不仅素数本身难以捉摸,它们之间的差更是剧烈起伏不定。

实际上,匈牙利数学家 Paul Erdös 先生早在1955年就猜测,相邻两对素数差的比值可以要多大有多大,要多小有多小。借助张益唐的工具,Pintz 证明了这个猜想,且进一步证明了素数之差的比值快速趋向于两极分化。用 Pintz 的话说:在刚刚过去的几个月里,一系列十年前会被认为是科幻小说的定理都被证明了。

但孪生素数猜想本身又如何呢?我们知道,如果将张益唐论文中的常数从7000万改进到2,就等于证明了孪生素数猜想。既然现在数学家们将常数改进得如此之快,那么我们是否已经很接近最终的目标呢?张益唐的方法本质上还是筛法,而筛法的一大问题是所谓的"奇偶性问题"。简单来说,如果一个集合中所有数都只有奇数个素因子,那么用传统的筛法无法有效估计这个集合至少有多少元素。而素数组成的集合,恰好属于这种类型。正因如此,当陈景润做出哥德巴赫猜想的突破性结果(1+2)时,他得到的评价是"榨干了筛法的最后一滴油"。因为如果只靠筛法,是无法证明哥德巴赫猜想的。(1+2)是筛法所能做到的最好结果。

一个素数 p 称为是SG-素数(sophie germain prime),如果数 $2p+1$ 也是素数。不难检验前15位SG-素数为:2,3,5,11,23,29,41,53,83,89,113,131,173,179,191。下面的猜想称为SG-猜想,它告诉我们这样的素数有无穷多个。

猜想 2(sophie germain prime conjecture) 存在无穷多个SG-素数。

1993年,Shanks 证明SG-猜想与孪生素数猜想关系紧密。其他形式的孪生素数猜想也曾出现过,在此不一一列出。

素数研究一直是人类无法中断的话题,关于素数的猜想还有很多。以下结论是素数研究领域中已被证实的结论:

定理 9.4.1 ① 设自然数 $a>1$,那么区间 $(a,2a]$ 中必存在一个素数。

② 存在任意长度的素数等差数列(格林和陶哲轩,2004)。

③ 任意一个偶数可表示成两个数之和,其中每个数最多只有9个素因数(布朗,1920)。

④ 任意一个偶数可表示成一个素数和一个素因子有限的合数的和(瑞尼,1948)。

⑤ 任意一个偶数可表示成一个素数与一个最多由 5 个素因子组成的合数之和(该结论简称为 1+5,由中国数学家潘承洞于 1968 年证明)。

⑥ 一个充分大的偶数可表示成一个素数与最多由 2 个素因子组成的合数之和。

结论⑥由中国数学家陈景润于 1966 年证明,简称为 1+2 定理。它是迄今为止被证明的距离哥德巴赫猜想最近的结论,至今无人能够超越。

9.5 线性码理论基础

编码最早的应用可以追溯至公元前犹太人对圣经的准确拷贝:公元前 135 年,犹太人对图兰经的拷贝要求精确到每页每个段落中的每个词汇。其诊断方法是检查每行和每页中单词的个数、中间段落以及对照原文中的字母和单词。如发现一个错误,该页将被作废。如果发现三个地方错误,那么整篇文稿将作废(这等价于今天通信中的信息重发)。1947～1956 年在死海发现的犹太圣经(圣经旧约)手稿(手抄于公元前 150 年～公元 75 年)的准确性证实了几个世纪以来这种方法的有效性。

编码理论在经历了两次世界大战以后,变得越来越重要。远距离、安全且准确地传递信息是通信的根本任务和要求。对于信息发达和信息量膨胀的今天,这点依然没有改变,且变得更加明显。为了达到该目的,数学家、计算机科学家以及其他领域的专家们创造了多种形式的编码,其中最简单的应该算是线性码。

今天,编码理论不仅仅在国防军事领域具有无可替代的作用,其在计算机科学、网络安全和通信工程等领域也至关重要,例如在卫星通信、数字化集成电路、数据可靠性传输、模拟信号发送以及网络路由器设置等领域。本节首先介绍有关编码理论中的一些基本概念与定义,并通过实例说明如何利用 MATLAB 实现线性码的编码。

在信息论以及运用于计算机科学和通信领域中的编码理论中,错误码诊断和纠错是保证数字化数据在通过不可靠通信介质后得以安全接收的方法。由于通信通道存在噪声,因此当信息传输到接收方后产生错误在所难免。编码理论中的错误诊断能够准确地发现这类错误,而码的纠错方法可以让错误码恢复到原始代码。

9.5.1 线性码理论基础

线性码具有自动纠错能力,且广泛用于各种通信和计算机系统中。线性码有很多种表示方式,最简单的一种表示法为码字(codeword)集合。

例 9.5.1 集合 $A=\{000,111\}$ 由两个长度 3 的码字 000 和 111 构成。将 A 表示成矩阵形式：

$$G=\begin{pmatrix}0&0&0\\1&1&1\end{pmatrix} \tag{9.5.1}$$

矩阵 G 称为编码集合(或者称为一个编码系统)A 的码字生成矩阵。下面先来介绍一些关于线性码的基本定义。

定义 9.5.1 令 n 为码字集合 S 中每个码字 w 所含字符个数，称 n 为 w 的长度。S 中的每个元 w 称为一个码字，码字 w 中的每个单元(字符)称为一个码元。规定 S 中所有码字长度相等。线性码组 S 有时称为一个编码系统。记 k 为 S 中所含码字个数，即 $k=|S|$。S 称为一个(n,k)-线性码组，或称 S 为一个(n,k)-码。k 称为码 S 的长度，n 称为该码组中信息码元的位数。

定义 9.5.2 定义(n,k)-码 S 中码字 u,v 的距离为 u,v 中相异码元个数，记为 $d(u,v)$。码 S 中任意两个合法编码(码字)之间不同的二进数位(bit)数称为这两个码字的码距。码 S 的最小距离 $d(S)$ 定义为

$$d(S)=\min\{d(u,v):u,v\in S\} \tag{9.5.2}$$

最小距离为 d 的(n,k)码也可记为(n,k,d)-码。码 S 中任意两个码字的最小距离 $d(S)$ 称为该码的码距。码重是定义在 S 上的函数：S 的一个码字 c 的码重 $w(c)$ 为 c 的元素之和。

在例 9.5.1 中，不难发现，$d(A)=3$，其中两个码字 000 和 111 的码重分别为 0 和 3。

编码系统的码距越大，其纠错能力越强，但数据冗余也越大，从而编码效率降低。所以，选择码距要取决于特定系统的参数。

例 9.5.1 中，A 为一个$(3,2,3)$-码组，码组长度为 2，码元位数为 3，最小距离为 3。若已知 $d(S)\geqslant s+1$，那么码 S 可用来检验错误码元个数不大于 s 的所有错误码；进一步，如果已知

$$d(S)\geqslant 2t+1$$

那么码 S 可以纠正错误码位不大于 t 的错误码。如上例中，$d(S)=3$，故可用来发现错误码，譬如码字$(0,1,0)$和$(1,1,0)$均为错误码，因为它们与 S 中的码字距离小于 3。若取 $t=1$，那么由于 $d(010,000)=1$，码字$(0,1,0)$更正后的码应为$(0,0,0)$。

在编码理论中，通常注重在某个特定目的下的编码系统的优化。较小的码组和位数较低的码字会使得编码、信息传输和解码过程变得更为有效。例如$(6,4)$-码(即含有 4 个二元码字且每个码字长度为 6 的集合)共有

$$\binom{2^6}{4}=\binom{64}{4}=635376$$

个。

有些情况下,码元取值不一定是 0 或 1。例如,可限制 S 中的码元取值位于集合$\{0,1,2\}$。一般可限制 S 的码元取值位于一个 q-集合 $Q=\{0,1,2,\cdots,q\}$中,其中 q 为一个素数。这时我们称 S 为一个 q 元码。显然,一个$(n,k)q$ 元码中最多可用码字为q^k个,即 $n\leqslant q^k$。类似于(9.5.1)式,S 可用一个 $n\times k$ 矩阵表示。$q=2$ 时,称 S 为一个二元码。

本章以下内容中,如无特别说明,均为关于二元码的讨论。

我们在线性分组码 S 中定义加法运算为布尔运算,即模 2 运算,乘法为二进制乘法,即:

$$1+1=0,\quad 1+0=1,\quad 0+1=1,\quad 0+0=0$$
$$1\times1=1,\quad 1\times0=0,\quad 0\times0=0,\quad 0\times1=0$$

且两个码字 $C_i=(c_{n-1}^i,c_{n-2}^i,\cdots,c_0^i)$与 $C_j=(c_{n-1}^j,c_{n-2}^j,\cdots,c_0^j)$的运算在各个相应比特位上符合上述二进制加法运算规则。那么在加法和乘法运算下,一个线性分组码具有如下性质:

① 封闭性:任意两个码组的和还属于许用码组;

② 码的最小距离等于非零码的最小码重。

例如:$1100+1010=(1+1,1+0,0+1,0+0)=0110$。

线性码具有很多优点:首先,线性码比非线性码更容易编码和译码;其次,线性码传送信息更快,而且码的所有码字可由它的基底表示,线性码的最小距离和它的最小重量相等。

9.5.2　线性分组码编译原理

定义 9.5.3　通过某种线性运算将 k 位信息码组变换成 n 位码字$(n>k)$。由2^k个信息码组构成的 2^k个码字集合,称为线性分组码。

定义 9.5.4　一个 n 重码字可用矢量$C=(C_{n-1},C_{n-2},\cdots,C_1,C_0)$来表示,该矢量称为码矢或码向量。

定义 9.5.5　一个(n,k)线性码是指信息位长为 k、码长为 n 的线性码。

线性分组编码就是给已知信息码组按预定的线性规则添加监督码元,以构成码字。对于一个(n,k)线性码,一般在 k 个信息码元之后附加 $r(r=n-k)$个监督码元,使每个监督元是其中某些信息元的模 2 和。

例 9.5.2　设 $k=3,r=4$。一个(7,3)线性分组码的码字为$(C_6,C_5,C_4,C_3,C_2,C_1,C_0)$,其中 C_6,C_5,C_4 为信息元,C_3,C_2,C_1,C_0 为监督元,每个码元取“0”或“1”。监督元可按下面方程组计算:

$$\begin{cases} C_3 = C_6 + \quad\quad C_4 \\ C_2 = C_6 + C_5 + C_4 \\ C_1 = C_6 + C_5 \\ C_0 = C_5 + C_4 \end{cases} \tag{9.5.3}$$

我们把确定信息元并得到监督元规则的一组方程(如(9.5.3)式)称为监督方程或校验方程。由于所有码字都按同一规则确定,它们又称为一致监督方程或一致校验方程。由于一致监督方程是线性的,即监督元和信息元之间是线性运算关系,所以由线性监督方程所确定的分组码是线性分组码,简称为线性码。

假设原始信息码为(101),即 $C_6=1, C_5=0, C_4=1$,那么由上面监督方程组(9.5.3)得:

$$C_3 = 0,\quad C_2 = 0,\quad C_1 = 1,\quad C_0 = 1$$

即信息码字(101)编出的码字为(1 0 1 0 0 1 1)。

练习 9.5.1　写出所有3位信息码按照监督方程组(9.5.3)对应编出的7位码字。

将监督方程(9.5.3)写成矩阵形式,得 $HC^{\mathrm{T}}=0$,其中:

$$C = (C_6 \quad C_5 \quad C_4 \quad C_3 \quad C_2 \quad C_1 \quad C_0)$$

$$H = \begin{pmatrix} 1 & 0 & 1 & 1 & 0 & 0 & 0 \\ 1 & 1 & 1 & 0 & 1 & 0 & 0 \\ 1 & 1 & 0 & 0 & 0 & 1 & 0 \\ 0 & 1 & 1 & 0 & 0 & 0 & 1 \end{pmatrix}$$

矩阵 H 可写成 $H=(P, I_4)$。我们将该例推广到一般情形,那么对一个 (n,k) 线性分组码,每个码字中的 $r=n-k$ 个监督元与信息元之间的关系可由下面的线性方程组确定:

$$\begin{cases} h_{11}C_{n-1} + h_{12}C_{n-2} + \cdots + h_{1n}C_0 = 0 \\ h_{21}C_{n-1} + h_{22}C_{n-2} + \cdots + h_{2n}C_0 = 0 \\ \cdots\cdots\cdots\cdots \\ h_{r1}C_{n-1} + h_{r2}C_{n-2} + \cdots + h_{rn}C_0 = 0 \end{cases} \tag{9.5.4}$$

令矩阵 $H=(h_{ij})\in F^{r\times n}$, $C=(c_{n-1}, c_{n-2}, \cdots, c_1, c_0)$,那么(9.5.4)式等价于方程 $HC^{\mathrm{T}}=0$,或者 $CH^{\mathrm{T}}=0$。这里 H 即为 (n,k) 线性分组码的一致监督矩阵。对 H 施行行初等变换,使得 H 后 r 列化为单位阵,于是得到监督矩阵 H 的标准形式为

$$H_{r\times n} = \begin{pmatrix} p_{11} & p_{12} & \cdots & p_{1k} & 1 & 0 & \cdots & 0 \\ p_{21} & p_{22} & \cdots & p_{2k} & 0 & 1 & \cdots & 0 \\ \vdots & \vdots & & \vdots & \vdots & \vdots & & \vdots \\ p_{r1} & p_{r2} & \cdots & p_{rk} & 0 & 0 & \cdots & 1 \end{pmatrix} \tag{9.5.5}$$

这里 H 的后 r 列构成一个 r 阶单位阵。监督矩阵 H 的每行代表一个监督方程，它表示与该行中 1 相对应的码元的模 2 和为 0。H 的标准形(9.5.5)还说明了相应的监督元是由哪些信息元决定的。例如(7,3)码的 H 阵的第一行为(1011000)，说明此码的第一个监督元等于第一个和第三个信息元的模 2 和，依此类推。H 的 r 行代表了 r 个监督方程，因此由 H 所确定的码字有 r 个监督元。为了得到确定的码字，r 个监督方程(H 的 r 行)须是线性独立的，这要求 H 为行满秩矩阵，即 $\mathrm{rank}(H)=r$。这保证了标准型(9.5.5)的存在性。

不难证明，线性码关于码字加法运算具有封闭性，即线性码任意两个码字之和仍是一个码字。一个长为 n 的二元序列可以看作是二元域 GF(2)上的 n 维线性空间中的一点。长为 n 的所有 2^n 个向量构成的集合为 GF(2)上的 n 维线性空间 V_n。把线性码放入线性空间中进行研究，将使许多问题简化而比较容易解决。(n,k)线性码集合 V_k 构成 n 维线性空间 V_n 中的一个 k 维子空间。

在由(n,k)线性码构成的线性空间 V_n 的 k 维子空间中，一定存在 k 个线性独立的码字：$g_1,g_2,\cdots,g_k$。码 CI 中其他任何码字 C 都可表示为这 k 个码字的线性组合，即

$$C=x_{k-1}g_1+x_{k-2}g_2+\cdots+x_1g_{k-1}+x_0g_k=Gx$$

其中 $G=(g_1,g_2,\cdots,g_k)^{\mathrm{T}}\in F_2{}^{k\times n}$，$x=(x_0,x_1,\cdots,x_{k-1})^{\mathrm{T}}\in F_2{}^n$。矩阵 G 的每行 g_i 都是一个码字；对每个信息组向量 x，由 G 都可求得(n,k)线性码对应的码字。由于 G 生成(n,k)线性码，我们称 G 为(n,k)线性码的生成矩阵。(n,k)线性码 C 的每个码字都是生成矩阵 G 的行向量的线性组合，所以 C 的 2^k 个码字构成了由 G 的行张成的 n 维空间 V_n 的一个 k 维子空间 V_k。

用大小为 $k\times n$ 的标准生成矩阵 G 编成的码字，前 k 位为信息码元，后 $r(=n-k)$位为校验字，这种信息码在前、校验码在后的线性分组码称为线性系统分组码。一旦生成矩阵 G 确定，(n,k)线性码也就完全被确定。

例 9.5.3　设 C 是一个(5,3)线性分组码，对应生成矩阵为

$$G=\begin{pmatrix}1&0&1&1&0\\0&1&0&1&1\\0&0&1&0&1\end{pmatrix}$$

设下列码字各表示一个字母，其对应关系为：

000	100	010	001	110	101	011	111
A	S	T	Y	E	B	H	F

现将信息“SAFETY”编码为：

S：$x_{\mathrm{S}}{}^{\mathrm{T}}G^{\mathrm{T}}=(1,0,0)G^{\mathrm{T}}=(1,0,1,1,0)$

A：$x_{\mathrm{A}}{}^{\mathrm{T}}G^{\mathrm{T}}=(0,0,0)G^{\mathrm{T}}=(0,0,0,0,0)$

$F: x_F{}^T G^T = (1,1,1)G^T = (1,1,0,0,0)$

$E: x_E{}^T G^T = (1,1,0)G^T = (1,1,1,0,1)$

$T: x_T{}^T G^T = (0,1,0)G^T = (0,1,0,1,1)$

$Y: x_Y{}^T G^T = (0,0,1)G^T = (0,0,1,0,1)$

于是所得的码为：10110000001100011101010110010１。

由于生成矩阵 G 的每行都是一个码字，所以有 $HG^T = 0$ 或 $GH^T = 0$。由此可见，线性系统码监督矩阵 H 和生成矩阵 G 可互换。事实上，矩阵 G 的行向量恰为校验矩阵 H 的零空间的一组基向量。例如一个(7,4)线性系统码的监督矩阵为

$$H = \begin{pmatrix} 1 & 1 & 1 & 0 & 1 & 0 & 0 \\ 0 & 1 & 1 & 1 & 0 & 1 & 0 \\ 1 & 1 & 0 & 1 & 0 & 0 & 1 \end{pmatrix}$$

对应的生成矩阵为

$$G_{(7,4)} = \begin{pmatrix} 1 & 0 & 0 & 0 & 1 & 0 & 1 \\ 0 & 1 & 0 & 0 & 1 & 1 & 1 \\ 0 & 0 & 1 & 0 & 1 & 1 & 0 \\ 0 & 0 & 0 & 1 & 0 & 1 & 1 \end{pmatrix}$$

下面介绍一些与此有关的 MATLAB 指令。指令 de2bi 可用来将一个十进制数转换为二进制数，如："B=de2bi(D)"将一个十进制非负整数向量 D 转换为一个二进制向量 B。其中 B 可视为一个二元矩阵，B 的每一行对应向量 D 中的一个十进制数。假设 $D=(d_1, d_2, \cdots, d_m)$，那么输出变量 $B=(b_{ij})$ 为一个 $m \times r$ 的二元矩阵，其中 $r-1$ 为 D 中最大元二进制表示的最高次。其具体关系可表述为

$$d_i = b_{i1} + b_{i2} \cdot 2 + b_{i3} \cdot 2^{3-1} + \cdots + b_{ir} \cdot 2^{r-1}, \quad i = 1, 2, \cdots, m$$

例 9.5.4　设 $D=(10:20)$。MATLAB 指令 de2bi 产生的矩阵 G 的转置矩阵为

$$G^T = \begin{pmatrix} 0 & 1 & 0 & 1 & 0 & 1 & 0 & 1 & 0 & 1 & 0 \\ 1 & 1 & 0 & 0 & 1 & 1 & 0 & 0 & 1 & 1 & 0 \\ 0 & 0 & 1 & 1 & 1 & 1 & 0 & 0 & 0 & 0 & 1 \\ 1 & 1 & 1 & 1 & 1 & 1 & 0 & 0 & 0 & 0 & 0 \\ 0 & 0 & 0 & 0 & 0 & 0 & 1 & 1 & 1 & 1 & 1 \end{pmatrix}$$

例如，该矩阵的第二列对应十进制数：

$$1 \cdot 2^0 + 1 \cdot 2^1 + 0 \cdot 2^2 + 1 \cdot 2^3 + 0 \cdot 2^4 = 11$$

它恰为向量 D 的第二个分量。一个与指令相关的指令是 dec2base，其基本语法结构为"A=dec2base(D,B)"。这里 D 为一个元素小于 2^{52} 的非负整数(向量)，B 为

一个位于 2～36 之间的正整数。它是将一个十进制数(或者向量)D 转化为以 B 为基的进制表示。而语句"dec2base(D,B,N)"表示将十进制向量 D 表示为以 B 为底的 N 位数,如"A=dec2base(23,3)"产生的结果为 212,即 $2\times3^0+1\times3^1+2\times3^2=23$。格式"A=dec2base(23,3,5)"产生数 00212。

练习 9.5.2　试通过 MATLAB 帮助文件来了解以下指令的使用:

base2dec,　dec2hex,　dec2bin

练习 9.5.3　设 $n=6,k=3,p=2$,试通过单位矩阵的方式构造编码矩阵 G:

$$G=\begin{pmatrix}1&0&0&1&1&0\\0&1&0&0&1&1\\0&0&1&1&0&1\end{pmatrix}\tag{9.5.6}$$

① 利用 MATLAB 函数 *MOD* 产生矩阵:

$$H=\begin{pmatrix}1&0&1&1&0&0\\1&1&0&0&1&0\\0&1&1&0&0&1\end{pmatrix}\tag{9.5.7}$$

② 证明:在二进制运算之下,G 的行向量组与 H 的行向量组正交。

③ 利用 MATLAB 指令 NCHOOSEK 来生成一个 $n!/k!(n-k)!$ 行、n 列的矩阵,该矩阵反映了 n 中选取 k 个元素的所有可行方案。试用 $m\times n$ 的矩阵 A 来表示长 6 的二元码,并计算在编码矩阵 H 之下的码(提示:这里 $m=n(n-1)/2$ 反映长为 6 的所有二元码字个数)。

下面的例子给出对一组十进制整数进行加密的方法。

例 9.5.5　先通过 MATLAB 指令随机生成均匀分布的 m 个随机整数:

```
k=5;m=7;
N=fix(rand(m,1)*2^k)  % 返回m维列向量N,其分量为[0,2^k)上的正整数
N2=de2bi(N,6)         % 将十进制向量N转换为二进制,且保存为6位
P=[1 1 0;0 1 1;1 0 1];
G=[P;eye(3)];         % 生成6×3的编码矩阵
U=mod(N2*G,2);        % 对N2进行编码,并对结果实行二进制转换
S=(bi2de(U))'         % 再转化为十进制数
```

运行记录如下:

```
N=

    24
     8
    21
    20
```

```
    5
    3
   15
N2=
    0  0  0  1  1  0
    0  0  0  1  0  0
    1  0  1  0  1  0
    0  0  1  0  1  0
    1  0  1  0  0  0
    1  1  0  0  0  0
    1  1  1  1  0  0
U=
    1  1  0
    1  0  0
    0  0  1
    1  1  1
    0  1  1
    1  0  1
    1  0  0
S=
    3  1  4  7  6  5  1
```

这里为了显示的方便，将码向量 S 进行转置后以行向量形式显示，S 构成一个码字集合，其中每个数为一个码字。

例 9.5.6　下面再来看一个(4,2)-分组码，其生成矩阵为

$$G=\begin{pmatrix}1 & 0 & 1 & 1\\0 & 1 & 0 & 1\end{pmatrix}$$

C 是一个线性码，基底是{1011,0101}。因此码集合 C={0000,1011,0101,1110}。C 的陪集 $a+C$ 即

0000	1011	0101	1110
1000	0011	1101	0110
0100	1111	0001	1010
0010	1001	0111	1100

其中第一行为码 C，第一列是具有最小码重的按一定顺序排列的码字，称为陪集首。假设发送信息为 10，编码为 x=1011，而通过信道接收的是 y=1111。那么 y

处在该矩阵第三行，于是译码器认为错误码是0100，与 y 在同一行，于是 y 的纠正码为 $x=y-e=1111-0100=1011$，它处在与 y 同列的首元，是正确发送的信息。因此，在线性码的译码过程中需要算出码 C 的陪集 $a+C$，通常选0为码 C 的陪集首。$0+C$ 作为上面矩阵第一行，收到的码字从上面的表中查出所处的位置。

下面给出关于线性码编译的一个具体程序。作为习题，请读者自己运行该程序，以验证程序运行的有效性(建议在运行时将其中的中文注释修改为英文)。

```
% 线性码的编译程序
clear;  clc;
% 编码
G=input('Input generating matrix G,e.g.,G=[1 0 1 1 1;0 1 1 0 1]\n G=');
[k,n]=size(G);
r=n-k;
m=input('input message m,e.g.,m=[0 0 0 1 1 0 1 1]\n m=');
l=length(m);
If  mod(l,k)  disp('error message input');
    else    ge=l/k;
% 将m转化为矩阵形式
m=reshape (m,k,ge);
m=m',
% 识别阵H
c=mod(m*G,2);
A=G(:,k+1:n);
H=[A',eye(r)];
disp('Detecting matrix');H
disp('Coding matrix');c
End
disp('continue with Enter');  pause

% 解码
y=input('Your received message y with dim=k*n.\n e.g.,y=');
p=ge*n;
if length(y)<p
y(end+1:p)=0;
```

```
end

y=reshape(y,ge,n);
y=y';
s=mod(y*H',2);
e=s*pinv(H');
for i=1:ge
    for j=1:n
        if(e(i,j)>0.5-eps)
            e(i,j)=1;
        else
            e(i,j)=0;
        end
    end
end
cc=mod(y+e,2);
% cc=xor(y,e)
sc=cc(:,1:2);
disp('error diagram'); e
disp('Estimation'); cc
disp('coding sequence'); sc
```

9.5.3 伽罗华域与 RS 编码理论

RS(reed-solomon)码是一类纠错能力很强的非二进制 BCH 码。对于任意的正整数 S,可构造一个相应的码长为 $n=q^S-1$ 的 q 进制 BCH 码,而 q 作为某个素数的幂。当 $S=1,q>2$ 时,所建立的码长 $n=q-1$ 的 q 进制 BCH 码,称为 RS 码。当 $q=2^m(m>1)$,其码元符号取自于 $F(2^m)$的二进制 RS 码可用来纠正突发差错,它是最常用的 RS 码。

伽罗华域为有限域,RS 编码在此域中进行运算。数据矩阵的数据码字以及纠正码字等均属于 GF(2^8)中的符号,其空间大小为 256。有限域中的元素运算的结果仍属于该域。且除 0,1 两个外,其余 254 个符号均由本原多项式 $P(x)$生成。以 GF(2^8)为例,DataMatrix 规则中,$P(x)=x^8+x^5+x^3+x^2+1$,设 α 为 $P(x)$的根,$\alpha^8+\alpha^5+\alpha^3+\alpha^2+1=0$,由于伽罗华域的加法为异或算法,故 $\alpha^8=\alpha^5+\alpha^3+\alpha^2+1$。

练习 9.5.4　通过 MATLAB 来查阅伽罗华域 GF(2^8)中元素的表示,对应本原多项式以及符号的表示。

MATLAB 可以自动生成特征 2 的 Glois 扩域中的元素列表，其命令格式有如下三种形式：

```
x_gf=gf(x,m)
x_gf=gf(x,m,prim_poly)
x_gf=gf(x)
```

其中 x 为元素位于$[0,2^m-1]$上的正整数矩阵。输出矩阵 x_gf 为 Glois 扩域 $GF(2^m)$上的元素构成的与 x 大小相同的矩阵；m 为介于 1～16 之间的某个整数，输入变量个数为 1 时，m 默认为 1，因此生成伽罗华域 GF(2)，对应输入变量 x 的元为 0 或 1。

例 9.5.7　取 X 为 4 阶魔方矩阵在模 2 运算下得到的矩阵，$m=4$，即：

```
>>X=magic(4);
>>X2=mod(X,2);    % X2 为(0,1)矩阵，X2 元素反映矩阵 X 中元素的
                  %奇偶性
>>A=gf(X2,4)
A=GF(2^4) array. Primitive polynomial=D^4+D+1 (19 decimal)
Array elements=
        0       0       1       1
        1       1       0       0
        1       1       0       0
        0       0       1       1
```

指令 GF 通过矩阵 $X2$ 创建一个伽罗华域(Galois field)，它含 2^m 个元$(0,1,2,\cdots,2^m-1)$。这里 $m=4$，因此 A 含有 16 个元。MATLAB 将输出变量 A 视为该伽罗华域上的矩阵，因此其运算按照伽罗华域上的元素进行运算，而不是整数矩阵。当对其进行加法、数乘和行列式等运算时，其运算规则按照该伽罗华域中的元素进行运算。对运算后超出该伽罗华域范围的数的运算，按照该域上定义的本原多项式(这里是 D^4+D+1)来转换，这里 $2^4+2+1=0$，即 $19\equiv 0$。指令“x_gf=gf(x,m,prim_poly)”在该伽罗华域中使用指定的本原多项式 *prim_poly* 来代替默认本原多项式。这里输入变量 *prim_poly* 以一个正整数数字来表示，如：

```
>>prim_poly=37;
```

数 37 在二进制下的向量表示为$(1,0,0,1,0,1)_2=2^5+2^2+2^0$。该向量对应本原多项式 D^5+D^2+1 的系数向量。

表 9.5.1 列出了部分伽罗华域$(m=1,2,\cdots,10)$$GF(2^m)$的默认本原多项式。

表 9.5.1 部分伽罗华域的默认本原多项式

m	默认本原多项式	整数表示
1	D+1	3
2	D^2+D+1	7
3	D^3+D+1	11
4	D^4+D+1	19
5	D^5+D^2+1	37
6	D^6+D+1	67
7	D^7+D^3+1	137
8	D^8+D^4+D^3+D^2+1	285
9	D^9+D^4+1	529
10	D^10+D^3+1	1033

9.6 素数与 Hash 表

素数近年来被利用在密码学和数据结构等领域。如在密码学中人们将想要传递的信息在编码时加入素数(公钥),经过编码后的信息被传送给接收信息的人。收到信息后,若没有此收信人的密钥,则解密过程即为素数分解过程。由于大素数分解问题至今悬而未决,因此没有密钥的接收者获取明码的可能性非常小。

素数应用起源于 19 世纪。在 19 世纪之前,数学家特别是数论学家关心的是素数的人工计算。到了 19 世纪,人类战争的频发导致人们开始关心信息输送的保密性问题。战争时期的情报文件都经加密后才可转送,以确保不被敌方截获。20 世纪以来,由于计算机的出现,加密与解密过程变得更加复杂。

素数还可运用于数据处理和数据结构方面,如伪随机数生成以及 Hash 表的生成。

本节介绍素数在 Hash 表构造中的应用。我们先来看一个简单的例子:假若要将一个英文字符串(或者中文字符串等)转化为一个阿拉伯数字序列以便于后续处理或者信息的发送和保存。如需要处理的字符串是由 5 个英文字母“STEVE”构成的一个人名,那么方法之一就是将 26 个英文字母分别与 26 个数字对应起来,形成一个对照表,或者称为一个字母—数字对照系统。为了将字符串“STEVE”转化为数字序列,注意到字母 E 为第 5 个英文字母,S 为第 19 个英文字母,T 为第 20

个英文字母，而 V 为第 22 个英文字母。对于中文字符串，我们可以将之先转化为汉语拼音构成的英文字符串，然后运用同样的方法转换。

现在用刚才的数字序列构成的 5 维数组(19,20,5,22,5)来代替字符串“STEVE”。该数组可以表示一个 4 次多项式对应的系数向量，因此构造多项式：

$$f(x) = 19x^4 + 20x^3 + 5x^2 + 22x + 5$$

这里取 $x=26$(即英文字母个数)。这样，假设有一张含有多个人名的名单，那么这张名单就对应一个含有相同个数的数字(即以这些对应数组作为系数的多项式 $f(x)$ 在 $x=26$ 处的函数值)生成的一个数字序列。反之，这张表格中的每个数字(例如数:9038021)一定唯一地对应一个人名(英文字符串)，例如：

$$9038021 = 19 \times 26^4 + 20 \times 26^3 + 5 \times 26^2 + 22 \times 26 + 5 \times 26^0$$

这样就可以依照这些数值的大小对所列成员(人名)进行排序，并可以将一些个人信息如电话号码、身份证号等添加其后。

从上面的例子可看出：当一个人名足够长的时候，其对应的数字会变得非常之大。如一个含有 10 个字母的姓名(如“Steven Jobs”，这里将空格排除在外)，对应的数值会达到 5.6467×10^{12} 之大(该数字对应的英文字符串由 10 个小写字母 a 构成)。因此，当一张含有上百甚至上千、上万个姓名的名单需要保存处理时，这种转换显然不现实，并且会增加处理问题的工作量和数据保存量。例如，对于中国户籍登记等类似问题，这种对应关系建立起来的数据量将大得令人难以想象。因此，我们需要寻找另外一种表示方式，即如何将以上对应的数字变小？

一种容易想到的方法就是对每个数字取余数。例如，对以上数字关于 10000 取余数，那么该对应表的数字将会小很多，因此表格存储空间将变得更合理。但是另一个问题出现了：不同的数在取余数后可能会对应同一个数。如刚才的数 9038021 在关于 10000 取余后得到的余数为 8021，而关于 10000 取余后余数为 8021 的数理论上有无数个(即所有形式为 $k \cdot 10000 + 8021$ 的数)。因此，我们需要寻找一种新的映射来将这些较大的正整数对应到另一张表格当中。为此，先来介绍 Hash 表的初步知识。

9.6.1　Hash 表理论基础

Hash 表，中文有时译为哈希表，又称为散列表。它的基本原理是使用一个下标范围较大的数组 A 来存储元素，设计一个函数 h，对于要存储的线性表的每个元 *node*，取一个关键字 *key*，算出一个函数值 $h(key)$，把 $h(key)$ 作为数组下标，用数组单元 $A[h(key)]$ 来存储元素 *node*。

Hash 表也可理解为：按照关键字为每个元分类，并将这些元存储在相应类对应的地方(该过程称为“直接定址”)。为了使 Hash 表的大小合理，我们允许两个

不同的元素位于同一地址,即产生冲突(collision)。下面的两点是 Hash 表生成的关键:

① Hash 函数 h:将关键字映射为某个范围内的一个整数。

② Hash 数组:建立一个与以上范围一致的数组,以 Hash 函数值作为存放关键字的地址,来存放数组元素。

由于 Hash 表不能保证每个元的关键字与函数值一一对应,因此不同元对应的函数值可能相等,即产生冲突。换句话说,就是不同元分在了同一类中。

如上面的例子中,结点"STEVE"关键码值为 9038021,把它存入 Hash 表的过程是:根据确定的函数 h 计算出 $h(9038021)$的值,如果以该值为地址的存储空间未被占用,那么就把结点存入该单元;如果此值所指向的单元里已经保存了其他结点(即发生冲突),那么就再用另一个函数 I 进行映象算出 $I(h(key))$,再看用该值作为地址的单元是否已被占用:若已被占用,则再用一个新的函数 J 映象……直到找到一个空位置将结点存入为止。

当然,以上只是解决冲突发生的方法之一。如何避免、减少和处理冲突是使用 Hash 表的一个难题。

在 Hash 表中查找的过程与建立 Hash 表的过程相似,首先计算 $h(key)$的值,以该值为地址到基本区域中去查找。如果该地址对应的空间未被占用,则说明查找失败,否则用该结点的关键码值与要找的 key 比较,如果相等则检索成功,否则要继续用函数 I 计算 $I(h(key))$的值……如此反复直到某步或者求出的某地址空间未被占用(查找失败)或者比较相等(查找成功)为止。

9.6.2 Hash 函数与同义词

单词"hash"是"混合分类"的意思。Hash 函数的目的就是对关键值进行混合分类。假设有 m 个关键值,n 个存储单元。一个理想的 Hash 函数就是把该 m 个值分配到 n 个单元当中,使得每个存储单元中所含关键值个数不超过 m/n 个。这样的 Hash 函数称为一个完美 Hash 函数。

具体地,设 U 是所有可能出现的关键字集合,K 是实际存储的关键字集合。函数 h 将 U 映射到表 $T[0,\cdots,m-1]$的下标集合 $M=\{0,1,2,\cdots,m-1\}$上,即

$$h:U \mapsto M, \quad h(u) \in \{0,1,2,\cdots,m-1\}$$

Hash 函数的作用是压缩待处理数据的下标范围,使待处理的$|U|$个值减少到 m 个值(一般$|U|>>m$),从而节约存储空间($|U|$表示集合 U 中关键字的个数)。

将结点 u 按其关键字散列地址 $h(u)$存储到 Hash 表中的过程称为散列(Hashing),该方法称为散列法。$h(u)(u\in U)$是关键字 u 对应结点的存储地址,亦称散列值、散列地址或哈希地址。用散列法存储的线性表称为 Hash 表。利用散

列表可对结点进行快速检索。

对关键字 u 的结点，按 Hash 函数 h 计算出其在 Hash 表中的存放地址 $h(u)$，若该地址已被其他结点占用，即有两个不同关键码值 $u1$ 和 $u2$ 对应同一地址：$h(u1)=h(u2)$，那么称 $u1$ 和 $u2$ 发生碰撞，这时称关键码 $u1$ 和 $u2$ 相对于函数 h 为同义词。如关键字 $k2$ 和 $k5$，有 $h(k2)=h(k5)$，即发生了碰撞，所以 $k2$ 和 $k5$ 为同义词。假如先存了 $k2$，则对于 $k5$，可以存储在 $h(k2)+1$ 中，当然 $h(k2)+1$ 要为空，否则可以逐个往后找一个空位存放。这是另外一种简单的解决冲突的方法。

实际问题中，我们希望尽量减少碰撞的发生。这就需要分析关键码集合的特性，找适当的 Hash 函数，使得计算出的地址尽可能均匀分布在地址空间中。同时，为了提高关键码到地址转换的速度，需要 Hash 函数尽可能简单。一个好的 Hash 函数通常只能尽可能减少碰撞的发生次数，而无法保证绝对不产生碰撞。因此除选择恰当的 Hash 函数外，还需要研究发生碰撞时的解决方案，即用什么方法存储同义词。

假设关键码定义在自然数集上，那么 Hash 函数的构造有以下几种常见形式：

(1) 截断

例如在存储一个班级的学生学号时，一般取其学号的最后四位，这足够区别该班级的学生。

(2) 数字分析法

我们希望关键字在其空间能实现均匀分布，并希望关键字码的位数比存储区域的地址的位数多。数字分析法是对关键字各位进行分析，并丢掉分布不均匀的位、留下分布均匀的位作为地址。本方法适用于关键字取值分布情况已知的情形。如上面的截断法为一种特例。

(3) 直接定址

Hash 函数：$h(Key)=Key+C$，其中 C 为数值常数。若 $C=0$，则 Hash 地址为关键字 Key 本身。在学号处理方面，利用学号前五位数字（一个班里的学生的前五位数字相同）生成的数字分别减去每位学号，并取绝对值，来作为学生标识。假设一个数学学院信息计算 2012 级 1 班的学生学号为 201210301001 ～ 201210301030，那么该方法相当于取 $C=-201210300000$。

(4) 除余法

即取模。在构建伪随机数的时候，常见的均衡化方法就是对每个关键字关于一个数（这个数通常反映 Hash 表的大小）取模。在适当选择 Hash 表大小时，该法能较好保持数值均衡分布。选择一个适当的正整数 m，用关键码 Key 被 m 除后的余数作为地址，即 $h(Key)=Key(\bmod m)$。该法应用广泛，其关键是 m 的选取，一般选 m 为小于区域长 n 的最大素数，以尽量避免冲突。如取 $m=1000$，则分类标准就是按关键字末3位数分类,因此最多有1000类,冲突会很多。

(5) 平方取中法

将关键码的值平方后取中间几位作为Hash地址。具体取多少位视实际要求而定,常常结合数字分析法。

(6) 折叠法

如果关键码的位数比地址码的位数多,而且各位分布较均匀,不适于用数字分析法丢掉某些数位,那么可考虑折叠法。折叠法将关键字从某些地方断开,分关键码为几个部分,其中有一部分长度等于地址码长度,然后将其余部分加到它上面,若最高位有进位,则把进位丢掉。一般是先将关键字分割成位数相同的几段(最后一段的位数可少一些),段的位数取决于Hash地址位数,由实际情况而定,然后将对应位叠加和(舍去最高位进位)作为地址。

(7) 基数转换法

将关键字视为在另一基数上的表示,然后把它转换成原来基数制的数,再用数字分析法取其中的几位作为地址。一般取大于原基数的数作转换的基数,并且两个基数要求互质。

练习 9.6.1 证明:在除余法中,如果除数 m 约数(因子)较多,那么Hash表的冲突的几率就越大。

练习 9.6.2 对下列关键字集合(表9.6.1左边一列)进行关键码到地址的转换,要求用三位地址。

表 9.6.1 关键码到地址的转换

Key	*H*(*Key*)
000319426	326
000718309	709
000629443	643
000758615	715
000919697	997
000310329	329

提示:关键码是9位的,地址是3位的,需要经过数字分析丢掉6位。丢掉哪6位呢?显然前3位没有任何区分度,第5位1太多,第6位基本都是8和9,第7位都是3,4,5,这几位的区分度都不好。而相对来说,第4,8,9位分布比较均匀,所以留下这3位作为地址(表9.6.1右边一列)。

练习 9.6.3 将一组关键字(0100,0110,1010,1001,0111)平方后得(0010000,0012100,1020100,1002001,0012321),若取表长为1000,则可取中间的

3位数作为散列地址集:(100,121,201,020,123)。试写出该规则对应的Hash函数。

练习 9.6.4 设关键字为 $Key=58422241$,要求用折叠法将它转换为一个3位的地址码,并写出相应的Hash函数。

练习 9.6.5 假设 $key=(236075)_{10}$ 是以10为基数的十进制数,现在将它看成是以13为基数的十三进制数 $(236075)_{13}$,然后将它转换成十进制数,即

$$
\begin{aligned}
(236075)_{13} &= 2\times 13^5+3\times 13^4+6\times 13^3+7\times 13+5 \\
&= (841547)_{10}
\end{aligned}
$$

再进行数字分析,比如选择第2,3,4,5位,于是 $h(236075)=4154$。试写出该对应关系对应的Hash函数表达式。

9.6.3 素数与Hash表

在人民币数值等值转换方面,假设以分来计数,并关于1000取余,例如:

$$h(19.98)=998,\quad h(29.98)=998,\quad h(89.98)=998$$

这种转换将末尾3位数字(9.98元)相同的人民币数值都归为一类,显然不合理。如果取 $m=1007$(素数),那么就有对应关系:

$$h(19.98)=991,\quad h(29.98)=984,\quad h(89.98)=942$$

因此,使用一个适当大小的素数作为Hash的长度(如这里Hash表长度为1007),将有助于提高关键字的识别度。这从练习9.6.1中的结论也可以看出。

9.6.4 Hash表中避免碰撞发生的方法

一般情况下,Hash表中所含的数据个数远远大于其中的地址数量。这就意味着,Hash表中的一个地址一般需要存放多个数据,这也是碰撞发生的原因。等价地,我们可以说,该Hash表的生成Hash函数并非一一对应的映射,或者说,两个不同的关键字在该Hash函数下的像可能相等。因此,我们需要制订处理冲突发生的策略。该策略可以在Hash表中还存在剩余地址的情况下,尽可能避免碰撞的发生。一种常见的避免冲突发生的策略就是利用冲突函数来计算一个新的地址以分配给当前关键字。最简单的冲突函数就是 $f(x)=x+c$,即常量平移函数。重复使用该函数,直到找到一个可用空闲地址为止。为了保证能够找到空闲地址,一般选择Hash表的大小为一个素数。由于考虑碰撞情况,一般尽可能使Hash表中的关键字的分布均匀,并彼此尽可能"远离":关键码在Hash表中越是接近(bunched-up),碰撞发生的可能性就越大。假设记 n 为Hash表的大小,t 为该Hash表中地址个数,那么比率 $I=t/n$ 称为该Hash表的装载因子。它反映该Hash表的负荷量(饱和程度)。当 I 大于1时,碰撞就不可避免。避免碰撞发生可

采用以下三种方法：

① Hash 表的大小尽可能大于关键字集合的大小；

② Hash 表的每个地址存放一个有序链；

③ 使用一个一一对应的 Hash 函数。

方法①为常见的一种处理方法，从统计学的角度看，这种方法可以避免冲突发生。假设关键字空间为 K，真实关键字集为 $A(A\subseteq K)$，Hash 表空间大小为 T(即 Hash 表的地址个数)。那么方法①可以表述为

$$|A|<c|T|,\quad \frac{1}{2}<c<\frac{3}{4}$$

方法②称为链式存放规则，这种存放方法避免了冲突函数的使用。一般不会将方法①和②混合使用。这种在 Hash 表中每个地址处使用链式存放的方式又称为 Hash 链混合解决方案(Hash-and-list)。该方法的有效性依赖于具体问题。

方法③与完美 Hash 函数形成对应，且同样避免了冲突函数的使用。该方法的使用依赖于目标数据量(关键字集合大小)和 Hash 表的大小。例如，当关键字均为整数，且 Hash 表足够大时，如果取 Hash 函数 h 为恒等变换，即 $h(k)=k$，那么该变换 h 为完美 Hash 函数。该方法的弊端在于：一般并不一定知道关键字集合的大小，或者是该集合过于庞大，无法构造一个大小相等的 Hash 表来存储。

练习 9.6.6(生日潘多拉)　理想化假设每一年恰有 365 天(事实上不一定)。那么任意 2 个人的生日相同的可能性有多大？如果有 3 个人或 m 个人，那么其中 2 个人的生日相同的概率有多大呢？由此说明一个关键字集为 N 在大小为 m 的 Hash 表中发生碰撞的概率和发生碰撞次数的期望值。

第 10 章　分形、混沌及其应用

大学数学的每个分支都有令我们津津乐道的奇妙之处。21 世纪以来，随着信息技术的发展和计算技术的突飞猛进，人们对一些古典数学已不仅仅满足于所谓的猜想，科学家们开始运用计算机来验证数学结论的准确性和实用性。分形几何就是其中的一个典型。

本章共 4 节：第 1 节介绍分形的起源、大自然中的分形现象等；第 2 节介绍分形的定义和相关的基本概念，以及基本性质和特征；第 3 节重点介绍几类特殊分形集的构造和分形图像，包括科赫曲线、康托尔三分集、谢尔宾斯基地毯（垫片）和分形树等，具体介绍生成这些分形图像的 MATLAB 程序；第 4 节介绍混沌现象以及产生混沌现象的原理，并通过实例来介绍生成混沌图形的 MATLAB 程序。

10.1　分形的起源

分形几何为我们观察世界提供了一种全新的方式：只需要一个小时的训练，我们就可以观察到大自然中各种壮观的奇异景象。如图 10.1.1 所示，我们看一棵参天大树，树的主干上有树枝，树枝上又有树杈，它与它自身上的树枝及树枝上的枝杈，在形状上没什么大的区别，所以大树与树枝这种关系在几何形状上称为自相似关系；我们再拿来一片树叶，仔细观察一下叶脉，它们也具备这种性质；动物也不例

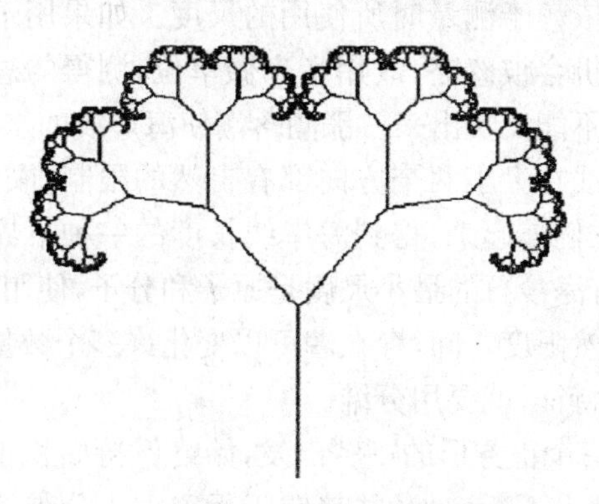

图 10.1.1　分形几何图形：树枝与树杈

外,一头牛身体中的一个细胞中的基因记录着这头牛的全部生长信息;还有高山的表面,你无论怎样放大其局部,它都是粗糙不平的,你可以无限地细分放大……这些例子在我们的身边到处可见。

因此,我们得出这样的理论:客观自然界中许多事物具有自相似的"层次"结构,在理想情况下,甚至具有无穷层次。适当地放大或缩小几何尺寸,整个结构并不改变。这类层次结构反映的就是分形几何学。

分形几何来源于自然,所以它在艺术领域显示出了非凡的魅力。用数学方法对放大区域进行着色处理,这些区域就变成一幅幅精美的艺术图案,人们称之为"分形艺术"。如图 10.1.2 所示的图形,如果适当放大或缩小几何尺寸,它的结构不改变。

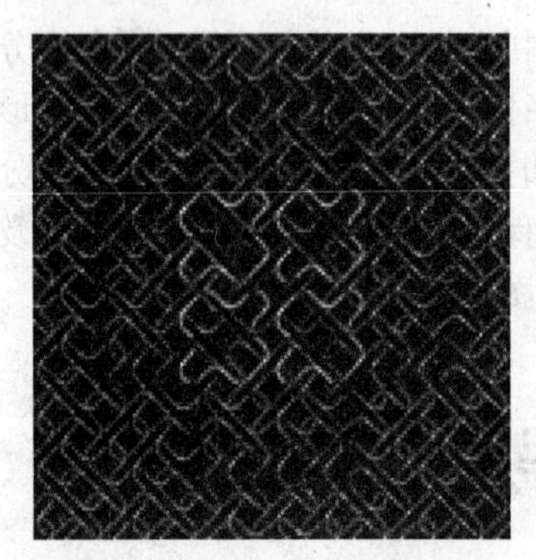

图 10.1.2　具有层次性自相似结构的几何图形

事实上,很多复杂物理现象背后都反映这类层次结构的分形几何学。自然界中很多事物都有它自己的特征长度,因此适当选择测量尺度尤为重要。用直尺来测量万里长城或大肠杆菌显然都不合适。有的事物没有特征尺度,就必须同时考虑从小到大的许许多多尺度(或者叫标度),这叫做"无标度性"的问题。

如物理学中的湍流,湍流是自然界中的普遍现象,小至静室中缭绕的轻烟,巨至木星大气中的涡流,都是十分紊乱的流体运动。流体宏观运动的能量,经过大、中、小、微等许许多多尺度上的漩涡,最后转化成分子尺度上的热运动,同时涉及大量不同尺度上的运动状态,就要借助"无标度性"解决问题,湍流中高漩涡区域就需要用分形几何学。1970 年,数学家 Mandelbrot 在他的著作中探讨了"英国的海岸线有多长",这个问题依赖于测量时所使用的尺度。如果用千米作测量单位,从几米到几十米的一些曲折会被忽略;改用米来做单位,测得的总长度会增加,但是一些厘米量级以下的就不能反映出来。涨潮落潮使海岸线的水陆分界线具有各种层次的不规则性。海岸线在大小两个方向都有自然的限制,取不列颠岛外缘上几个突出的点,用直线把它们连起来,得到海岸线长度的一种下界,使用比这更长的尺度是没有意义的;还有海沙石的最小尺度是原子和分子,使用更小的尺度也是没有意义的。在这两个自然限度之间,存在着可以变化许多个数量级的"无标度"区,长度不是海岸线的定量特征,就要用分维。

数学家 Koch 从一个正方形的"岛"出发,始终保持面积不变,把它的"海岸线"变成无限曲线,其长度也不断增加,并趋向于无穷大。分维才是"Koch 岛"海岸线的确切特征量，即海岸线的分维均介于1～2之间。

这些自然现象，特别是物理现象和分形有着密切的关系，银河系中的若断若续的星体分布，就具有分维的吸引子。多孔介质中的流体运动和它产生的渗流模型，都是分形的研究对象。这些促使数学家进一步的研究，从而产生了分形几何学。

电子计算机图形显示协助人们推开分形几何的大门。这座具有无穷层次结构的宏伟建筑，每一个角落里都存在无限嵌套的迷宫和回廊，促使数学家和科学家深入研究。

数学家Mandelbrot，这位计算机和数学兼通的人物，对分形几何产生了重大的推动作用。他在1975年、1977年和1982年先后用法文和英文出版了三本书，特别是《分形对象：形、机遇与维数》和《大自然的分形几何学》，开创了新的数学分支——分形几何学。

分形几何学已在自然界与物理学中得到了应用。如在显微镜下观察落入溶液中的一粒花粉，会看见它不间断地作无规则运动（布朗运动），这是花粉在大量液体分子的无规则碰撞（每秒钟多达十亿亿次）下表现的平均行为。布朗粒子的轨迹，由各种尺寸的折线连成。只要有足够的分辨率，就可以发现原以为是直线段的部分，其实由大量更小尺度的折线连成。这是一种处处连续，但又处处无导数的曲线。这种布朗粒子轨迹的分维是2，大大高于它的拓扑维数1。在某些电化学反应中，电极附近沉积的固态物质，以不规则的树枝形状向外增长。受到污染的一些流水中，粘在藻类植物上的颗粒和胶状物，不断因新的沉积而生长，成为带有许多须须毛毛的枝条状，就可以使用分维。

有人研究了某些云彩边界的几何性质，发现存在1～1000 km的无标度区。小于1 km的云朵，更受地形概貌影响，大于1000 km时，地球曲率开始起作用，大小两端都受到一定特征尺度的限制。中间有三个数量级的无标度区，这就已经足够了。分形存在于这中间区域。

近几年在流体力学不稳定性、光学双稳定器件、化学振荡反应等试验中，都实际测得了混沌吸引子，并从实验数据中计算出它们的分维。学会从实验数据测算分维是最近研究的一大进展。分形几何学在物理学、生物学上的应用也正在成为有充实内容的研究领域。

美国前副总统、诺贝尔奖获得者戈尔（Al Gore）说："我发现分形无论是作为一个学科还是作为一个象征，都给我们提供了一种全新的视觉"（纽约时报，2000年6月21日）。这说明分形不仅仅是数学学科的一个分支，同时也是人类改变看待世界的一种方式。

10.2　分形与混沌

分形,英文 fractal,最初以英文单词形式出现。关于它的由来有一个真实的故事:在 1975 年的夏天,数学家 Mandelbrot 在家中翻看他儿子的拉丁文课本,联想到自己正在研究的几何对象,突然受到启发,决定根据拉丁文单词 fractus 来创造一个新词,于是有了 fractal 这个英文词。同年,他用法文出版了专著《分形对象:形、机遇与维数》(Les objets fractals: forme, hasard et dimension),该书英译本于 1977 年出版。1982 年该书增补本《大自然的分形几何学》出版。

20 世纪 70 年代的后期,分形"fractal"一词开始传到了中国,并由中国科学院物理所的李荫远院士建议将"fractal"一词译成"分形"。这一中文翻译抓住了该研究对象的科学、哲学和艺术三方面的精髓。在台湾的几何学同仁们将之译成"碎形",其表意也基本蕴含了分形的这种整体与部分的相似性和整体的多层次结构。

几何中的分形不仅仅可以生成许多精美的几何图案,它在实际问题如动力系统、生态环境学、通信、电子中有着非常重要的应用。分形是维数非整且具有自相似性的几何图形。图 10.2.1 所示的美妙图形就是分形产生的结果。

图 10.2.1　自相似结构的分形图

Mandelbrot 定义分形为具有如下性质的集合:集合 A 可细分为若干部分,且每一部分都是整体 A 的精确或不精确的相似形。分形的英文单词"fractal"含有"不规则"和"支离破碎"的意思。从 19 世纪末 Weierstrass 构造的处处连续且处处不可微的函数,到 20 世纪初的康托尔三分集、科赫曲线和谢尔宾斯基地毯,但是分形作为一个独立的学科被人开始研究,是从 20 世纪 70 年代 Mandelbrot 提出分形的概念开始的。而一直到 80 年代,对于分形的研究才真正被大家所关注。分形跟分数维、自相似、自组织、非线性系统和混沌等联系起来一同出现。它是数学的一个分支,有人认为数学就是美,而分形的美,更能够被大众所接受,因为它可以通过图形化的方式表达出来。而更由于它美的直观性,被很多艺术家青睐。分形在自然界里面也经常可以看到,最多被举出来当作分形的例子,就是海岸线,源自于 Mandelbrot 的著名论文《英国的海岸线有多长》。而在生物界,分形的例子也比比皆是。

Mandelbrot 曾经说过:"云团不是球体,山峰并非锥形,海岸线不是圆弧线,树皮也并不光滑，闪电也不是直线传播。”这就说明大自然中的大量物体都不能用传统的几何形态来描述。分形几何解释了世界的本质，它是真正适合描述大自然的几何学。研究表明，星云的分布、海岸线的形状、山体的起伏、地壳的运动、河网水系、材料组织生长、湍流、酶和蛋白质的结构、人体血管系统、肺膜、脑电图、城市噪声、股市的波动等，大到宇宙的星云分布，小到准晶态的晶体结构，从地质学、生物学、物理学、化学，乃至于社会科学等，都普遍存在分形现象。

综合以上对分形的描述，可以得到关于分形的下列定义：

① 分形既可以是几何图形，也可以是由功能和信息架起的数理模型；

② 分形可以同时具有形态、功能和信息三方面的自相似性，也可以只具有其中某方面的自相似性；

③ 自相似性可以是严格的，也可以是统计意义上的，自然界中大多数分形都是统计意义上的分形，即统计自相似的；

④ 相似性具有层次结构上的差异。

作为几何学的一个发展方向，分形学经历了三个阶段：第一阶段（1875～1925年），这一阶段诞生了诸如维尔斯特拉（Weierstrass）函数、科赫（Koch）曲线、皮亚诺（Peano）曲线、康托尔（Cantor）三分集等分形集。第二阶段（1926～1975年），人们开始对分形集性质进行研究，特别是分维数理论研究在这一阶段取得了丰硕的成果。第三阶段（1975年至今），分形几何在各个领域的应用取得全面发展，并自成体系。

几何上将分形视为具有如下性质的集合 S：

① 集合 S 具有精细结构，即在任意小的比例尺度内包含整体。

② S 的不规则性，S 的结构不能用传统的几何语言来描述。

③ S 具有某种近似或统计意义下的自相似性。

④ S 在某种方式下定义的“分数维数”大于 S 的拓扑维数。

⑤ S 的定义通常是简单的或递归的形式。

另一个类似于分形的值得关注的对象——混沌，同样具有很多未被人们揭开面纱的神秘性质。如果说分形是一种多层次自相似的结构体，其规律性不言而喻，那么混沌就是一种令人更加捉摸不透的模糊现象。从其英文单词“chaos”和其几何形状来判断，它似乎具有随机不规则性。但事实恰恰相反，它是确定性的现象，而非随机的。混沌理论与量子力学、相对论齐名，是20世纪的三大科学革命之一。混沌理论具有三个关键特征，即对初始条件的敏感性、分形性状和奇异吸引子。由于混沌具有对初始条件高度敏感性，使得它在许多领域（如保密通信、传感技术领域）具有广阔的应用前景。

10.3 分形几何

本节重点介绍几类重要的分形图像,包括科赫曲线、康托尔三分集、谢尔宾斯基地毯(垫片)和分形树等,具体介绍生成这些分形图像的 MATLAB 程序。

10.3.1 科赫(Koch)曲线

设 E_0 是单位长直线段,E_1 是由 E_0 除去中间 1/3 的线段而代之以底边在被除去的线段上的等边三角形的另外两条边所得到图形,它包含四个线段。对 E_1 的每个线段都进行同一过程来构造 E_2,依此类推。于是得到一个曲线序列$\{E_k\}$,其中 E_k 是把 E_{k-1} 的每一个直线段中间 1/3 用等边三角形的另外两边取代而得到的。当 k 充分大时,曲线 E_k 和 E_{k-1} 只在精细的细节上不同,而当 $k\to\infty$时,曲线序列$\{E_k\}$趋于一个极限曲线 F,称 F 为科赫曲线,如图 10.3.1 所示。

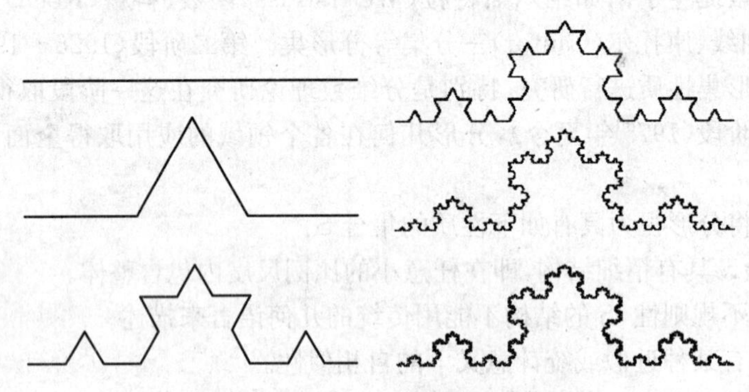

图 10.3.1　科赫曲线的构造分形图

科赫曲线 F 显然具有以下特征:

① 自相似性,其四个部分与整体的相似比例为 1/4。

② F 的精细结构性,即在任意小的比例尺度内包含整体。

③ 不规则性,即 F 不能用传统的几何语言来描述。

④ F 长度的无限性,其长度为无穷大,而其面积为 0。

事实上,对于每次迭代,产生的新的线段长度和 E_k满足

$$l(E_k)=\left(\frac{4}{3}\right)^k$$

$$l(F)=\lim_{k\to\infty}l(E_k)=\lim_{k\to\infty}\left(\frac{4}{3}\right)^k=\infty$$

由于 F 的长度为无穷大，且面积为 0，因此 F 的维数既不是 1，也不是 2，而是一个介于 1 与 2 之间的分数。另一方面，我们定义科赫曲线 F 的自相似维数为

$$\dim_F = \frac{\ln 4}{\ln 3}$$

为了生成迭代科赫曲线，我们从直线段 E_0 开始。设 P_1 和 P_5 分别为线段 E_0 的两个端点，先在直线段中间依次插入三个点 P_2，P_3，P_4，将 E_0 中间 1/3 部分 P_2P_4 用一个等边三角形 $P_2P_3P_4$ 的另外两边代替，绘图完成第一次迭代，形成山丘形图形，如图 10.3.2 所示。

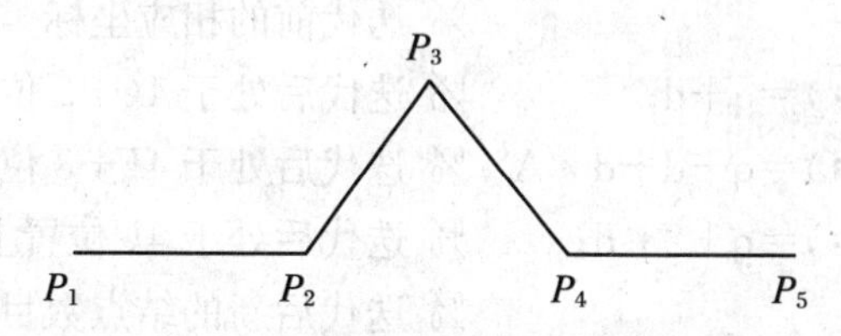

图 10.3.2 康托尔三分集的第一次三分图

第二次迭代：对图 10.3.2 中 4 条线段中的每条重复第一次迭代的步骤（中间 1/3 部分用一个等边三角形的两条边代替），再次形成新的图形……如此迭代，形成科赫分形曲线。显然 P_2 位于线段 1/3 处，P_4 位于线段 2/3 处，P_3 点的位置可看成是由 P_4 点以 P_2 点为轴心，逆时针旋转 $\pi/3$ 所得，其中旋转变换由正交矩阵

$$A = \begin{pmatrix} \cos\left(\dfrac{\pi}{3}\right) & -\sin\left(\dfrac{\pi}{3}\right) \\ \sin\left(\dfrac{\pi}{3}\right) & \cos\left(\dfrac{\pi}{3}\right) \end{pmatrix}$$

实现。根据初始数据点 P_1 和 P_5 的坐标，可产生图 10.3.2 中 5 个点的坐标。5 个点的坐标形成一个 5×2 的矩阵 M，M 的第一行为 P_1 的坐标，第二行为 P_2 的坐标…第五行为 P_5 的坐标。M 的第一列为 5 个点的 x 坐标，第二列为 5 个点的 y 坐标。

现设第 k 次迭代产生的端点数为 n_k，第 $k+1$ 次迭代产生的端点数为 n_{k+1}，则 n_k 和 n_{k+1} 之间的递推关系为 $n_{k+1}=n_k+3(n_k-1)=4n_k-3$。基于以上分析，我们给出下面的生成科赫曲线的 MATLAB 程序：

```
% koch. m
p=[0 0;10 0];    % 两端点坐标，第一列为x坐标，第二列为y坐标
n=2;             % 端点数
```

```
A=[cos(pi/3) -sin(pi/3);sin(pi/3) cos(pi/3)];  % 旋转矩阵
for k=1:4
  d=diff(p)/3;                   % 计算相邻两端点坐标差,进一步算出向
                                 % 量长度的1/3
  m=4*n-3;                       % 端点个数迭代公式
    q=p(1:n-1,:);                % 以原点为起点,前n-1个点的坐标为
                                 % 终点形成向量
      p(5:4:m,:)=p(2:n,:);       % 迭代后处于4k+1位置上的点的坐标为
                                 % 迭代前的相应坐标
  p(2:4:m,:)=q+d;                % 迭代后处于4k+2位置上的点的坐标
  p(3:4:m,:)=q+d+d*A';           % 迭代后处于4k+3位置上的点的坐标
  p(4:4:m,:)=q+2*d;              % 迭代后处于4k位置上的点的坐标
  n=m;                           % 迭代后新的结点数目
end

plot(p(:,1),p(:,2))              % 绘出每相邻两个点的连线
axis([0 10 0 10])
```

运行该程序,结果如图 10.3.3 所示。

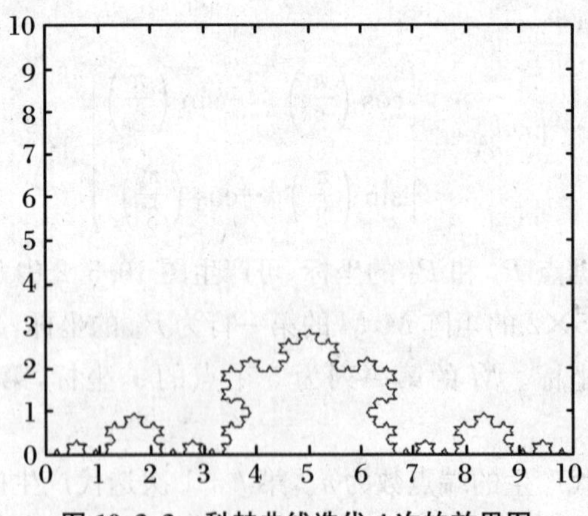

图 10.3.3 科赫曲线迭代 4 次的效果图

练习 10.3.1 参照以上程序,编写 MATLAB 代码绘制如图 10.3.4 所示生成元的科赫曲线。

练习 10.3.2 参照以上程序,编写 MATLAB 代码绘制如图 10.3.5 所示图形产生的迭代图。

这里原始线段(假设长度为 1)被三等分后在中间的两个等分点上分别伸出位于直线段两侧的长度均为 1/3 的直线段,它们与直线段同一个端点的夹角均为 $\pi/3$。

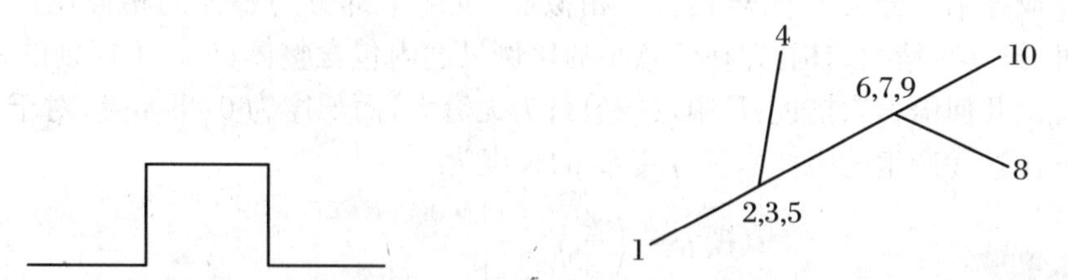

图 10.3.4　正方形代替正三角形科赫一次迭代　　图 10.3.5　线段的两边分叉广义科赫迭代

提示:如图 10.3.5 所示,可视该分叉过程为由 5 段等长线段连接生成,因此连接点 2,3,5 为同一点,6,7,9 为同一点。

10.3.2　康托尔(Cantor)三分集

康托尔(Cantor)于 1872 年引入了一类全不连通的紧集 F,F 被称为康托尔三分集。当时的人们认为这类集合在传统的几何研究中可忽略。但进一步研究表明,这类集合在如三角函数级数唯一性这类重要问题的研究中不仅不能忽略,而且有着非常重要的作用。

如图 10.3.6 所示,设 E^0 是单位长直线段,E^1 是由 E^0 除去中间 1/3 的线段所得到的图形,它包含四个线段。对 E^1 的每个线段都进行同一过程来构造 E^2,依此类推。于是得到一个曲线序列 $\{E^k\}$,其中 E^k 是把 E^{k-1} 的每一个直线段中间 1/3

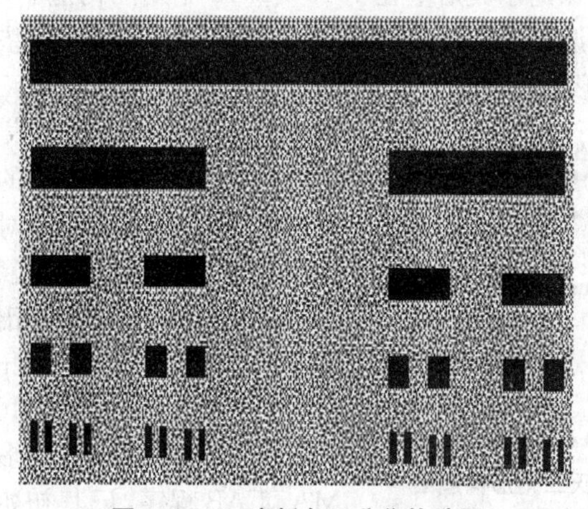

图 10.3.6　康托尔三分集构造图

除去而得到的;当 k 充分大时,曲线 E^k 和 E^{k-1} 只在精细的细节上不同,当 $k\to\infty$ 时,曲线序列 $\{E^k\}$ 趋于一个极限曲线 F,称 F 为康托尔三分集。康托尔三分集的构造与科赫曲线有相似之处。

康托尔三分集 F 同样具有自相似性,且两个部分与整体的相似比例为 1/3。另外,F 具有精细结构,即在任意小的比例尺度内包含整体;F 是不规则的,不能用传统的几何语言来描述;F 中点的数目为无穷大,而长度为 0;事实上,对于每个 k,第 k 次迭代产生的康托尔三分集 E_k 的长度为

$$l(E_k)=\left(\frac{2}{3}\right)^k$$

$$l(F)=\lim_{k\to\infty}l(E_k)=\lim_{k\to\infty}\left(\frac{2}{3}\right)^k=0$$

这证明了康托尔三分集极限长度为零。由于康托尔集 F 中点的数目为无穷大且长度为 0,因此 F 的维数既不是 0 也不是 1,而是一个介于 0 与 1 之间的分数。康托尔三分集 F 的自相似维数为

$$\dim_F=\frac{\ln 2}{\ln 3}$$

康托尔三分集 MATLAB 迭代程序类似于科赫曲线的绘制程序。

练习 10.3.3 参照以上绘制科赫曲线的迭代程序来编写 MATLAB 代码,用于绘制 8 次迭代后生成的康托尔三分集图像。

10.3.3 谢尔宾斯基(Sierpinski)地毯

波兰著名数学家谢尔宾斯基在 1915～1916 年期间构造了几个典型的分形例子,它们常被称作“谢氏地毯”、“谢氏三角”、“谢氏海绵”、“谢氏垫片”等。它们不但有趣,而且有助于形象地理解分形。谢氏三角形由一系列嵌套三角形生成。如将杨辉三角形中的数模 2 表示,即用 1 表示其中的奇数,用 0 表示其中的偶数,那么生成的黑白图像(1 对应黑色,0 对应白色)就是一个谢氏三角,如图 10.3.7 所示。

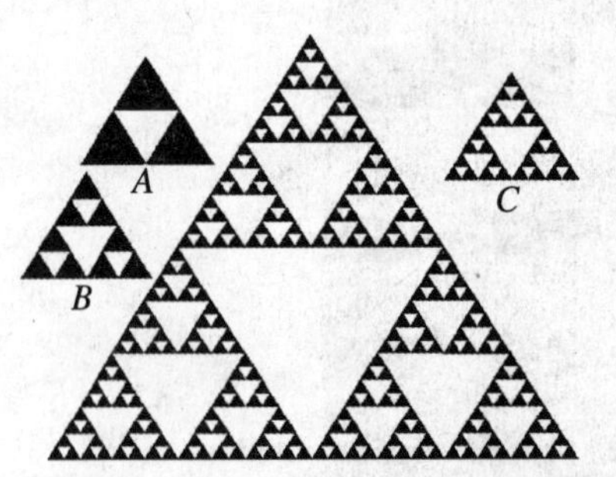

图 10.3.7 谢氏三角形构造图

谢氏三角形 S 的自相似维数为

$$\dim_S=\frac{\ln 3}{\ln 2}$$

为了给出谢氏三角形 S 的迭代生成的 MATLAB 程序,记其初始状态下三角形的三个顶点分别为 A,B,C,其坐标分别为 $(x1,y1)$,$(x2,y2)$,$(x3,y3)$;它们构成 3×2

的矩阵 X0，其中 X0 的三行分别为 A,B,C 三点的坐标；定义($x0i$,$y0i$)(i=1,2,3)分别为三个外围小三角形中心点坐标，它们构成一个 3×2 的矩阵 X1。定义(x,y)为三角形中心点坐标。谢氏三角形初始状态及第一次迭代构造图如图 10.3.8 所示。

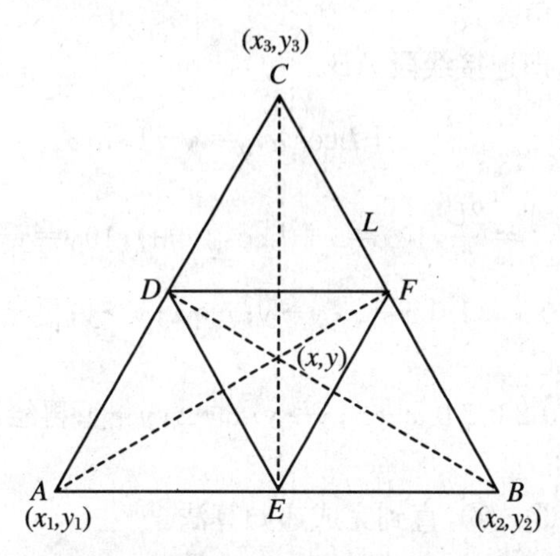

图 10.3.8　谢氏三角形初始状态及其第一次迭代构造图

```
% Sierpinski(x,y,L,n):对中心点(x,y)、边长 L 的等边三角形实行 n 次
% Sierpinski 迭代
% 该程序被递归使用
% 三角形顶点坐标之间关系
x1=x-L/2;y1=y-L*(sin(pi/6)/cos(pi/6))/2;
x2=x+L/2;y2=y+L*(sin(pi/6)/cos(pi/6))/2;
x3=x;y3=y-L*(sin(pi/6)/cos(pi/6));
x01=x-L/4;y01=y+L*(sin(pi/6)/cos(pi/6))/4;
x02=x-L/4;y02=y+L*(sin(pi/6)/cos(pi/6))/4;
x03=x;y03=y-L*(sin(pi/6)/cos(pi/6))/2;
Sierpinski(x01,y01,L/2,n-1);
Sierpinski(x02,y02,L/2,n-1);
Sierpinski(x03,y03,L/2,n-1);
```

10.3.4　分形树

自然界的植物体多数具有分形结构，例如树木、蕨类、花菜、卷心菜等。以树木为例，假设一根主干生长出两个侧干(分支)，每个侧干又生长出两个侧干，重复该过程，就可形成一个疏密有致的对称树木体。利用分形树的递归算法，可对这样的植物体进行模拟。

以图 10.3.9 作为分叉树生成元,利用迭代递归的算法来生成分叉树。具体算法如下:

① 记 A,B,C 和 D 点坐标分别为 (x,y),(x_0,y_0),(x_1,y_1),(x_2,y_2);L:树干长度;α:枝干与主干夹角。

② 绘制主干 AB,即连接线段 AB。

③ C 坐标计算:$L=\dfrac{2L}{3}$,$x=x+L\cos\alpha$,$y=y-L\sin\alpha$。

④ D 点坐标计算:$L=\dfrac{2L}{3}$,$10x=x+L\cos(-\alpha)$,$10y=y-L\sin(-\alpha)$。

⑤ 将步骤③中 0 0 1 0 1 0 $x\to x$;$y\to y$;$x\to x$;$y\to y$;再绘制 0 0$(x,y)\to(x,y)$ 的直线,即生成分枝 BC。

⑥ 将步骤④中 0 0 2 0 2 0 $x\to x$;$y\to y$;$x\to x$;$y\to y$;再绘制 0 0 $(x,y)\to(x,y)$ 的直线,即生成分枝 BD。

⑦ 重复执行步骤③~⑥,直到完成递归算法。

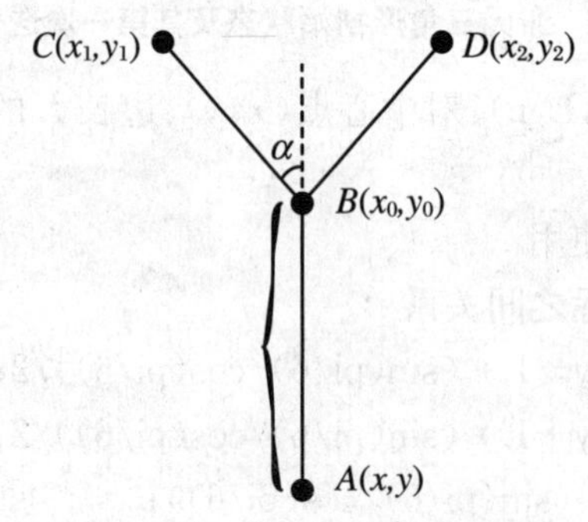

图 10.3.9　分叉树生成的原始图

下面是对应的 MATLAB 程序代码:

```
% TREE:重复运行以下代码以生成一棵树
function f=tree(w,dtheata,NN)
clear;clc;clf;w=0.8;dtheata=pi/6;NN=8;
                                    % 建议生长次数 NN 不要超过 10
n=2^NN;                             % 从主枝算起,共需生成 2^NN 个树枝
for i=1:n
    x1=0;   y1=0;   r1=1;   theata1=pi/2;
    dataway=dec2bin(i,NN);
                                % 把每个树枝编号转化为一个 NN 位的二进制数
    for j=1:NN
```

```
    if dataway(j)==0
    [x2,y2,r2,theata2]=antmoveleft(x1,y1,r1,theata1,w,dtheata);
    % 若路径数组上对应数字为0,则向左生长
        x1=x2;  y1=y2;   r1=r2;
        theata1=theata2;
        hold on
        %pause(eps)
    else
    [x2,y2,r2,theata2]=antmoveright(x1,y1,r1,theata1,w,dtheata);
    % 否则,数字为1,向右生长
        x1=x2;  y1=y2;   r1=r2;
        theata1=theata2;
        hold on
        %pause(eps)
        end
    end
end
hold off
% 显示平面点运动的函数,输入起始点坐标、运动方位角、运动距离
function [x2,y2]=antmove(x1,y1,r1,theata)
x2=x1+r1*cos(theata);   y2=y1+r1*sin(theata);
plot([x1,x2],[y1,y2])
% 与antmove不同,返回值中多了两个变量r2,theata2,为下一步点的移动
%准备了数据
% theata 角增大,表示点向左移动
function [x2,y2,r2,theata2]=antmoveleft(x1,y1,r1,theata1,w,dtheata)
x2=x1+r1*cos(theata1);   y2=y1+r1*sin(theata1);
plot([x1,x2],[y1,y2]);
r2=r1*w;
theata2=theata1+dtheata;
% 该函数的返回值中多了两个变量r2,theata2,为下一步点移动准备数据
% theata 角减小,表示点向右移动
function [x2,y2,r2,theata2]=antmoveright(x1,y1,r1,theata1,w,dtheata)
x2=x1+r1*cos(theata1); y2=y1+r1*sin(theata1);
```

```
plot([x1,x2],[y1,y2]);
r2=r1*w;
theata2=theata1-dtheata;
```

一个大家可能知道的分形树图形就是蕨。蕨是一种杂草类植物,成株蕨高可达1 m。根状茎长而横走,被棕褐色毛。叶柄光滑,黄褐色。叶片阔三角形,顶端渐尖,羽片卵状三角形,下部对生,上部互生。小羽片互生,披针形。叶近革质。如图10.3.10所示。

图 10.3.10 MATLAB生成的蕨

Clever Moler教授在他的《Computing with MATLAB》一书的程序附录中,给出了生成蕨的一个MATLAB函数(在EXM工具包下)。当下载该程序至MATLAB当前目录后,在MATLAB命令窗口输入指令:

```
>>fern
```

运行该函数指令,可看到一个动态生成蕨的GUI,其叶片因为迭代点数的增加而使其颜色变得越来越深。点击GUI面板上的STOP按钮,程序中止执行,并显示最终图形(蕨片)、程序执行的次数(点数)。该程序本质上是平面上一点通过不断重复的仿射变换:

$$x \mapsto Ax + b, \quad A \in \mathbf{R}^{2\times 2}; b, x \in \mathbf{R}^2 \tag{10.3.1}$$

生成的点列的绘制。这里2阶矩阵A和向量b均为已知,但有三种选择。下面来看程序中给定的一段代码:

```
x=[.5; .5];
h=plot(x(1),x(2),'.');
darkgreen=[0 2/3 0];
set(h,'markersize',1,'color',darkgreen,'erasemode','none');
```

```
axis([-3 3 0 10])
axis off
stop=uicontrol('style','toggle','string','stop',…
'background','white');
drawnow
p=[.85 .92 .99 1.00];
A1=[.85 .04;-.04 .85]; b1=[0; 1.6];
A2=[.20 -.26; .23 .22]; b2=[0; 1.6];
A3=[-.15 .28; .26 .24]; b3=[0; .44];
A4=[0 0 ; 0 .16];
```

其中第一句“x=[.5,.5]”定义了初始点坐标(0.5,0.5)，而第 2～4 句指令以点形式“.”画出该点，并记 h 为该点图形句柄来重新设置绘制风格，即以非擦除方式(erasemode 为 none)、深绿色(darkgreen)和标记点大小(marksize)为 1 的形式绘制该点；接着设置 X 坐标和 Y 坐标的范围，并掩藏坐标轴；uicontrol 指令生成 GUI 面板，其中的面板按钮为拖曳型(toggle)，其上显示字符为 stop，且面板背景颜色为白色；drawnow 开始绘制该点；下面的指令定义迭代的规则。语句“p=[.85 .92 .99 1.00];”生成一个 4 维向量 p，用来设置下个点的位置：假设当前点为 $x^{(k)}$，那么下一个点 $x^{(k+1)}$ 在满足条件 $x_1^{(k)}\in[p_{i-1},p_i]$之下以下列方式生成：

$$F_i:x^{(k+1)}=A_i x^{(k)}+b_i \tag{10.3.2}$$

其中 $i=1,2,3,4$，这里定义 $p_0=0$。按照该规则就可以生成蕨的图片。注意语句“cnt=1;”初始化计数器，并跟踪迭代产生的点数。

练习 10.3.4　如果我们把由(10.3.2)式生成的四类变换记为 F_i，其相应生成的点集分别记为 W_1,W_2,W_3 和 W_4。证明：当点数足够多(例如 1000000 个以上)的时候，W_i 中点数 w_i 所占总点数 w(如 1000000)比可用下式表达：

$$\frac{w_i}{w}=p_i-p_{i-1},\quad p_0=0$$

即 W_1 中的点约为 85%，W_2 中的点约为 0.92−0.85=0.07=7%，W_3 中的点约为 0.99−0.92=0.07=7%，W_4 中的点约为 1−0.99=0.01=1%。

语句“while ~get(stop,'value')”开始一个条件循环语句，直到停止按钮值 value 非零：点击 stop 按钮将使得 stop 值在 0 和 1 之间切换。另一个类似的函数指令“finitefern(n)”生成指定个数 n 的蕨，而“finitefern(n,'s')”则动态显示增加点的绘制过程。注意，指令“F=finitefern(n);”不绘制图像，它生成 n 个点和其生成的一个(0,1)矩阵 F，矩阵 F 可以用于图像处理。

练习 10.3.5　修改函数 fern.m 或 finitefern.m，可产生 Sierpinski's 三角形。

试选取矩阵

$$A=\begin{pmatrix}1/2 & 0\\ 0 & 1/2\end{pmatrix}$$

向量 b 以相等的概率随机从以下 3 个向量中选取

$$b=\begin{pmatrix}0\\0\end{pmatrix},\quad b=\begin{pmatrix}1/2\\0\end{pmatrix},\quad b=\begin{pmatrix}1/4\\ \sqrt{3}/4\end{pmatrix}$$

来产生分形蕨图形。

练习 10.3.6(Sierpinski 垫片)　将一个正方形九等分，去掉中间一个，保留四条边和剩下八个小正方形。将这八个小正方形的每一个再分别进行九等分，各自去掉中间的一个并保留它们的边。重复操作直至无穷。下面是一段实现该步骤的 MATLAB 函数代码。试解释、运行并改进下述代码，来生成 Sierpinski 垫片。

```
function sierpinskidt(x,y,a,b,n)
% SIERPINSKIDT:Sierpinski 垫片函数
% sierpinskidt(x,y,d,n)
% X:正方形左下顶点的横坐标
% Y:正方形左下顶点的纵坐标
% a,b:初始正方形的边长
% n:迭代次数
for j=1:n
    a1=[];b1=[];
    for i=1:length(x)
        x1=x(i)+[0,a/3,2*a/3,0,2*a/3,0,a/3,2*a/3];
        y1=y(i)+[0,0,0,b/3,b/3,2*b/3,2*b/3,2*b/3];
        a1=[a1,x1]; b1=[b1,y1];
    end
    a=a/3;   x=a1;   y=a1;
end
for i=1:length(x)
    fill(x(i)+[0,a,a,0,0],y(i)+[0,0,b,b,0],'k')
    hold on
end
```

练习 10.3.7　参照生成科赫曲线的方法，由一个四边形(可假设为一个正方形)的四个初始点出发，对于四边形的每条边，生成元如图 10.3.11 所示。

它相当于每次从正方形的每条边往里剪去一个三角形。第二次迭代时继续对图形中的正方形采用相同步骤……迭代几步，可得到火焰般的图形，如图 10.3.12 所示。

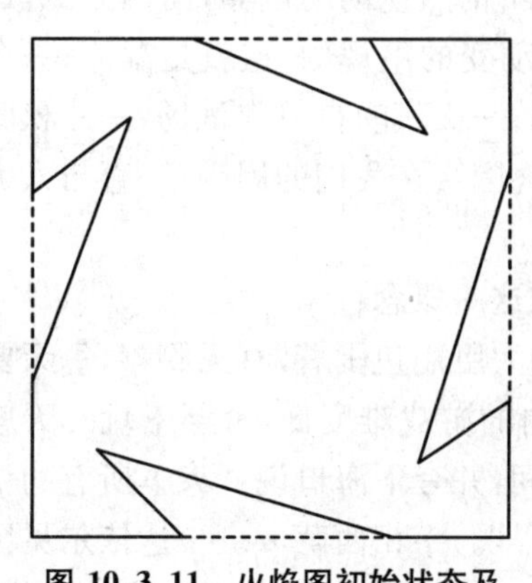

图 10.3.11　火焰图初始状态及第一次迭代图

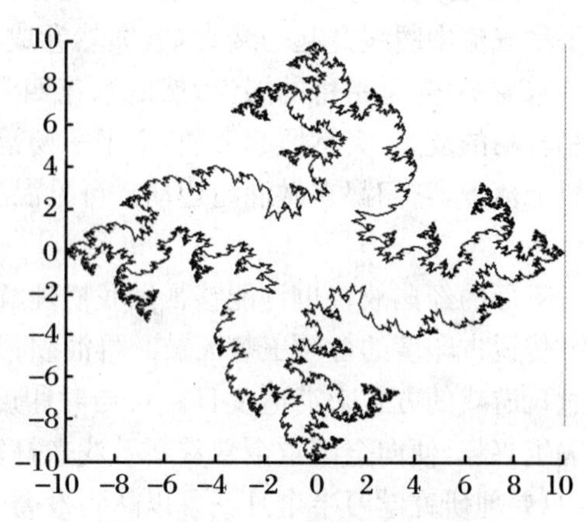

图 10.3.12　火焰图迭代效果图

练习 10.3.8　参照原程序 fern，改变蕨叶片的颜色，并使用粉红色(pink)作为其背景颜色。

练习 10.3.9　参照原程序，对蕨的叶片进行翻转变换，对调 X 和 Y 轴。

练习 10.3.10　参照源程序代码，考虑以下问题：

① 在生成蕨的过程中，重新设置图形窗口大小，看看会发生什么，为什么？

② 函数 finitefern. m 的输出结果可以用于打印，但函数 fern. m 却不行。试解释为什么。

③ 尝试改变矩阵 A_4 中的非零元的大小，看看情况会如何？

⑤ 说明函数 fern. m 如何生成蕨的茎部，并求茎部下端点的坐标。

10.4　混沌与分形

混沌是自然界又一普遍存在的现象。混沌从字面上看像是一个矛盾体：它既有确定性，又有随机性。其原意是混乱、无序，在现代非线性理论中，混沌泛指在确定体系中出现的貌似无规则的类随机运动。

事实上，这是人们对混沌这一数学现象的误解。根据韦伯斯特大百科辞典，混沌一词“chaos”来源于希腊语阿比斯(abyss)，意即多种极端情形并存的一种状态，这种状态在最终状态形成之前容易引起人们的迷惑；第二种解释是能引起高度迷惑的类随机状态。后者不适合混沌现象的数学定义。为了消去误解，数学上常把混沌现象称为确定性混沌。

混沌现象在现实和实际应用中普遍存在，且与我们密切相关。如升腾的烟雾在平稳气流中缓缓升起一缕青烟，突然卷成一团团剧烈搅动的烟雾，向四方飘散；打开水龙头，先是平稳的层流，然后水花四溅，流动变的不规则，这就是湍流；一个风和日丽的夏天，突然风起云涌，来了一场暴风雨；一面旗帜在风中飘扬，一片秋叶从树上落下，它们都在做混沌运动。可见混沌始终围绕在我们的周围，一直与人类为伴。

下面的经典故事也许能够帮助我们理解混沌这一概念：

传说古印度的舍罕王整天被一群溜须拍马的大臣们包围着，百无聊赖，每天要通过玩游戏的方式来消遣度日。可当时印度国内的游戏难度低，舍罕王玩几天就失去了兴趣，便向全国重金悬赏新游戏来打发时间，并夸下海口说："天下所有的游戏，只要他研究学习半个月就可以达到最高的境界"。宰相西萨·班·达依尔见国王自负虚浮，决定给他一个教训，他向国王推荐了一种在当时尚无人知晓的游戏。国王对这种新奇的游戏很快就产生了浓厚的兴趣，一年、两年过去了，舍罕王对这种新游戏兴趣不减，越研究越觉得高深莫测，一直到他即将驾鹤西去，心里还惦念着这种新游戏——国际象棋。

一天，舍罕王为了表彰宰相西萨发明国际象棋的功绩，将他传到大殿，问他需要得到什么赏赐。宰相西萨跪在国王面前说："陛下，请您在这张国际象棋棋盘的第一个小格内，赏给我一粒麦子，在第二个小格内给两粒，第三格内给四粒，照这样下去，每一小格都比前一小格加一倍。陛下啊，把这样摆满棋盘上所有 64 格的麦粒，都赏给您的仆人吧！"

国王一听，觉得宰相西萨的要求太低，就慷慨地答应了。他于是下令将一袋麦子拿到宝座前。计数麦粒的工作开始了。第一格内放一粒，第二格两粒，第三格四粒……还没到第二十格，袋子已经空了。一袋又一袋的麦子被扛到国王面前来，但是麦粒数一格接一格地增长，很快就可以看出，即使拿来全印度的小麦，国王也无法兑现他对宰相许下的诺言！

宰相西萨要求的麦粒到底有多少呢？计算一下，就可以得出：$1+2+2^2+2^3+2^4+\cdots+2^{63}=2^{64}-1$，即 18446744073709551615 粒。西萨所要求的竟是当时全世界在两千年内所产的小麦的总和！如果造一个宽 4 m、高 4 m 的粮仓来储存这些粮食，那么这个粮仓就要长 3 亿 km，可以绕地球赤道 7500 圈，或在日地之间打个来回。国王的一句慷慨之言，竟成了他欠西萨的一笔永远也无法还清的债。

上例说明：一个小的初始值在某个对应关系下不经意间会产生难以想象的后果。这就是混沌现象的一个显著特征，即系统对于初始条件的敏感性。

1972 年 12 月 29 日，美国麻省理工学院教授、混沌学创始人 E·N·洛伦兹在美国科学发展学会第 139 次会议上发表了题为《蝴蝶效应》的论文，提出一个貌似荒谬的论断：在巴西一只蝴蝶翅膀的拍打能在美国得克萨斯州产生一个龙卷风，并由此提出了天气的不可准确预报性。洛仑兹解释道：出现这种情况的根源是混沌在作怪！

定义 10.4.1（混沌）　目前无明确定义，一般将不是由随机性外因引起的，而是由确定性方程（内因）直接得到的具有随机性的运动状态称为混沌。

定义 10.4.2（相空间）　连续动力系统中，用一组一阶微分方程描述运动，以状态变量（或状态向量）为坐标轴的空间构成系统的相空间。系统的一个状态用相空间的一个点表示，通过该点有唯一的一条积分曲线。

定义 10.4.3（混沌运动）　确定性系统中局限于有限相空间的高度不稳定的运动。这里的轨道高度不稳定是指近邻的轨道随时间变化指数性分离。由于这种不稳定性，系统的长时间行为会显示出某种混乱性。

定义 10.4.4（分形和分维）　分形是 n 维空间点集的几何性质，该点集具无限精细的结构，在任何尺度下都有自相似部分和整体相似性质，具有小于所在空间维数 n 的非整数维数。分维就是用非整数维（分数维）来定量地描述分形的基本性质。

定义 10.4.5（不动点）　又称平衡点或定态。不动点是系统状态变量所取的一组值，对于这些值，系统不随时间变化。连续动力学系统中，相空间中的点 x_0 若满足 $t\to\infty$ 时，轨迹 $x(t)\to x_0$，则称 x_0 为不动点。

定义 10.4.6（吸引子）　相空间的一个点集（或子空间）S，对 S 的任意一点，当 $t\to\infty$ 时所有轨迹线均趋于 S，吸引子是稳定的不动点。

定义 10.4.7（奇异吸引子）　又称混沌吸引子（图 10.4.1），指相空间中具有分数维的吸引子的集合。该吸引集由永不重复自身的一系列点组成，并且无周期性。

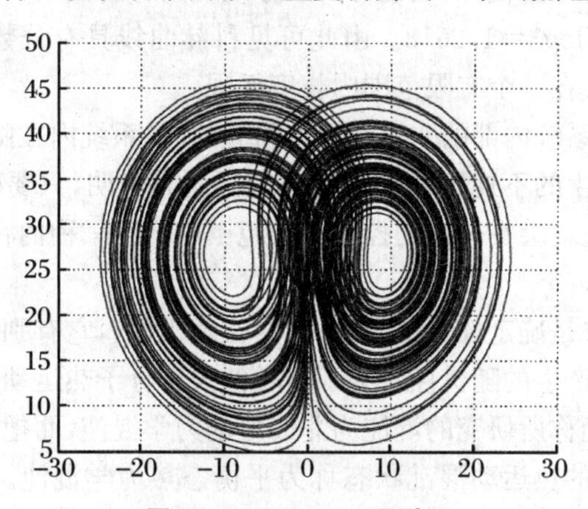

图 10.4.1　Lorenz 吸引子

混沌轨道就运行在其吸引子集中。

定义 10.4.8(分叉) 又称分岔或分支。某个或某组参数发生变化时,长时间动力学运动的类型也发生变化。该(组)参数值称为分叉点,分叉点处参数的微小变化会产生不同性质的动力学特性,故系统在分叉点处是结构不稳定的。

定义 10.4.9(周期解) 对系统 $x_{n+1}=f(x_n)$,当 $n\to\infty$时,若存在 $\xi=x_{n+i}=x_n$,则称该系统有周期 i 的解 ξ。不动点可视为周期 1 的解,因为它满足 $x_{n+1}=x_n$。

定义 10.4.10(初值敏感性) 对初始条件的敏感依赖是混沌的基本特征,混沌系统是其终极状态极端敏感地依赖于初始状态的系统。敏感依赖性的一个严重后果是系统的长期行为变得不可预见。

确定一个图形中点的位置所需的参数个数,就是通常意义下的维数,或称为拓扑维数。例如,直线是一维的,平面是二维的,空间是三维的,曲线是一维的,曲面是二维的。若用传统的维数观点去看科赫曲线,我们发现科赫曲线上任意两点间沿曲线的距离为无穷大,从而不能用一个参数确定科赫曲线上所有点。因此分形不具有传统的维数。这就需要引进新的维数的定义。新维数不同于传统维数的定义,定义方法较多,其中相似性维数是一种较初等的定义方法。

如果某图形是由把整体缩小成原图的 $1/a$ 的 b 个相似图形组成的,则该图形的相似性维数为 $D=\log b/\log a$。这种新的维数定义与传统维数的定义不矛盾。如将一个正方形缩小成边长是原来 1/2 的小正方形,则 4 个这样的小正方形拼成原来的大正方形。所以正方形的维数 $D=\log 4/\log 2=2$,这和传统意义下的拓扑维数一致。

现在考虑科赫曲线的维度:将 4 个迭代了 n 次生成的科赫曲线的尺度缩小到 1/3,便可拼成一个迭代了 $n+1$ 次的图形。而科赫曲线迭代了无穷多次,于是 4 个在尺度上缩小到 1/3 的科赫曲线便可拼成原尺度的科赫曲线。所以科赫曲线的相似性维数 $D=\log 4/\log 3=1.2618$。由此可见科赫曲线具有分数维,它和传统的曲线不同,如科赫曲线在一个有限范围内长度无限。

混沌现象是由系统内部的非线性因素引起的,是系统内在随机性的表现,而不是外来随机扰动产生的不规则结果。混沌理论研究表明,只要确定性系统中有非线性因素作用,系统就会在一定的控制参数范围内产生一种内在的随机性,即确定性混沌。

因此,混沌现象是确定性系统的一种“内在随机性”,它有别于由系统外部引入不确定随机影响而产生的随机性。为了与类似大量分子热运动的外在随机性和无序性加以区别,我们称所研究的混沌为非线形动力学混沌,而把系统处于平衡态时所呈现的杂乱无章的热运动混乱状态称为平衡态热力学混沌。两者的差别在于:平衡态热力学混沌所表现出的随机现象是系统演化的短期行为,且无法确定。比如掷骰子，第一次掷的结果就无法确定，而长期则服从统计规律。非线形动力学混沌则不然，系统的短期演化结果是确定的和可预测的；只有经过长期演化，其结果才是不确定的、不可预测的。比如天气预报，一般三天以内的天气状况是可预测的，而三天以后的可能就无法预测了。

下面的例子将告诉我们混沌产生的原因及其对初值的敏感性。

例 10.4.1　考察下列数列：

$$x_{n+1}=\begin{cases}2x_n, & 0\leqslant x_n<1/2\\ 2x_n-1, & 1/2\leqslant x_n<1\end{cases}$$

序列 x_n 有三种形态：

① x_0 为有理数，且分数形式下的分母形如 2^k（k 是正整数）形式。此时有 $x_n\to 0$。例如取 $x_0=11/32$，则 $x_1=11/16, x_2=3/8, x_3=3/4, x_4=1/2, x_5=0, x_6=0, \cdots$

② x_0 为有理数，且表示为分数时分母不为 2 的幂。此时当 n 足够大时 x_n 出现周期变化。例如，取 $x_0=13/28$，则有：$x_1=13/14, x_2=6/7, x_3=5/7, x_4=3/7, x_5=6/7, x_6=5/7, x_7=3/7, x_8=6/7, \cdots$ 它表示 n 很大后出现了在三个数$\{6/7,5/7,3/7\}$之间的循环。

③ x_0 为无理数时，序列$\{x_n\}$不规则。如取 $x_0=\sqrt{2}/2$ 就属于这种情况。

从本质上看，上述三种情况表征的都是一种形态——混沌。事实上，对第二种情形，初值 $x_0=13/28=0.4642857142857142857l\cdots$ 可发现对 $n\geqslant 2$，有

$$x_{n+2}=x_n,\quad n=2,3,\cdots$$

如 $x_{3002}=6/7, x_{3003}=5/7, x_{3004}=3/7, x_{3005}=6/7, \cdots$

假设取一个与 x_0 前 900 多位小数都相同的数作为初始值，即

$$\begin{aligned}x_0'&=13\times(1-8^{-8000})/28\\&=13\times(8^{8000}-1)/(28\times 8^{8000})\\&=13\times(8^{8000}-1)/(7\times 2^{3002})\end{aligned}$$

注意到 x_0' 的分母可表示为 2 的幂次，故这个最终迭代结果属于第一种情况，即

$$x_{3002}=x_{3003}=x_{3004}=x_{3005}=\cdots=0$$

该结果与选 x_0 作为初值出现周期循环的结果相差甚远。这说明混沌现象中的初始值敏感性。

例 10.4.1 中的两个初值 x_0 与 x_0' 之差 $z=|x_0'-x_0|=13/(7\times 23002)=1/10900$ 是非常小的，但经 3002 次迭代后结果大相径庭。这说明当迭代次数 n 足够大后，x_0 小数前 900 位（二进制前 3002 位）信息对后来的收敛结果毫无意义。注意这里并没有在迭代中进行舍入处理，而完全是由于初值的不确定性造成的。

例 10.4.1 说明，混沌并不是计算方法的近似或计算中的舍入误差处理造成的，而是系统对初值的敏感所致，是系统固有的一种属性。

当时间 t 趋于无穷大时，系统所能达到的极限点集合称为吸引子。例如单摆运动，如果没有摩擦或其他消耗（这称为保守系统），单摆将永无休止地摆下去。如果有摩擦（耗散系统），振动将逐渐减小，最终将停在中间位置，这个状态（不动点）就叫做一个吸引子。耗散系统最终要收缩到相空间的有限区域即吸引子上。0 维的吸引子是一个不动点，一维是一个极限环，二维是一个面，等等。这些吸引子通常叫做普通吸引子或平凡吸引子。混沌状态也是非平衡非线形系统演化的一种归宿，它相当于一个吸引子，是耗散运动收缩到相空间有限区域的一种形式。但与平凡吸引子相比，混沌有其特性：系统在吸引子外的所有状态都向吸引子靠拢，这是吸引作用，反映系统运动稳定的一面；而一旦到达吸引子内，其运动又是互斥的，这对应着不稳定的一面。也可以说在整体上是稳定的，而在局部上是不稳定的。在混沌区域内，两个充分靠近的点，随着时间的推移会呈指数发散开来；而两个相距很远的点有可能最终无限接近，它们将在混沌区中自由地游荡，又不跳出混沌区去，因此无法描写其轨迹，无法预测其未来的状态。1971 年，法国物理学家茹勒和泰肯首次把混沌的这种性质叫作奇异吸引子或奇怪吸引子。

奇异吸引子往往具有分数维数。系统到达混沌区后，被限制在奇异吸引子内，并在吸引子集合中到处游荡，但其轨道不能充满整个区域，它们彼此间有无穷多的空隙。

在混沌区内，从大到小，一层一层类似洋葱头或套箱，具有自相似结构。这些自相似结构无穷无尽地互相套叠，从而形成了“无穷嵌套的自相似结构”。任取其中一小单元，放大来看都和原来混沌区一样，具有和整体相似的结构，包含整个系统的信息。这是混沌与分形的共同点。可见混沌现象既具有紊乱性，又具有规律性。

例 10.4.2　马尔萨斯(T. R. Malthas)在《人口原理》一书中分析了 19 世纪美洲和欧洲一些地区的人口增长规律后，得出结论：“在不加控制的条件下，人口每 25 年增加一倍，即按几何级数增长。”

不难把马尔萨斯人口论写成数学形式：把 25 年视为一代，记第 n 代人口为 y_n。那么马尔萨斯原始人口模型为

$$y_{n+1}=2y_n,\quad n=1,2,3,\cdots \tag{10.4.1}$$

更一般地，(10.4.1)式可以写成方程

$$y_{n+1}=ay_n,\quad n=1,2,3,\cdots \tag{10.4.2}$$

其中 a 是比例系数。不难验证，方程(10.4.2)的解为

$$y_n=a^n y_0,\quad n=1,2,3,\cdots \tag{10.4.3}$$

y_0 是第一代人口数。只要 $a>1$，y_n 很快以指数增长方式趋于无穷大，这就是所谓的“人口爆炸”。这样的线性模型显然不能反映人口的变化规律，但稍加修正，就可用

来描述某些没有世代交叠的昆虫数目的虫口方程。注意到虫口数目过多时，由于争夺食物和生存空间发生的咬斗或由于传染病导致的疾病蔓延，都会使虫口数目减少。假设这些事件导致的虫口数量的减少数目与 $y_n{}^2$ 成正比，那么方程(10.4.2)可以修正为

$$y_{n+1} = ay_n - by_n^2,\quad n = 0,1,2,\cdots \tag{10.4.4}$$

其中 b 为因种群竞争和疾病死亡导致的单位虫口数量减少率。

方程(10.4.4)看起来很简单，却可以展现出丰富多彩的动力学行为。它不仅仅是一个描述虫口变化的模型，同时考虑了鼓励和抑制两种因素，反映出"过犹不及"的效应，因而具有更普遍的意义和用途。适当地改写方程(10.4.4)的变量，如记 $z_n=(b/a)y_n$，$\delta=a^2/b$，并进一步取最大虫口数为 1，得标准虫口方程：

$$z_{n+1} = \delta z_n(1-z_n),\quad n = 0,1,2,\cdots \tag{10.4.5}$$

这里 z_n 变化范围在区间[0,1]上，而参量 δ 通常在 0～4 之间取值。

虫口方程(10.4.5)也称为 Logistic 模型，它是通向混沌动力学主峰的崎岖道路的起点，在第 3 章第 5 节已略有介绍。更加一般形式的方程有

$$z_{n+1} = f(\lambda,z_n),\quad z_n \in I,\quad n = 0,1,2,\cdots \tag{10.4.6}$$

其中 $f(\lambda,x)$ 是依赖于参量 λ 的一个非线性函数。取初始值 x_0，迭代过程(10.4.6)产生一条轨道

$$x_0,x_1,x_2,x_3,\cdots$$

这个迭代过程可以用图上作业形象地表示出来，如图 10.4.2 所示。

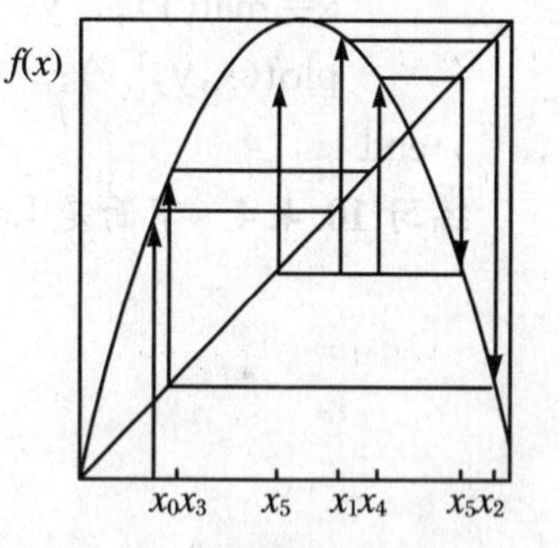

图 10.4.2　非线性函数 $f(x)$ 的迭代过程

图 10.4.2 中画出了非线性函数 $f(x)$ 和直线 $y=x$ 的 45°倾斜的分角线。在横轴上取初值 x_0，垂直向上找到与 $f(x)$ 的交点就是 x_1；为把它作为下一次迭代的自变量，只需水平地找到与分角线的交点。整个迭代过程就是不断地在函数 $f(x)$ 和分角线之间作直线。

练习 10.4.1　将 Malthas 方程(10.4.1)用 MATLAB 编程，并对给定的初始值，考察其增长的速度。

练习 10.4.2　将 Logistic 方程(10.4.5)通过 MATLAB 编程来实现其迭代。分别考虑不同的初始值以及 δ 在[0,4]上的不同取值，如 $\delta=0.1,0.3,0.5,0.7,\cdots,4$。

练习 10.4.3　下面是一段关于混沌的游戏程序。它首先生成一个 Sierpinski 三角形。试理解、运行和解释该程序。

```
function chaos(steps)
% 三个参考点 a,b,c
  % CHAOS 默认迭代次数 steps=1000
    if nargin ~=1   steps=1000;   end
    axis square; hold on;    % 叠加式绘图方式
    a=[0;0];   b=[50;100];   c=[100;0];
    spielpkt=rand(2,1)*100;
    for n=1:steps   wuerfel=rand(1);   % 掷骰子(a,b 或 c)
    if wuerfel<1/3   mal=(a-spielpkt)/2+spielpkt;        % 下一个点
    elseif   wuerfel>2/3
        mal=(c-spielpkt)/2+spielpkt; else mal=(b-spielpkt)/2+spielpkt;
    end
    spielpkt=mal;                      % 新的点
    x=mal(1);   y=mal(2);
    plot(x,y,'.');                     % 绘制当前点
end                                    % 下一次迭代
```

练习 10.4.4 下面是 Lorenz 方程：

$$\frac{\mathrm{d}x}{\mathrm{d}t}=\sigma(y-x)$$

$$\frac{\mathrm{d}y}{\mathrm{d}t}=x(\rho-z)-y$$

$$\frac{\mathrm{d}z}{\mathrm{d}t}=xy-\beta z$$

试适当选取参数的值，并通过 MATLAB 微分方程数值求解的指令来绘制图 10.4.1，即吸引子图像。

第 11 章　矩阵分解与矩阵特征计算

对于大型线性方程组，我们一般无法直接求解。这时我们寻求对其系数矩阵的特殊形式的分解，从而将它转化为求解两个甚至多个特殊系数矩阵形式下的线性方程组问题。矩阵分解是计算数学和数值分析中的重要内容之一，它主要包括矩阵的特征值和特征向量的计算。其应用涉及系统控制、生物工程、力学与物理等学科。在物理和力学工程的很多领域，都涉及计算矩阵的特征值和特征向量。

本章第 1 节介绍几类重要的矩阵变换，包括 Householder 变换、Givens 变换和 Jacobi 变换。这些变换是矩阵计算中必不可少的内容，它们可用来简化矩阵计算或线性方程组求解。第 2 节和第 3 节分别介绍矩阵的 QR 分解和奇异值分解。第 4 节穿插了关于凸集和凸函数方面的一些知识，这是由于凸优化问题无疑是最优化问题中最为重要的一类。事实上，很多情况下需要求的是一个线性方程组的可行解中使得某个代价函数值最小（或者最大）的解向量，而这类问题恰恰对应于一个凸优化问题。第 5 节介绍向量范数和矩阵范数。这是最优化问题或矩阵计算中必须涉及的内容，也是实际问题求解中面临的问题。第 6 节介绍矩阵的特征计算，其中包括特征值和特征向量的计算及其应用。

11.1　Householder 映射和 Householder 算法

Householder 变换，或称初等反射，是由 A. C Aitken 在 1932 年提出的。A. Scott Householder 在 1958 年指出了这一变换在数值线性代数上的应用。本质上，Householder 变换将一个非零向量变换为经一个超平面反射的镜像向量，它是一类线性变换。其变换矩阵被称为 Householder 矩阵，一般内积空间中，它被称为 Householder 算子。超平面的法向量被称作 Householder 向量（图 11.1.1）。

11.1.1　Householder 变换

Householder 变换（简称 H-变换）类似于 Gauss 变换，目的是将给定 d 的一个非零向量化为一个坐标向量（单位向量）。H-变换对应形如：

$$H = I - \rho uu^{\mathrm{T}} \tag{11.1.1}$$

的一个 n 阶矩阵，该矩阵称为 H-矩阵其中 u 为 n 维非零向量，$\rho=2/\|u\|^2$。注意到矩阵 uu^{T} 的秩为 1。不难证明 H 为实对称正交矩阵，即满足

$$H^{\mathrm{T}} = H,\quad H^{\mathrm{T}}H = H^2 = I \tag{11.1.2}$$

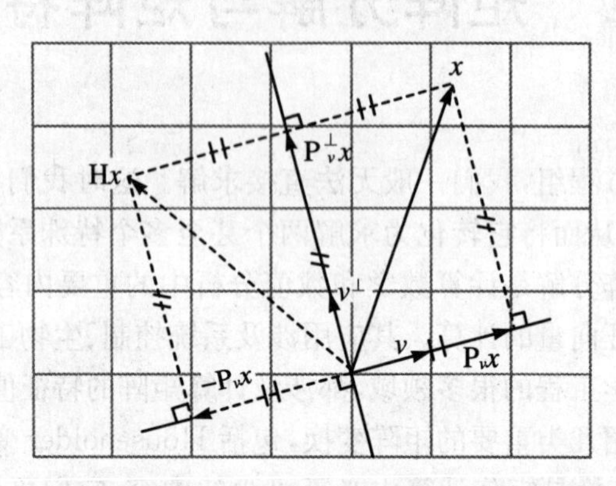

图 11.1.1 H-变换：x 在向量 v 的超平面 $v^{\perp}$ 上镜像是 Hv

H-变换可将给定向量的某些元置零，并保持向量长度不变，如将非零列向量

$$X = (x_1,\cdots,x_n)^{\mathrm{T}} \tag{11.1.3}$$

变换为单位基向量 $e=(1,0,\cdots,0)^{\mathrm{T}}$。通过一系列的 H-变换，我们还可以将一个给定的方阵化为一个上三角矩阵。

为了进一步介绍 Householder 变换，下面介绍两种基本的矩阵变换算法：Givens 变换和 Jacobi 变换。

11.1.2 Givens 变换

Givens 变换为一个坐标平面上的旋转变换，它以数学家 Wallace Givens 的名字命名。20 世纪 50 年代初期，Givens 就职于美国 Argonne 国家实验室，他在进行实验数据分析时引进了这一方法。

一个 n 阶 Givens 旋转矩阵形如：

$$G(i,j,\theta) = (g_{st}) = \begin{pmatrix} 1 & \cdots & 0 & \cdots & 0 & \cdots & 0 \\ \vdots & & \vdots & & \vdots & & \vdots \\ 0 & \cdots & c & \cdots & -s & \cdots & 0 \\ \vdots & & \vdots & & \vdots & & \vdots \\ 0 & \cdots & s & \cdots & c & \cdots & 0 \\ \vdots & & \vdots & & \vdots & & \vdots \\ 0 & \cdots & 0 & \cdots & 0 & \cdots & 1 \end{pmatrix} \tag{11.1.4}$$

其中 G 的非零元如下：

① $g_{kk}=1, \forall k\neq i,j$；

② $g_{ii}=g_{jj}=c$；

③ $g_{ji}=s, g_{ij}=-s(i>j)$。

设 x 为一个 n 维实向量，乘积 $x_1=G(i,j,\theta)x$ 为向量 x 在 (i,j) 坐标面上逆时针旋转 θ 后得到的向量（故称为 Givens 旋转变换）。Givens 变换在数值线性代数中的主要目的是在一个向量或矩阵中产生更多的零元。它可以用来计算矩阵的 QR 分解。它相对于 Householder 变换的优势有两个：

① Givens 变换可以用于并行计算；

② 对于稀疏矩阵，Givens 变换的运算量小。

当一个 Givens 旋转矩阵 $G(i,k,\theta)$ 左乘一个矩阵 A，所得矩阵 GA 与矩阵 A 的差别只在第 i 和 j 行。因此下面只需要考虑一个 2 阶矩阵的情形即可。

假设已知实数 a 和 b，记 $c=\cos\theta$ 和 $s=\sin\theta$，使得

$$\begin{pmatrix} c & -s \\ s & c \end{pmatrix}\begin{pmatrix} a \\ b \end{pmatrix}=\begin{pmatrix} r \\ 0 \end{pmatrix}$$

我们无需计算 θ，而只需要直接计算上式中的 c,s 和 r。一个直接且明显的解是取

$$r\leftarrow\sqrt{a^2+b^2}$$
$$c\leftarrow a/r$$
$$s\leftarrow -b/r$$

注意 r 的计算有可能会产生溢出。Golub 和 Van Loan 在其 1996 年出版的著作《矩阵计算》一书中（第 5 章第 1 节）介绍了一种新方法，来避免这种溢出现象的发生。2000 年，Anderson 在改进软件 LAPACK 时，发现这一问题中关于算法的连续性被人们所忽视。为了满足这一连续性条件，一般要求 $r>0$。

例 11.1.1　给定以下的 3 阶实对称矩阵 A：

$$\begin{pmatrix} 6 & 5 & 0 \\ 5 & 1 & 4 \\ 0 & 4 & 3 \end{pmatrix}$$

下面通过两次 Givens 旋转变换将 A 化为一个上三角矩阵，从而实现 A 的 QR 分解。为此，我们需要将矩阵 A 中位置 $(2,1)$ 和 $(3,2)$ 的两个元素化为零。

首先化 $(2,1)$ 位置的元素为零。为此，选取旋转矩阵

$$G_1=G(2,1,\theta_1)=\begin{pmatrix} c_1 & -s_1 & 0 \\ s_1 & c_1 & 0 \\ 0 & 0 & 1 \end{pmatrix}$$

做矩阵乘法 $A_1=G_1A$，即

$$\begin{pmatrix} c_1 & -s_1 & 0 \\ s_1 & c_1 & 0 \\ 0 & 0 & 1 \end{pmatrix}\begin{pmatrix} 6 & 5 & 0 \\ 5 & 1 & 4 \\ 0 & 4 & 3 \end{pmatrix}$$

取

$$r_1=\sqrt{6^2+5^2}=7.8012$$

$$c_1=\frac{6}{r_1}=0.7682$$

$$s_1=-\frac{5}{r_1}=-0.6402$$

代入 A_1，得

$$A=\begin{pmatrix} 7.8102 & 4.4813 & 2.5607 \\ 0 & -2.4327 & 3.0729 \\ 0 & 4 & 3 \end{pmatrix}$$

下面来化(3,2)位置的元素为零。类似上述方法，取 Givens 变换矩阵

$$G_2=\begin{pmatrix} 1 & 0 & 0 \\ 0 & c_2 & -s_2 \\ 0 & s_2 & c_2 \end{pmatrix}$$

并作矩阵乘积：

$$\begin{pmatrix} 1 & 0 & 0 \\ 0 & c_2 & -s_2 \\ 0 & s_2 & c_2 \end{pmatrix}\begin{pmatrix} 7.8102 & 4.4813 & 2.5607 \\ 0 & -2.4327 & 3.0729 \\ 0 & 4 & 3 \end{pmatrix}$$

取

$$r_2=\sqrt{(-2.4327)^2+4^2}=4.6817$$

$$c_2=-2.4327/r_2=-0.5196$$

$$s_2=-4/r_2=-0.8544$$

代入上式，得矩阵

$$R=\begin{pmatrix} 7.8102 & 4.4813 & 2.5607 \\ 0 & 4.6817 & 0.9664 \\ 0 & 0 & -4.1843 \end{pmatrix}$$

矩阵 R 为一个上三角矩阵，它恰是 QR 分解中的上三角矩阵。若令

$$Q=G_1^{\mathrm{T}}*G_2^{\mathrm{T}}$$

即

$$Q=\begin{pmatrix}7.7682 & 0.3327 & 0.5470\\ 0.6402 & -0.3992 & -0.6564\\ 0 & 0.8544 & -0.5196\end{pmatrix}$$

二维空间中恰有一类 Givens 变换矩阵，即

$$G=\begin{pmatrix}\cos\theta & -\sin\theta\\ \sin\theta & \cos\theta\end{pmatrix}$$

而三维空间中有三类 Givens 旋转矩阵：

$$R_X(\theta)=\begin{pmatrix}1 & 0 & 0\\ 0 & \cos\theta & -\sin\theta\\ 0 & \sin\theta & \cos\theta\end{pmatrix}$$

$$R_Y(\theta)=\begin{pmatrix}\cos\theta & 0 & \sin\theta\\ 0 & 1 & 0\\ -\sin\theta & 0 & \cos\theta\end{pmatrix}$$

$$R_Z(\theta)=\begin{pmatrix}\cos\theta & -\sin\theta & 0\\ \sin\theta & \cos\theta & 0\\ 0 & 0 & 1\end{pmatrix}$$

11.1.3　Jacobi 变换

为了进一步说明 Householder 方法，下面来了解另一类简单的矩阵变换方法——Jacobi 变换。Jacobi 变换，又称为 Jacobi 迭代法，是在 1846 年首先由 Carl Gustav Jacob Jacobi 提出的，但是它直到 20 世纪 50 年代计算机诞生后才得以普及。其主要目的是求一个给定对称矩阵的所有特征值和特征向量。对于阶数不大于 10 的实对称矩阵，Jacobi 迭代算法有着非常明显的优势：简单、容易理解、操作方便。对于阶数大于 10、小于 20 的实对称矩阵，如果不关注算法收敛的速度，那么 Jacobi 算法也可以接受。事实上，Jacobi 方法能够保证求得任意一个实对称矩阵的特征对(即特征值和特征向量)。这里对于矩阵实对称的要求并不过分，因为在应用数学和工程等实际问题中，很多问题的求解都可以化为实对称矩阵的特征问题求解。

类似于 Givens 变换方法，Jacobi 变换通过正交变换(正交矩阵左乘)来增加目标矩阵 A 的非对角零元个数。注意到连续正交变换会使得前面已产生的零元变成非零，不过这种非对角非零元会变得越来越小，直到它们接近于零，最后矩阵 A 会接近于一个对角矩阵 D，而 D 的对角元自然接近于矩阵 A 的特征值。这些连续正交矩阵乘积的列向量恰是这些特征值对应的特征向量。

Jacobi 变换算法的主要结构如下：

输入　　　n 阶实对称矩阵 A

输出　　　正交矩阵序列 $R_1, R_2, \cdots, R_m$

初始化

$D_0 = A$

迭代规则：$D_{j+1} := R_j A R_j \ (j=1,\cdots,m)$

结论：D_j 收敛于对角阵 D

其中，$D = \mathrm{diag}(\lambda_1, \lambda_2, \cdots, \lambda_n)$，$\lambda_1, \lambda_2, \cdots, \lambda_n$ 为 A 的 n 个特征值

一种简单的选取正交矩阵 R_j 序列的方法是使用 Givens 旋转矩阵。假设 S 为一个对称矩阵，$G=G(i,j,\theta)$ 为一个 Givens 旋转矩阵，作矩阵

$$S' = G^{\mathrm{T}} S G$$

S' 为对称矩阵且相似于 S。进一步，S' 的元素如下：

$$\begin{aligned}
S'_{ii} &= c^2 S_{ii} - 2sc S_{ij} + s^2 S_{jj} \\
S'_{jj} &= s^2 S_{ii} + 2sc S_{ij} + c^2 S_{jj} \\
S'_{ij} &= S'_{ji} = (c^2 - s^2) S_{ij} + sc(s_{ii} - S_{jj}) \\
S'_{ik} &= S'_{ki} = c S_{ik} - s S_{jk}, \quad k \neq i, j \\
S'_{jk} &= S'_{kj} = s S_{ik} + c S_{jk}, \quad k \neq i, j \\
S'_{kl} &= S_{kl}, \quad k, l \neq i, j
\end{aligned}$$

其中 $s=\sin\theta$，$c=\sin\theta$。由于 G 为正交矩阵，S 和 S' 具有相等的 F-范数 $\|\cdot\|_{\mathrm{F}}$。适当选取 θ 使 $S'_{ij}=0$，可得

$$\frac{S_{ij}}{S_{jj} - S_{ii}} = \frac{c^2 - s^2}{sc} = 2\,\frac{\cos 2\theta}{\sin 2\theta} = 2\cot 2\theta$$

因此有

$$\tan(2\theta) = \frac{2S_{ij}}{S_{jj} - S_{ii}} \tag{11.1.5}$$

如果有 $S_{ii} = S_{jj}$，那么取 $\theta = \pi/4$，否则取 θ 满足(11.1.5)式即可。为了达到最佳效果，每次可选取(i,j)，使得 $S_{ij} = \max\{S_{st} \mid 1 \leqslant s, t \leqslant n, s \neq t\}$，即 S_{ij} 为最大的非对角元，称该元为主元(pivot)。

计算机在实现 Jacobi 算法时，并非按照当初的意愿，从最大非对角元开始寻找 Givens 变换矩阵。MATLAB 在实行 Jacobi 算法时，会按照(1,2)，(1,3)，…，(1,n)，(2,3)，(2,4)，…这种顺序来实现这种逐步对角化。

Carl Gustav Jacob Jacobi 于 1804 年 12 月 10 日出生于德国北部的城市波茨坦。他与挪威数学家 Niels Henrik Abel 一起创建了椭圆函数理论。1827 年 Jacobi 被聘为德国格里斯堡大学名誉教授，1829 年成为该校正式教授。他在数论领域的突出工作让他一举成名，并获得了大数学家高斯等人的赞赏。他在椭圆函

数理论领域的先驱工作与当时的 Abel 并驾齐驱。他的另一卓越贡献是一阶偏微分方程理论及其在微分动力系统中的应用领域。著名的 Hamilton-Jacobi 方程在量子力学领域无疑是最为重要的理论。他还在函数行列式等领域也做出了开创性的研究工作。

11.1.4 Householder 算法

Jacobi 算法不失为一类有效的计算矩阵特征值和特征向量的方法。它所需要的计算量介于 $18N^3$ 和 $30N^3$ 之间。这里的阶数 N^3 已经达到最好,但若无需计算特征向量,那么计算复杂度将会降低到 $\frac{4}{3}N^3$。这在 N 非常大的情况下,会节省大量的时间。

一个最有效的计算实对称矩阵特征值和特征向量的方法是将 Householder 方法与 QR 方法结合。这里 Householder 变换会将一个实对称矩阵化为三对角矩阵,而 QR 方法会将该三对角矩阵化为对角矩阵,所需计算量大约为 $30N^2$ 步(不计算特征向量)。但是若需计算特征向量,则大约需 $3N^3$ 步。

QR 方法(或 QL 方法,L 代表下三角矩阵)为一个迭代算法。这里的正交变换保持矩阵的对称性和三对角形式,因此零元依然为零。这意味着我们只需要消去至多 $N-2$ 个非对角元。

注意到 Householder 消元法为一个有限过程,因此非迭代方法。一个实对称矩阵 A 在经过有限步 H-变换,即至多 $N-2$ 步正交变换后一定可以化为一个三对角形式。

练习 11.1.1　设 x 是任意非零 $m\times1$ 向量,e_k 表示第 k 个坐标向量(单位矩阵第 k 列)。复数 $z=re^{i\theta}$ 的符号为 $\text{sign}(z)=e^{i\theta}$,$\sigma=\text{sign}(x_k)\|x\|$,$u=x+\sigma e_k$。

① 定义 $\rho=1/(\bar{\sigma}u_k)$,证明:$\rho=2/\|u\|^2$。

② 设 $H=I-\rho uu^{\mathrm{T}}$,证明:$H'=H,H'H=I$。

③ 证明:$Hx=-\sigma e_k$。

④ $\forall y\in\mathbf{R}^m$,令 $\tau=\rho u^{\mathrm{T}}y$,证明:$Hy=y-\tau u$。

练习 11.1.2　设 $x=(9,2,6)^{\mathrm{T}}$。

① 求 H-映射 H 并将 x 变为 $Hx=(-11,0,0)^{\mathrm{T}}$。

② 求非零向量 u,v,满足 $Hu=-u,Hv=v$。

练习 11.1.3　求(11.1.1)式中参数 ρ 的值,使得变换(11.1.1)将向量 X 变换为单位基向量 e。

练习 11.1.4　取 $\rho=2$,u 为单位向量。证明由(11.1.1)式定义的矩阵 H 满足(11.1.2)式。

练习 11.1.5 试运用 Householder 变换证明：任意一个给定的实 $n(n>1)$ 阶矩阵都可以分解成一个正交矩阵与一个上三角矩阵的乘积（实方阵的 QR 分解）。

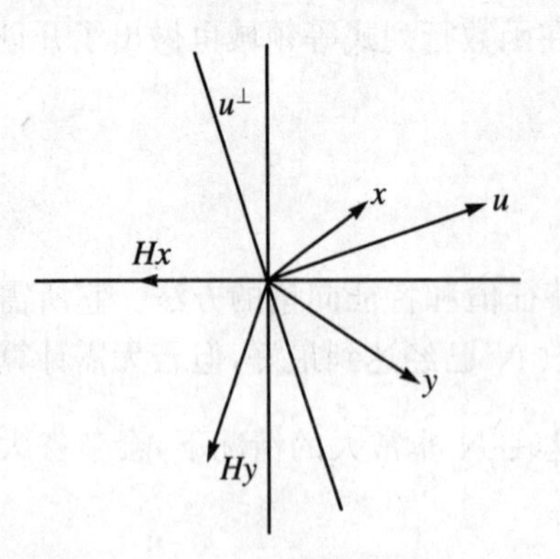

图 11.1.2 Householder 变换——关于直线 $u_{\perp}$ 的反射

图 11.1.2 中，向量 u 和与直线 $u_{\perp}$ 垂直，x，y 为任意给定的两个向量，它们在变换 H 下的像分别为直线 Hx，Hy。注意到对任意向量 x，向量 $x-Hx$ 平行于向量 u。

在二维以上的空间，$u_{\perp}$ 是垂直于向量 u 的一个（超）平面。图 11.1.2 也说明：若 u 将 x 与其中一个轴（这里是向量 x 与 X 轴正向）之间的角二等分，那么向量 Hx 将落在 X 轴上。换句话说，向量 Hx 只有一个非零分量。由于矩阵 H 为正交矩阵，向量 Hx 与 x 的长度相等。因此，Hx 的非零元为 $\pm\|x\|$。

11.2 QR 分解

H-变换可以用来将一个实矩阵分解成一个正交矩阵和一个上三角矩阵的乘积的形式。这种分解形式有助于求解线性方程组。

假设矩阵 A 是 $m\times n$ 的矩阵，且 $m>n$，要解线性方程组

$$Ax=b \tag{11.2.1}$$

这种方程组因为方程个数超过未知量个数而被称为超定线性方程组。超定方程组一般不存在精确解——这种情况一般我们也不关心其精确解的存在性。因此我们需要求解其数值近似解。该问题的近似解等价于求解极小值问题：

$$\min_x \|Ax-b\| \tag{11.2.2}$$

为求解(11.2.2)式，在方程(11.2.1)式的两边左乘以 X^{T}，这样(11.2.1)式就化为一个 $n\times n$ 的线性方程：

$$A^{\mathrm{T}}Ax=A^{\mathrm{T}}b \tag{11.2.3}$$

事实上，在很多情况下会遇到这种方程组的求解问题，如有数千个观察值但仅有十几个甚至几个参数时，若矩阵 A 的每行代表一个观察值，那么 A 的行数会远远大于列数，但矩阵 $A^{\mathrm{T}}A$ 阶数很小。通常这种情况下，对应的矩阵 A 为满（列）秩矩阵，因此矩阵 $A^{\mathrm{T}}A$ 非奇异（可逆），且(11.2.2)式的最优解满足

$$x^{*}=(A^{\mathrm{T}}A)^{-1}A^{\mathrm{T}}b \tag{11.2.4}$$

注意到最优解(11.2.4)存在的前提是矩阵 A 为满秩矩阵。对于非满秩矩阵 A,$(A^{\mathrm{T}}A)^{-1}$不存在,此时我们可以考虑矩阵 $A^{\mathrm{T}}A$ 的广义逆。例如,考虑矩阵

$$X=\begin{pmatrix}1&1\\ \delta&0\\ 0&\delta\end{pmatrix}$$

若 $\delta>0$ 很小,则矩阵 X 的两个列向量接近平行,但仍然线性无关。同时有

$$X^{\mathrm{T}}X=\begin{pmatrix}1+\delta^2&1\\ 1&1+\delta^2\end{pmatrix}$$

若 $|\delta|<10^{-8}$,那么在 MATLAB 的双精度浮点运算下矩阵 $X^{\mathrm{T}}X$ 为奇异矩阵,因此它的逆不存在。

MATLAB 在实际计算这类线性方程组的过程中并不使用公式(11.2.4),而是使用反斜线运算,即 $x^*=A\backslash b$。反斜线运算实质上是通过 Gauss 消元法实现方程组的近似求解,它不仅适合于解系数矩阵为非奇异方阵的线性方程组,而且适合于一般长方形不确定(超定或欠定)方程组的求解。MATLAB 在求解一些线性方程组时,会通过系数矩阵的 QR 分解来实现。其对应分解的 MATLAB 函数指令为

```
>>[Q,R]=qr(X)
```

QR 分解有两种形式(如图 11.2.1 所示),两种形式都基于下面的分解($X\in\mathbf{R}^{m\times n}$):

$$X=QR \tag{11.2.5}$$

(11.2.5)式中的矩阵 R 和 X 的大小相同,即 $R\in\mathbf{R}^{m\times n}$,$Q$ 是 m 阶正交矩阵。

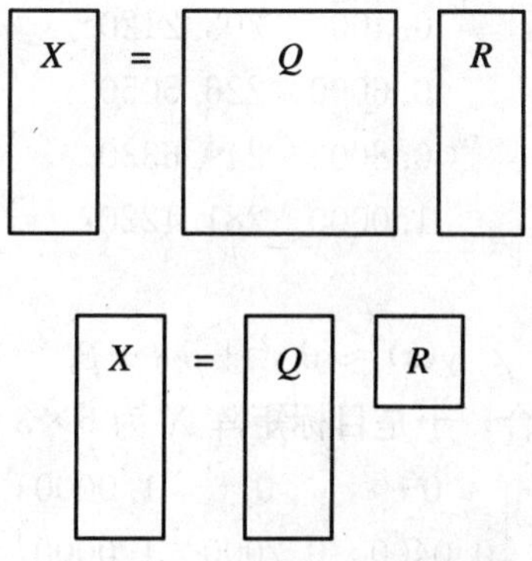

图 11.2.1　完全和简化 QR 分解

第一种 QR 分解称为 QR 简化分解(reduced QR decomposition),对应(11.2.5)式中矩阵 Q 和 X 大小相同($m\times n$),因此矩阵 Q 为列正交矩阵(非正交矩阵),而 R 是 n 阶上三角方阵。这里字母"Q"代替字母"O",表示"正交"(orthogonal),而字母

"R"表示右边的上三角矩阵。线性代数教材中介绍的 Gram-Schmidt 正交化过程是产生矩阵 QR 分解的一类有效算法，但当 X 的阶数 m 和 n 足够大时，利用 Gram-Schmidt 正交化过程求解矩阵 X 的 QR 分解并不可行。

为此，依次对 X 的第 $1\sim n-1$ 个列向量使用 H-变换，来生成矩阵 R，即

$$H_n \cdots H_2 H_1 X = R \tag{11.2.6}$$

(11.2.6)式中，矩阵 R 的第 $j\,(j=1,2,\cdots,n)$ 列是 X 的前 j 列的线性组合。因此，R 的主对角线以下元均为零。取矩阵 Q 为

$$Q = (H_n \cdots H_2 H_1)^{\mathrm{T}} \in \mathbf{R}^{m\times m}$$

有时 Q 的计算并不重要。注意到这里的矩阵 Q 为 m 阶方阵，它为正交矩阵，这种形式的分解称为完全 QR 分解。如果我们仅计算 Q 的前 n 列，就有简化形式的 QR 分解。但无论何种情形，都有 $Q^{\mathrm{T}}Q=I$，因此 Q 的列向量互相正交且均为单位长向量。

下面用人口统计的例子来阐述运用 Householder 变换实现 QR 分解，并最终求一个线性方程组的最优解。

假设有 1950 年，1960 年，1970 年，1980 年，1990 年，2000 年共 6 年我国某地区人口的统计数字。为方便起见，对时间 t 做压缩变换：

$$s = ((1950{:}10{:}2000)' - 1950)/50$$

且这六年人口观察值 y 如下：

s	y
0.0000	150.6970
0.2000	179.3230
0.4000	203.2120
0.6000	226.5050
0.8000	249.6330
1.0000	281.4220

采用模型

$$y(s) \approx \beta_1 s^2 + \beta_2 s + \beta_3$$

来对这 6 个观察值进行拟合。于是目标矩阵 X 为 6×3 矩阵：

$$\begin{pmatrix} 0 & 0 & 1.0000 \\ 0.0400 & 0.2000 & 1.0000 \\ 0.1600 & 0.4000 & 1.0000 \\ 0.3600 & 0.6000 & 1.0000 \\ 0.6400 & 0.8000 & 1.0000 \\ 1.0000 & 1.0000 & 1.0000 \end{pmatrix}$$

MATLAB 中的 M 文件 qrsteps 可以用来进行 QR 分解：

```
>>qrsteps(X,y)
```

第一步：通过 H-变换，X 的第一列对角线以下均为零元，即

$$\begin{pmatrix} -1.2516 & -1.4382 & -1.7578 \\ 0 & 0.1540 & 0.9119 \\ 0 & 0.2161 & 0.6474 \\ 0 & 0.1863 & 0.2067 \\ 0 & 0.0646 & -0.4102 \\ 0 & -0.1491 & -1.2035 \end{pmatrix}$$

同时，相同的 H-变换作用到 y 上，y 成为

$$\begin{pmatrix} -449.3721 \\ 160.1447 \\ 126.4988 \\ 53.9004 \\ -57.2197 \\ -198.0353 \end{pmatrix}$$

第二步：通过 H-变换，X 的第二列第二个元素以下部分全部变为零，即

$$\begin{pmatrix} -1.2516 & -1.4382 & -1.7578 \\ 0 & -0.3627 & -1.3010 \\ 0 & 0 & -0.2781 \\ 0 & 0 & -0.5911 \\ 0 & 0 & -0.6867 \\ 0 & 0 & -0.5649 \end{pmatrix}$$

同时第二个 Householder 变换作用到 y 上后，y 成为

$$\begin{pmatrix} -449.3721 \\ -242.3136 \\ -41.8356 \\ -91.2045 \\ -107.4973 \\ -81.8878 \end{pmatrix}$$

最后一步，对第三列实行 H-变换，同时对 y 进行同样的变换，于是产生三角矩阵 R 和 z（即经过 y 变换而成的向量），如下：

```
R=
    -1.2516   -1.4382   -1.7578
```

```
0        -0.3627   -1.3010
0         0        -1.1034
0         0         0
0         0         0
0         0         0
z=
  -449.3721
  -242.3136
   168.2334
    -1.3202
    -3.0801
     4.0048
```

解方程组 $R\beta=z$，可得

```
beta=R(1:3,1:3)\(1:3)
beta=
   5.7013
   121.1341
   152.4745
```

这里求解的方程组由三个方程组成，但实际上它等价于原来的方程组 $R\beta=z$。这里反斜线运算用 $beta=R\backslash z$ 表示。注意到对于所有的解向量 β，方程组 $R\beta=z$ 的最后三个等式都不能被满足，因此我们可以视 z 的最后三个元为残差。事实上，我们有

$$\| z(4:6) \|_2 = \| X\beta - y \|_2 = 5.2219$$

这说明无需计算矩阵 Q，尽管我们使用的方法为 QR 分解。

解出模型参数向量 β 后，可对 2010 年的人口通过模型 $y=\beta_1 s^2+\beta_2 s+\beta_3$ 进行预测（$s=(2010-1950)/50=1.2$）。这可通过 MATLAB 函数 polyval 来实现：

```
p2010=polyval(beta,1.2)
p2010=
   306.0453
```

11.3　奇异值分解

奇异值分解是线性代数中一类重要的矩阵分解，它可以视为是矩阵对角化的

一种推广形式。SVD 在信号与图像处理、机器视觉、模式识别、数据压缩和统计学等领域有非常重要的应用。

奇异值分解(singular value decomposition,简称 SVD)研究与计算有近五十年发展史。早在 20 世纪 70 年代,美国斯坦福大学计算机系主任、国际知名的矩阵计算和计算机科学专家 Gene H. Golub 就开始对这一问题进行系统研究,他的研究涉及 SVD 的各个方面。MIT 的著名数学教授 Gilbert Strang 在他的一本经典线性代数教科书中引进了 SVD 这一概念。他在介绍数值矩阵方法时说:"Gene H. Golub 和 Van Loan 在阐述数值矩阵方法时,认为奇异值分解的中心地位在数值矩阵计算中无可替代",并援引 Golub 的话说:"SVD 是近代数值计算科学和线性代数中最为重要的一个概念"。这样说其实一点也不过分:SVD 无论在纯数学理论还是在应用领域,其意义都非同小可。Gene H. Golub 风趣地将他的车牌号标为 SVD,Gene 在 SVD 算法设计、SVD 更新等方面开创了一整套理论。因此人们习惯称 Gene H. Golub 为 SVD 之父。

线性代数中,我们学过一般 n 阶方阵 A 在行列式不为零时其逆阵的定义,即满足

$$AB = BA = I_n \tag{11.3.1}$$

的 n 阶矩阵 B,称为矩阵 A 的逆矩阵,记作 $B=A^{-1}$。但是,如果矩阵 A 的行列式为零,那么矩阵 A 不可逆。

现在我们需要定义矩阵广义逆,使得对所有类型的矩阵(包括长方形矩阵),逆阵都存在。为此引进矩阵的奇异值分解。

SVD 分解定理　对于任意矩阵 $M\in \mathbf{R}^{m\times n}(\mathbf{C}^{m\times n})$(一般要求 $m\geqslant n$),一定存在分解

$$M = U\Sigma V^{\mathrm{T}} \tag{11.3.2}$$

这里 U 是 m 阶正交(酉)矩阵,Σ 是非负 $m\times n$ 对角阵,V^{T} 为矩阵 V 的转置(共轭转置),V 为 n 阶正交(酉)矩阵。分解式(11.3.2)称作矩阵 M 的完全奇异值分解(完全 SVD)。Σ 对角线上的元素满足

$$\sigma_1 \geqslant \sigma_2 \geqslant \cdots \geqslant \sigma_r > 0 \tag{11.3.3}$$

这里每个 σ_i 为 M 的奇异值,非负整数 r 为矩阵 M 的秩。

类似于矩阵的 QR 分解,SVD 分解也存在两种形式:完全 SVD 和简化 SVD。其中简化形式的 SVD 与完全 SVD 的区别在于,在分解式(11.3.2)中:

① 矩阵 $U(V)$ 在完全 SVD 中为 $m(n)$ 阶方阵,而在简化 *SVD* 中为 $m\times r(n\times r)$ 矩阵。因此 U,V 在完全 SVD 中为均为正交矩阵,而在简化 SVD 中为列正交矩阵(不一定是正交矩阵)。

② 在完全 SVD 中,矩阵 Σ 为非负 $m\times n$ 对角阵,而在简化 SVD 中为一个 r 阶

正对角矩阵(即对角元均大于零)。

实际应用中,简化 SVD 计算起来相对简单,也比较实用。

事实上,(11.3.2)式中的矩阵 V 的列向量恰是方阵 M^*M 的特征向量,U 的列向量是 MM^* 的特征向量,Σ 的对角元称为矩阵 M 的奇异值,它们是矩阵 $M^*M(MM^*)$ 的特征值的平方根,且与 U 和 V 的列向量对应。若记

$$U=(u_1,u_2,\cdots,u_r),\quad V=(v_1,v_2,\cdots,v_r),\quad u_i\in\mathbf{R}^m;v_j\in\mathbf{R}^n \tag{11.3.4}$$

向量 u_j 和 v_j 分别称为 M 的对应于奇异值 σ_j 的左奇异向量和右奇异向量。

一个 $m\times n$ 矩阵 A(A 不必为方阵)可视为某线性空间 $V\subseteq\mathbf{R}^n$ 上的一个线性变换,这样就可以比较实对称矩阵的特征分解(eigenvalue decomposition,简称为 EVD)与奇异值分解。注意一个 n 阶对称矩阵 A 将线性空间 $\mathbf{R}^n$ 映到它自己。

假设 n 阶实阵 A 可对角化,这等价于矩阵 A 有 n 个线性无关的特征向量。将 A 视为线性空间 V 上的线性变换,这就等价于存在 V 上的一组基(即 A 在 V 上的 n 个线性无关的特征向量),使得 A 在这组基下的表示为一个对角矩阵 D,D 的对角元恰为矩阵 A 的 n 个特征值。A 作用于这组基向量,等价于对这组基向量上的一些向量进行"拉伸或压缩"(dilate/scale),其拉伸或压缩的程度取决于相应的特征值的大小。当矩阵 A 为对称矩阵时,这组基为标准正交基。这相当于通常意义下的直角坐标系。

现在来看奇异值分解。给定一个 $m\times n$ 矩阵 A,A 对应的线性变换 $\mathscr{A}$ 将线性空间 $\mathbf{R}^n$ 映射到线性空间 $\mathbf{R}^m$,因此我们自然会想到为每个线性空间(即 $\mathbf{R}^n$ 和 $\mathbf{R}^m$)寻找一个恰当的基(坐标系)。事实上,奇异值分解中,矩阵 V 和 U 的列向量就提供了这样的基。当我们使用矩阵 U 和 V 的列向量来分别表示 $\mathbf{R}^n$ 和 $\mathbf{R}^m$ 的基的时候,变换 $\mathscr{A}$ 就完全类似于前面的情形,变得更加简单明了:$\mathscr{A}$ 等价于将原空间中的坐标向量根据对应奇异值的大小进行拉伸或者压缩,它有可能舍弃一些分支或增加一些零分量,以改变向量的维数。从这方面来看,SVD 会告诉我们如何选择这样的两组标准正交基,使得变换 $\mathscr{A}$ 可以表示成最简单的形式,即对角形式。

练习 11.3.1　何时矩阵 A 的 SVD 分解与它的特征分解一致?

练习 11.3.2　一个矩阵 A 的奇异值分解是否唯一?为什么?什么条件下 SVD 唯一?

练习 11.3.3　假设 u_1 和 u_2 为矩阵 M 的奇异值 σ 对应的两个左奇异向量,问:向量 $\lambda_1u_1+\lambda_2u_2$ 是否也是 σ 的一个左奇异向量?

练习 11.3.4　设(11.3.2)式为简化 SVD,定义以下矩阵

$$N=V\Sigma^{-1}U^* \tag{11.3.5}$$

① 计算矩阵 MN 和矩阵 NM。这两个矩阵有什么特性?$MN(NM)$何时为单

位矩阵？

② 分别计算矩阵 MNM 和 NMN，你能够得出什么结论？

练习 11.3.5　求以下矩阵的奇异值分解：

$$A=\begin{pmatrix}2&0&7\\-1&5&3\\7&8&6\end{pmatrix},\quad B=\begin{pmatrix}2&12&13&10&5&-3\\0&4&6&8&10&15\\11&9&15&16&20&25\\8&-25&0&10&16&10\end{pmatrix}$$

练习 11.3.6　若已求出一个矩阵 A 的简化 SVD 分解，试问如何在此基础上写出 A 的完全形式下的 SVD 分解？

11.4* 凸集和凸函数

凸集和函数的凸性在最优化等方面应用广泛。

定义 11.4.1　一个集合 T 称为是凸集，如果满足

$$\forall x_1,x_2\in T,\lambda\in[0,1]\Rightarrow\lambda x_1+(1-\lambda)x_2\in T \tag{11.4.1}$$

例 11.4.1　对于任意 $A\in\mathbf{R}^{m\times n},b\in\mathbf{R}^m$，线性方程组的解集

$$\Omega=\{x\in\mathbf{R}^n\mid Ax=b\} \tag{11.4.2}$$

为凸集。

一个集合 T 生成的仿射包(affine hull)定义为

$$\mathrm{Aff}(T)=\Big\{\sum_{j=1}^{m}k_jx_j\mid x_j\in T,\sum_{j=1}^{m}k_j=1,k_j\in\mathbf{R}\Big\} \tag{11.4.3}$$

一个仿射包是一个仿射集。集合 T 生成的仿射包 $\mathrm{Aff}(T)$ 是包含 T 的最小仿射集。

图 11.4.1 显示了凸集与非凸集的差别。

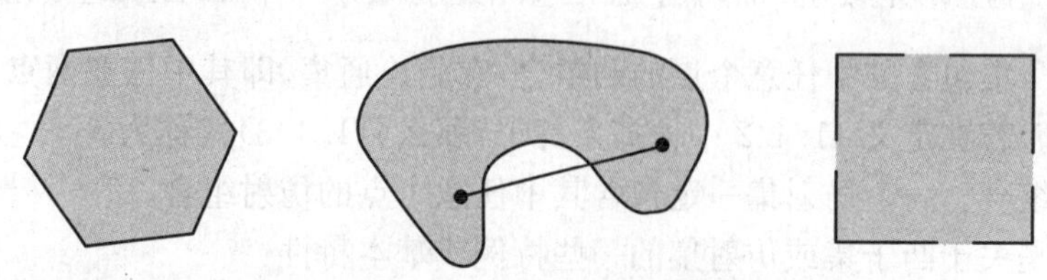

图 11.4.1　凸集与非凸集

注：左边的六边形区域为凸集，中间图形为非凸集，右边的长方形区域包含部分边界，因此为非凸集。

如果在定义 11.4.1 中不要求 $\lambda\in[0,1]$，那么集合 T 称为一个仿射集。

注意到一个线性子空间一定是仿射集，同时也是凸集，但是一个凸(仿射)集不一定是线性子空间。如例 11.4.1 中，(11.4.2)式定义的集合是仿射集，但不是线

性子空间。但是矩阵 A 对应的零空间 $N(A)$ 既是线性子空间，同时也是仿射集（子空间）和凸集。事实上，如果限定(11.4.2)式中的解向量 x 为非负向量（即向量的每个分量非负），那么集合 Ω 为凸集，但不是仿射集。

定义 11.4.2 设一个集合 T 为线性空间 $K\subseteq\mathbf{R}^n$ 的一个子集，$x_1,x_2,\cdots,x_r\in T$ 为 T 中任意给定的 r 个向量，$\lambda_1,\lambda_2,\cdots,\lambda_r\in\mathbf{R}$ 满足条件

① $\lambda_1,\lambda_2,\cdots,\lambda_r\geqslant 0$；

② $\lambda_1+\lambda_2+\cdots+\lambda_r=1$。

那么向量 $x_1,x_2,\cdots,x_r$ 的线性组合

$$x\equiv\lambda_1x_1+\lambda_2x_2+\cdots+\lambda_rx_r(\in K) \tag{11.4.4}$$

称为向量 $x_1,x_2,\cdots,x_r$ 的一个凸组合。向量 $x_1,x_2,\cdots,x_r$ 的所有可能的凸组合全体构成的集合称为由向量 $x_1,x_2,\cdots,x_r$ 生成的凸包，记为 $\mathrm{conv}(x_1,x_2,\cdots,x_r)$。

称集合 T 中所有向量可能的凸组合构成的集合为 T 的一个凸包（convex hull），即

$$\mathrm{conv}(T)=\left\{\sum_{j=1}^{m}k_jx_j \mid x_j\in T,k_j\geqslant 0,\sum_{j=1}^{m}k_j=1\right\} \tag{11.4.5}$$

一个凸包一定是一个凸集。集合 T 生成的凸包 $\mathrm{conv}(T)$ 是包含集合 T 的最小的凸集。

图 11.4.2 所示为 $\mathbf{R}^2$ 上集合的凸包。

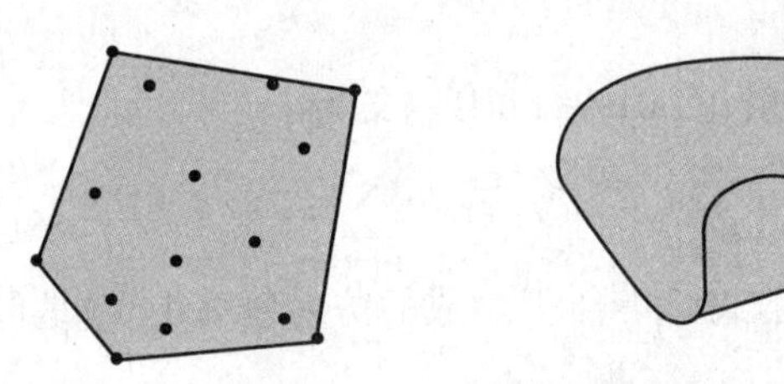

图 11.4.2 $\mathbf{R}^2$ 上集合的凸包

注：左边的五边形区域为由 15 个点生成的凸包；右边的区域为一个非凸平面区域生成的凸包。

一个凸集包含其中任意个点的凸组合，它是连通集，即其中任意两点之间都有路径可达。若在定义 11.4.2 中去掉条件①，那么(11.4.3)式称为 $x_1,x_2,\cdots,x_r$ 的一个仿射组合。一个仿射集一定包含其中任意个点的仿射组合。

以下是关于凸子集或仿射集的一些特例或基本特性：

① 实数域 $\mathbf{R}$ 的一个凸子集一定是一个区间；

② 一个实多边形（包含所有内点的多边形，包括实三角形）是欧氏平面上的凸子集；

③ 一个线性空间 K 和空集 φ 为 K 自身的两个平凡凸子集；

④ 凸子集（仿射子集）的交集为凸子集（仿射子集），但凸子集（仿射子集）的并

未必为凸子集(仿射子集)。

$\mathbf{R}^n$ 中的一个仿射集 A 如果同时包含坐标原点,那么 A 一定是 $\mathbf{R}^n$ 的一个线性子空间。

定义 11.4.3　一个连续函数 $J(x)$ 在一个区间 T 上称为凸函数,若满足

$$J(\lambda x_1+(1-\lambda)x_2)\leqslant \lambda J(x_1)+(1-\lambda)J(x_2),\quad \forall x_1,x_2\in T;\lambda\in[0,1] \tag{11.4.6}$$

如果(11.4.6)式中的不等式严格成立,则称函数 $J(x)$ 为严格凸函数。

(11.4.6)式的一个特殊情形是取 $\lambda=1/2$,此时(11.4.6)式的一个直观解释是:$J(x)$ 在其定义域上任意一个闭区间中点上的函数值一定不超过该区间两个端点函数值的平均值。该结论同时也是 $J(x)$ 为凸函数的一个充要条件。其几何解释是:连接 $J(x)$ 的曲线上任意不同两点的线段一定位于 $J(x)$ 曲线在这一段的上方。

我们称 $J(x)$ 在一个区间上为严格凸的,如果(11.4.6)式对应 $\lambda\in(0,1)$ 为严格不等式。

需要作以下几点说明:

① 若(11.4.6)式中的"$\leqslant$"替换为"$\geqslant$",则称函数 $J(x)$ 在区间 T 上为凹函数。$J(x)$ 在 T 上为凹的当且仅当 $-J(x)$ 为凸函数。

② 若 $J(x)$ 在区间 T 上二次可导($J(x)$ 的二次导数存在),则 $J(x)$ 在 T 上为凸函数当且仅当 $J''(x)\geqslant 0(>0)$。

③ 若在区间 $[a,b]$ 上存在点 c,使得 $J(x)$ 在 $[a,c]$ 上为凸函数、$[c,b]$ 上为凹函数,或 $[a,c]$ 上为凹函数、$[c,b]$ 上为凸函数,则称 $x=c$ 或点 $(c,J(c))$ 为 $J(x)$ 的一个拐点。若 $J(x)$ 二次可导,则拐点满足必要条件 $J''(c)=0$(注意:满足该条件的点不一定是拐点)。

④ 函数 $f(x)=x^{\alpha}$ 为凸函数当且仅当 $\alpha\geqslant 2$($\alpha>2$ 时为严格凸函数)。

对于多元函数可以类似定义函数的凸性。

定义 11.4.4　集合 C 称为锥或非负齐次集,若满足

$$\forall \lambda\geqslant 0,\quad v\in C\Rightarrow \lambda v\in C$$

一个锥 C 称为是凸锥(convex cone),如果 C 是凸集,即:

$$\forall x,y\in C,\forall \alpha,\beta\geqslant 0\Rightarrow \alpha x+\beta y\in C \tag{11.4.7}$$

设 $x_1,x_2\in\mathbf{R}^2$ 为两个不在坐标原点的互异点(或非零向量),那么由它们生成的凸锥形如图 11.4.3 所示。

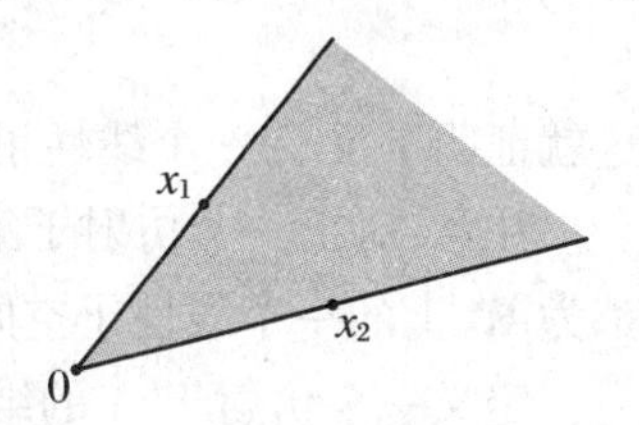

图 11.4.3　$\mathbf{R}^2$ 上由两个向量生成的凸锥

我们可以把(11.4.7)式推广为非负线性组合,或

称为锥组合，即形如

$$x \equiv \lambda_1 x_1 + \lambda_2 x_2 + \cdots + \lambda_r x_r, \quad \lambda_1, \lambda_2, \cdots, \lambda_r \geqslant 0 \tag{11.4.8}$$

x 称为向量 $x_1, x_2, \cdots, x_r \in V$ 的一个锥组合（$V \subseteq \mathbf{R}^n$ 为一个子集）。集合 V 的凸包(conic hull)是 V 中任意有限个点的所有形如(11.4.8)的全体锥组合构成的集合，将此锥记为 Con(V)。

练习 11.4.1 试绘出三维空间中凸锥的几何图，你能否运用 MATLAB 指令绘出该图形？

练习 11.4.2 给定非齐次线性方程组 $Ax=b(A\in\mathbf{R}^{m\times n}, b\in\mathbf{R}^m)$，你能否描述该方程组的解集的几何形状？它是否为一个凸锥？

例 11.4.2(线性方程组的解集) 设 $A\in\mathbf{R}^{m\times n}, b\in\mathbf{R}^m$。考虑线性方程组 $Ax=b$ 的解集

$$S = \{x \mid Ax = b\}$$

集合 S 为一个仿射集。假设 $x_1, x_2 \in S, \lambda \in \mathbf{R}$，那么有

$$\begin{aligned} A(\lambda x_1 + (1-\lambda)x_2) &= \lambda A x_1 + (1-\lambda) A x_2 \\ &= \lambda b + (1-\lambda) b = b \end{aligned}$$

从而 $\lambda x_1 + (1-\lambda)x_2 \in S$，因此 S 为仿射集。注意到矩阵 A 对应的零空间定义为集合

$$N(A) = \{x \mid Ax = 0\}$$

$N(A)$为 n 维向量空间 $\mathbf{R}^n$ 的一个子空间，但 S 并非子空间($b\neq 0$)。事实上 S 可以视为 $N(A)$经平移得到的。我们有更加广泛的结论：

定理 11.4.1 n 维向量空间 $\mathbf{R}^n$ 的每个仿射子集可视为一个线性方程组的解集。

证明：记该仿射子集为 C，并记 $x_0 \in C$。那么不难证明集合 $V=C-x_0$ 为向量空间 $\mathbf{R}^n$ 的一个线性子空间。事实上，$\forall x_1, x_2 \in V, \forall \alpha, \beta \in \mathbf{R}$，有

$$\alpha x_1 + \beta x_2 + x_0 = \alpha(x_1 + x_0) + \beta(x_2 + x_0) + (1 - \alpha - \beta) x_0 \in C$$

这是因为 C 为仿射子集，且 $x_1 + x_0, x_2 + x_0 \in C, \alpha + \beta + (1-\alpha-\beta) = 1$。从而有

$$\alpha x_1 + \beta x_2 \in V = C - x_0$$

这就证明了 V 为一个线性子空间。

注意：对于一个仿射子集 A 和 A 中的任意一点 $x_0 \in A$，其平移集合 $V=A-x_0$ 都为 $\mathbf{R}^n$ 上的一个线性子空间。

定义一个仿射集 A 的维数为线性子空间 $V=A-x_0$（$\forall x_0 \in A$）的维数。一个集合的仿射维数定义为该集合生成的仿射包的维数。

仿射维数在凸分析和最优化问题中非常有用，但是与一般维数的定义有异。我们来看下面的例子。

例 11.4.3(单位圆的维数)　考虑 $\mathbf{R}^2$ 中的单位圆,即集合

$$C = \{x = (x_1, x_2) \in \mathbf{R}^2 \mid x_1^2 + x_2^2 = 1\}$$

不难证明,C 的仿射包生成 $\mathbf{R}^2$(C 的凸包是什么?)。因此 C 的仿射维数为 2。但在线性代数学或者几何学中,我们通常把平面上单位圆的维数视为 1。

例 11.4.4　以下为一些常见的凸集:

① 空集$\varnothing$,单点集(singleton)$\{x_0\}$以及全空间 $\mathbf{R}^n$ 都是 $\mathbf{R}^n$ 的仿射(凸)子集。

② 任意一条直线均为仿射集,如果该直线经过坐标原点,那么该直线为一个维数为 1 的线性子空间,其仿射维数为 0,它同时还是一个凸子集。

③ 一条线段为一个凸集,但不是仿射子集(除非它为单点集)。

④ 一条射线$\{x_0+\lambda v|\lambda\geqslant 0\}$($v\neq 0, x_0, v\in\mathbf{R}^3$)为一个凸子集,但非仿射子集。

⑤ 任何一个子空间一定是一个仿射子空间,也是一个凸锥。

假设一个集合 $C\subseteq\mathbf{R}^n$,且其仿射维数$\dim_{\mathrm{aff}}(C)<n$,那么该集合 C 满足

$$C \subseteq \mathrm{Aff}(C) \subset \mathbf{R}^n$$

我们定义集合 C 的相对内点集为集合

$$\mathrm{Int}_{\mathrm{re}}(C) = \{x \in C \mid B(x,r) \cap \mathrm{Aff}(C) \subseteq C, \text{存在 } r > 0\} \tag{11.4.9}$$

这里

$$B(x,r) = \{y \mid \| y - x \| < r\} \subset \mathbf{R}^n \tag{11.4.10}$$

为在范数 $\|\cdot\|$ 之下、以 x 为球心、半径为 r 的开球。C 的相对边界定义为集合

$$\mathrm{Bd}_{\mathrm{re}} = \mathrm{Cl}(C) - \mathrm{Int}_{\mathrm{re}}(C)$$

这里 $\mathrm{Cl}(C)$为集合 C 的凸包或仿射包,而这里两个集合 A,B 的相减 $A-B$ 定义为 $A-B=\{x|x\in A, x\notin B\}$。

练习 11.4.3　试举出一些常见的凸集和仿射集的例子。

练习 11.4.4　试说明线性组合、凸组合、仿射组合之间的关系。

练习 11.4.5　线性代数中,在线性组合意义下,我们定义了线性相关、线性无关、线性空间的基和维数等概念。你能否在凸组合和仿射组合的基础上,分别定义凸相关(仿射相关)、凸无关(仿射无关)、凸(仿射)线性空间,以及凸(仿射)空间的基、维数等概念?给出具体例子,说明凸空间(仿射空间)与线性空间的区别。

练习 11.4.6　若凸集(仿射集)Ω 由有限个向量 $x_1, x_2, \cdots, x_r$ 生成,那么 $x_1, x_2, \cdots, x_r$ 称为凸集Ω 的生成元或Ω 的顶点。问:

① 一个凸集(仿射集)的生成元组是否唯一?什么条件下唯一?

② 你能否给出生成元组唯一的条件和例子?

练习 11.4.7　设 $0\neq a\in\mathbf{R}^n, b\in\mathbf{R}$。定义集合 $H=\{x\in\mathbf{R}^n|a^{\mathrm{T}}x=b\}$。$H$ 称为欧氏空间 $\mathbf{R}^n$ 中的一个超平面(hyperplane)。

① 试说明 H 为一个凸集和仿射集,并求 H 的仿射维数。

② 超平面 H 将线性空间 $\mathbf{R}^n$ 分割成两个半空间(halfspace)，其中一个闭的半空间为 $L=\{x\in\mathbf{R}^n \mid a^{\mathrm{T}}x\leqslant b\}$。问 L 是否为凸集、仿射集或线性空间？它是否有生成元？

练习 11.4.8　考虑由(11.4.10)式在欧氏空间 $\mathbf{R}^n$ 中定义的开球 $B_p(x_0,r)$，这里范数取向量的 p-范数，$p=1,2,\infty$。问 $B_p(x_0,r)$ 是否为凸集、仿射集或线性空间？它是否有生成元？如何定义它的维数？

11.5* 向量与矩阵范数

范数是描述一个向量或矩阵特征的一类重要属性，一个向量的范数可以反映该向量的稀疏性、均匀性和向量长度，进而可以反映线性空间中向量与向量、向量与超平面之间的距离和夹角。矩阵范数在分析和求解大型线性方程组特别是分析方程组解的稳定性和精确性等方面有非常重要的应用。

向量范数可诱导矩阵或线性变换的范数，从而可定义线性变换(或矩阵)的条件数。矩阵的条件数可用于线性方程组求解的迭代收敛性分析。对于一些大型的线性方程组的迭代算法，这种算法的收敛性至关重要。

从某种程度上，矩阵范数可以视为是向量范数的推广，而向量范数是低维空间中向量长度的推广。运用范数可以定义不同形式的最小二乘法。

11.5.1 向量的范数

在分析一个方程或方程组解的“好坏”时，我们通常需要选择一个恰当的标准来衡量。向量的范数就可以提供这样一个标准。在实际问题中，通过实验或观察获取的观察值，通常含有误差(或称噪声)。如何通过含噪数据建立模型，并分析所建模型与实际变量关系之间的差距范围，是我们在运用数学模型求解实际问题时的一个关键步骤。

例 11.5.1(向后误差分析)　设函数 $f(x)$ 的输入变量 x 为向量(因此 f 为多元函数)。对于给定的输入变量 X，我们要通过一个程序 $Y=F(X)$ 来计算函数 $f(x)$ 的值。计算得到的函数值 $Y:=F(X)$ 显然只是对真实函数值 $y:=f(x)$ 的一个估计。那么这种估计值有多好？这反映了该算法(或程序)的好坏。

定义 11.5.1　一个函数 $\|\cdot\|$ 称为是从向量空间 S^n 到实数域 $\mathbf{R}$ 的一个向量范数，若对任意实数 a 和向量 $x,y\in S^n$，以下三个条件成立：

① $x\neq 0\Rightarrow \|x\|>0$ 且 $\|0\|=0$(正性)；

② $\|ax\|=|a|\,\|x\|$(齐次性)；

③ $\|x+y\| \leqslant \|x\|+\|y\|$(三角不等式)。

对任意 n 维向量 $x \in \mathbf{R}^n$,定义向量 x 的 p-范数(p-norm)为

$$\|x\|_p=\left(\sum_i |x_i|^p\right)^{1/p} \tag{11.5.1}$$

这里 p 为任意非负实数。以下几类范数分别对应于 $p=1,2,\infty$ 和 0,这些是较常见的范数:

① 1-范数:或称 l_1-范数,为 x 各分量绝对值(模)之和。x 为二元向量时,l_1-范数反映 x 非零分量个数,它被称为向量的稀疏度。向量稀疏性在编码理论和信号处理等领域有非常重要的应用。

② 2-范数:或称欧几里得范数(欧氏范数)或 l_2-范数,是应用最广泛的一类范数,可用于计算向量之间的距离、夹角和数据点之间的相似度等。2-范数为一类凸函数,它可用来定义高维空间中的超平面、超球等概念,且定义的几何体为凸集。

③ 无穷范数(∞-范数):$p=\infty$时得到的一类极限范数,对应于向量的最大分量模,即

$$\|x\|_\infty=\lim_{p\to\infty}\left(\sum_i |x_i|^p\right)^{1/p}=\max\{|x_i|:1\leqslant i\leqslant n\} \tag{11.5.2}$$

无穷范数在求解最优化问题和极值问题等方面应用广泛。

④ 零范数(0-范数):可视为 p-范数在 $p=0$ 时得到的一类极限范数,即

$$\|x\|_0=\lim_{p\to 0}\left(\sum_i |x_i|^p\right)^{1/p}=|\{i:x_i\neq 0,1\leqslant i\leqslant n\}| \tag{11.5.3}$$

零范数反映了向量非零分量的个数,但是它不满足范数定义中的齐次性和三角不等式,因此并非真正意义上的范数函数。另一方面,它不满足范数的凸性,这使得零范数的计算受到很大程度上的局限,同时也使得零范数的计算变得更加复杂。

近几年来,人们开始注意零范数的实际意义。2005 年,斯坦福大学和加州大学的数学家开始关注零范数在最优化和信号处理方面的应用,他们发现零范数在数据压缩和信号处理方面有着非常重要的应用。但由于其计算的复杂性,对于大型高维向量,至今没有一个理想的方法或者算法来计算零范数,一般情形下人们都尽量避免零范数的计算。

给定线性空间 K,下面是一些特殊范数、向量范数的基本性质和几点说明:

① 对于 K 上的一个可逆线性算子 L,函数 $|||x|||:=\|L^{-1}x\|$ 为 K 上的一个向量范数。

② 若 $\|x\|$ 和 $|||x|||$ 均为 K 上定义的向量范数,那么 $\max\{\|x\|,|||x|||\}$,$(\|x\|^2+|||x|||^2)^{1/2}$,$\|x\|+|||x|||$ 均为 K 上的向量范数。

③ 定义范数 $\|x\|$ 对应的单位闭球(开球)为区域

$$B:=\{x:\|x\|\leqslant 1\}(B:=\{x:\|x\|<1\})$$

那么单位闭球 B 为有界、中心对称($B=-B$)的闭集，且为凸集。

④ $\|x\|_\infty \leqslant \|x\|_2 \leqslant \|x\|_1, \forall x \in \mathbf{C}^n$。

⑤ $\|x\|_1 \leqslant n\|x\|_\infty, \forall x \in \mathbf{C}^n$。

有了向量的范数定义，传统意义上的有限维线性空间(如向量空间 $\mathbf{C}^n$)就可以推广到更加抽象和一般的无限维线性空间。

定义 11.5.2(序列空间) 记 Z_+ 为全体正整数集合，$\mathbf{C}$ 为复数域。定义空间

$$l_e = \{x: Z_+ \mapsto \mathbf{C}\} \tag{11.5.4}$$

l_e 为一个无限维向量空间，其中的每个元素是一个无限维向量 $x=(x_1, x_2, \cdots, x_n, \cdots)$，它对应于一个无穷序列(数列)，或者是关于时间变量的一个离散信号。

为了使得该空间有意义，我们在线性空间 l_e 中定义向量范数，一个定义了范数的线性空间称为赋范线性空间。我们还可以通过范数来定义无穷序列的收敛性和极限点。例如，类似于有限维向量空间，定义 l_e 中的向量 x 的 p-范数为

$$\|x\|_p = \left(\sum_{i=0}^{\infty} |x_i|^p\right)^{1/p} \tag{11.5.5}$$

若取 $p=2$，那么 $\|x\|_2 \leqslant \alpha < \infty$(对给定的一个非负常数 α)就定义了欧氏空间中的有界数列。记 l_p 为赋范空间 l_e 中 p-范数下所有有界序列全体构成的集合，即

$$l_p = \{x \in l_e \mid \|x\|_p < \infty\} \tag{11.5.6}$$

如离散信号 $x(k)=a^k$ 为 l_2 中的元当且仅当 $|a|<1$。

MATLAB 中，函数 norm(X, p)可用来计算向量 X 的 p-范数。例：

① n=norm(X,2)　　　% 计算向量 X 的 2-范数

② n=norm(X)　　　　% 同 n=norm(X,2)

③ n=norm(X,1)　　　% 计算向量 X 的 1-范数

④ n=norm(X,Inf)　　% 计算向量 X 的无穷范数

⑤ n=norm(X,'fro')　% 计算 X 的 Frobenius 范数

练习 11.5.1 试运用 MATLAB 求以下向量的范数：

① $x=(1,-5,3,20)^{\mathrm{T}}$，　$\|x\|_1, \|x\|_2, \|x\|_\infty$；

② $x=(0\ 10\ 9\ 0\ 6\ -5\ 10)^{\mathrm{T}}$，　$\|x\|_1, \|x\|_\infty$。

练习 11.5.2 证明：$l_1 \subset l_2 \subset l_\infty$。

练习 11.5.3 假设有三个正整数 p, q, r，满足 $0<p<q<r\leqslant\infty$，能否导出比练习 11.5.2 更广泛的结论：$l_p \subset l_q \subset l_r$。

练习 11.5.4 证明 l_2 为线性空间，并证明三角不等式成立，即

$$\|x+y\|_2 \leqslant \|x\|_2 + \|y\|_2, \quad \forall x, y \in l_2$$

练习 11.5.5 赋范线性空间 l_2 有很多种变形，如以下形式：

① 双向无穷序列空间：$l_2(Z)=\{x:Z\mapsto\mathbf{C}\mid\sum_{i=-\infty}^{\infty}|x_i|^2<\infty\}$；

② 向量值序列空间：$l_2(Z_+,\mathbf{C}^n)=\{x:Z_+\mapsto\mathbf{C}^n\mid\sum_{i=0}^{\infty}\|x_i\|_2^2<\infty\}$；

③ 一般序列空间：$D\subset Z^m$，$l_2(D,\mathbf{C}^n)=\{x:D\mapsto\mathbf{C}^n\mid\sum_{i\in D}\|x_i\|_2^2<\infty\}$。

试证明这些变形都是线性空间。你能否用线性代数中有限维线性空间维数的定义方法来定义这些空间的维数？

练习 11.5.6　证明：范数作为函数为连续函数。例如，若记 $f(x)=\|x\|_2$，那么有

$$\lim_{x\to a}f(x)=f(a)$$

11.5.2　矩阵范数

近几年来，随着信息技术发展和计算机的普及，产生了大量的信息计算和基于矩阵的算法分析，这些基于矩阵的算法分析中都要涉及矩阵的“大小”计算或两个矩阵之间的距离计算。例如，假设一个算法只对 n 阶满秩矩阵有效，而对于退化的矩阵（奇异矩阵，即行列式为零的 n 阶矩阵）产生的结果不准确，这时就需要定义数值秩（或称为 ε-秩）的概念如下：

$$\operatorname{rank}(A,\varepsilon)=\min\{\operatorname{rank}(X):\|X-A\|<\varepsilon\}\qquad(11.5.7)$$

这里 ε 为一个给定的较小的大于零的实数，最小值取遍所有到 A 距离小于 ε 的 n 阶矩阵 X 的秩。

矩阵范数有两类定义方法。一种是把它视为向量范数的推广。事实上，如果将矩阵 $A\in\mathbf{C}^{m\times n}$ 视为一个 mn 维复向量，即 $A(:)=[A(:,1);A(:,2);\cdots,A(:,n)]\in\mathbf{C}^{m\times n}$，那么矩阵 A 的范数就是一般向量意义下的范数。如：

① $\|A\|_p=(\sum_{i,j}|a_{ij}|^p)^{1/p}$，$p\geqslant0$；

② $\|A\|_\infty=\max\{|a_{ij}|:1\leqslant i,j\leqslant n\}$。

但是这种矩阵范数的定义很少用。第二类矩阵范数又称为算子范数，即把矩阵 A 视为一个线性算子（线性变换），A 的范数定义为由向量范数诱导出的范数。与向量范数一样，所有矩阵范数满足以下性质（$A\in\mathbf{C}^{m\times n}$）：

① 正性（positivity）：$\|A\|\geqslant0$，且 $\|A\|=0\Leftrightarrow A=0$；

② 齐次性（homogeneity）：$\|\lambda A\|=|\lambda|\cdot\|A\|$，$\forall\lambda\in\mathbf{C}$；

③ 三角不等式（triangle Inequality）：$\|A+B\|\leqslant\|A\|+\|B\|$，$\forall A,B\in\mathbf{C}^{m\times n}$；

④ 相容性（compatibility）：$\|Ax\|\leqslant\|A\|\cdot\|x\|$，$\forall A\in\mathbf{C}^{m\times n}$，$x\in\mathbf{C}^n$。

注意矩阵范数的相容性与导出范数的形式有关（见下面的定义）。

假设U,V为两个赋范线性空间。考虑线性变换集合

$$F_{\text{lin}}(U,V)=\{f:U\mapsto V, f\text{ 为线性算子}\}$$

不难证明$F_{\text{lin}}(U,V)$为一个向量空间。定义线性变换A的导出范数为

$$\|A\|_{p,q}=\sup\left\{\frac{\|Ax\|_p}{\|x\|_q}\mid x\in U, x\neq 0\right\} \tag{11.5.8}$$

这里范数函数$\|\cdot\|_p$,$\|\cdot\|_q$分别为定义在线性空间U和V中的范数。有时为了方便,在不至于引起混淆的情况下,记$\|A\|=\|A\|_{p,q}$。由(11.5.8)式不难看出,对任意$A\in\mathbf{C}^{m\times n}$,有相容性:$\|Ax\|_p\leqslant\|A\|_{p,q}\cdot\|x\|_q$,$\forall x\in\mathbf{C}^n$。

记

$$L(U,V)=\{A\in F_{\text{lin}}(U,V):\|A\|<\infty\} \tag{11.5.9}$$

$L(U,V)$为由$F_{\text{lin}}(U,V)$中范数有限的算子构成的集合,称$L(U,V)$中的算子为有界算子,否则A称为是无界的。(11.5.8)式可以改写为

$$\|A\|=\sup_{\|x\|\leqslant 1}\|Ax\| \tag{11.5.10}$$

当U,V为有限维线性空间时,每个线性算子$A:U\to V$都是有界的。这是因为有限维线性空间中的单位球为紧致集,且函数$f(x)=\|Ax\|$为连续函数。因此A的导出范数为一个定义在紧致集上连续函数的最大值,这是可以达到的。下面介绍几种常见的矩阵(导出)范数:

① 导出2-范数:设$A\in\mathbf{R}^{m\times n}$,$A$定义了从$\mathbf{R}^n$到$\mathbf{R}^m$的一个线性变换。那么通过向量2-范数导出的矩阵2-范数为

$$\|A\|_{\text{i}2}=\sigma_1(A) \tag{11.5.11}$$

这里σ_1为A的最大奇异值。它也称为A的谱范数。“i2”代表“induced 2-norm”。

② 导出无穷范数:设$A\in\mathbf{R}^{m\times n}$,$A$的导出无穷范数定义为

$$\|A\|_{i\infty}=\max\sum_j|A_{ij}| \tag{11.5.12}$$

A的导出无穷范数相当于求A(实际上为A的绝对值或模)的行和最大值。

③ 导出1-范数:设$A\in\mathbf{R}^{m\times n}$,$A$的导出1-范数定义为

$$\|A\|_{i1}=\max\sum_i|A_{ij}| \tag{11.5.13}$$

A的导出1-范数相当于求A(实际上为A的绝对值或模)的列和最大值。

矩阵范数的定义不只是这些,还有其他类型的范数定义。由以上定义的矩阵范数还满足以下矩阵乘积的占优性。

乘法占优性(multiplicative dominance):

$$\|AB\|\leqslant\|A\|\cdot\|B\|,\quad\forall A\in\mathbf{C}^{m\times n},\quad B\in\mathbf{C}^{n\times p} \tag{11.5.14}$$

很多矩阵范数具有乘法占优性,但不是所有矩阵范数都满足这一条。注意这里矩阵A,B的乘法有意义,且三个线性空间$\mathbf{C}^{m\times p}$,$\mathbf{C}^{m\times n}$,$\mathbf{C}^{n\times p}$上的矩阵范数都有

定义。

11.5.3　条件数与矩阵的逆

假设需要求解矩阵方程：$\bar{A}x=b, \bar{A}\in \mathbf{R}^{n\times n}, b\in \mathbf{R}^n$。实际问题中，矩阵 $\bar{A}\in \mathbf{R}^{n\times n}$ 可能来自于实验观察数据，因此并不准确，假设 $\bar{A}=A+\delta A$，其中矩阵 A 为精确数据构成的矩阵，$\delta A\in \mathbf{R}^{n\times n}$ 为扰动矩阵，一般情况下，扰动矩阵相对原始数据具有较小的范数，即存在一个足够小的正数，有 $\dfrac{\|\delta A\|}{\|A\|}<\varepsilon$。那么扰动后的线性方程组的解在多大程度上反映了精确数据矩阵对应的线性方程组的解？

一个线性方程组

$$Ax=b,\quad A\in \mathbf{R}^{m\times n}; b\in \mathbf{R}^m \tag{11.5.15}$$

称为是稳定的，若矩阵 A 或向量 b 的一个小扰动不会带来解向量 x 的大的波动，即其解向量连续依赖于其系数矩阵和常数向量的变化。反之，若线性方程组(11.5.15)的系数矩阵的一个微小变化会带来解向量的剧烈变化，那么(11.5.15)式称为是病态的(ill conditional)。

衡量一个线性方程组是否为病态或者其病态的程度，主要依赖于系数矩阵的条件数。

定义 11.5.3　设矩阵 $A\in \mathbf{R}^{n\times n}$ 为可逆矩阵。那么数值

$$\kappa(A):=\|A\|\cdot\|A^{-1}\| \tag{11.5.16}$$

为矩阵 A 的条件数。

条件数还可用来衡量线性方程组(11.5.15)解的精确度。假设系数矩阵 A 为精确的，向量 b 增加了一个扰动 δb。设 $x+\delta x$ 为此时的解，即 $A(x+\delta x)=b+\delta b$。其中 x 为(11.5.15)式的精确解。那么 $A\delta x=\delta b$($A\in \mathbf{R}^{n\times n}$ 可逆)，从而 $\delta x=A^{-1}\delta b$，因此有

$$\frac{\|\delta x\|}{\|x\|}=\frac{\|A^{-1}\delta b\|}{\|A^{-1}b\|}\leqslant\|A^{-1}\|\cdot\frac{\|\delta b\|}{\|A^{-1}b\|} \tag{11.5.17}$$

运用矩阵范数的相容性，有

$$\|b\|=\|A\cdot A^{-1}b\|\leqslant\|A\|\cdot\|A^{-1}b\|$$

从而由(11.5.17)式可得

$$\frac{\|\delta x\|}{\|x\|}\leqslant\|A^{-1}\|\cdot\|A\|\frac{\|\delta b\|}{\|b\|}=\kappa(A)\cdot\frac{\|\delta b\|}{\|b\|} \tag{11.5.18}$$

由(11.5.18)式可以看出解的相对误差与条件数之间的关系。

下面的例子将通过矩阵范数来计算矩阵求逆运算的误差估计。

例 11.5.2　设线性方程组(11.5.15)中系数矩阵为 $B=A+\delta A\in \mathbf{R}^{n\times n}$，其中

δA 为误差矩阵。我们来计算矩阵 B 的逆矩阵与 A 的逆之间的误差。注意到求矩阵 B 的逆矩阵等价于求解线性方程组 $BX=E_n$（E_n 为 n 阶单位矩阵）。假设 B 的逆矩阵为 $X+\Delta X$，其中 $X=A^{-1}$，那么有

$$\begin{aligned} E &= (A+\delta A)(X+\Delta X) = AX + A\cdot\Delta X + \delta A\cdot X + \delta A\cdot\Delta X \\ &= E + A\cdot\Delta X + \delta A\cdot X + \delta A\cdot\Delta X \end{aligned}$$

于是 $(A+\delta A)\Delta X=-\delta A\cdot X$，从而有 $\Delta X=-(A+\delta A)^{-1}\cdot\delta A\cdot X$，因此：

$$\|\Delta X\| = \|(A+\delta A)^{-1}\cdot\delta A\cdot X\| \leqslant \|(A+\delta A)^{-1}\|\cdot\|\delta A\|\cdot\|X\|$$

故有

$$\frac{\|\Delta X\|}{\|X\|} \leqslant \|(A+\delta A)^{-1}\|\cdot\|\delta A\| \approx \|A^{-1}\|\cdot\|\delta A\| = \kappa(A)\cdot\frac{\|\delta A\|}{\|A\|} \tag{11.5.19}$$

这里假设 A 的扰动足够小，所以有 $\|(A+\delta A)^{-1}\|\approx\|A^{-1}\|$。(11.5.19)式说明 A 的逆矩阵的相对误差与 A 的扰动同样依赖于条件数。

如果矩阵 A 不可逆（甚至不是方阵），那么以上条件数的定义就无效了。为此，我们考虑矩阵的广义逆。矩阵的广义逆有很多种定义方式。其中矩阵的 Moore-Penrose 逆（简称 MP 逆）定义为满足以下 4 个条件的矩阵 $X\in\mathbf{R}^{n\times m}$（这里给定 $A\in\mathbf{R}^{m\times n}$）：

① $AXA=A$；

② $XAX=X$；

③ $(AX)^*=AX$；

④ $(XA)^*=XA$。

矩阵的 MP 逆又称为伪逆，是所有广义逆矩阵中应用最广泛的一种，如在最小二乘法解线性方程组、线性方程组最小 2-范数解、矩阵条件数计算等方面。MP 逆最早是在 1920 年由 E. H. Moore 引入数值代数，随后 Arne Bjerhammar 和 Roger Penrose 分别在 1951 年和 1955 年独立地引入这一概念。在不加特别说明时，矩阵的伪逆或广义逆都是指 MP 逆。MP 逆极大拓展了传统线性代数教科书中的内容，如对线性方程组求解、条件数定义与计算等。注意任何一个矩阵都有 MP 逆，且 MP 逆唯一。矩阵的 MP 逆可通过 SVD 分解得到。用记号 X^+ 来记矩阵 X 的 MP 逆。MATLAB 中计算 MP 的函数指令是 pinv，如：

```
>>Z=pinv(X)
```

如果 X 为方阵且非奇异，那么 MP 逆和一般逆相同，即：$X^+=X^{-1}$。如果 X 是 $m\times n$ 阶矩阵，且 $m>n$，X 为满秩，那么它的 MP 逆即 $X^+=(X^{\mathrm{T}}X)^{-1}X^{\mathrm{T}}$。

MP 逆具有一般矩阵逆的部分特性，但不是全部。例如：

① X^+ 为左逆：$X^+X=(X^{\mathrm{T}}X)^{-1}X^{\mathrm{T}}X=E_n$，但非右逆；

② $(X^+)^+=X, (X^*)^+=(X^+)^*$；

③ $(aX)^+=a^{-1}X^+, \forall a\neq 0$。

例 11.5.3　考虑 x 为 1×1 矩阵，即 x 为一个实数或复数。如果 x 非零，那么 $x^{-1}=1/x$。如果 $x=0$，则 x^{-1} 不存在。但是使 $|xz-1|$ 最小化的实(复)数是

$$x^+=\begin{cases}1/x, & x\neq 0\\ 0, & x=0\end{cases}$$

例 11.5.4　若 $n\times 1$ 向量 $x=(x_1,x_2,\cdots,x_n)^{\mathrm{T}}\in \mathbf{C}^n$。如果 x 为一个零向量，即 $x=\mathbf{0}$，那么 $x^+=\mathbf{0}$；如果 $x\neq\mathbf{0}$，那么不难证明

$$x^+=\frac{1}{x^*x}x^*=\frac{1}{\|x\|_2^2}x^* \tag{11.5.20}$$

例 11.5.5　对角矩阵 $D=\mathrm{diag}(d_1,d_2,\cdots,d_n)\in\mathbf{C}^{n\times n}$ 的 MP 逆为

$$D^+=\mathrm{diag}(d_1^+,d_2^+,\cdots,d_n^+)\in\mathbf{C}^{n\times n} \tag{11.5.21}$$

MP 逆的计算最有效的方法是运用奇异值分解。事实上，若矩阵 $A\in\mathbf{R}^{m\times n}$ 有 SVD 分解 $A=U\Sigma V^*$，那么

$$A^+=V\Sigma^+U^* \tag{11.5.22}$$

MATLAB 中，线性方程组 $Ax=b$ 的解用反斜线运算实现，无论方程组解是否存在、唯一抑或无穷多，该方法都给出一个最优解。这里实际上是运用 MP 逆来实现的，即

```
>>x=A\b
```

它等价于 x=pinv(A) * b。由反斜线计算的解称为基本解。

例 11.5.6　设

$$A=\begin{pmatrix}1&2&3\\4&5&6\\7&8&9\\10&11&12\\13&14&15\end{pmatrix},\quad b=\begin{pmatrix}16\\17\\18\\19\\20\end{pmatrix}$$

注意到矩阵 A 非满秩，事实上，$\mathrm{rank}(A)=2$。若记 $A=(\alpha_1,\alpha_2,\alpha_3)$，那么不难看出 $2\alpha_2=\alpha_1+\alpha_3$，向量组 $\{\alpha_1,\alpha_3\}$ 为向量组 $\{\alpha_1,\alpha_2,\alpha_3\}$ 的一个极大无关组，那么

$$Ax=b\text{ 有解}\Leftrightarrow x_1\alpha_1+x_2\alpha_2+x_3\alpha_3=b\text{ 有解}\Leftrightarrow x_1\alpha_1+x_3\alpha_3=b\text{ 有解}$$

设方程 $x_1\alpha_1+x_3\alpha_3=b$ 有解 (x_1,x_3)，那么 $Ax=b$ 的一个特解为 $(x_1,0,x_3)$，这样一个对应于 A 的列向量组的一个极大无关组的解称为 $Ax=b$ 的一个基本解。用 MATLAB 指令

```
>>X=A\b
```

来求解线性方程组 $Ax=b$。运行该语句，产生以下警告信息和解向量：

```
Warning:  Rank deficient,rank=2   tol=2.4701e-014.
X=
-7.5000
0
7.8333
```

解向量 X 为一个基本解,它有两个非零元,对应于 A 的列向量组的一个极大无关组$\{\alpha_1,\alpha_3\}$。由于极大无关组一般不唯一,因此基本解也不唯一,如下面的两个向量:

```
X2=
0
-15.0000
15.3333
X3=
-15.3333
15.6667
0
```

也是基本解向量,它们分别对应极大无关组$\{\alpha_2,\alpha_3\}$和$\{\alpha_1,\alpha_2\}$。

MATLAB 指令 X=pinv(A) * b 同样可以生成 $Ax=b$ 的一个解。但是该指令不会产生警告信息,如在本例中运行该指令,生成解向量:

```
X=
-7.5556
0.1111
7.7778
```

指令 pinv 来自于英文单词"pseudo-inverse",即伪逆或广义逆。广义逆有多种,这里指 Moore-Penrose 逆(简称为 MP 逆)。任意一个实矩阵都存在 MP 逆,通过广义逆求解得到的解向量等价于最小二乘解,其解范数:

```
>>norm(pinv(X) * y)=10.8440
```

小于反斜线解范数:

```
>>norm(X\y)=10.8449
```

注意两个解的差:

```
X\y-pinv(X) * y =
                    0.0556
                   -0.1111
                    0.0556
```

恰好是非零向量 $\eta=(1,-2,1)^{T}$ 的倍数(为什么?)。

反斜杠求解和广义逆求解向量各有千秋:某些情形下,我们偏向于基本解(反斜杠求解向量),但有时最小范数解(广义逆求解)可能精确度更好。但大部分情形下,这两种方法求解线性方程组得到的解向量的差异并不大,可以忽略不计。

例 11.5.7(可分最小二乘曲线拟合问题)　MATLAB 中函数 fminsearch 可用来求解多维无约束非线性优化问题,其基本形式为

```
>>[X,fval,exitflag,output]=fminsearch(FUN,X0,OPTIONS);
```

例如:

```
>>fun=inline('100*(x(2)-x(1)^2)^2+(1-x(1))^2','x');
>>[sx,sfval,sexit,soutput]=fminsearch(fun,[-1.2,1]);
```

可分最小二乘曲线拟合问题涉及线性和非线性参数。忽略线性参数部分,用指令 fminsearch 来寻找所有参数。fminsearch 寻找使残差范数最小的非线性参数的值,搜寻过程中,反斜线运算被用来计算线性参数的值。

下面用 expfitdemo 绘出放射性衰退观察值(21 组),如图 11.5.1 所示。衰减模型用下列函数表示:

$$y\approx\beta_1 e^{-\lambda_1 t}+\beta_2 e^{-\lambda_2 t}\tag{11.5.23}$$

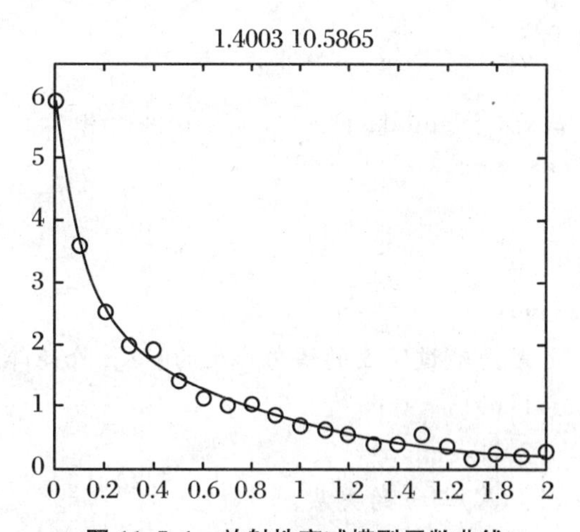

图 11.5.1　放射性衰减模型函数曲线

这里有 2 个线性参数和 2 个非线性参数(λ_1,λ_2 为衰减率)。首先具体化观察值 t,y:

```
function expfitdemo
t=(0:.1:2)';
y=[5.8955  3.5639  2.5173  1.9790  1.8990  1.3938  1.1359 ...
   1.0096  1.0343  0.8435  0.6856  0.6100  0.5392  0.3946 ...
```

```
        0.3903   0.5474   0.3459   0.1370   0.2221   0.1704   0.2736]';
  clf
  shg
  seg(gcf,'doublebuffer','on')
  h=plot(t,y,'o',t,0*t,'-');
  h(3)=title('');
  axis([0  2  0  6.5])
```

下面的 lambda0 初始化(λ_1,λ_2)。初始值选择至关重要。

```
lambda0=[3  6]';
lambda=fminsearch(@expfitfun,lambda0,[],t,y,h)
set(h(2),'color','black')
```

目标函数 expfitfun 可处理 n 个指数函数的和(此处 $n=2$),然后用反斜线运算计算模型参数,并返回残差的范数。

```
function res=expfitfun(lambda,t,y,h)
m=length(t);
n=length(lambda);
X=zeros(m,n);
for j=1:n
    X(:,j)=exp(-lambda(j)*t);
end
beta=x\y;
z=X*beta;
res=norm(z-y);
```

练习 11.5.7　设 X 是通过下面的语句产生的 $n\times n$ 阶矩阵:

```
[I,J]=ndgrid(1:n);
X=min(I,J)+2*eye(n,n)-2;
```

① 建立 X 条件数 $\kappa(X)$ 与 n 的关系。

② 分别利用矩阵分解函数 chol(X),lu(X),qr(X)对 X 进行运算。

练习 11.5.8　试利用 MATLAB 指令生成元素位于 1～100 之间的 8×7 的矩阵 A,使得矩阵 A 的秩为 5。

① 验证 A 非满秩,求 A 的列向量组的一个极大无关组;

② 用 MATLAB 生成一个 8×1 矩阵(8 维列向量)b,并分别用反斜杠、最小二乘法和线性代数中的消元法来求解线性方程组 $Ax=b$。

练习 11.5.9　试通过 MATLAB 在线帮助文件来查找以下范数的计算方法:

$$\|Z\|_F,\quad \|Z\|_1,\quad \|Z\|_2,\quad \|X\|_\infty,\quad \|X\|_0$$

注意到 MATLAB 中没有零范数的定义和计算指令。编写一个程序,用来计算向量的零范数。

练习 11.5.10　试通过 MATLAB 在线帮助命令(pinv)来查找广义逆的定义和计算方法。注意:

① XZ 对称;

② ZX 对称;

③ $XZX=X,ZXZ=Z$。

练习 11.5.11　利用 MATLAB 产生 11 个数据点:

$$t_k=(k-1)/10,\quad y_k=\mathrm{erf}(t_k),\quad k=1,\cdots,11$$

① 运用最小二乘法,用 1～10 次多项式拟合数据,对函数 $\mathrm{erf}(t)$ 比较拟合多项式的最大误差,问:该误差怎样依赖多项式次数?

② $\mathrm{erf}(t)$ 是 t 的奇函数,即 $\mathrm{erf}(x)=-\mathrm{erf}(-x)$,通过 t 的奇次幂线性组合拟合数据:$\mathrm{erf}(t)\approx c_1t+c_2t^3+\cdots+c_nt^{2n-1}$。问数据点误差怎样依赖 n?

③ 用相同数据点拟合模型 $\mathrm{erf}\approx c_1+e^{-t^2}(c_2+c_3z+c_4z^2+c_5z^3)$,且令 $z=1/(1+t)$。与多项式模型数据点间的误差怎样?

练习 11.5.12　给定以下 25 个时刻及其对应的观察值:

```
t=1:25;
y=[5.0219   6.5570  5.3262  4.3327  4.2986
   6.6121  10.0342  8.7324  6.5677  7.2920
  12.5542 11.0871 11.9003 11.7725 15.4008
  10.5308 11.5211 15.2130 17.6508 17.9887
  13.4501 11.7774 13.5701 10.5001 12.8005]
y=y';
z=y(:);
```

① 用线性函数即直线 $y(t)=\beta_0+\beta_1t$ 来拟合数据,并计算该拟合产生的误差。

② 找出①中拟合出现的异常点,去掉异常点,重新拟合,检查拟合的效果。

③ 改用二次函数 $y_2(t)=\beta_0+\beta_1t+\beta_2t^2$ 来拟合数据,并与①比较拟合效果。

④ 通过绘图,尝试用几次多项式拟合效果最佳,并解释为什么。

练习 11.5.13　设 S 为一个 n 阶正定 Hermite 矩阵。在 n 维欧氏空间 $\mathbf{R}^n$ 上定义变换

$$\|x\|:=(x*Sx)^{1/2},\quad \forall x\in\mathbf{R}^n$$

证明:运算 $\|\cdot\|$ 为范数。

练习 11.5.14　一个矩阵范数 $\|\cdot\|$ 称为是正交(酉)不变的,如果满足

$$\|A\| = \|AU\| = \|UA\|, \quad \forall A \in \mathbf{R}^{n\times n}, \quad U \in O^{n\times n}$$

这里$O^{n\times n}$为所有n阶正交矩阵(酉矩阵)构成的集合。

① 举例验证谱范数为正交不变范数(你能否用数学方法证明它?)。

② 矩阵的导出1-范数、2-范数和无穷范数是否为正交不变范数?

练习 11.5.15　设$A\in\mathbf{R}^{n\times n}$为可逆矩阵。利用MATLAB验证范数不等式:

$$\|A^{-1}\|^{-1} \leqslant |\lambda| \leqslant \|A\|$$

其中λ为矩阵A的任意特征值。你能否运用矩阵方法证明该不等式?

练习 11.5.16　设A为n阶实对称正定矩阵。定义函数

$$\|x\|_A = \sqrt{x^{\mathrm{T}}Ax}, \quad \forall x \in \mathbf{R}^n$$

① 证明$\|x\|_A$为范数函数;

② 如果A为半正定,上述结论是否成立?为什么?

练习 11.5.17　设$A\in\mathbf{R}^{n\times n}$。对于任意一个自然数$m>1$,记$A^m=(a_{ij}^{(m)})$。考虑矩阵序列$A,A^2,A^3,\cdots,A^k,\cdots$它称为由$n$阶方阵$A$生成的矩阵列。称该矩阵列极限存在,并记为$\lim\limits_{k\to\infty}A^k=B=(b_{ij})\in\mathbf{R}^{n\times n}$,如果有$\forall(i,j):1\leqslant i,j\leqslant n,\lim\limits_{k\to\infty}a_{ij}{}^{(m)}=b_{ij}(<\infty)$。

① 证明:$\lim\limits_{k\to\infty}A^k=E_n\Leftrightarrow A=E_n$($E_n$为$n$阶单位矩阵);

② 若由A生成的矩阵列$A,A^2,A^3,\cdots,A^k,\cdots$极限存在,那么矩阵$A$有什么特性?$A$的特征值有什么特点?试用MATLAB先考察这些,然后尝试去证明你的结论。

③ 记$\sigma(A)=\{\lambda_1,\lambda_2,\cdots,\lambda_n\}$表示$n$阶矩阵$A$的$n$个特征值构成的集合,它称为矩阵$A$的谱。$A$的谱半径定义为$\rho(A)=\max\{|\lambda_j|,1\leqslant j\leqslant n\}$,即$A$的特征值模的最大值。证明:若$A$生成的矩阵列收敛(即极限存在),那么$\rho(A)\leqslant 1$。

④ 如果$\rho(A)\leqslant 1$,你能得出什么结论?A生成的矩阵列的极限是什么?

练习 11.5.18　图11.5.2为由80个数据点生成的图像,其中圆点为原始数据点,虚线为经11次多项式拟合得到的曲线,实线为经10次多项式拟合得到的曲线。

① 请自己生成一个由80个二维数据点构成的数据矩阵,要求这些数据点的横坐标为落在20～100之间的任意实数,纵坐标为落在10～1000之间的数;

② 对这组数据进行规范化,使得其横坐标和纵坐标都落在[0,1]之间;

③ 通过MATLAB绘图指令画出类似于图11.5.2的点和曲线;

④ 通过至少3种不同的方法编程,结合指令polyfit和backlash计算拟合残差;

⑤ 分析3种方法中哪个效果最好,为什么?

练习 11.5.19(行星轨道)　考虑二次型的一般形式

$$z = ax^2 + bxy + cy^2 + dx + ey + f$$

那么方程 $z(x,y)=0$ 对应的曲线可能是椭圆、抛物线或双曲线，也可能是圆和直线。

① 用指令 meshgrid 创建两个矩阵 X,Y，并适当选取参数 a 到 f 的值，来生成 Z。

② 分别用指令 contour，surf 和 mesh 作图。

③ 假设行星运动轨道为一个平面上的椭圆($Z=0$)，且在(x,y)平面上有以下方位值：

$x=[1.02\quad 0.95\quad 0.87\quad 0.77\quad 0.67\quad 0.56\quad 0.44\quad 0.30\quad 0.16\quad 0.01]$

$y=[0.39\quad 0.32\quad 0.27\quad 0.22\quad 0.18\quad 0.15\quad 0.13\quad 0.12\quad 0.13\quad 0.15]$

ⓐ 利用最小二乘法确定参数 a 到 f。

ⓑ 取 $f=1$，对以上数据进行拟合，并在 XY 平面上作出该椭圆轨迹，把 10 个数据点叠加在同一个图上。

ⓒ 用均匀分布于区间[−0.00005，0.00005]上的随机数对数据点轻微扰动，更新扰动后得到的拟合二次型的系数。在旧的轨迹图上再作一个新的轨迹图。对比相关系数和轨道曲线，发表你的看法。

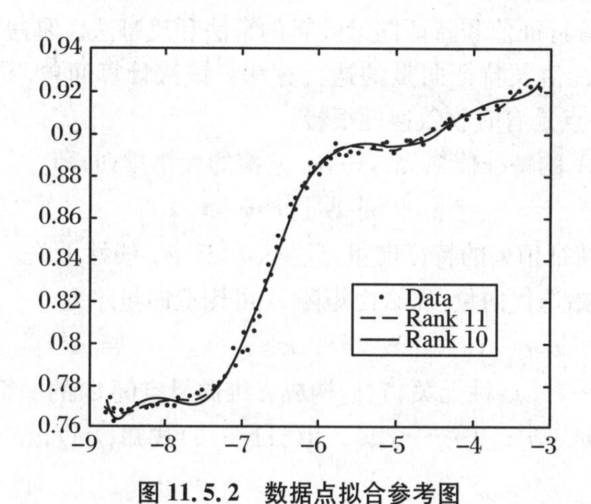

图 11.5.2　数据点拟合参考图

11.6　矩阵特征值定义

给定复数域 $\mathbf{C}$ 上的一个 $n\times n$ 矩阵 A，A 对应于 n 维向量空间 $\mathbf{C}^n$ 上的一个线性变换 $\mathscr{A}$，线性变换 $\mathscr{A}$ 在某一组基之下的矩阵表示为 A。线性变换 $\mathscr{A}$(矩阵 A)在

$\mathbf{C}^n$上对应于特征值λ 的一个特征向量x 是$\mathbf{C}^n$上满足条件

$$Ax = \lambda x \tag{11.6.1}$$

的一个非零向量$x \in \mathbf{C}^n$，这里数$\lambda \in \mathbf{C}$称为是矩阵A(或者线性变换$\mathscr{A}$)的特征值。

通常，我们可通过归一化将一个特征向量化为单位长的向量。特征值和特征向量反映了一个线性变换的不变性，因此可以用来刻画一个线性变换。一个实方阵A的特征值不一定为实数，而A的特征向量也不一定是实的向量。

称矩阵A可对角化，若存在可逆矩阵P，使得$D=P^{-1}AP$为对角矩阵。一个可对角化的方阵，其特征值恰为其对应的对角矩阵D的对角元。

由方程(11.6.1)知，方阵A的特征值计算问题等价于求A的特征方程

$$|A-\lambda I| = 0 \tag{11.6.2}$$

的根的问题，即求

$$\lambda^n + p_1\lambda^{n-1} + p_2\lambda^{n-2} + \cdots + p_n = 0 \tag{11.6.3}$$

的根。求出特征值λ后，再求相应的齐次线性方程组

$$(A-\lambda I)x = 0 \tag{11.6.4}$$

的非零解，即是对应于λ的特征向量。但由于高于4次的多项式的求根问题是难题，因此对于阶数较大的矩阵来说，这种计算特征值的方法不可行。

下面介绍部分特征值和特征向量计算的幂法和反幂法。幂法是一种求任意方阵A的模最大特征值及特征向量的迭代算法。该法计算简单，易实现，对稀疏矩阵较为合适，但缺点是有时收敛速度很慢。

设n阶方阵A的特征值$\lambda_1,\lambda_2,\cdots,\lambda_n$按模的大小排列，即

$$|\lambda_1| > |\lambda_2| \geqslant \cdots \geqslant |\lambda_n| \tag{11.6.5}$$

并记v_i是对应于特征值λ_i的特征向量，且$v_1,v_2,\cdots,v_n$线性无关。任意选取一个非零向量x_0作为初始迭代向量，那么由矩阵A可构造向量序列

$$x_0,\quad x_1 = Ax_0,\quad x_2 = A^2x_0,\quad \cdots,\quad x_k = A^kx_0,\quad \cdots \tag{11.6.6}$$

由于$v_1,v_2,\cdots,v_n$线性无关，它们构成n维向量空间$\mathbf{C}^n$的一组基，从而x_0可唯一表示成$x_0=a_1v_1+a_2v_2+\cdots+a_nv_n$。由(11.6.5)式知$|\lambda_i|/|\lambda_1|<1(i=2,3,\cdots,n)$。于是：

$$\begin{aligned} x_k &= Ax_{k-1} = A^2xk_{k-2} = \cdots = A^kx_0 \\ &= a_1\lambda_1^kv_1 + a_2\lambda_2^kv_2 + \cdots + a_n\lambda_n^kv_n \\ &= \lambda_1^k\left[a_1v_1 + a_1\left(\frac{\lambda_2}{\lambda_1}\right)^k v_2 + \cdots + a_n\left(\frac{\lambda_n}{\lambda_1}\right)^k v_n\right] \end{aligned} \tag{11.6.7}$$

$$\lim_{k\to\infty}\frac{x_k}{\lambda_1^k} = a_1v_1$$

当k充分大时，就有

$$x_k \approx \lambda_1^k a_1 v_1 \tag{11.6.8}$$

从而

$$x_{k+1} \approx \lambda_1^{k+1} a_1 v_1 \tag{11.6.9}$$

因此 k 充分大时，x_{k+1} 与 x_k 近似相差倍数 λ，λ 为矩阵 A 的模最大特征值 λ_1，即

$$\lambda_1 \approx \frac{(x_{k+1})_i}{(x_k)_i}$$

这里 $(x_k)_i$ 表示向量 x_k 的第 i 个分量，即两个相邻迭代向量对应分量比。同时因为 $x_{k+1} \approx \lambda_1 x_k$ 和 $x_{k+1} \approx Ax_k$，故 $Ax_k \approx \lambda_1 x_k$，因此向量 x_k 可近似地作为对应于 λ_1 的特征向量。

这种由一个已知非零向量 x_0 和矩阵 A 的乘幂构造向量序列 $\{x_k\}$ 以计算矩阵 A 的模最大特征值及相应特征向量的方法称为幂法。显然，幂法的收敛速度取决于数 $\delta := |\lambda_2|/|\lambda_1|$ 的值：δ 越小，收敛越快；δ 越接近于 1，收敛越缓慢。我们还注意到在运用幂法计算特征值时，若 $|\lambda_1| > 1$，那么 x_k 各非零分量将趋于无穷。反之，若 $|\lambda_1| < 1$，则各分量趋于零，这容易导致计算时溢出。为了避免这点，我们常把每步迭代生成的向量 x_k 规范化，即用 x_k 除以其范数，使 x_k 的最大模分量为 1。这样，迭代公式变为

$$\begin{cases} y_k = a x_{k-1} \\ m_k = \max\{(|\ y_i^{(k)}\ | : 1 \leqslant i \leqslant n\} \\ x_k = y_k / m_k \end{cases} \tag{11.6.10}$$

其中 m_k 是 y_k 模最大的第一个分量（$y_k = (y_1^{(1)}, y_2^{(2)}, \cdots, y_n^{(k)})^{\mathrm{T}} \in \mathbf{R}^n$。相应取

$$\begin{cases} \lambda_1 \approx m_k \\ v_1 \approx x_k（或\ y_k） \end{cases} \tag{11.6.11}$$

例 11.6.1　设方阵

$$A = \begin{pmatrix} 2 & -1 & 0 \\ -1 & 2 & -1 \\ 0 & -1 & 2 \end{pmatrix}$$

用幂法计算其模最大特征值及相应特征向量（精确到小数点后三位）。

解　取 $x_0 = (1,1,1)^{\mathrm{T}}$，进行迭代，计算结果如表 11.6.1 所示。

表 11.6.1　计算结果

k	y_k^{T}			m_k	x_k		
1	1	0	1	1	1	0	1
2	2	−2	2	2	1	−1	1
3	3	−4	3	−4	−0.75	1	−0.75

续表

k	y_k^{T}			m_k	x_k		
4	−2.5	3.5	−2.5	3.5	−0.714	1	−0.714
5	−2.428	3.428	−2.428	3.428	−0.708	1	−0.708
6	−2.416	3.416	−2.416	3.416	−0.707	1	−0.707
7	−2.414	3.414	−2.414	3.414	−0.707	1	−0.707

可以看出,$k=7$时,迭代向量x_k已达稳定,于是$\lambda_1 \approx m_7 = 3.414$,相应特征向量为

$$v_1 \approx x_7 = (-0.707, 0, -0.707)^{\mathrm{T}}$$

我们在应用幂法时,事先并不知A的特征值是否满足(11.6.5)式(最大模特征值是否唯一)及A是否存在n个线性无关的特征向量。为此,可先用幂法计算,并在计算过程中检查是否出现预期结果。若出现预期结果,就得到特征值及相应特征向量近似值。否则,改用其他方法计算。同时,若初始向量x_0选择不当,将导致公式(11.6.9)中v_1的系数α_1等于零。但由于舍入误差的影响,经若干步迭代后,按基向量$v_1, v_2, \cdots, v_n$展开时,v_1的系数可能不为零。把x_k视作初始向量,用幂法继续求迭代向量序列,仍会得出预期结果,不过收敛速度较慢。如果收敛很慢,可改换初始向量。

由(11.6.7)最后一个等式可知,幂法收敛速度取决于$\delta(A) = |\lambda_2|/|\lambda_1|$的大小。当$\delta$接近于1时,收敛可能很慢。一个补救的方法是采用原点平移法。

现记

$$B = A - pI \tag{11.6.12}$$

其中p为待定常数。由矩阵多项式理论,只需适当选择参数p,就能使得$\lambda_1 - p$仍为矩阵B的最大模特征值,且使

$$\left|\frac{\lambda_2 - p}{\lambda_1 - P}\right| < \frac{|\lambda_2|}{|\lambda_1|}$$

现对B应用幂法。由于$\delta(B) < \delta(A)$,因此计算B的模最大特征值$\lambda_1 - p$快于直接计算A的最大模特征值λ_1。该方法称为原点平移法。

例 11.6.2 设4阶方阵A有特征值14,13,12,11,那么$\delta = |\lambda_2|/|\lambda_1| \approx 0.9$。该数接近于1,故幂法迭代收敛性较差。为改进算法的收敛性,令$p=12$,作变换$B=A-pI$,则B特征值为$\mu_1=2, \mu_2=1, \mu_3=0, \mu_4=-1$。应用幂法计算$B$的按模最大特征值$\mu_1$时,确定收敛速度的比值为

$$\left|\frac{\mu_2}{\mu_1}\right| = \left|\frac{\lambda_2 - p}{\lambda_1 - p}\right| = 0.5 < \frac{|\lambda_2|}{|\lambda_1|} \approx 0.9$$

所以对矩阵 B 应用幂法时，可使幂法得到加速。虽然选择恰当的 p 值可使幂法加速收敛，但由于特征值分布情况事先未知，故计算时用原点平移法有一定的困难。

下面来看参数 p 的选择。考虑 A 特征值均为实数，且满足

$$\lambda_1 > \lambda_2 \geqslant \lambda_3 \geqslant \cdots \geqslant \lambda_{n-1} > \lambda_n \tag{11.6.13}$$

练习 11.6.1　证明：若适当选择 p，则可使得 $|\lambda_1 - p| > |\lambda_n - p|$。进一步，若记

$$r = \max\left\{\left|\frac{\lambda_2 - p}{\lambda_1 - p}\right|, \left|\frac{\lambda_n - p}{\lambda_1 - p}\right|\right\}$$

那么当 $p=(\lambda_2+\lambda_n)/2$ 时，r 最小。

练习 11.6.2　在练习 11.6.1 基础上，通过适当选取 p 使 $|\lambda_n - p| > |\lambda_1 - p|$，且使得 r 最小。那么对矩阵 $B=A-pI$ 用幂法计算 λ_1 及 v_1 时得到加速。该方法称为原点平移加速法。这种方法不破坏矩阵 A 的稀疏性，但参数 p 的选择依赖于对 A 的特征值的分布有大致了解。举例说明原点平移加速法在幂法加速方面的优势。

反幂法用于求模最小特征值和对应特征向量。设 n 阶方阵 A 的特征值按模排列为

$$|\lambda_1| \geqslant |\lambda_2| \geqslant \cdots \geqslant |\lambda_{n-1}| > |\lambda_n| > 0$$

记相应特征向量为 $v_1, v_2, \cdots, v_n$。则 A^{-1} 的特征值为

$$\left|\frac{1}{\lambda_1}\right| \leqslant \left|\frac{1}{\lambda_2}\right| \leqslant \cdots < \left|\frac{1}{\lambda_n}\right|$$

对应特征向量仍为 $v_1, v_2, \cdots, v_n$。因此，计算 A 的按模最小的特征值，就是计算 A^{-1} 的按模最大的特征值。这种把幂法用到 A^{-1} 上，就是反幂法的基本思想。

任取一个非零初始向量 x_0，由矩阵 A^{-1} 构造向量序列

$$x_k = A^{-1} x_{k-1}, \quad k = 1, 2, \cdots \tag{11.6.14}$$

采用(11.6.14)式计算向量序列 $\{x_k\}$ 时，需计算 A 的逆阵 A^{-1}。但 A^{-1} 的计算相当麻烦，同时 A^{-1} 不能保持 A 的稀疏性。实际计算时，常利用(11.6.14)式的等价形式：

$$A x_k = x_{k-1}, \quad k = 1, 2, \cdots \tag{11.6.15}$$

并通过解线性方程组来计算 x_k。为防止溢出，计算公式为

$$\begin{cases} A y_k = x_{k-1} \\ m_k = \max\{|y_i^{(k)}| : 1 \leqslant i \leqslant n\} \\ x_k = y_k / m_k \end{cases} \tag{11.6.16}$$

相应地，取

$$\begin{cases} \lambda_n \approx \dfrac{1}{m_k} \\ v_n \approx y_k \text{ 或 } v_n \approx x_k \end{cases} \tag{11.6.17}$$

(11.6.15)式中的方程组系数矩阵均为A,可先对A进行三角分解

$$A = LU \tag{11.6.18}$$

再解三角形方程组

$$\begin{cases} Lz_k = x_{k-1} \\ Uy_k = z_k \end{cases} \tag{11.6.19}$$

根据幂法,我们可在一定条件下求得A^{-1}的模最大特征值和相应特征向量,从而得到A的模最小特征值和特征向量。这种方法称为反幂法。

反幂法是一种迭代算法,每一步都要解一个系数矩阵相同的线性方程组(11.6.16)。现在考虑第i个特征值λ_i。设p为一实数,p是A的特征值λ_i的一个近似,且

$$|\lambda_i - p| \ll \min\{|\lambda_i - p| : j = 1,2,\cdots,n, j \neq i\} \tag{11.6.20}$$

即数p为充分接近特征值λ_i的一个实数,则$(\lambda_i - p)^{-1}$是$(A - pI)^{-1}$的模最大特征值。因此可对矩阵$A - pI$应用反幂法,求出对应于λ_i的特征向量。

例 11.6.3　用反幂法求矩阵

$$A = \begin{pmatrix} 2 & -1 & 0 & 0 \\ -1 & 2 & -1 & 0 \\ 0 & -1 & 2 & -1 \\ 0 & 0 & -1 & 2 \end{pmatrix}$$

的对应于特征值$\lambda = 0.4$的特征向量。

解　取$x_0 = (1,1,1,1)^T$为迭代初始向量。解方程组$(A - 0.4I)y_1 = x_0$,得

$$y_1 = (-40, -65, -65, -40)^T$$
$$m_1 = \max(y_1) = -65$$
$$x_1 = m_1^{-1} y_1 y_1 = (8/13, 1, 1, 8/13)^T$$

解方程组$(A - 0.4I)_2 = x_1$,得

$$y_2 = (-445/13, -720/13, -720/13, -445/13)^T$$
$$m_2 = \max(y_2) = -720/13$$
$$x_2 = \frac{1}{m_2} y_2 = (89/144, 1, 1, 89/144)^T$$

x_1与x_2对应分量大体成比例,所以对应于$\lambda = 0.4$的特征向量为$v_1 = (89/144, 1, 1, 89/144)^T$。

Jacobi 方法是用来计算实对称矩阵特征值及特征向量的一种方法。下面先回

顾一下 n 阶实对称矩阵的基本性质。

性质 11.6.1　设 A 是 n 阶实对称矩阵。则以下结论成立：

① A 的特征值均为实数，且有 n 个特征向量构成的正交向量组。

② 设 P 为 n 阶正交阵，则 $B=P^{\mathrm{T}}AP$ 也是对称矩阵。

③ A 可正交对角化，即有正交阵 P，使 $P^{\mathrm{T}}AP=D=\mathrm{diag}(\lambda_1,\lambda_2,\cdots,\lambda_n)$，其中对角阵 D 的对角元为 A 的 n 个特征值。

我们先来看一个 2 阶实对称矩阵 $A=(a_{ij})$，那么 A 对应的二次型为

$$f(x_1,x_2)=a_{11}x_1^2+2a_{11}x_1x_2+a_{22}x_2^2$$

方程 $f(x_1,x_2)=C$ 表示 x_1x_2 平面的一条二次曲线。如果将坐标轴 Ox_1，Ox_2 逆时针旋转角度 θ，使得旋转后的坐标轴 OY_1，OY_2 与该二次曲线主轴重合，则新坐标系中，二次曲线方程化成

$$\lambda_1y_1^2+\lambda_2y_2^2=C \tag{11.6.21}$$

旋转变换

$$\begin{pmatrix}x_1\\x_2\end{pmatrix}=\begin{pmatrix}\cos\theta & -\sin\theta\\ \sin\theta & \cos\theta\end{pmatrix}\begin{pmatrix}y_1\\y_2\end{pmatrix}$$

其与旋转矩阵

$$P=\begin{pmatrix}\cos\theta & -\sin\theta\\ \sin\theta & \cos\theta\end{pmatrix}$$

一一对应。显然 P 是正交矩阵。上面的变换过程即

$$P^{\mathrm{T}}AP=D=\mathrm{diag}(\lambda_1,\lambda_2)$$

由于

$$P^{\mathrm{T}}AP=\begin{bmatrix}a_{11}\cos^2\theta+a_{22}\sin^2\theta+a_{12}\sin 2\theta & 0.5(a_{22}-a_{11})\sin 2\theta+a_{12}\cos\theta\\ 0.5(a_{12}-a_{11})\sin 2\theta+a_{12}\cos 2\theta & a_{11}\sin^2\theta+a_{22}\cos^2\theta-a_{12}\sin 2\theta\end{bmatrix}$$

所以只要选择恰当的 θ，使其满足

$$\frac{1}{2}(a_{22}-a_{11})\sin 2\theta+a_{12}\cos 2\theta=0$$

即

$$\tan 2\theta=\frac{2a_{12}}{a_{11}-a_{12}}$$

$P^{\mathrm{T}}AP$ 就成对角阵，这时 A 的特征值为

$$\lambda_1=a_{11}\cos^2\theta+a_{22}\sin^2\theta+a_{12}\sin 2\theta$$

$$\lambda_2=a_{11}\sin^2\theta+a_{22}\cos^2\theta-a_{11}\sin 2\theta$$

相应的特征向量为

$$v_1=\begin{pmatrix}\cos\theta\\ \sin\theta\end{pmatrix},\quad v_2=\begin{pmatrix}-\sin\theta\\ \cos\theta\end{pmatrix}$$

Jacobi 方法基本思想是通过一系列的由平面旋转矩阵构成的正交变换将实对称矩阵逐步化为对角阵，从而得到 A 的全部特征值及其相应的特征向量。首先引进 $\mathbf{R}^n$ 中的平面旋转变换：

$$\begin{cases} x_i = y_i\cos\theta - y_i\sin\theta \\ x_j = y_j\sin\theta + y_i\cos\theta \\ x_k = y_k, \quad k \neq i,j \end{cases}$$

例 11.6.4　用 Jacobi 方法求

$$A = \begin{pmatrix} 2 & -1 & 0 \\ -1 & 2 & -1 \\ 0 & -1 & 2 \end{pmatrix}$$

的特征值与特征向量。

解　取 $i=1, j=2$，由于 $a_{11}=a_{22}=2$，取 $\theta=\pi/4$，有

$$P_1 = P_{12} = \begin{pmatrix} 1/\sqrt{2} & -1/\sqrt{2} & 0 \\ 1/\sqrt{2} & 1/\sqrt{2} & 0 \\ 0 & 0 & 1 \end{pmatrix}, \quad A_1 = P_1^{\mathrm{T}} A P_1 = \begin{pmatrix} 1 & 0 & -1/\sqrt{2} \\ 0 & 3 & -1/\sqrt{2} \\ -1/\sqrt{2} & -1/\sqrt{2} & 2 \end{pmatrix}$$

再取 $i=1, j=3$，由 $\tan(2\theta)=\mathrm{sqrt}(2)$，得 $\sin\theta\approx 0.45969$，$\cos\theta=0.88808$，所以：

$$P_2 = \begin{pmatrix} 0.88808 & 0 & -0.45969 \\ 0 & 1 & 0 \\ 0.45969 & 0 & 0.88808 \end{pmatrix}$$

$$A_2 = P_2^{\mathrm{T}} A P_2 = \begin{pmatrix} 0.63398 & -0.32505 & 0 \\ -0.32505 & 3 & -0.62797 \\ 0 & -0.62797 & 2.36603 \end{pmatrix}$$

继续以上步骤，直到非对角元趋于零。进行 9 次变换后，得对角矩阵

$$A_9 = \begin{pmatrix} 0.58758 & 0.00000 & 0.00000 \\ 0.00000 & 2.00000 & 0.00000 \\ 0.00000 & 0.00000 & 3.41421 \end{pmatrix}$$

A_9 的对角线元就是 A 的特征值，即 $\lambda_1=0.58758$，$\lambda_2=2.00000$，$\lambda_3\approx 3.41421$，相应的特征向量为

$$v_1 = \begin{pmatrix} 0.50000 \\ 0.70710 \\ 0.50000 \end{pmatrix}, \quad v_2 = \begin{pmatrix} 0.70710 \\ 0.00000 \\ -0.70710 \end{pmatrix}, \quad v_3 \begin{pmatrix} 0.50000 \\ -0.70710 \\ 0.50000 \end{pmatrix}$$

事实上，相应特征值精确值：

$$\lambda_1 = 2-\sqrt{2}, \quad \lambda_2 = 2, \quad \lambda_3 = 2+\sqrt{2}$$

对应的特征向量为

$$v_1=\begin{pmatrix}1/2\\1/\sqrt{2}\\1/2\end{pmatrix},\quad v_2=\begin{pmatrix}1/\sqrt{2}\\0\\1/\sqrt{2}\end{pmatrix},\quad v_3=\begin{pmatrix}1/2\\-1/\sqrt{2}\\1/2\end{pmatrix}$$

由此可见,Jacobi 方法变换 9 次,其结果已相当精确了。

练习 11.6.3　已知矩阵

$$A=\begin{pmatrix}-1&3\\2&5\end{pmatrix},\quad B=\begin{pmatrix}1&-2\\-1&5\end{pmatrix},\quad C=\begin{pmatrix}1&2\\2&4\end{pmatrix},\quad D=\begin{pmatrix}2&3\\-1&2\end{pmatrix}$$

求它们的特征值和特征向量,并利用 MATLAB 指令 eigshow 来绘制它们的特征向量图,分析其几何意义。

练习 11.6.4　分析下列二次型的正定性及其对应二次曲面的形状。进一步分析这些二次型在标准化后对应的二次曲线 $f(x,y)=c$ 的形状。

① $f(x,y)=2xy+y^2$;

② $f(x,y)=3x^2+4xy-2y^2$;

③ $f(x,y)=-2x^2+xy-3y^2$;

④ $f(x,y)=6x^2-2xy+5y^2$。

练习 11.6.5　给定矩阵

$$A=\begin{pmatrix}1&2&3\\2&3&8\\3&3&2\end{pmatrix}$$

① 用 MATLAB 指令 eig 求矩阵 A 的特征值和特征向量;

② 用 MATLAB 函数 poly 求矩阵 A 的特征多项式 p;

③ 用 MATLAB 函数 ezplot 绘制多项式函数 p,观察多项式的零点,验证 eig 指令计算结果的准确性;

④ 用幂法计算矩阵 A 的模最大特征值,比较结果;

⑤ 用反幂法计算矩阵 A 的最小特征值,比较结果。

第 12 章　主成分分析及其应用

数学思想和方法在其他学科中的应用大多是以计算机科学作为媒介而实现的,特别是在这个计算机科学和信息科学发展如此迅猛的年代。主成分分析法是线性代数方法在计算机科学中的一个直接应用,并已成为大数据处理的一个标准方法。主成分分析法在诸如多元统计分析、图像与信号处理、气象学中的经验正交化函数、文本与语音识别、生物信息学和工程技术等领域均有重要的应用。很多数据处理和统计软件都配有专门进行主成分分析的函数。

主成分分析(principal component analysis,简称 PCA),又称主分量分析法,是一种对数据特征和结构进行分析的技术和方法。它把多指标观测数据转化成较少的具有代表性、反映数据分布特征的新指标或主成分,这些主成分被表示成原观测指标的线性组合形式,并能反映原数据大部分信息(一般在 85%以上),同时各成分之间保持相对独立。

本质上,主成分分析法通过线性变换实现对高维大数据的降维压缩。经主成分分析法处理后的主成分向量按其重要性排序,并生成主成分空间。通过将高维数据投影至主成分空间,主成分分析法对原始数据进行合理降维(而非简单的坐标平面上的投影),最大限度地保持了原有数据的信息。

本章共 4 节:第 1 节介绍主成分分析法发展史和主成分分析法的应用,并通过弹簧振动的简单例子来说明主成分分析法有关基本定义和性质;第 2 节介绍主成分分析法原理、主成分分析算法和相应 MATLAB 指令;第 3 节介绍主成分分析法的 MATLAB 相关函数与指令,并通过例题介绍 PCA 方法及其相关指令的使用;第 4 节介绍主成分分析法在人脸识别中的应用。

12.1　主成分分析简介

我们常常需要通过对一组变量的实验或者观察来制定出一个总的综合性指标(或指数),如表示一个国家或地区的发展程度、物价指数、环境污染指数、国家竞争力等指标,一个部门的工作效率、一个产品的优劣、一个人的健康状况等。为了制订出一个总指标,研究者常会通过经验、实验或调查收集到许多相关因子或变量的观测值,然后做加权平均。但问题是:如何给定每个因子(或变量)的权重,即如何量化每个因子在评价综合指标中的重要程度?

这种重要性的量化方式之一是在收集数据前主观地人为确定,如建立一个专家评价或者经验评价系统,来实现权重的量化。尽管这种方式有时能达到令人满意的效果,但在数据和经验不足情况下,这种方法显然不够科学,也很难让人信服。但如果能通过收集到的数据本身传达的讯息来制定权重,将会更客观。这就是我们常说的"让数据说话"。

主成分分析最早由卡尔·皮尔逊(Karl Pearson)于 1901 年在对非随机变量的研究中引入,1933 年 H·霍特林(Hotelling)将此方法推广到随机向量的情形,并用于数据分析及数理模型的建立。

PCA 方法通过对协方差矩阵进行特征分解,得出数据的主成分(特征向量)与它们的权值(特征值)。它在脑神经科学、计算机科学、计算机图形学等领域有非常重要的应用。它的应用广泛性主要是因为它是一类能用来从复杂数据集中提取相关信息的一种简单的非参数化方法。通过 PCA 方法,可找出蕴含在复杂数据中的关键结构和成分。

PCA 旨在利用降维思想把多指标(或者影响因子)模型转化为具有较少综合指标或因子的模型。主成分分析法是模式识别的一种重要工具,又称 K-L 变换,被认为是一种经典的特征提取和数据降维的方法,是最成功的线性鉴别分析方法之一。它将原有数据的随机变量中一系列线性组合重新构造,把给定的一组相关变量通过线性变换转成另一组独立变量,且以最大限度包含原有变量的信息。它是一类数学变换,并在变换中保持变量总方差不变,使第一变量具有最大的方差,称为第一主成分,第二变量的方差次大,并且和第一变量不相关,称为第二主成分。依次类推,I 个变量就有 I 个主成分。

传统 PCA 的模型中要使数据最大限度地表达出来需要诸多的假设条件,存在一定程度上的限制条件,并且在有些场合会造成不好的效果甚至会失效。该算法要求标准训练矩阵符合高斯分布,也就是说,如果考察的数据概率分布并不满足高斯分布或者指数型的概率分布,就不能使用方差和协方差很好地描述噪声和冗余,对变化后的协方差矩阵就不能得到合适的结果,在这种模型下 PCA 就会失效。

主成分分析法在运筹学、系统工程、统计学方面都有广泛的应用,它是针对一定数量的数据进行主成分的提取并压缩来进行较少数据的研究,也是当前过程监控领域应用最为广泛的数据驱动方法,并且在模式识别和计算机视觉领域都有深入应用。

随着大数据时代的到来,一些科学技术领域如医学成像、军事国防侦察、视频监控、天文地理、人口统计、社会经济学、多媒体与互联网等,其数据量呈急剧增长态势。主成分分析法对大型高维数据的有效且简单的处理方式，使得它在这些领域中具有重要和广泛的应用前景。

主成分分析主要用于数据降维，对于一系列数据样本的特征组成的多维向量，它的某些元素本身没有可区分性。如果将它作为特征来区分数据样本，这样得出的贡献率会非常小，也可以说几乎没有贡献率。所以我们需要做的就是找出数据样本中那些变化较大的元素，即方差大的维，去除掉那些变化不大的维，从而使得留下的特征都是可以做出较大贡献的元素，这样一来所需要计算的数据量也就相应地变小了。

我们来想象一种场景：假设我们正在做一个实验，并试图通过系统中的一些量(如光谱、电压、速度等)来理解一些现象。但是由于这些测量数据庞大、模糊、不精确，甚至大量冗余，我们无法看清现象的真面目。这在我们的实验科学和经验学科中是普遍存在的现象，同时也是我们从事科学实验进行现象分析的一大障碍。如在脑神经科学、气象学和海洋学等学科中，这种例子比比皆是：由于对因子的相关性不了解，我们进行测量的数据因子有可能太多，同时这些测量数据也具有一定的欺骗性。

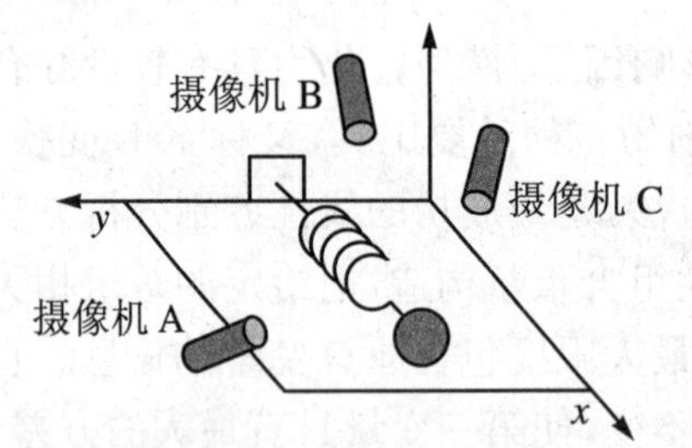

图 12.1.1 理想状态下的弹簧运动

考虑一根弹簧在理想状态下在一个水平面上的运动。该弹簧无质量、无摩擦，其一端连有一个质量为 m 的小球。将该弹簧另一端固定，并将连接小球的一端拉长，使得它远离平衡点一段距离后放开，如图 12.1.1 所示。

由于弹簧为理想状态，其运动为沿着 X 轴、以固定频率、绕平衡点的无终止来回反复运动。该运动为标准的物理问题。我们可以将其在 X 轴方向上的运动描述为关于时间 t 的一个解析函数。换句话说，其运动可简单表述为关于单变量 x 的一个一元函数。

然而，假设我们对弹簧的运动规律毫无所知，我们只是一个实验者。我们并不知道需要测量多少个维度上的数据。这时，我们需要通过测量小球在一个三维空间中的运动轨迹来判断弹簧的运动规律。为此，我们在弹簧的附近三个位置上分别架设一台摄像机(如图 12.1.1)。三台摄像机(A,B,C)分别位于 XOY,YOZ 和 XOZ 坐标平面上。每一台摄像机以 120 Hz 的频率对小球在不同时刻的位置在三个坐标平面上的投影进行拍照。当然，情况有可能比这更糟糕：我们可能根本不知每个坐标轴所在的位置，因此也就无法了解坐标平面的位置。这时，我们只能选择某三个方向 a,b,c 来安放摄像机了。当然，我们可以通过测量来了解方向 a,b,c 与弹簧系统之间的夹角。假设从弹簧运动开始，三台摄像机 A,B,C 开始录像，录像时间为 5 分钟。现在,我们得到了三组图片,分别反映该小球(视为一个质点)在不同方向投影的位置,如图 12.1.2 所示。

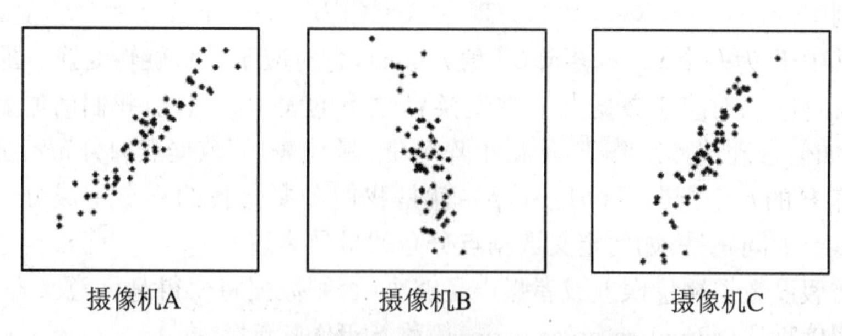

图 12.1.2　小球运动在三台摄像机下的位置录像

我们的问题是:如何通过图 12.1.2 中的点,来给出小球(或弹簧)的运动方程?

当然,如果我们事先知道小球的运动轨迹,就可以沿着 X 轴的方向测量,来获得该方向上小球的位置即可。问题是,现实中,大多数情况下我们并不了解所要研究对象的运动或者变化的特征,因此通常使用更多的手段和工具,来获得更高维数、更大的数据集合。这是目前科学实验不可避免的主要特点,就像我们在对一个未知的星系进行观察的时候一样,我们并不了解该星系的运动,因此就有可能最大限度地去获取有关的信息,尽管其中很多信息可能是冗余无用的,甚至会干扰我们的实验结果。

事实上,我们需要处理的问题远非如此简单:我们还得考虑摄像机摄像偏差、空气和弹簧所在平面对小球的阻力以及弹簧本身质量对小球运动的影响等。

该例只是我们处理日常问题的一个简单例子。利用主成分分析法,我们希望能够解决此类问题。主成分分析法就是要确定最有代表性的一组基,用来对数据进行重新表示,并能通过这种表示过滤掉噪声,最终发现其中的主成分。在弹簧运动的例子中,PCA 的目标就是要确定弹簧的运动方向,即这里的 x 轴方向。在给出主成分分析的具体定义之前,我们需要对数据集进行详细的定义。视每个样本点(或数据点)为数据集中的一个元。每个采样时刻,通过观察或实验获得一组数据,如电压、温度、方位、体积等。本例中,摄像机 A 在每个时刻记录小球方位坐标 (xa, yb),摄像机 B 和 C 同样如此。因此,一次实验获取的数据点为一个 6 维数据点,即 6 维列向量 $x=(xa, ya, xb, yb, xc, yc)^{\mathrm{T}}$。假设我们以 120 Hz 采样频率对小球位置拍照 10 分钟,那么有 $10\times60\times120=72000$ 个这样的向量,它们构成一个 3×72000 的矩阵 X。

一般地,一个大小为 $m\times N$ 的样本点矩阵 X,其每列对应某个时刻观察或实验得到的样本点,它被表示为一个 m 维列向量。这些列向量可能近似分布于一个低维子空间 W 上,例如 $\dim(W)=k\ll m<N$。如何找出子空间 W 的一组基,使得这

些样本点在该基下的表示简单,并能反映出样本点集的分布规律,是主成分分析法需要完成的任务。

本例中,有:$m=6$,$N=72000$。现令 $X=(x_1,x_2,\cdots,x_N)$,$Y=(y_1,y_2,\cdots,y_N)=PX$,其中 P 为一个 $k\times m$ 矩阵(一般 $k\leqslant m$),它对应于一个旋转变换。那么 Y 的第 j 个列向量 y_j 对应于数据点 x_j 在变换 P 之下的表示。因此,我们的原始问题就转化为:如何合理选择矩阵 P,使得矩阵 Y 能"最佳表述"数据点的分布特征?

矩阵 P 的 k 个行向量 $\{p1,\cdots,pk\}$ 就是我们需要寻找的 k 个主成分。那么一个至关重要的问题是:如何定义数据点分布的最佳表述?

不妨假设数据测量误差或者噪声足够小(否则数据将变得毫无意义)。这种小噪声可用信噪比(signal-to-noise ratio,简称 SNR)来衡量,即

$$SNR=\frac{{\sigma_{\mathrm{s}}}^2}{\sigma_{\mathrm{n}}^2} \tag{12.1.1}$$

其中 ${\sigma_{\mathrm{s}}}^2$ 和 ${\sigma_{\mathrm{n}}}^2$ 分别为信号方差和噪声方差。那么 SNR 越大(SNR≫1),其数据测量越精确。反之,SNR 越小,说明噪声越严重。现在我们来检查图 12.1.2 中摄像机 A 获取的数据。由于弹簧做直线运动,因此每个摄像机获取的数据点在无噪情况下应位于一条直线上。换句话说,任何偏离直线的运动均可视为噪声。

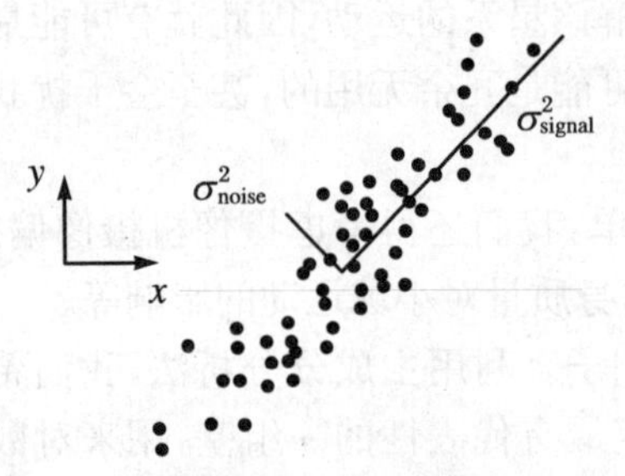

图 12.1.3 摄像机 A 的模拟数据点分布、信号方差和噪声方差

图 12.1.3 中两条直线段的长度分别代表信号方差和噪声方差的大小。两条直线段长度之比即为 SNR。当 SNR≈1,即 SNR 接近于 1 时,数据点构成的云团接近一个圆的形状,而当 SNR≫1 时,数据点分布接近一条很细的直线。当测量数据具有较高精度时,不妨假设使数据点集合具最大方差的方向为数据点分布的主方向,即小球运动的方向。

以上假设意味着要寻找的主方向(主成分)即最大方差对应的方向,并非自然方向(即原始直角坐标系中的坐标方向),使得数据方差最大化的方向即对应于原始坐标系的一个适当地旋转方向。这里,最大方差方向恰是数据点集对应的最佳线性拟合方向。因此,二维情形下(如本例),只要找到一个恰当的旋转变换 P,使原坐标系经该旋转后的 X 坐标轴与该最佳拟合方向一致即可。

对 m 维数据点或特征向量(这里的特征向量 feature vector,并非矩阵的特征向量),我们希望适当变换(平移和旋转)坐标系后,特征向量集合沿某些新的坐标方向的方差较大,而在另一些坐标方向上方差较小。譬如在一个平面直角坐标系中,以长轴和短轴的交点作为原点放置一个倾斜 45°的椭圆。那么在原始坐标系

中，数据点坐标(x,y)的属性很难用于区分点的相对位置，因其在x，y轴上的方差变化不大。若将坐标轴旋转，使x轴和y轴分别平行于椭圆长轴和短轴，则数据点坐标在长轴上的投影方差变大，而在短轴上投影的方差变小。调整坐标轴后的区分性比原本的x，y轴的方法要好得多。

从以上分析可见，问题的关键是要求出一个旋转变换，在该变换下，新的坐标方向能反映数据点特征的重要程度。主成分分析法就是通过计算样本点矩阵的协方差矩阵，求出协方差矩阵的特征向量，这些特征向量就可构成所要的正交变换矩阵。

下面给出关于主成分分析法的一些基本定义。

定义 12.1.1(特征向量)　观察得到的样本点在数据样本空间中的向量表示x。其中x的维数m为测量特征的个数，每个分量为一个测量特征。

定义 12.1.2(数据矩阵)　由数据的特征向量生成的矩阵X的每一列对应一个特征向量(即样本点或观察点)，而每一行对应一个特征。一个含有N个数据点的m维数据集对应一个阶为$m\times N$的数据矩阵X。

定义 12.1.3(数据协方差矩阵)　由数据矩阵X定义的协方差矩阵为

$$C_X=\frac{1}{n}XX^{\mathrm{T}} \tag{12.1.2}$$

C_X的第i个对角元对应于第i个特征的方差，而C_X的第(i,j)位置的元素对应于第i个特征和第j个特征之间的协方差值。一个阶为$m\times N$的数据矩阵X确定一个m阶协方差矩阵C_X。注意到C_X为半正定(练习 12.2.2)，故其所有特征值均为非负。

记矩阵C_X的所有特征值(或奇异值)为

$$\lambda_1\geqslant\lambda_2\geqslant\cdots\geqslant\lambda_m\geqslant 0 \tag{12.1.3}$$

定义 12.1.4(主成分)　假设x为n维零均值随机向量。W为$n\times p$矩阵，$p<n$，$y=W^{\mathrm{T}}x$是变换后的随机向量。则y称为随机向量x的一个p维主成分，如果

$$w_i=\operatorname*{Arg\,min}_{w_j}\{E(w_j^{\mathrm{T}}x)^2\} \tag{12.1.4}$$

这里E是期望值，$W=(w_1,w_2,\cdots,w_p)$，且n维向量w_j满足如下约束条件：

$$\begin{cases}{w_i}^{\mathrm{T}}w_j=0, & \forall\, i\neq j\\ {w_i}^{\mathrm{T}}w_j=1, & i=j\end{cases}$$

其中，$i=1,2,\cdots,p$，则称w_i为随机向量x的第i个主方向。

定义 12.1.5(主成分贡献率)　主成分z_i的贡献率定义为

$$c_i\equiv\lambda_i\Big(\sum_{k=1}^{m}\lambda_k\Big)^{-1} \tag{12.1.5}$$

主成分z_i的贡献率c_i反映z_i的重要性，是确定该成分是否重要的关键。

定义 12.1.6(主成分累计贡献率)　主成分累计贡献率定义为

$$A_i \equiv \sum_{k=1}^{i} \lambda_k \left(\sum_{k=1}^{m} \lambda_k \right)^{-1} \tag{12.1.6}$$

我们称 A_i 为主成分 z_1 到 z_i 的累计贡献率。选取主成分时,我们一般取累计贡献率达 85%~95%的前 m 个特征值 $\lambda_1, \lambda_2, \cdots, \lambda_m$ 所对应的前 p($p \leqslant m$)个主成分。

定义 12.1.7(主成分载荷)　定义第 j 个特征向量 x_j 在第 i 个主成分 z_i 上的载荷为

$$l_{ij} \equiv p(z_i, x_j) = \sqrt{\lambda_i} e_{ij} \tag{12.1.7}$$

它相当于特征向量 x_j 在第 i 个主成分 z_i 上的投影值。其中 $e_{ij} = w_{ij}/s_j$。这里 w_{ij} 为第 j 个变量在第 i 个主成分的权重,λ_i 为第 i 个主成分的特征值,s_j 为第 j 个变量的标准差。

主成分载荷反映新变量(主成分)与原始变量间的相关性(相关系数),表示原始变量对新变量的影响力或重要性。负荷愈大表示原始变量对新变量的影响力愈高。负荷的大小常用来定义或解释主成分的意义。

12.2　主成分分析法原理与算法

在二维情形下,通过计算数据点的最佳线性拟合,可求得数据的主方向和噪声方向。那么如何将这一方法推广至高维的情形?

为此,我们考虑两组数据点集合 $A = \{a_1, a_2, \cdots, a_n\}$ 和 $B = \{b_1, b_2, \cdots, b_n\}$。$A$ 和 B 的方差分别为

$$\sigma_A{}^2 = \frac{1}{n} \sum_{j=1}^{n} a_j^2, \quad \sigma_B^2 = \frac{1}{n} \sum_{j=1}^{n} b_j^2 \tag{12.2.1}$$

A 和 B 之间的协方差定义为

$$\mathrm{Cov}(A, B) = \frac{1}{n} \sum_{j=1}^{n} a_j b_j \tag{12.2.2}$$

协方差反映了两组数据之间的线性相关性:

① $\mathrm{Cov}(A,B) > 0$:A 和 B 之间为正相关性;

② $\mathrm{Cov}(A,B) < 0$:A 和 B 之间为负相关性。

练习 12.2.1　定义两个变量 A 和 B 的相关系数 μ_{AB} 为

$$\mu_{AB} = \frac{\mathrm{Cov}(A, B)}{\sigma_A \sigma_B} \tag{12.2.3}$$

证明:$|\mu_{AB}| \leqslant 1$,且等号成立当且仅当 A,B 成完全直线相关(即 A 和 B 满足线性关系)。

显然，相关系数 μ_{AB} 越接近于 1，A 和 B 的线性相关性越明显；反之，若相关系数 μ_{AB} 接近于 0，那么说明 A 和 B 无相关性。因此，相关系数绝对值大小（即 $|\mu_{AB}|$）反映了数据的冗余度。记

$$X = (x_1, x_2, \cdots, x_n) \tag{12.2.4}$$

那么 X 为 $m\times n$ 矩阵。X 的每一列对应一个测量值或样本点，而 X 的每一行对应相应特征的所有测量值。

练习 12.2.2　证明：矩阵 C_X 为一个实对称正定矩阵。

由于 C_X 为对称矩阵，适当选取正交变换矩阵 P，可使得

$$P^{\mathrm{T}}C_XP = \mathrm{diag}(\lambda_1, \lambda_2, \cdots, \lambda_m) \tag{12.2.5}$$

其中 $\lambda_1\geqslant\lambda_2\geqslant\cdots\geqslant\lambda_m\geqslant 0$。

现令 $S=E\{xx^{\mathrm{T}}\}$，那么 $S=C_X$ 为随机向量 x 的协方差矩阵，且第 i 主方向 w_i 就是 λ_i 所对应的单位特征向量，即

$$Sw_i = \lambda_i w_i,\quad i = 1, 2, \cdots, m \tag{12.2.6}$$

实际计算过程中，给定一个数据集 $\{x_i\}$，$i=1,2,\cdots N$，可得 x 的协方差矩阵 S 的估计为

$$\hat{S} = \frac{1}{N}\sum_{i=1}^{N} x_i x_i^{\mathrm{T}} \tag{12.2.7}$$

对 $\hat{S}$ 进行特征值分解并通过排序可以得到 $\hat{\lambda}_i$ 和 $\hat{W}$：

$$\hat{S}\,\hat{w}_i = \hat{\lambda}_i\,\hat{w}_i,\quad i = 1, 2, \cdots, m \tag{12.2.8}$$

练习 12.2.3　试说明为什么(12.2.8)式计算得出的向量组 $\{w_i\}$ 互不相关。

通过以上的讨论，大致可以将 PCA 方法归纳为以下步骤：

① 生成数据矩阵 X，其中 X 的每个列向量为一个数据点；

② 计算矩阵 X 的协方差矩阵 C_X；

③ 计算 C_X 的对角化变换矩阵 P 和对应的对角矩阵 D。

变换矩阵 P 可采用以下步骤进行计算：

① 在 m 维向量空间中选取一个使得 X 的数据方差最大化的方向向量，将其归一化得向量 v_1；将 v_1 作为 P 的第一个列向量，并记由 v_1 生成的子空间为 K_1。

② 在子空间 K_1 的正交补子空间中，寻找一个使得数据方差最大化的方向向量，将其归一化得向量 v_2，将 v_2 作为 P 的第 2 个列向量，并记由 v_1，v_2 生成的子空间为 K_2。

③ 重复第 2 步，直到找到所需的所有 k 个主成分为止。

注意，(12.2.5)式可以通过数据矩阵 X 的 SVD 分解得到。

练习 12.2.4　试通过矩阵 X 的 SVD 分解求得矩阵 P，并说明每个主成分的贡献大小。

下面是主成分分析法的具体计算步骤：

① 生成数据矩阵 X，其中 X 的每个列向量 x_j 对应一个样本点；

② 计算 X 的行均值向量：

$$\bar{x}=\frac{1}{n}Xe=(\bar{x}_1,\bar{x}_2,\cdots,\bar{x}_m)^{\mathrm{T}},\quad \bar{x}_i=(\sum_{j=1}^{n}x_{ij})/n \tag{12.2.9}$$

③ 计算相关系数矩阵：

$$R=\begin{bmatrix} r_{11} & r_{12} & \cdots & r_{1m} \\ r_{21} & r_{22} & \cdots & r_{2m} \\ \vdots & \vdots & & \vdots \\ r_{m1} & r_{m2} & \cdots & r_{mm} \end{bmatrix} \tag{12.2.10}$$

(12.2.10)式中 $r_{ij}(i,j=1,2,\cdots,m)$ 为 x_i 与 x_j 间的相关系数，计算公式为

$$r_{ij}=\frac{\sum_{k=1}^{n}(x_{ki}-\bar{x}_i)(x_{kj}-\bar{x}_j)}{\sqrt{\sum_{k=1}^{n}(x_{ki}-\bar{x}_i)^2\sum_{k=1}^{n}(x_{kj}-\bar{x}_j)^2}} \tag{12.2.11}$$

因 R 是实对称矩阵(即 $r_{ij}=r_{ji}$)，故只需计算上三角或下三角元素即可。

④ 计算矩阵 R 的特征值与特征向量：解特征方程 $|\lambda I-R|=0$，用 Jacobi 方法求出特征值 $\lambda_i(i=1,2,\cdots,m)$，使其按大小顺序排列，即满足(12.1.3)式。

⑤ 计算主成分：通过求解齐次线性方程组，分别求出对应于特征值 λ_i 的特征向量 $e_i(i=1,2,\cdots,m)$，对向量 e_i 归一化，即要求 $\|e_i\|=1$，其中 $\|\cdot\|$ 表示向量 e_i 的欧氏范数。

⑥ 计算主成分贡献率和累计贡献率：对主成分 $z_i(i=1,2,\cdots,m)$，依照公式(12.1.5)和(12.1.6)分别计算主成分 z_i 的贡献率。一般，若有 $A_k\geqslant 85\%$，那么取主成分 $z_1,z_2,\cdots,z_k$ 即可。

⑦ 计算主成分载荷：按照公式(12.1.7)计算主成分载荷，得到各主成分的载荷以后，按(12.2.11)式计算得各主成分得分矩阵：

$$Z=\begin{bmatrix} z_{11} & z_{12} & \cdots & z_{1m} \\ z_{21} & z_{22} & \cdots & z_{2m} \\ \vdots & \vdots & & \vdots \\ z_{n1} & z_{n2} & \cdots & z_{nm} \end{bmatrix} \tag{12.2.12}$$

练习 12.2.5　现在来思考第 1 节中的例子。试模拟弹簧在理想状态下的运动，构造一组反映小球运动轨迹的数据(摄像机 A,B,C 的摄像位置记录)。然后运用以上的算法编程(或者运用 MATLAB 内部函数)，进行主成分分析，求出小球运动轨迹的主要特征，并与实际情况比较。

12.3　主成分分析法的 MATLAB 指令与实例

在 MATLAB 中实现主成分分析可以采取两种方式：一是通过编程来实现；二是直接调用 MATLAB 中自带程序实现。下面介绍利用 MATLAB 的矩阵计算功能编程实现主成分分析。

MATLAB 中含有主成分分析的函数指令 princomp，其目的是对给定的一个数据矩阵 X 实行主成分分析，并输出主成分系数。为了方便，以下数据矩阵 X 均假设为 $n\times p$ 的矩阵。其具体语法结构：

```
>>[COEFF,SCORE,latent,tsquare]=princomp(X)
```

输入变量 X 的每行表示一个样本点(观测点)，每列对应一个特征变量(因子)。其输出变量解释如下：

① *COEFF*：返回主成分系数矩阵。输出变量 $COEFF=(c_{ij})$ 为 $p\times p$ 矩阵，它的第一列为第一主成分对应的系数，第二列为第二主成分对应的系数，如此类推。因此，第 i 个主成分 y_i 可表示为 $y_i=c_{i1}x_1+c_{i2}x_2+\cdots+c_{ip}x_p, i=1,2,\cdots,p$。*COEFF* 由 X 的协方差矩阵所有特征向量构成，其排列按相应特征值大小排序。计算 PCA 的时候，MATLAB 自动对列进行去均值操作，但不对数据归一化。如果需要归一化处理后的 PCA，那么建议使用指令"princomp(zscore(X))"。对于已生成协方差阵 *CX* 的情形，用函数 pcacov(CX)来计算主成分即可。

② 返回变量 *SCORE* 是对主成分的打分，即原数据矩阵 X 在主成分空间的表示。矩阵 *SCORE* 的每行对应一个样本点(观测值)在主成分空间中的投影表示。

③ 返回变量 *latent* 为一个向量，由 X 的协方差矩阵的特征值按从大到小排列而成。因此其维数为 p。该向量反映各个主成分的重要性，即贡献大小。

④ 返回变量 *tsquare* 表示对每个样本点计算其 Hotelling-T 方统计量。它反映每个样本点远离数据中心点(均值向量)的程度。当 $n\leqslant p$(即样本点个数不超过因子的数量)时，SCORE(:,n:p)和 latent(n:p)均为零(零矩阵和零向量)，而部分矩阵 COEFF(:,n:p)的列向量则定义为与数据矩阵 X 的每一行都垂直的方向，即 X * COEFF(:,n:p)=0。

⑤ [⋯]=princomp(X,'econ')只返回变量 latent 中那些非零特征值部分构成的向量，以及相应的特征向量构成的矩阵 *COEFF* 和向量 *SCORE*；当维数 p 超过样本个数 n 的时候，用[⋯]=princomp(X,'econ')来计算，这样会显著提高计算速度。

下面的函数 pca1. m 用生成协方差矩阵的方法进行主成分分析，而函数 pca2. m

用SVD方法进行主成分分析。注意比较这两种方法的区别和共同点。在完成相关系数矩阵R、R的特征值和特征向量、主成分排序、各特征值贡献率、挑选主成分(累计贡献率大于85%)等计算任务后,输出主成分个数和主成分载荷。

```
% pca1.m
function [signals,PC,V]=pca1(data,k)
% pca1:使用协方差方法进行主成分分析
% data——由输入数据生成的一个m×n矩阵(数据点维数:m;样本点个
%数:n)
% k——需要提取的主成分个数
% signals——投影后生成的压缩数据矩阵
% PC——主成分矩阵,每个列向量为一个主成分
% V——方差向量,维数:m
[m,n]=size(data);
% 计算每行的均值,并进行平移,实现中心化
mn=mean(data,2);
data=data-repmat(mn,1,N);
% 计算协方差矩阵
covariance=1/N * data * data';
% 计算协方差矩阵的前k个最大的特征值及其对应的特征向量
[PC,V]=eigs(covariance,k);
% 提取协方差矩阵的特征值,并生成向量
V=diag(V);
% 将协方差矩阵特征值按照由大到小的顺序排列
% 将原始数据在主成分矩阵上投影
signals=PC' * data;
```

注意,这里采用公式 $\mathrm{Cov}(X)=(1/N)*XX^{\mathrm{T}}$ 来计算协方差矩阵。对于比较大的 N,该公式与 $\mathrm{Cov}(X)=(1/(N-1))*XX^{\mathrm{T}}$ 差别不大。具体使用哪个公式,用户可以自行选择。函数eigs(A,s)可以计算一个方阵 A 的前 s 个模最大特征值和对应的特征向量。这对于较大规模的矩阵 A,可以节省很多时间。同时,该指令还会对求出的前 s 个最大模特征值自动按照从大到小的顺序排序。而指令eig(A)则按照从小到大的自然顺序排序,这不是我们想要的。如果用户采用指令“[vec,val]=eig(A)”来代替eigs(A,k),那么需要使用下列指令对特征值和特征向量重新排序:

```
>>[V,ind]=sort(V,'descend');
```

```
>>PC=PC(:,ind);
```

下面运用奇异值分解的方法进行主成分分析处理，程序如下：

```
% pca2.m
function [signals,PC,V]=pca2(data)
% pca2:运用 SVD 进行 PCA
% data——输入数据矩阵，大小:M×N;数据点维数:M,数据点个数:N
% signals——数据投影生成矩阵，其大小与输入矩阵相同
% PC——主成分矩阵，其每列为一个主成分
% V——方差向量，维数:M×1
[M,N]=size(data);
% 数据的中心化:均值零化
mn=mean(data,2);
data=data-repmat(mn,1,N);
% 计算矩阵 Y
Y=data'/sqrt(N);
% 施行 SVD
[u,S,PC]=svd(Y);
% 计算方差
S=diag(S);
V=S.*S;
% 对原始数据进行投影
signals=PC'*data;
```

从程序本身可以看出，运用 SVD 方法计算主成分分析时，略去了协方差矩阵的计算，因此在这一部分减少了计算量。但是非常可惜的是，SVD 分解同样是一个代价昂贵的计算过程，而且它不能像 eig(A)那样可以选择性地计算前 s 个最大特征值和对应特征向量。

例 12.3.1　设 $x=(x_1,x_2,x_3)^{\mathrm{T}}$ 的协方差矩阵为

$$\Sigma=\begin{pmatrix}16 & 2 & 302\\ 30 & 4 & 100\end{pmatrix}$$

经计算，Σ 的特征值及特征向量为

$$\lambda_1=109.793,\quad \lambda_2=6.469,\quad \lambda_1=0.738$$

$$t_1=\begin{pmatrix}0.305\\0.041\\0.951\end{pmatrix},\quad t_2=(0.9440.120-0.308),\quad t_3=\begin{pmatrix}-0.127\\0.992\\-0.002\end{pmatrix}$$

相应的主成分分别为

$$y_1 = 0.305x_1 + 0.041x_2 + 0.951x_3$$
$$y_2 = 0.944x_1 + 0.120x_2 - 0.308x_3$$
$$y_3 = -0.127x_1 + 0.992x_2 - 0.002x_3$$

可见方差大的原始变量 x_3 在很大程度上控制了第一主成分 y_1，而方差小的原始变量 x_2 几乎完全控制了第三主成分 y_3，方差介于中间的原始变量 x_1 则基本上控制了第二主成分 y_2。注意 y_1 的贡献率为

$$\frac{\lambda_1}{\lambda_1 + \lambda_2 + \lambda_3} = \frac{109.793}{117} \approx 0.938$$

例 12.3.2 若对上例中的协方差矩阵进行归一化求出其对应相关矩阵 R，则

$$R = \begin{pmatrix} 1 & 0.5 & 0.75 \\ 0.5 & 1 & 0.4 \\ 0.75 & 0.4 & 1 \end{pmatrix}$$

求得矩阵 R 的特征值和对应特征向量：

$$\mu_1 = 2.114, \quad \mu_2 = 0.646, \quad \mu_3 = 0.240$$

$$t_1^* = \begin{pmatrix} 0.627 \\ 0.497 \\ 0.600 \end{pmatrix}, \quad t_2^* = \begin{pmatrix} -0.241 \\ 0.856 \\ -0.457 \end{pmatrix}, \quad t_3^* = \begin{pmatrix} -0.741 \\ 0.142 \\ 0.656 \end{pmatrix}$$

相应主成分为

$$y_1^* = 0.627x_1 + 0.497x_2 + 0.600x_3$$
$$y_2^* = -0.241x_1 + 0.856x_2 - 0.457x_3$$
$$y_3^* = -0.741x_1 + 0.142x_2 + 0.656x_3$$

直接计算可知，y_1^* 的贡献率为 0.705。由此可见，标准化前后的主成分贡献率发生了变化。

例 12.3.3 在为运动员制定服装标准过程中，服装公司对 128 名男子的身材进行了测量，每人测得的指标中含有这六项：身高(x_1)、坐高(x_2)、胸围(x_3)、手臂长(x_4)、肋围(x_5)和腰围(x_6)。所得样本相关矩阵如表 12.3.1 所示。

表 12.3.1 样本相关数据

	x_1	x_2	x_3	x_4	x_5	x_6
x_1	1.00					
x_2	0.79	1.00				
x_3	0.36	0.31	1.00			
x_4	0.76	0.55	0.35	1.00		

续表

	x_1	x_2	x_3	x_4	x_5	x_6
x_5	0.25	0.17	0.64	0.16	1.00	
x_6	0.51	0.35	0.58	0.38	0.63	1.00

经计算，相关矩阵 R 的前三个特征值、相应的特征向量以及贡献率如表 12.3.2 所示。

表 12.3.2　R 的前三个特征、相应的特征向量及贡献率

特征向量	$\hat{t}_1$	$\hat{t}_2$	$\hat{t}_3$
x_1^*：身高	0.469	−0.365	0.092
x_2^*：坐高	0.404	−0.397	0.613
x_3^*：胸围	0.394	0.397	−0.279
x_4^*：手臂长	0.408	−0.365	−0.705
x_5^*：肋围	0.337	0.569	0.164
x_6^*：腰围	0.427	0.308	0.119
特征值	3.287	1.406	0.459
贡献率	0.548	0.234	0.077
累计贡献率	0.548	0.782	0.859

前三个主成分分别为：

$$\hat{y}_1 = 0.469x_1^* + 0.404x_2^* + 0.394x_3^* + 0.408x_4^* + 0.337x_5^* + 0.427x_6^*$$

$$\hat{y}_2 = -0.365x_1^* - 0.397x_2^* + 0.397x_3^* - 0.365x_4^* + 0.569x_5^* + 0.308x_6^*$$

$$\hat{y}_3 = 0.092x_1^* + 0.613x_2^* - 0.279x_3^* - 0.705x_4^* + 0.164x_5^* + 0.119x_6^*$$

从表 12.3.2 可见，前两个主成分累计贡献率已达 78.2%，前三个主成分累计贡献率达 85.9%，因此可考虑只取前两个或三个主成分，它们能够很好地概括原始变量。第一主成分对所有(标准化)原始变量都有近似相等的正载荷，故称第一主成分为(身材)大小成分。

练习 12.3.1　若用 x_1, x_2 的相关矩阵 R 做主成分分析，则下列何种线性组合不可能是第一主成分？

① $0.7x_1 + 0.3x_2$

② $0.8x_1 - 0.6x_2$

③ $0.6x_1+0.8x_2$

④ $0.2x_1+0.8x_2$

⑤ $-0.8x_1-0.6x_2$

练习 12.3.2　设有 4 个变量 x_1,x_2,x_3,x_4，其两两变量之间的相关系数均为 0.2，如果用相关矩阵 R 做主成分分析，问：

① 第一主成分 y_1 如何表成 x_1,x_2,x_3,x_4 的线性组合？

② 计算 y_1 与 x_1 的相关系数。

③ 计算第一主成分方差 $\mathrm{Var}(y_1)$。

④ 解释变量 x_1,x_2,x_3,x_4 在主成分 y_1 中所占的比例。

⑤ 计算第二主成分方差 $\mathrm{Var}(y_2)$，将第二主成分 y_2 表成 x_1,x_2,x_3,x_4 的线性组合。

⑥ 解释 x_1,x_2,x_3,x_4 在第二主成分中的重要性。

⑦ 如果选用 3 个主成分，那么从总体上看，因子 x_1,x_2,x_3,x_4 哪个更加重要？为什么？

练习 12.3.3　设变量 x_1,x_2 的相关矩阵 R 为

$$R=\begin{pmatrix}1 & -0.3\\ -0.3 & 1\end{pmatrix}$$

且标准差分别为 6 和 5，均值分别为 60 和 70。若以 MATLAB 做主成分分析：

① 求第一主成分 y_1 的线性组合。

② 若第三个数据点为(66,60)，求第一主成分的点。

③ 求第一主成分的方差，并解释 x_1,x_2 方差比例。

练习 12.3.4　若 x_1,x_2,x_3 的相关矩阵 R 为

$$R=\begin{bmatrix}1 & 0.5 & 0\\ 0.5 & 1 & 0\\ 0 & 0 & 1\end{bmatrix}$$

① 试用第一主成分 y_1 解释 x_1,x_2,x_3 的重要性差异。

② 将第一主成分 y_1 表示成 x_1,x_2,x_3 的线性组合。

③ 求第二主成分 y_2 的线性组合形式。

④ 若取第一主成分和第二主成分，那么 x_1,x_2,x_3 的重要性如何说明？

练习 12.3.5　一个经济学专业的班级共有 15 位大学本科生。表 12.3.3 所示是他们的年终考试总评成绩。现在希望制定一个合理的成绩指标来评定他们的名次。这里共有 5 门课程，其中 x_1 为大学语文成绩，x_2 为大学英语成绩，x_3 为统计学成绩，x_4 为会计学成绩，x_5 为经济学成绩。

表 12.3.3　成绩表

x_1	83	65	85	81	76	77	73	65	69	78	76	79	69	64	70
x_2	76	59	82	78	73	74	71	62	65	75	71	83	67	59	70
x_3	79	71	80	67	65	68	78	68	58	57	64	68	64	66	75
x_4	71	61	69	72	60	55	71	61	57	56	64	64	66	56	69
x_5	76	69	74	69	67	70	75	67	67	64	66	72	68	67	76

练习 12.3.6　如表 12.3.4 所示，某个城市共有 14 个城区，现在要根据以下 5 个指标来制定各个城区的社会经济发展指标。其中 x_1 为城区人口数（万人），x_2 为市民受教育的平均年限，x_3 为就业人数（万人），x_4 为健康服务人员数（万人），x_5 为平均房价（万元/m^2）。

表 12.3.4　社会经济发展指标

x_1	5.935	1.523	2.599	4.009	4.687	8.044	2.766	6.538	6.451	3.314	3.777	1.530	2.768	6.585
x_2	14.2	13.1	12.7	15.2	14.7	15.6	13.3	17.0	12.9	12.2	13.0	13.8	13.6	14.9
x_3	2.265	0.597	1.237	1.649	2.312	3.641	1.244	2.618	3.147	1.606	2.119	0.798	1.336	2.763
x_4	2.27	0.75	1.11	0.81	2.50	4.51	1.03	2.39	5.52	2.18	2.83	0.84	1.75	1.91
x_5	2.91	2.62	1.72	3.02	2.22	2.36	1.97	1.85	2.01	1.82	1.80	4.25	2.64	3.17

12.4　主成分分析法在人脸识别中的应用

这一节介绍 PCA 方法在人脸识别中的应用。人脸识别是模式识别研究领域中的重要课题，也是目前计算机视觉领域中非常活跃的研究方向之一。例如机器人设计制作等领域都需要人脸识别这一技术。

人脸识别是利用已有人脸图片库，结合 PCA 方法（或其他方法），确认未知图像对应的身份的过程。在人脸识别中，如何有效抽取人脸特征和对人脸数据进行降维是目前最为关注的焦点。特征抽取存在两个重要的问题：一是寻找针对模式最具鉴别性的描述，使此类模式的特征最大程度地区别于其他模式，二是在适当的情况下实现数据降维以压缩数据。

在第 6 章和第 7 章已经介绍过，一幅大小为 $m\times n$ 的灰度图像 G 可以用同样大小的矩阵 X 的形式来表示。现在，也可以将该矩阵转化为一个向量 x，方法是将矩阵 X 的列向量按照顺序依次堆砌起来，形成一个维数为 mn 的列向量。为了简单起见，假设每幅图像的大小均为 $N\times N$。

对于一幅 $N\times N$ 的图像 P，也可以将其对应位置的像素值按照行的方式排列，

生成一个 N^2 的行向量：

$$X=(x_1,\cdots,x_{N^2}) \tag{12.4.1}$$

这里向量 X（为方便起见，我们仍然用记号 X 来表示该向量）的前 N 个元素 x_1，x_2，…，x_N 构成矩阵 X 的第一行，接下来的 N 个元素构成矩阵 X 的第二行……依此类推。向量(12.4.1)中的每个元素表示对应像素点的像素值（灰度值）的大小。

假设有 100 幅大小为 $N\times N$ 的灰度图片，那么每幅图片都可以按照(12.4.1)的形式排成一个行向量，这样就可以生成一个大小为 $100\times N^2$ 的矩阵 A，A 的每个行向量对应一幅图片。假设这 100 幅图片为人脸图片，我们希望通过主成分分析法来识别这 100 幅人脸图片的特征，从而对一幅新的人脸图片可以识别出这幅图片属于其中哪一个人，或者根本不是其中之一。这里，PCA 方法找到人脸图片的面部特征，从而识别和区分不同特征的人脸图片。

人脸识别在实际问题如公共安全等领域非常重要。当然，我们需要掌握的图像库中可能远远不止 100 幅图像，可能是几万幅甚至是上亿幅图片。因此，运用上述方法生成的矩阵是一个非常庞大的矩阵。我们注意到一个人脸图片库中包含的每个对象的图片可能不止一张，这是因为为了掌握一个人的人脸特征，一般需要结合不同视觉、不同场景（如光照的变化引起的）状态下的该对象的图片来综合分析其特征。同时，每幅人脸图片的大小可能是 1000×1000，对应为一个 10^6 维的向量。因此，生成的矩阵 A 将可能是一个大小为 $10^8\times10^6$ 的矩阵。我们希望通过 PCA 方法来找出图片之间的差异（属于不同对象的图片之间）和相似度（同一个对象的图片之间），从而可对图片集合按照其所属对象进行分类。对一幅新的图片 P，假设 P 对应于数据库中某对象的人脸图片，即其所属对象，这样就完成了人脸的识别任务。

PCA 方法能够帮助我们找出图片的关键特征，对图片进行识别和分类。

实际操作时，我们通常会把一个较大的图片库集合（例如含有 1000 张人脸图片的图片库）划分为两个部分：训练样本集和测试样本集。具体划分方法依照具体情况而定。例如，含有 1000 张图片的集合可以划分为一个含有 800 张人脸图片的训练样本集和一个含有 200 张人脸图片的测试样本集。那么通过训练样本集生成矩阵 X，通过 PCA 方法可以将这 800 张人脸进行相似度分类，再通过测试集合中的图片来测试分类的准确度。反复如此实验，就可以达到较好的分类和识别效果。

特征提取是人脸识别中最重要的部分之一，而主成分分析法是应用最广泛的一种特征提取方法。特征脸方法是从 PCA 导出的一种人脸识别和描述技术。它将包含人脸的图像区域看作一随机向量，采用 K-L 变换①得到正交 K-L 基，对应其

① K-L 变换：即 Karhunen Loeve 变换，它以统计特性为基础，也称为特征向量变换。它是最优正交变换，其特征向量构成的矩阵指向数据变化最大的方向。

中较大特征值的基具有与人脸相似的形状，因此又被称为特征脸。利用这些基的线性组合可以描述、表达和逼近人脸图像，所以可进行人脸识别与合成。识别过程就是将人脸图像映射到由特征脸张成的子空间上，并比较其在特征脸空间中的位置。

① 人脸空间：假设一幅人脸图像包含 N 个像素点，它可以用一个 N 维向量 Γ 表示。这样，训练样本库就可以用 $\Gamma_i(i=1,\cdots,M)$ 表示。协方差矩阵 C 的正交特征向量就是组成人脸空间的基向量，即特征脸。将特征值由大到小排列，如(12.1.3)式，对应特征向量 μ_k。每幅人脸图像可投影到由 $\mu_1,\mu_2,\cdots,\mu_r$ 张成的子空间中。因此，每幅人脸图像对应于子空间中的一点。

② 特征向量选取：协方差阵 C_X 最多有对应于非零特征值的 $k(\ll M)$ 个特征向量，但通常 k 仍很大。事实上，并非所有特征向量都需保留，可适当删除那些信息量相对较少的特征向量。

③ 人脸识别：任何人脸图像都可投影到“特征脸”张成的子空间，即任何一幅人脸图像都可表示为这组“特征脸”的线性组合，其加权系数称为图像的代数特征。有了特征脸，我们可对每一样本进行投影，得到每个人脸的投影特征，生成人脸特征向量。

④ PCA 算法实现过程：首先在图片库中选取 N 张人脸图，每张图像素大小为 $P\times M$。把第一张图的像素值按行依次连接，构成一个 $N\times PM$ 的训练图像矩阵 S。利用(12.2.10)式和(12.2.11)式计算相关系数矩阵 R，再计算 R 的特征值和特征向量。但一般 R 维数太大，计算这样一个高维矩阵的特征值和特征向量非常困难。因此要求对这样的一个高维矩阵进行降维。设 $C=SS^{\mathrm{T}}$，$A=S^{\mathrm{T}}S$，其中 S^{T} 为 S 的转置矩阵，C 是一个 $N\times N$ 矩阵。设 C 的特征值和对应特征向量分别为 λ_i 和 ν_i，则有

$$C\nu_i = \lambda_i\nu_i \tag{12.4.2}$$

两边同乘以 S^{T}，得

$$S^{\mathrm{T}}S(S^{\mathrm{T}}\nu_i) = (S^{\mathrm{T}}\nu_i) \tag{12.4.3}$$

得 C 的非零特征值也是矩阵 A 的非零特征值，A 的对应特征向量为 $S^{\mathrm{T}}\nu_i$。当 S 为 $N\times m$ 的对象—因子(Object-Attribute)矩阵时，一般有 $N\gg m$，这时 C 的维数远大于 A 的维数，但可通过计算 A 的特征值和特征向量来计算 C 的相关特征值和特征向量。

上述方法所求的每个向量都构成一个特征脸(eigface)。由这些特征脸所张成的空间称为特征脸子空间，需要注意对于正交基的选择的不同考虑，对应较大特征值的特征向量(正交基)也称主分量，用于表示人脸的大体形状，而对应于较小特征值的特征向量则用于描述人脸的具体细节，所以在选取特征向量的时候，我们把特

征值较小的特征向量省去，只保留占人脸主特征的特征值大的对应的特征向量。通过实验已证明，选取 $T(T \ll N)$ 个这样的特征向量，就足以把人脸图像给表达出来，并且能取得较高的人脸识别率。

人脸识别算法的研究离不开一个满足算法要求的人脸图像数据库，人脸图像数据库的正确选择直接关系到所设计算法实验的有效性和说服力。本书使用 ORL 人脸数据库，这个人脸库较好地反应了本文方法的有效性。以下是一些典型的可以在线检索和下载运行的人脸图像数据库。

① 英国 ORL 单人脸数据库：该数据库含有 40 个人、每人 10 张的正面人脸图片。如图 12.4.1 所示，这些图片包括不同时段、不同表情、不同光照条件、不同拍摄角度等情况下拍摄的人脸图片。所有照片背景均为黑色，人脸的左右旋转不超过 20°，且人脸图片间的尺寸大小差异不超过 10%。

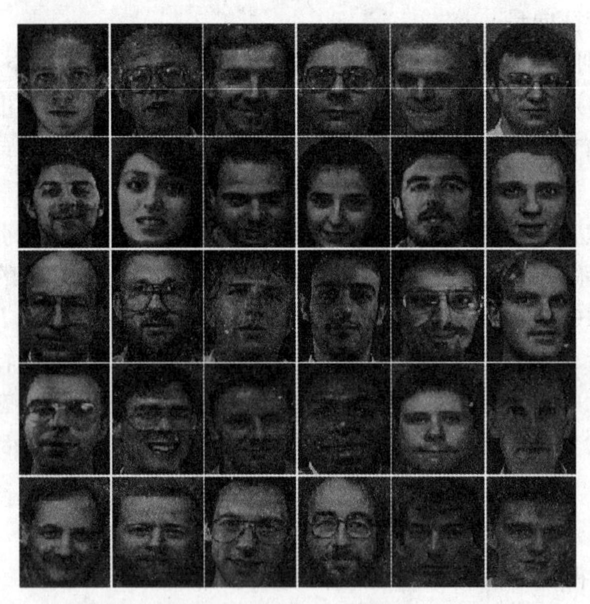

图 12.4.1　ORL 数据库中的部分人脸图像

② 美国 Extended Yale B 人脸图像库：该人脸库中的图像来源于美国耶鲁大学计算机视觉与控制中心（Yale Center for Computational Vision and Control）官方网站。库中包含了 38 个人共 2427 张人脸图像，其中每幅图片大小为 192×168 像素。图像库包含在不同光照、不同角度、不同表情等情况下获取的每个个体的人脸图片。

③ AR 人脸库：该人脸库包含 126 个人的 3267 张正面彩色图像，其中有 70 名男性，56 名女性，人均 26 张图片，图像分不同光照（左、右、双光源）、5 类表情变化（微笑、平常、冷漠、愤怒）和脸部遮挡（戴太阳镜）。AR 人脸库主要是为了测试在

人脸表情、光照环境变化等不同条件下的人脸识别效果。这种人脸库不仅应用在识别静态图像中的人脸，而且可以用于表情的区分，适用于视频中的人脸识别实验。

④ AT&T 人脸库：该人脸库由英国剑桥大学人工智能实验室创建，包含对象 40 人、每人 16 张图像，包含不同场景下拍摄的表情各异的人脸正面图片，所以面部细节部分有一定的不同。由于该库中人脸图像均为无遮挡正面图片，对光照、遮挡等情况未涉及，所以较少使用。

⑤ FERET 人脸库：该人脸库是由美国国防部建立的通用标准数据库，用于测试人脸识别算法。库中包含了不同视角的人脸图像正面的黑白照片，共计 500 多张，每张图像的背景都是单一的。平均正确识别率在不同灯光或相机拍摄的情况下在 85%上下；平均正确识别率在同一天、拍摄相同的条件下可达 90%以上；在对一年后拍摄的人脸图像大概有 75%的识别率。因此，该库适合于人脸识别算法的检验和测试，并适用于不同识别算法的比较。

下面的实验是在 ORL 人脸库上进行的。该库包含 400 幅图片。随着训练样本的增加，识别率会有所提升，由于标准人脸库在采集时考虑了多种因素，人脸图像要求相对比较标准，所以识别率较自建的人脸库识别率高，但是训练样本并不是越多越好，当超过一定的训练样本数目时，识别率反而有所下降。训练样本集在协方差矩阵的前 k 个（在选择一个合理的 k 后）最大特征值对应的特征向量的投影反映了样本点绝大部分的差异信息。所以我们可以选取前 k 个特征向量，尽量保持样本差异的同时达到降维的目的。

一般情况下，当样本点足够多时，PCA 的降维能力非常显著，降维也大大节省了计算时间。但是，随着特征脸数目增加，识别率并不能大幅度提高，即使识别中使用了所有的特征脸，识别率也可能只有 80%左右。实验中，我们发现特征脸个数在小于 33 的时候识别率呈现上升，之后保持不变，当特征脸的个数超过 35 时，识别率下降继而保持稳定。由此可以看出特征脸个数并不是越多越好，而是在一定范围之内有最佳值存在。

我们取每个人的前 5 张人脸图片作为训练样本，后 5 张图像作为测试样本。将样本中的每张图像转化为向量，并投影到主成分子空间 G 上，得图像在子空间 G 上的坐标表示。由近邻法[①]计算出与测试图像距离最小的三幅图像，这三幅图像所属的类别分别计为 class1，class2，class3。若 class1，class2 和 class3 不属于同一类，则测试图像属于 class1，若 class1 和 class2 相同，则测试图像也属于 class1，而 class2 与测试图像也是相似的，若 class2 和 class3 属于同一类，则测试图像属于

① 找出已知类别的训练样本集中和未知样本点 x 最近的一个样本，把 x 分到该样本所属的类中。

class2,这样计算 200 张测试图像属于 class1 的总数量,最后除以 200 得到识别率。实验结果为:$accuracy=0.8800$,即准确率为 88%。

PCA 方法进行人脸图像识别的主要优点在于:

① 图像原始灰度数据直接用来学习和识别,不需要任何低级或中级处理;

② 不需要人脸的几何和反射知识;

③ 通过低维子空间表示对数据进行压缩;

④ 与其他匹配方法相比较,识别简单有效。

但是,由于 PCA 方法本质上依赖于训练集和测试集图像的灰度相关性,而且要求测试图像与训练集相似。它有着较大的局限性,表现在以下方面:

① 对尺度变化敏感,因此识别前须先进行归一化处理,且 PCA 在图像空间是线性的,它不能处理几何变化;

② 只能处理正面人脸图像,在姿态、发型和光照等发生变化时,识别率明显下降;

③ 要求背景单一,对于复杂变化背景,需要首先进行复杂的图像分割处理;

④ 学习时间长,只能离线计算。

传统的 PCA 方法在很大程度上反映了光照等的差异。研究表明,PCA 方法随着光线、角度和人脸尺寸等因素的变化,识别率急剧下降,因此 PCA 方法用于人脸识别还存在着理论上的缺陷。由此发展起来了 PCA 方法的多种改进方法,Fisher 脸方法又称为线性判别分析法,对光照以及人脸表情变化都不太敏感。

人脸识别是一个跨学科、富有挑战性的前沿课题,人脸图像中姿态、光照、表情、饰物、背景、时间跨度等因素的变化对人脸识别算法的鲁棒性都有着负面的影响。单一的 PCA 方法识别率不高,可以与其他方法(如支持向量机、小波变化等)相结合来弥补单一方法的不足,让身份识别更准确。近几年,人们开始利用高阶张量的形式来表示图像序列,并利用张量处理图像。

设 $I_1,\cdots,I_N$ 是由 N 个 n 维的图像向量组成的训练集(图像分辨率为 $m'\times n'$,$n=m'\times n'$),$I_i=(\overset{i}{I}_1,\cdots,\overset{i}{I}_n)$。对每个训练样本按相同规则分块为维数为 k 的子向量 a_j^i,然后按(12.2.14)进行排列,构成向量个数为 $l=\mathrm{ceil}\left(\dfrac{n}{k}\right)$(函数 ceil 表示向正无穷取整)。那么一个样本就对应一个大小为 $l\times k$ 的矩阵 A_i(若最后一列维数不足 k,则用零填充)。计算矩阵样本 $A_1,A_2,\cdots,A_N$ 的矩阵 S_T:

$$S_T=\sum_{i=1}^{N}(A_i-\bar{A})^{\mathrm{T}}(A_i-\bar{A}) \tag{12.4.1}$$

此处 $\bar{A}=\dfrac{1}{N}\sum\limits_{i=1}^{N}A_i$,由于矩阵 S_T 是一个对称矩阵,所以 S_T 可对角化。将这个正交

矩阵表示为 $\Phi=(\varphi_1,\cdots,\varphi_n)$，可得

$$\begin{cases}\varphi_i^{\mathrm{T}}\varphi_j=1, & i=j;i,j=1,\cdots,n\\ \varphi_i^{\mathrm{T}}\varphi_j=0, & i\neq j;i,j=1,\cdots,n\end{cases} \tag{12.4.2}$$

取出 S_T 的前 d 个最大特征值对应的向量 $\varphi_1,\cdots,\varphi_d(\lambda_1\geqslant\lambda_2\geqslant\cdots\geqslant\lambda_d)$ 组成一个投影向量。按照同一分块规则将待测样本化为大小为 $l\times k$ 的矩阵样本 B_i。用投影向量 $\varphi_1,\cdots,\varphi_d$ 对矩阵样本 B_i 进行投影，提取出的特征值组成的矩阵 Y_i,Y_j 中的元素就是待测样本的特征值。

$$Y_i=B_i(\varphi_1,\cdots,\varphi_d) \tag{12.4.6}$$

如果需要提取的特征值样本 I_i 是分辨率为 $m'\times n'$ 的图像样本，则有以下三种：

① 当 $k=m'n'$，$l=1$ 时，从图像 I_i 中得到的 A_i 是一个 $l\times m'n'$ 的向量，这就是经典的主成分特征提取法。

② 当 $k=n'$，$l=m'$ 时，A_i 是一个 $m'\times n'$ 的矩阵，这就是 2DPCA（2 维主成分）特征提取法。

③ 当 $k=\frac{n'}{z}$，$l=zm'$ 时，A_i 是一个 $zm'\times\frac{n'}{z}$ 的矩阵（且 $\frac{n'}{z}$ 为正整数），这就是分块 2DPCA 特征提取法。实际上，分块 2DPCA 算法中，散布矩阵的特征向量的维数和向量中的具体数值仅仅随行方向的分块模式的变化而发生相应的变化，与列向量的分块模式没有任何关系。

当然，我们还可通过网络摄像头或数码相机采集自己的照片建立图片库。但是，在没有预处理的情况下，图片文件可能会因为光线或其他因素不能达到最佳识别效果。

例 12.4.1　我们使用一个含有 $N=150$ 张人脸图像的人脸数据库，其中每张分辨率为 $M\times M=80\times 80$，并以 Feret-xxx. tif 命名。对每张人脸图像进行列向量化后，再将整体人脸零均值化。

MATLAB 代码如下：

```
Doc1='Feret—';
N =150; M=80;
H = zeros(M*M,N);
aver=zeros(M*M,1);
% 读取人脸图像
for i=1:N
   t=imread([Doc1,num2str(i,'%03d'),'.tif']);
   t=reshape(t,M*M,1);
```

```
    H(:,i)=t;
    Aver = Aver+H(:,i);
  end
```

对数据矩阵 X 中心化，即将每个人脸向量减去平均值向量，得矩阵 $H2$，计算 $H2$ 的协方差阵 $H2^{T}H2$ 的特征值和特征向量，进一步通过 $U=H2V$ 求出原矩阵 H 的特征向量。

```
  % 中心化
  Aver = Aver/N;
    for i = 1:N
      H2(:,i)=H(:,i)-Aver;
    end
  % 计算特征向量
  C = H2'*H2;
  [V,D]=eig(C);
  d=diag(D);
  figure(1);
  sum_d=sum(d);
  U=H2*V;
  for j = 1:N
      U(:,j)=U(:,j)/sqrt(U(:,j)'*U(:,j));   %向量归一化
  end
```

将所有特征值从大到小排列，通过叠加特征向量的方式，就可以得到一组对原人脸的逼近特征脸。将特征值加起来，正是总的信息量，也可以求出重构误差。

```
  % 重构人脸图像
  q = 130;
  subplot(1,2,1);
  imshow(uint8(reshape(H2(:,q)+aver,M,M)));
  subplot(1,2,2);
  k=100; p=zeros(M*M,1);
  err=0;
  for i=N:-1:N-k
  W = U(:,i)'*H(:,q);
  Er = Er + D(i);
  1-Er/sum_d p=p+W*U(:,i);
```

```
imshow(uint8(reshape(p+average,M,M)))
pause(0.3)
end
```

通过特征值可看出,矩阵的迹(即矩阵特征值之和)集中在较少几个特征值上,大部分特征值都较小,表示大多数特征值携带信息量很小。把这些特征向量规范化以后,这些单位特征向量可以作为一组基底张成一个空间,即特征脸方法中的特征空间,最后把原图像向量向这个特征空间中投影,即可得到所需的特征脸。

如图 12.4.2 所示,协方差矩阵只有少量的特征值很大,大部分特征值都非常小。这说明少量的特征值就可以代表大部分的原数据。

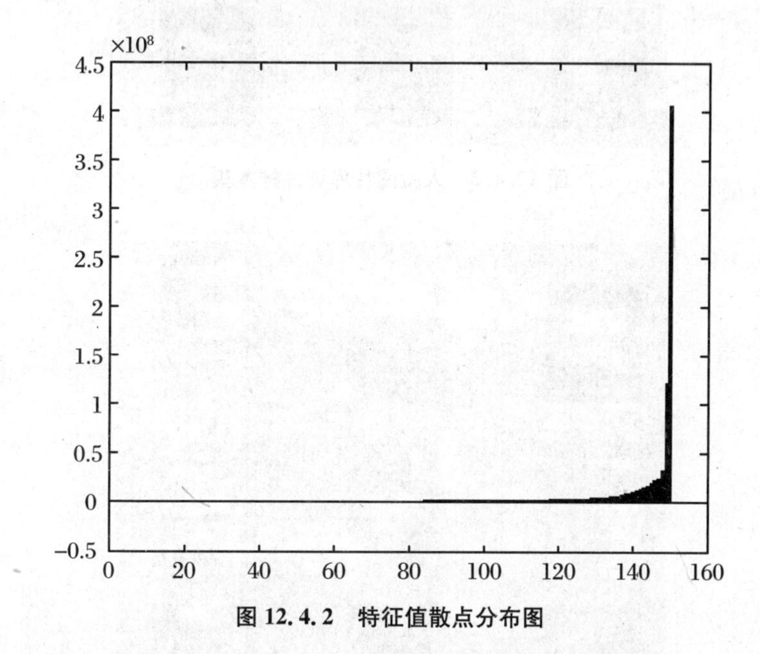

图 12.4.2　特征值散点分布图

在人脸识别方面,PCA 方法常被用来定义最佳脸部样式的表现方式。PCA 方法利用一些训练集中的脸部图片产生特征脸,并将脸部空间加以延伸使这些影像中的脸部区域会被投影到影像的子分块空间中并加以丛集化。同样地,非脸部区域的训练影像也会使用相同方法投影到相同的空间并加入丛集化。之后这两个投影的次空间可以用相互比较的方式得到脸部区域与非脸部区域在此空间投影上的分布情况。

图 12.4.4 是图 12.4.3 中的人脸图像集的特征脸显示。通过观察特征脸的显示结果可形象地体会到,特征脸即面部轮廓图像。

目前实现的 PCA 在人脸识别中的算法,在一定程度上满足了人脸识别的基本要求,但是仍然存在以下问题:

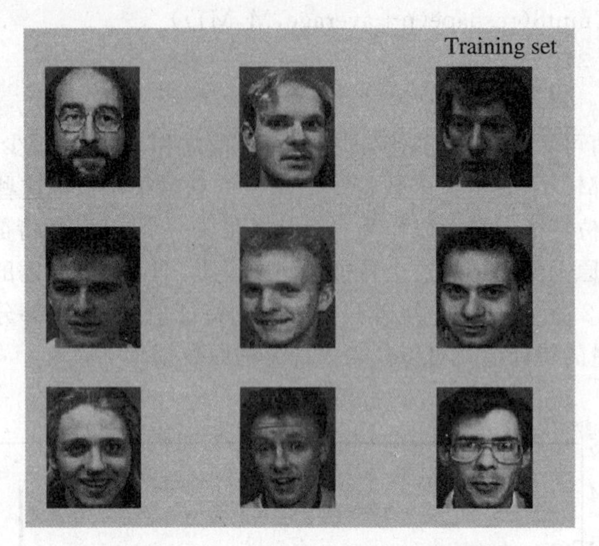

图 12.4.3 人脸图片库训练样本集

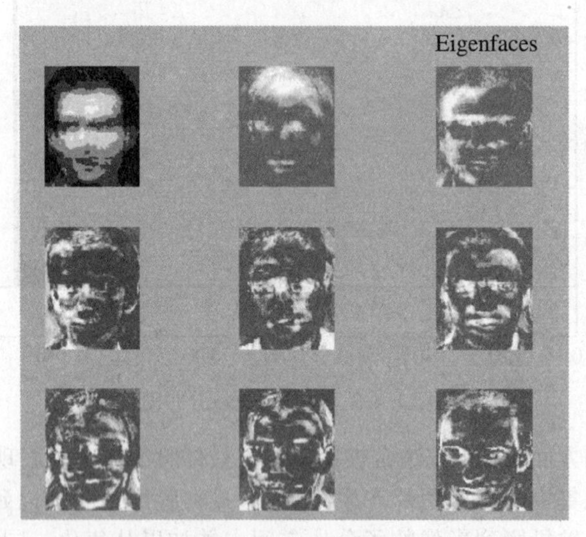

图 12.4.4 特征脸

① 面部检测：首先必须要判断图像中是否存在人脸，如果存在，则标定出人脸的位置和大小。实际问题中，有些图像可能存在一些类似人脸的对象，但不一定能通过像素分布特征区分。这就需要我们寻找一些新的特征来处理人脸检测问题。

② 样本测试：在缺少预处理的情况下，面部图片文件可能会因为光线或其他因素不能达到最佳识别效果，而且有些图片中存在人脸以外的图像干扰人脸的识别，如图像遮盖、图像残缺、图像光照问题等。

③ 动态检测:运动中的对象检测和识别始终是一个难题。这是由于运动中的对象可能存在图像扭曲和失真等现象。

PCA 方法也不是万能的。若待研究目标是为了找出不相关的新变量,以做进一步的统计分析,则是否采用主成分分析应视主成分是否可解释而定,如果主成分无法解释或没有特别意思,则不应该用主成分形成新变量。若研究目标是要简化变量个数、压缩数据量,则必须要求少数几个主成分可解释大部分的总体方差,而不会严重损失原始数据的信息。若原始变量本就彼此正交或不相关,那么主成分分析完全无法减少变量个数。只有在变量彼此高度相关时,才可能利用 PCA 方法来压缩变量个数,且变量间相关性愈强,数据得到简化的效果愈好。若原变量高度相关(如高度线性相关),则我们只需求得第一主成分,即可解释 100%的总方差。假若变量相关性不高,则主成分分析不合适。

下面附上人脸识别的关键代码(并非唯一,读者可以对此代码进行改进)。

```
clear all
cl
clc
M=9;                                   % 训练图片数
% 选用的标准值和均值与大多数图片的标准值和均值相近的数字如下
um=100;                                % 均值
ustd=80;                               % 标准值
% 读取和显示图片的功能部分
S=[];                                  % S 为图像矩阵
figure(1);                             % 开启一个图形窗口
for i=1:M                              % 打开已设定的 M=9的训练图像
str=strcat(int2str(i),'.pgm');
% 当前目录里面的 1.pgm~9.pgm
eval('img=imread(str);');
imshow(img)                            % 显示图像
if i==3
title('Training set','fontsize',18)    % 标题
end
drawnow;                               % 更新上述图像
[irow icol]=size(img);
temp=reshape(img',irow*icol,1);        % 将图像 img 对应的矩阵列向量化
S=[S temp];
```

```
end
% 改变所有图像的均值和标准值，对图像规范化，降低由光源条件引起的误差
for i=1:size(S,2)
temp=double(S(:,i));
m=mean(temp);
st=std(temp);
S(:,i)=(temp-m)*ustd/st+um;                % 对 S 进行均值化
end
% 开启一个新窗口，显示规范化后的图像
figure(2);
for i=1:M
str=strcat(int2str(i),'.bmp');             % 读入文件名分别为 1.bmp~
                                           % 9.bmp 的文件
img=reshape(S(:,i),icol,irow);             % 重构 img
img=img';                                  % 转置
eval('imwrite(img,str)');                  % 执行字符串
subplot(ceil(sqrt(M)),ceil(sqrt(M)),i)     % 同上，形成 3×3 的图像排列
imshow(img)                                % 显示图像
drawnow;                                   % 更新 figure2
if i==3
title('Normalized Training Set','fontsize',18)
end
end
% 均值图像
m=mean(S,2);
tmimg=uint8(m);
img=reshape(tmimg,icol,irow);              % 创建一个 N2×N1 的矩阵
img=img';
% 对 img 求转置矩阵
figure(3);
imshow(img);
title('Mean Image','fontsize',18)
% 为处理改变图像
dbx=[];                                    % A matrix:A 矩阵
```

```
for i=1:M
temp=double(S(:,i));  % 取双精度
dbx=[dbx temp];       % 将两个矩阵合在一起
end
% 协方差矩阵
A=dbx';               % 由上面得到的 dbx 的转置矩阵得到矩阵 A
L=A*A';               % A 矩阵和 A 矩阵的转置矩阵的乘积得到 L 矩阵
[vv dd]=eig(L);       % vv 是 L 的特征向量,dd 是 L=dbx'*dbx 和
                      % C=dbx*dbx'的特征值
% 选出并且剔除特征值为 0 的
v=[];                 % 将 v 置空
d=[];                 % 将 d 置空
for i=1:size(vv,2)
if(dd(i,i)>1e-4)      % 由此表达式作为衡量标准
v=[v vv(:,i)];
d=[d dd(i,i)];
end
end
% 选出可以返回降序列的
[B index]=sort(d);
ind=zeros(size(index));          % ind 为与 index 同样大小的零矩阵
dtemp=zeros(size(index));        % dtemp 也是与 index 同样大小的零矩阵
vtemp=zeros(size(v));            % vtemp 是与 v 同样大小的零矩阵
len=length(index);               % len 为 index 的最大维数
for i=1:len                      % 从1到 len 次的循环
dtemp(i)=B(len+1-i);             % dtemp(i)的值为 B(len+1-i)
ind(i)=len+1-index(i);           % ind(i)的值为 len+1-index(i)
vtemp(:,ind(i))=v(:,i);          % vtemp 的 ind(i)列与 v 的 i 列相同
end
d=dtemp;                         % dtemp 值赋给 d
v=vtemp;                         % vtemp 值赋给 v
Normalization of eigenvectors    % 特征矢量的规格化
for i=1:size(v,2)                % 访问每一行
kk=v(:,i);                       % 将 v 的第 i 行赋给 kk
```

```
temp=sqrt(sum(kk.^2));
    % 取一个临时变量,命名为 temp,将 kk 每一项元素进行平方运算,
    % 然后求和,再取平方根赋给 temp
v(:,i)=v(:,i)./temp;
end
% 矩阵 C 的特征向量
u=[];                                  % 取 u 为空矩阵
for i=1:size(v,2)                      % 访问每一行
temp=sqrt(d(i));
u=[u (dbx*v(:,i))./temp];              % 构造矩阵 u
end
% 特征向量的规格化
for i=1:size(u,2)
kk=u(:,i);                             % 将 u 的第 i 列赋给 kk
temp=sqrt(sum(kk.^2));                 % 取一个临时变量,命名为 temp,
                                       % 将 kk 每一项元素进行平方运算,
                                       % 然后求和,再取平方根赋给 temp
u(:,i)=u(:,i)./temp;                   % 把 u 矩阵与 temp 矩阵对应的元
                                       % 素进行相除,再重新生成 u
end
% 显示特征脸
figure(4);                             % figure4
for i=1:size(u,2)
img=reshape(u(:,i),icol,irow);         % 通过 u 矩阵来重构 img
img=img';                              % 将 img 转置
img=histeq(img,255);                   % 用均衡直方图来提高对比度
subplot(ceil(sqrt(M)),ceil(sqrt(M)),i) % 在 figure4 中现实 3×3 的图像
imshow(img)                            % 显示 img
drawnow;                               % 更新 figure4
if i==3
title('Eigenfaces','fontsize',18)      % 显示"Eigenfaces"
end
end
%找到每个人脸在训练中的权值
```

```
omega=[];                               % 建立一个空矩阵 omega
for h=1:size(dbx,2)
WW=[];                                  % 外层循环建立一个空矩阵 WW
for i=1:size(u,2)
t=u(:,i)';                              % 将 u 的第 i 列转置赋给 t
WeightOfImage=dot(t,dbx(:,h)');         % 由 t 和 dbx 的第 h 列转置构成向
                                        % 量点,赋给 WeightOfImage
WW=[WW; WeightOfImage];                 % 构成 WW
end
omega=[omega WW];                       % 构成 omega
end
% 以上部分即完成了图像的读入,规格化,特征空间的训练,特征脸的形成
% 并且显示出训练图像,规格化图像,均值图像和特征脸
% 以下部分为识别的部分
% 获得一个新的图像
% 依旧采用 ORL 人脸库中的人脸图像作为试验对象
% 与训练图像保持一致的大小
InputImage=input('Please enter the name of the image and its …
extension \n','s');                     % 输入要读取作为判别的文件
InputImage=imread(strcat(InputImage));  % 在当前路径下读取文件
figure(5)                               % figure 5
subplot(1,2,1)                          % 在 figure 5 中左右显示两个图像
imshow(InputImage);colormap('gray');title('Input image','fontsize',18)
                                        % 显示输入的图像,附标题"Input image"
InImage=reshape(double(InputImage)',irow*icol,1);
% 将输入的图像重构成序列赋给 InImage
temp=InImage;                           % 将 InImage 赋给 temp
me=mean(temp);                          % 取 temp 的均值,赋给 me
st=std(temp);                           % 取 temp 的标准偏移,赋给 st
temp=(temp-me)*ustd/st+um;              % 由次表达式处理 temp
NormImage=temp;                         % 将 temp 赋给 NormImage
Difference=temp-m;                      % temp 与 m 的差为 Difference
NormImage=Difference;                   % 将 Difference 赋给 NormImage
p=[];                                   % 建立一个空矩阵 p
```

```
aa=size(u,2);                          % 由 u 的纬度得到 aa 的值
for i=1:aa                             % aa 次循环
pare=dot(NormImage,u(:,i));            % 由 NormImage,u 的 i 列构造矢量
                                       % 点 pare
p=[p; pare];                           % 将 pare 用于构造 p 矩阵
end
ReshapedImage=m+u(:,1:aa) * p;
% m 为均值图像,u 是特征矢量,取 u 矩阵的 1~aa 列与 p 矩阵相乘,再与
% m 相加
ReshapedImage=reshape(ReshapedImage,icol,irow);
ReshapedImage=ReshapedImage'; % 将 ReshapedImage 转置
% 现实重构图像
subplot(1,2,2)                         % 在 figure5 的右边显示重构的图像
imagesc(ReshapedImage); colormap('gray');
                                       % 度量 ReshapedImage,将它显示出来
title('Reconstructed image','fontsize',18)
                                       % 标题"Reconstructed image"
InImWeight=[];                         % 建立一个空矩阵 InImWeight
for i=1:size(u,2)
t=u(:,i)';                             % 将 u 的 i 列转置,赋给 t
WeightOfInputImage=dot(t,Difference');
                                       % 构造矢量点 WeightOfInputImage
InImWeight=[InImWeight; WeightOfInputImage];
                                       % 构造 InImageWeight
end
ll=1:M;
figure(6)
subplot(1,2,1)                         % figure6 左边显示输入图像的权值
stem(ll,InImWeight)                    % 利用 stem 函数,划分离散序列数据
title('Weight of Input Face','fontsize',14) % 标题"Weight of Input Face"
% 找到欧几里得距离
e=[];                                  % 建立一个空矩阵 e
for i=1:size(omega,2)
q=omega(:,i);                          % 读取 omega 的第 i 列
```

```
DiffWeight=InImWeight-q;  % 用 InImWeight-q 得到 DiffWeight
mag=norm(DiffWeight);     % 得到 DiffWeight 的范数,赋给 mag
e=[e mag];                % 构造 e 矩阵
end
kk=1:size(e,2);
subplot(1,2,2)            % 在 figure 6 右边显示
stem(kk,e)                % 划分显示离散序列数据
title('Euclidean distance of input image','fontsize',14)
                          % 标题"Euclidean distance of input image"
MaximumValue=max(e)       % 显示 e 中的最大值
MinimumValue=min(e)       % 显示 e 中的最小值
```

第 13 章　微分方程及其应用

如果说数学的哪个分支无论在理论上还是在应用上都发展得足够成熟，那一定非微分方程理论莫属。微分方程理论的发展历程无疑验证了理论与实际结合的双赢效果：微分方程理论的发展促进了其理论在诸多实际领域中的应用，同时它在诸如物理、生态与动力学(如热动力学、空气动力学等)、机器人与系统控制、环境与资源、生物信息学等领域的广泛应用，又为该学科的发展不断提出新问题，进一步促进了微分方程理论的完善。

实际问题中，常常会涉及一些变量变化率或导数的问题，如速度与加速度、人口和经济增长率、图像像素值或信号变化、气温和压强变化等。微分方程模型就是用来间接反映变量及变量变化率之间的关系的表达式。

微分方程中除自变量和未知函数外，还包含了未知函数的导数(微商)，如：

$$x+y+\frac{\mathrm{d}y}{\mathrm{d}x}=0$$

$$r^2\frac{\mathrm{d}^2u}{\mathrm{d}^2r}+r\frac{\mathrm{d}u}{\mathrm{d}r}(r^2-1)u=0$$

例如，牛顿运动定律将物体的位移和速度表示为关于时间变量的动态微分方程。利用微分方程，我们可以对物体自由落体运动进行刻画，并求出自由落体的物体在任意时刻的位移和速度。

微分方程求解主要分三类：解析解、数值解和定性理论。在建立微分方程模型方面，主要采用以下方法：

① 根据规律列方程：即利用数学、力学或物理等学科中的定理或经过实验检验的规律等来建立微分方程模型。

② 微元分析法：利用已知结论寻找微元之间的关系式。

③ 模拟近似法：在对现象的规律性不明确或关系复杂的问题建模时，可在不同合理假设下模拟实际问题，建立近似反映实际问题的微分方程，求解或分析所建方程及解的性质，再与实际情况对比，检验该模型能否合理刻画或模拟实际现象。

依照变量个数，微分方程又分为常微分方程和偏微分方程。微分方程理论在工程、物理、经济、生物、社会学等领域占有重要的地位。下面简要介绍常微分方程和偏微分方程理论基础知识。

本章共 4 节：第 1 节为引言，通过一些具体的实例来引入微分方程的基本定义;第 2 节介绍常微分方程的基础知识;第 3 节介绍微分方程的数值解法及其相关 MATLAB 函数;第 4 节讲解微分方程理论在生物种群繁殖模型方面的应用。

13.1 引　　言

本节列举一些简单例子来说明如何从实际问题出发构建和求解微分方程。通过这些简单的例子,从中诱导出微分方程的一些基本概念和内涵,希望读者能够透过这些简单的实例发现微分方程建模的本质。掌握好这些例子,有助于增进分析问题的能力。

例 13.1.1(物体冷却过程的数学模型)　将某物体放置于空气中,在时刻 $t=0$,测得其温度为 $u_0=150$ ℃,10 分钟后测得温度为 $u_1=100$ ℃。我们需要确定此物体在任意时刻 t 的温度 u,并由此计算 20 分钟后物体的温度。这里假定空气的温度保持为 $u_a=24$ ℃。

解　我们需要了解有关热力学的一些基本规律。如热量总是从温度高的物体向温度低的物体传导;一定温度范围内,一个物体的温度变化速度与这一物体的温度和其所在介质温度的差值成比例(牛顿冷却定律)。

设物体在时刻 t 的温度为 $u=u(t)$,则 t 时刻温度变化的瞬时速度为 $\mathrm{d}u/\mathrm{d}t$。由牛顿冷却定律得

$$\frac{\mathrm{d}u}{\mathrm{d}t}=-k(u-u_0) \tag{13.1.1}$$

这里 $k>0$ 是比例常数。方程(13.1.1)为物体冷却过程的数学模型,它含有未知函数 u 及其一阶导数 $\mathrm{d}u/\mathrm{d}t$。这样的方程称为一阶微分方程。

为了确定温度 u 和时间 t 的关系,我们要从方程(13.1.1)中解出 u。注意到 u_a 是常数,且 $u-u_a>0$,可将(13.1.1)式改写成

$$\frac{\mathrm{d}(u-u_0)}{u-u_0}=-k\mathrm{d}t \tag{13.1.2}$$

变量 u 和 t 被分离。两边积分,求解得

$$u=u_0+c\mathrm{e}^{-kt} \tag{13.1.3}$$

根据初始条件 $u=u_0$ 确定常数 C 的数值,得 $C=u_0-u_a$,从而有

$$u=u_0+(u_0-u_a)\mathrm{e}^{-kt} \tag{13.1.4}$$

如果 k 的数值确定了,那么(13.1.4)式就完全决定温度 u 和时间 t 的关系。根据条件 $t=10$ 时 $u=u_1$,解得

$$k=\frac{1}{10}\ln\frac{u_0-u_a}{u_1-u_a}$$

代入已知值 $u_0=150, u_1=100, u_a=24$，得到

$$k=\frac{1}{10}\ln\frac{150-24}{100-24}\approx 0.051$$

从而

$$u=24+126\mathrm{e}^{-0.051t} \tag{13.1.5}$$

根据方程(13.1.5)，可计算出任何时刻 t 物体的温度 u 的值。例如 20 分钟后物体的温度为 $u_2=70$ ℃。

由方程(13.1.5)计算可得 2 小时后物体的温度恰为 24.3 ℃，与空气温度相当接近；而 3 小时后，物体温度为 24.1 ℃，常用的气温指示表已测不出它与空气温度的差别了。因此可认为这时物体的冷却过程已基本结束。

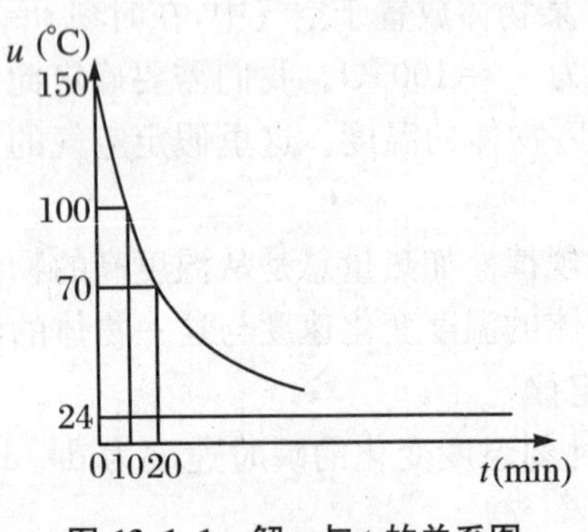

图 13.1.1　解 u 与 t 的关系图

微分方程的解(函数关系式)可用图形表示。图 13.1.1 反映了解函数(13.1.5)中变量 u 与时间变量 t 的关系。

由例 13.1.1 可看出微分方程解决实际问题的基本步骤：

① 建立能够反映该问题变量关系的数学模型，即微分方程模型；

② 求解该微分方程(可能带有初始条件)，得函数表达式；

③ 通过微分方程的解来诠释实际问题，并得出结论。

这里的第一步，即数学建模，一般较难，它需要一些先验的对与问题有关的自然规律的了解，同时也需要有一定的相关数学知识。

微分方程往往可以看作是各种不同物理现象的数学模型。在建立微分方程时，只能考虑影响这个物理现象的一些主要因素，而忽略次要因素。

下面再举几个例子说明如何建立微分方程。

例 13.1.2　镭和铀等放射性元素因不断放出各种射线而使其质量逐渐减少，即衰变。实验证明衰变速度与剩余物的质量成正比。求该放射性元素质量 x 与时间 t 的函数关系。

解　由题意，有

$$\frac{\mathrm{d}x}{\mathrm{d}t}=-kx \tag{13.1.6}$$

这里 $\mathrm{d}x/\mathrm{d}t$ 表示衰变的速度。$k>0$ 为比例常数，它因元素不同而异。

例 13.1.3(R-L 电路)　如图 13.1.2 所示的 R-L 电路，它包含电感 L、电阻 R 和电源 E。设 $t=0$ 时，电路中无电流。试建立当开关 K 合上后电流 I 应满足的微

分方程。这里 R,L,E 均为常数。

解　基尔霍夫第二定律告诉我们：闭合回路中的所有支路上的电压的代数和等于零。注意到经过电阻 R 的电压降是 RI，而经过电感 L 的电压降是 $L\,\dfrac{\mathrm{d}I}{\mathrm{d}t}$。因此由基尔霍夫第二定律得

$$E-L\frac{\mathrm{d}I}{\mathrm{d}t}-RI=0$$

即

$$\frac{\mathrm{d}I}{\mathrm{d}t}+\frac{R}{L}I=\frac{E}{L} \tag{13.1.7}$$

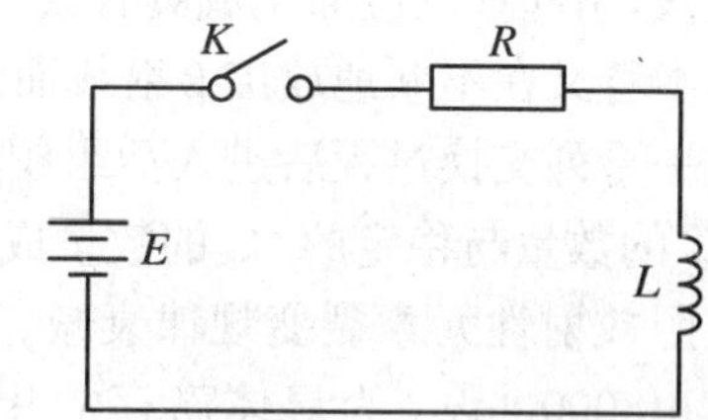

图 13.1.2　R-L 电路图

待求函数 $I=I(t)$ 应满足条件：$I(0)=0$。

现假设 $t=t_0$ 时，$I=I_0$，电源 E 突然短路，因而 E 变为零，此后亦保持为零，那么电流 I 满足方程：

$$\begin{cases}\dfrac{\mathrm{d}I}{\mathrm{d}t}+\dfrac{R}{L}I=0\\ I(t_0)=I_0\end{cases} \tag{13.1.8}$$

例 13.1.4　考虑如图 13.1.3 中的悬挂重物的弹簧的振动。假设弹簧的质量相对重物质量可忽略不计，试建立其微分方程。

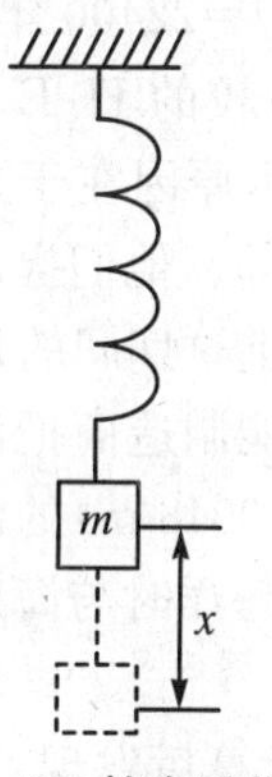

图 13.1.3　挂有重物的弹簧的振动

解　如图 13.1.3 所示，重物（质量 m）静止不动时所受到的两个力（重力 mg 和弹簧恢复力）互相平衡。将弹簧向下拉（或上推）一小段距离 x 再放手，那么重物将上下振动，且振幅愈来愈小，最后静止。现建立平面直角坐标系，取 x 轴正向垂直向下，重物静止不动时的重心位置为 $x=0$。在振动过程中，重物受到三个力的作用：重力 mg、弹簧恢复力 $F=mg+cx$ 和空气阻力，其中 $c>0$ 是弹簧刚度（使弹簧拉长单位长时所需力的大小）。弹簧下拉时，弹簧长度比没有悬挂重物时要长，因此恢复力方向向上；弹簧上推时，恢复力向下。空气阻力的大小与重物运动的速度成正比，而阻力方向与弹簧运动方向相反。应用牛顿第二定律得

$$m\frac{\mathrm{d}^2x}{\mathrm{d}t^2}=mg-(mg+cx)-a\frac{\mathrm{d}x}{\mathrm{d}t}=-cx-a\frac{\mathrm{d}x}{\mathrm{d}t} \tag{13.1.9}$$

$a>0$ 为阻尼系数。

例 13.1.5　考古学中的遗骸年代鉴定问题。在巴基斯坦一个洞穴里，考古学家发现了具有古代尼安德特人特征的人骨碎片，科学家把它带到实验室作 ^{14}C 年代

测定，分析表明，^{14}C与^{12}C的比例仅仅是活组织内的6.24%，如何判断此人生活的年代？

解　^{14}C年代测定方法由美国芝加哥大学的W. F. Libby教授于1949年创建，是考古工作者研究断代的重要手段之一。宇宙线中子穿过大气层时撞击空气中的氮核，引起核反应而生成具有放射性的碳-14(^{14}C)。从古至今，^{14}C不断产生，同时其本身又在不断地放出β射线而裂变为氮。大气中的^{14}C处于动态平衡状态，在经过一系列交换过程后进入活组织内，直到在生物体内达到平衡浓度，即在活体中，^{14}C的数量与稳定的^{12}C的数量成定比，生物体死亡后，交换过程停止，放射性碳便按照放射性元素裂变规律衰减。其裂变速率与剩余量成正比，且裂变系数为$k_{^{14}C}=1/8000$。设t为尸体已存放年数，$x_C(t)$为t时刻遗骸内的相应碳元素含量。$y(t)=x_{^{14}C}(t)/x_{^{12}C}(t)$为$t$时刻遗骸内的$^{14}C$与$^{12}C$的含量之比，那么有

$$\frac{dx_{^{14}C}}{dt}=-k_{14}x_{^{14}C} \tag{13.1.10}$$

由于^{12}C为稳定的，即为常数，因此(13.1.10)式等价于

$$\frac{dy}{dt}=-ky(t) \tag{13.1.11}$$

这里$k=1/8000$。结合初始条件$y(0)=y_0$，解微分方程(13.1.11)式，得

$$y(t)=y_0e^{-kt}=e^{-t/8000}y_0 \tag{13.1.12}$$

由题设条件知$y(t)=0.0624y_0$，从而有$0.0624=e^{-t/8000}$，解得$t=22400$年。

1966年，耶鲁大学Minze Stuiver和加州大学圣地亚哥分校的H. E. Suess指出：在2500～10000年前这段时间中测得的结果有差异。根本原因在于这段时间宇宙射线放射性强度减弱，偏差的峰值发生在大约6000年以前。他们提出了一个很成功的误差公式，用来校正根据碳测定出的2300～6000年前这期间的年代。

例13.1.6　以前，美国原子能委员会一直建议美国原子能制造商把浓缩的放射性废料装入密封的圆桶中，然后扔到水深为300 ft(1ft=0.3048 m)的海里。美国生态学家和工程师们担心圆桶是否会在运输过程中或扔到海洋时与海底碰撞而产生破裂，从而导致放射性污染的问题。

美国原子能委员会的答复是：不可能！但是几位工程师计算后发现：如果圆桶与海底碰撞时的速度超过40 ft/s，就会因碰撞而破裂。那么圆桶与海底碰撞时的速度会不会超过40 ft/s呢？

假设圆筒下沉时所受海水的阻力与其速度成正比，即$f=cv$，$c=0.08$，那么根据受力分析，结合牛顿第二定律，可得

$$\begin{cases}\dfrac{dv}{dt}=g-\dfrac{F}{m}-\dfrac{cv}{m}\\ v(0)=0\end{cases} \tag{13.1.13}$$

其中 F 为圆筒所受浮力。解微分方程(13.1.13)，得

$$v(t)=a(1-\mathrm{e}^{-ct/m}),\quad a=(G-F)/c$$

代入以下已知参数的值(1 pd=0.45359237 kg)，得

$$G=527.436\ \mathrm{pd},\quad g=32.2\ \mathrm{ft/s^2},\quad V=7.35\ \mathrm{ft^3},\quad \rho_{\mathrm{sea}}=63.99\ \mathrm{pd/ft^3}$$

那么圆筒下沉的极限速度为

$$v_{\infty}=\frac{G-F}{c}=713.86\ \mathrm{ft/s}$$

将速度 v 看成关于位移 y 的函数 $v(y)$，由于

$$\frac{\mathrm{d}v}{\mathrm{d}t}=\frac{\mathrm{d}v}{\mathrm{d}y}\frac{\mathrm{d}y}{\mathrm{d}t}=v\frac{\mathrm{d}v}{\mathrm{d}y}\tag{13.1.14}$$

将方程(13.1.14)代入方程(13.1.13)，得

$$v\frac{\mathrm{d}v}{\mathrm{d}y}=g-\frac{F}{m}-\frac{cv}{m},\quad v(0)=v_0$$

略去后面的解题过程，而给出答案：$v(300)\approx45.7\ \mathrm{ft/s}$。这说明装有核废料的圆筒在下沉过程中会与海底碰撞导致破裂，从而会造成核辐射。因此，美国原子能委员会机构决定放弃将装有核废料的圆筒丢弃到大海，而改用深埋的方式，在废弃的煤矿中修建放置核废料的深井。我国政府决定在甘肃、广西等地修建深井放置核废料，防止放射性污染。

练习 13.1.1　1972 年发掘长沙市东郊马王堆一号汉墓时，对其棺外主要用于防潮吸水的木炭分析了它含 $^{14}\mathrm{C}$ 的量约为大气中的 0.7757 倍，据此，你能推断出此女尸下葬的年代吗(假设已知 $^{14}\mathrm{C}$ 的半衰期为 5730 年)？

例 13.1.7(范・梅格伦(Van Meegren)伪造名画案)　第二次世界大战比利时解放后，荷兰保安机关开始搜捕纳粹分子的合作者，发现一名三流画家范・梅格伦曾将 17 世纪荷兰著名画家 Jan. Vermeer 的一批名贵油画盗卖给纳粹，并于 1945 年 5 月 29 日以通敌罪逮捕了此人。范・梅格伦被捕后宣称他从未出卖过荷兰的利益，所有的油画都是自己伪造的，为了证实这一切，他在狱中开始伪造 Vermeer 的画《耶稣在学者中间》。当他的工作快完成时，又获悉他可能以伪造罪被判刑，于是拒绝将画老化，以免留下罪证。

为了审理这一案件，法庭组织了一个由化学家、物理学家、艺术史学家等参加的国际专门小组，采用了当时最先进的科学方法，动用了 X-光线透视等，对颜料成分进行分析，终于在几幅画中发现了现代物质诸如现代颜料钴蓝的痕迹，范・梅格伦伪造罪成立，他被判一年徒刑。1947 年 11 月 30 日他在狱中因心脏病发作而死去。

但许多人还是不相信其余的名画是其伪造的。因为范・梅格伦在狱中作的画质量实在太差，所找理由都不能使怀疑者满意。直到 20 年后的 1967 年，美国卡内

基梅隆大学的科学家们用微分方程模型解决了这一问题。物理学家卢瑟夫(Rutherford)指出:物质放射性正比于现存物质的原子数。设 t 时刻的原子数为 $N(t)$,那么有

$$\frac{\mathrm{d}N}{\mathrm{d}t}=-\lambda N,\quad N(0)=N_0 \tag{13.1.15}$$

其中 λ 为物质的衰变系数。由(13.1.15)式可得

$$N(t)=N_0\mathrm{e}^{-\lambda(t-t_0)} \tag{13.1.16}$$

或等价地,有

$$t-t_0=\frac{1}{\lambda}\ln\frac{N_0}{N} \tag{13.1.17}$$

定义半衰期 T 为从 N_0 到 $N_0/2$ 所经历的时间长度。由(13.1.17)式可以解得

$$T=\frac{1}{\lambda}\ln 2$$

例如,^{14}C 的半衰期为 $T=5568$ 年,镭-226 的半衰期为 $T=5548$ 年,而铀-238 的半衰期为 $T=45$ 亿年,铅-210 的半衰期为 $T=22$ 年。

以上例子告诉我们,看似无关、本质上不同的物理现象有时可以由同类型的微分方程来描述。例如,反映物体冷却过程的方程(13.1.1)和反映 R-L 电路中电流变化规律的方程(13.1.7)都可写成

$$\frac{\mathrm{d}y}{\mathrm{d}t}+K^2y=B$$

不同的物理现象可以具有相同的数学模型这一事实,正是现代许多应用数学工作者和工程人员应用模拟方法解决物理或工程问题的理论依据。例如,利用电路来模拟某些力学系统或机械系统等在现时已相当普遍。

练习 13.1.2 日常生活中很多问题都可以表述为微分方程或微分方程组,例如一壶水的加热、沸腾和冷却过程。你能否根据热力学基本原理来为此建立一个微分方程?

练习 13.1.3 在我国,一些大城市的交通问题是一个复杂网络流问题。试针对一个城市的某个大型交通十字路口的交通状况进行建模,要求使用微分方程模型。

练习 13.1.4 考虑一个小球从一个高度为 A 的点下落到高度为 B 的点。试通过微分方程建模,设计一条路径(如图 13.1.4 所示),使得小球以最短的时间从 A 到 B。

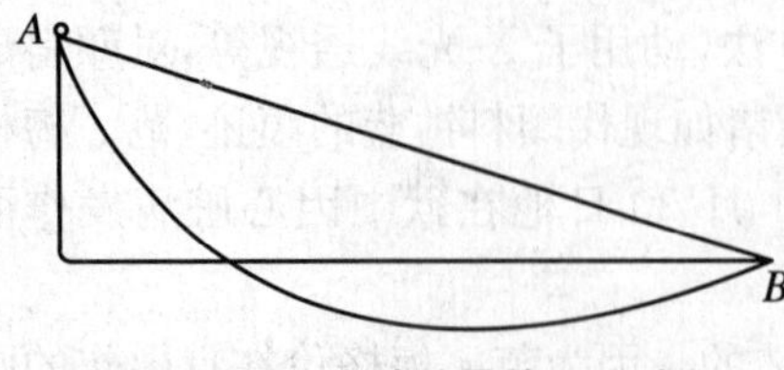

图 13.1.4 小球的最快下降路径

13.2　常微分方程基本理论

带有未知函数导数或微分，能反映自变量、未知函数及未知函数导数（或微分）的关系式被称为微分方程。

定义 13.2.1　微分方程就是联系着自变量、未知函数以及它的导数的关系式。如果在微分方程中，自变量的个数只有一个，称这种微分方程为常微分方程。自变量的个数为两个或两个以上的微分方程称为偏微分方程。

例如，方程

$$\frac{\mathrm{d}^2 y^2}{\mathrm{d}t}+b\frac{\mathrm{d}y}{\mathrm{d}t}+cy=f(t) \tag{13.2.1}$$

$$\left(\frac{\mathrm{d}y}{\mathrm{d}t}\right)^2+t\frac{\mathrm{d}y}{\mathrm{d}t}+y=0 \tag{13.2.2}$$

都是常微分方程的例子，这里 y 是未知函数，t 是自变量。

而方程

$$\frac{\partial^2 T}{\partial x^2}+\frac{\partial^2 T}{\partial y^2}+\frac{\partial^2 T}{\partial z^2}=0 \tag{13.2.3}$$

$$\frac{\partial^2 T}{\partial x^2}=4\frac{\partial T}{\partial t} \tag{13.2.4}$$

都是偏微分方程的例子。这里 T 是未知函数，x,y,z,t 是自变量。

微分方程中出现的未知函数最高阶导数的阶数称为微分方程的阶数。例如，方程(13.2.1)是二阶常微分方程，而方程(13.2.3)，(13.2.4)都是二阶偏微分方程。一般地，n 阶常微分方程具有形式

$$F\left(x,y,\frac{\mathrm{d}y}{\mathrm{d}x},\cdots,\frac{\mathrm{d}^n y}{\mathrm{d}x^n}\right)=0 \tag{13.2.5}$$

这里 $F\left(x,y,\frac{\mathrm{d}y}{\mathrm{d}x},\cdots,\frac{\mathrm{d}^n y}{\mathrm{d}x^n}\right)$ 是 $x,y,\frac{\mathrm{d}y}{\mathrm{d}x},\cdots,\frac{\mathrm{d}^n y}{\mathrm{d}x^n}$ 的已知函数，且一定含有 $\frac{\mathrm{d}^n y}{\mathrm{d}x^n}$；$y$ 是未知函数，x 是自变量。

练习 13.2.1　指出下面微分方程的阶数。哪些是常微分方程，哪些是偏微分方程？

$$\frac{\mathrm{d}^3 y}{\mathrm{d}x^3}+\frac{\mathrm{d}y}{\mathrm{d}x}-3x=0$$

$$\frac{\partial w}{\partial x}+\frac{\partial^2 w}{\partial y^2}+5\frac{\partial w}{\partial z}+4=0$$

$$6y+\frac{dy}{dt}=t$$

定义 13.2.2 如果方程(13.2.5)的左端为 y 及$\frac{dy}{dx},\cdots,\frac{d^ny}{dx^n}$的一次有理整式,则称(13.2.5)为 n 阶线性微分方程。一般的,一个 n 阶线性微分方程具有形式

$$\frac{d^ny}{dx^n}+a_1(x)\frac{d^{n-1}y}{dx^{n-1}}+\cdots+a_{n-1}(x)\frac{dy}{dx}+a_n(x)y=f(x) \quad (13.2.6)$$

这里 $a_1(x),\cdots,a_n(x),f(x)$是 x 的已知函数。

不是线性微分方程的方程称为非线性微分方程。例如,方程

$$\frac{d^2\varphi}{dt^2}+\frac{g}{l}\sin\varphi=0$$

是二阶非线性方程,而方程(13.2.2)是一阶非线性方程。

练习 13.2.2 指出下面微分方程的阶数,并回答是否为线性的:

① $\frac{dy}{dx}=4x^2-y$

② $\left(\frac{dy}{dx}\right)^2+x\frac{dy}{dx}-3y^2=0$

③ $\frac{dy}{dx}+\cos y+2x=0$

④ $x\frac{d^2y}{dx^2}-5\frac{dy}{dx}+3y=\cos x$

定义 13.2.3 如果函数 $y=\varphi(x)$代入方程(13.2.6)后,能使它变为恒等式,则称函数 $y=\varphi(x)$为方程(13.2.6)的解。

例如,第 1 节中函数 $u=u_a+(u_0-u_a)e^{-kt}$ 就是方程(13.1.1)的解。如果关系式 $\varphi(x,y)=0$ 决定的隐函数 $y=\varphi(x)$是(13.2.6)的解,称 $\varphi(x,y)=0$ 为方程(13.2.6)的隐式解。例如,一阶微分方程$\frac{dy}{dx}=-\frac{x}{y}$有解 $y=\sqrt{1-x^2}$ 和 $y=-\sqrt{1-x^2}$,而关系式 $x^2+y^2=1$ 就是方程的隐式解。

练习 13.2.3 验证下列各函数是相应微分方程的解:

① $y=2+c\sqrt{1-x^2}$,$(1-x^2)y'+xy=2x$(c 是任意常数);

② $y=e^x$,$y'e^{-x}+y^2-2ye^x=1-e^{2x}$;

③ $y=-\frac{1}{x}$,$x^2y'=x^2y^2+xy+1$。

定义 13.2.4 把含有 n 个独立的任意常数 $c_1,c_2,\cdots,c_n$ 的解

$$y=\varphi(x,c_1,c_2,\cdots,c_n)$$

称为 n 阶方程(13.2.6)的通解。同样可定义 n 阶方程(13.2.6)的隐式通解。为简单起见,我们不区分通解和隐式通解,它们统称为方程的解。

为了确定微分方程的一个特定的解,我们通常给出这个解必须满足的条件,这就是所谓的定解条件。常见的定解条件是初始条件。所谓 n 阶微分方程(13.2.6)的初始条件是指如下的 n 个条件,即当 $x=x_0$ 时:

$$y = y_0,\quad \frac{\mathrm{d}y}{\mathrm{d}x} = y_0^{(1)},\quad \cdots,\quad \frac{\mathrm{d}^{n-1}y}{\mathrm{d}x^{n-1}} = y_0^{(n-1)} \tag{13.2.7}$$

这里 $x_0, y_0, y_0^{(1)}, \cdots, y_0^{(n-1)}$ 是给定的 $n+1$ 个常数,初始条件(13.2.7)有时可写为

$$y(x_0) = y_0,\quad \frac{\mathrm{d}y(x_0)}{\mathrm{d}x} = y_0^{(1)},\quad \cdots,\quad \frac{\mathrm{d}^{n-1}y(x_0)}{\mathrm{d}x^{n-1}} = y_0^{(n-1)} \tag{13.2.8}$$

求微分方程满足定解条件的解,即定解问题;当定解条件为初始条件时,相应的定解问题就称为初值问题。满足初始条件的解称为微分方程的特解。初始条件不同,对应的特解也不同。一般来说,特解可以通过初始条件的限制,从通解中确定任意常数而得到。例如,在例 13.3.1 中,含有一个任意常数 C 的解 $u=u_a+Ce^{-kt}$ 就是一阶方程(13.1.1)的通解;而 $u=u_a+(u_0-u_a)e^{-kt}$ 就是满足初始条件当 $t=0$ 时,$u=u_0$ 的特解。

练习 13.2.4　给定一阶微分方程 $\frac{\mathrm{d}y}{\mathrm{d}x}=4x$:

① 求出它的通解;

② 求通过点(1,4)的特解。

定义 13.2.5　一阶微分方程

$$\frac{\mathrm{d}y}{\mathrm{d}x} = f(x,y) \tag{13.2.9}$$

的解 $y=\varphi(x)$ 代表 XY 平面上的一条曲线,称它为微分方程的积分曲线。而微分方程(13.2.9)的通解 $y=\varphi(x,c)$ 对应于 XY 平面上的一族曲线,称这族曲线为积分曲线族。满足初始条件 $y(x_0)=y_0$ 的特解就是通过点 (x_0,y_0) 的一条积分曲线。方程(13.2.9)的积分曲线的每一点 (x,y) 上的切线斜率 $\mathrm{d}y/\mathrm{d}x$ 恰等于函数 $f(x,y)$ 在这点的值,即积分曲线的每点 (x,y) 及这点上的切线斜率 $\mathrm{d}y/\mathrm{d}x$ 恒满足方程(13.2.9)。反之,如果在一条曲线每点上其切线斜率刚好等于函数 $f(x,y)$ 在这点的值,则这一条曲线就是方程(13.2.9)的积分曲线。

设函数 $f(x,y)$ 的定义域为 D。在每点 $(x,y)\in D$ 处画上一个小线段,其斜率等于 $f(x,y)$。我们把带有这种直线段的区域 D 称为由方程(13.2.9)规定的方向场。这样,求微分方程(13.2.9)经过点 (x_0,y_0) 的曲线,就是在 D 内求一条经过 (x_0,y_0) 的曲线,使其上每一点处切线的斜率都与方向场在该点的方向相吻合。

在方向场中,方向相同的点的几何轨迹称为等斜线。微分方程(13.2.9)的等

斜线方程为 $f(x,y)=k$，其中 k 是参数。给出参数 k 的一系列充分接近的值，就可得足够密集的等斜线族，借此可以近似地作出微分方程(13.2.9)的积分曲线。当然，要想更精确地作出积分曲线，还必须进一步弄清楚积分曲线的极值点和拐点等。显然，极值点和拐点如果存在的话，一般地，它们将满足方程 $f(x,y)=0$ 及 $\frac{\partial f(x,y)}{\partial x}+f(x,y)\frac{\partial f(x,y)}{\partial y}=0$。

例 13.2.1　求解方程$\frac{\mathrm{d}y}{\mathrm{d}x}=1+xy$。

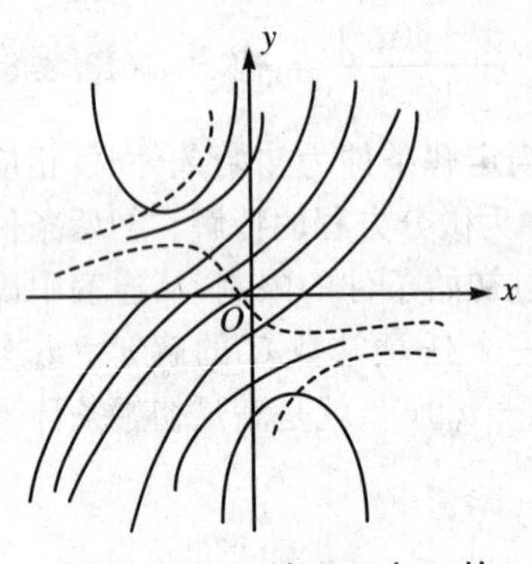

图 13.2.1　dy/dx=1+xy 的曲线分布

解　等斜线是双曲线 $1+xy=k$。特别地，当 $k=1$ 时双曲线退化为一对直线 $x=0$ 和 $y=0$，就是说，在 x 轴和 y 轴上积分曲线有相同的切线方向。进一步考虑积分曲线的极值点和拐点。为此，令 $k=0$ 得 $1+xy=0$，在此双曲线上 $y'=0$，$y''=y+x(1+xy)=y$，可见积分曲线在双曲线的一支(对应于 $y>0$)上取得极小值，而在其另一支(对应于 $y<0$)上达到极大值。同样易知积分曲线的拐点位于曲线 $x+(x^2+1)y=0$ 上。由以上分析，我们即可近似地画出积分曲线的分布概况，如图 13.2.1 所示。

练习 13.2.5　一截面积为常数 A，高为 H 的水池内盛满了水，由池底一横截面积为 B 的小孔放水。设水从小孔流出的速度为 $v=\sqrt{2gh}$。

① 求任一时刻的水面高度和将水放空所需的时间。

② 假设水池顶部有进水口，且单位时间内进水量为 V。试求在任一时刻的水面高度(设开始时水池水的高度为 h_0)。

练习 13.2.6　考虑某大楼人员的安全疏散问题。请通过合理假设，建立常微分方程，来求解以下问题：

① 大楼所有人员全部走出所用的时间。

② 两大因素：人走出的速度？出口的设置？

13.3　微分方程数值解法

在实际应用中，经常需要求解微分方程组。但能求解析解的常微分方程是有限的，多数微分方程组不能求其解析解，如下面的微分方程：

$$y' = x^2 + y^2 \tag{13.3.1}$$

该微分方程不能用初等函数及其积分来表达它的解。一个著名的没有解析解的微分方程的例子如下。

例 13.3.1　方程

$$\begin{cases} y' = x^2 + y^2 \\ y(0) = 0 \end{cases}$$

的解为

$$y = e^{-x^2} \int_0^x e^{t^2} dt$$

计算该积分的具体数值仍需要数值计算方法。

事实上,大多数情况下,解析法求解微分方程并不可行。从实际问题中产生的微分方程(组)主要依靠数值解法来求解。

下面讨论一阶常微分方程初值问题的数值解法,主要介绍欧拉(Euler)方法、改进的欧拉方法、龙格—库塔(Runge-Kutta)方法。

13.3.1　欧拉方法

考虑一阶常微分方程边值问题:

$$\begin{cases} y'(x) = f(x, y) \\ y(x_0) = y_0 \end{cases} \tag{13.3.2}$$

在区间$[a,b]$上的数值解。假设函数 $f(x,y)$在带形区域 $R:\{a \leqslant x \leqslant b, -\infty < y < \infty\}$内连续,且关于 y 满足 Lipschitz 条件,即存在常数 L(与 x,y 无关)使

$$|f(x, y_1) - f(x, y_2)| \leqslant L|y_1 - y_2| \tag{13.3.3}$$

对实数域内任意两个数 y_1,y_2都成立,则方程的解 $y=y(x)$在$[a,b]$上存在且唯一。

常微分方程边值问题(或称为初值问题)的数值解,就是要算出解析解 $y(x)$在区间$[a,b]$上的一系列离散节点处的函数值。数值解法首先需要把连续性问题离散化,从而求出离散节点的数值解。设其 $n+1$ 个节点为

$$a = x_0 < x_1 < \cdots < x_{n-1} < x_n = b \tag{13.3.4}$$

记节点 x_i处解函数近似值为 $y_i(i=0,1,\cdots,n)$。称相邻两节点间距 $h_i=x_{i+1}-x_i$为步长,步长相等的节点可表示为$(h=x_{i+1}-x_i)$

$$x_i = x_0 + ih, \quad i = 1,2,\cdots,n \tag{13.3.5}$$

当 h 足够小时,可用差商来近似代替导数。如在 $x=x_0$处有

$$y'(x_0) \approx \frac{y(x_1) - y(x_0)}{x_1 - x_0} = \frac{y(x_1) - y(x_0)}{h}$$

由(13.3.2)式,可得

$$y(x_1) \approx y_0 + hf(x_0, y_0) = y_1 \tag{13.3.6}$$

同理,利用在 $x=x_k$ 处的差商来近似代替导数,可得

$$y_{k+1} = y_k + hf(x_k, y_k) \tag{13.3.7}$$

其中 $y_k=y(x_k)$。由(13.3.7)式确定的微分方程初值问题的迭代解法称为欧拉方法。

例 13.3.2 用欧拉方法求解下列常微分方程初值问题:

$$\begin{cases} y' = \dfrac{y}{x} - 2y^2, & 0 < x < 3 \\ y(0) = 0, \end{cases}$$

并比较该问题的数值解和解析解。

解 通过常微分方程的解法不难得到其解析解为函数

$$y = \frac{x}{1+x^2} \tag{13.3.8}$$

依据(13.3.6)可得欧拉迭代法的具体公式为

$$y_{n+1} = y_n + h\left(\frac{y_n}{x_n} - 2y_n^2\right) \tag{13.3.9}$$

若取 $h=0.2$,通过下述 MATLAB 程序可计算各个节点处的函数 $y(x)$ 的近似值:

```
h=0.2;   y(1)=0.2;   x=[0:h:3];
n=length(x);
y=zeros(size(x));
for k=1:n
yk=y(k);
y(k+1)=(1+1/k) yk-2*h*yk*yk;
                              % 按欧拉迭代(13.3.9)生成的节点纵坐标
end
x0=0.2:h:3;
y0=x0./(1+x0.^2);             % 按解析式(13.3.8)生成的节点纵坐标
plot(x0,y0,x,y,x,y,'o')
```

画出的图形如图 13.3.1 所示。为了迭代的方便,这里取 $f(0,0)=1$。

13.3.2 改进的欧拉方法

为了求解方程(13.3.2),我们对方程 $y'=f(x,y)$ 的两边关于变量 x 计算由 x_i 到 x_{i+1} 的定积分,结合梯形公式,有

$$y(x_{i+1})-y(x_i)=\int_{x_i}^{x_{i+1}}f(t,y(t))\mathrm{d}t\approx\frac{x_{i+1}-x_i}{2}[f(x_i,y(x_i))+f(x_{i+1},y(x_{i+1}))]$$

由此得公式：

$$\begin{cases}y_{i+1}=y_i+\dfrac{h}{2}[f(x_i,y_i)+f(x_{i+1},y_{i+1})]\\ y_0=y(x_0)\end{cases}$$

结合欧拉公式，得

$$\begin{cases}y_{i+1}^{(0)}=y_i+hf(x_i,y_i)\\ y_{i+1}^{(k+1)}=y_i+\dfrac{h}{2}[f(x_i,y_i)+f(x_{i+1},y_{i+1}^{(k)})],k=0,1,2,\cdots\end{cases}\tag{13.3.10}$$

在给定精度 $\varepsilon>0$ 的前提下，若满足（对任意给定的 i）

$$|y_{i+1}^{(k+1)}-y_{i+1}^{(k)}|<\varepsilon$$

那么取 $y_{i+1}=y_{i+1}^{(k+1)}$，继续下面的关于 y_{i+2} 的迭代运算。

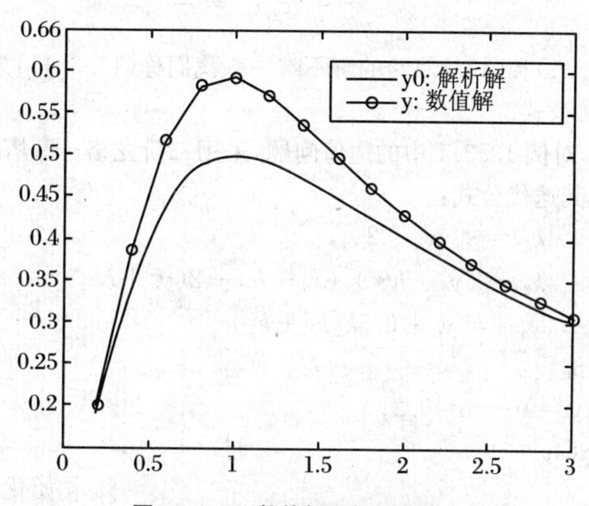

图 13.3.1　数值解和解析解比较

(13.3.10)式称为改进的欧拉方法。

练习 13.3.1　对改进的欧拉方法运用 MATLAB 编程，并对求解精度值进行适当控制。

练习 13.3.2　用改进的欧拉方法编程求解例 13.3.1 中的初值问题，并将结果与一般欧拉方法得到的解和解析解进行比较。

练习 13.3.3　证明：欧拉方法产生的数值解的截断误差为 $O(h)$，而改进的欧拉方法产生的数值解的截断误差为 $O(h^2)$。

13.3.3　龙格—库塔方法

当一个数值公式的截断误差可以表示为形式 $O(h^{k+1})$ 时(这里 k 为正整数,h 为步长),就称它是一个 k 阶公式。显然,k 越大,数值计算公式的精度就越高。

由练习 13.3.3 知,欧拉方法产生的公式(13.3.7)为一阶公式,而改进的欧拉方法产生的公式(13.3.10)为二阶公式。有时候,这种精度并不能满足数值计算的要求。下面介绍二阶龙格—库塔方法,其对应的公式为

$$\begin{cases} y_{n+1} = y_n + h(c_1K_1 + c_2K_2) \\ K_1 = f(x_n, y_n) \\ K_2 = f(x_n + \lambda_2 h, y_n + \mu_{21} hK_1) \end{cases} \tag{13.3.11}$$

其中 $c_1, c_2, \lambda_2, \mu_{12}$ 为待定常数,它们满足关系式:

$$\begin{cases} c_1 + c_2 = 1 \\ c_2\lambda_2 = \dfrac{1}{2}, c_2\mu_{21} = \dfrac{1}{2} \end{cases} \tag{13.3.12}$$

显然,满足(13.3.11)和(13.3.12)的解不唯一。我们称(13.3.11)为二阶龙格—库塔(Runge-Kutta)公式。

例 13.3.2　对例 13.3.1 中的边值问题,采用二阶龙格—库塔公式计算,运用(13.3.11)式,得其迭代公式:

$$k_1 = y_n/x_n - 2y_n^2,$$
$$k_2 = (y_n + hk_1)/(x_n + h) - 2(y_n + hk_1)^2$$
$$y_{n+1} = y_n + 0.5h[k_1 + k_2]$$

运用 MATLAB 编程:

```
x0=0;   y0=0;   h=0.2;
x=0.2:h:3;
k1=1;                                    % 初始化 k1
k2=(y0+h*k1)/x(1)-2*(y0+h*k1)^2;        % 初始化 k2
y(1)=y0+0.5*h*(k1+k2);
for n=1:14
    k1=y(n)/x(n)-2*y(n)^2;
    k2=(y(n)+h*k1)/x(n+1)-2*(y(n)+h*k1)^2;
    y(n+1)=y(n)+0.5*h*(k1+k2);
end
```

最后通过作图将计算结果与解析函数对应节点的函数值进行比较,如图 13.3.2 所示。

由图 13.3.2 可以看出，由二阶龙格—库塔方法得到的节点处的函数值与函数精确值几乎准确吻合，这说明二阶龙格—库塔方法的精度很高。

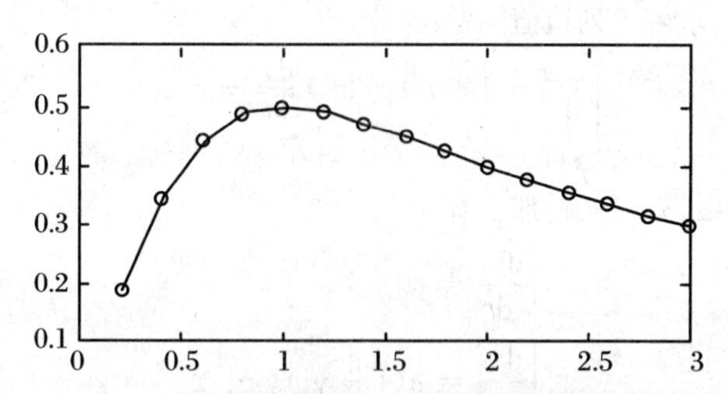

图 13.3.2　二阶龙格—库塔法得到的节点函数值与解析函数拟合状况

二阶龙格—库塔方法以泰勒展开式为基础推导而得，不难证明：二阶龙格—库塔方法为二阶公式。进一步，还有四阶龙格—库塔方法，它是一个四阶公式：

$$\begin{cases} y_{n+1} = y_n + \dfrac{h}{6}(K_1 + 2K_2 + 2K_3 + K_4) \\ K_1 = f(x_n, y_n) \\ K_2 = f\left(x_n + \dfrac{h}{2}, y_n + \dfrac{h}{2}K_1\right) \\ K_3 = f\left(x_n + \dfrac{h}{2}, y_n + \dfrac{h}{2}K_2\right) \\ K_4 = f(x_n + h, y_n + hK_3) \end{cases}$$

MATLAB 中常用于求解微分方程的函数格式如下：

```
>>[t,x]=Solver('Func',ts,x0,options);
```

其中：

① 输出变量 t 为自变量对应的节点生成的向量，x 为计算得到的节点处对应的函数值向量；

② Solver：可用函数包括 ode23，ode45，ode113 等；

③ Func：待解方程(组)，由 function 或者内联函数等方式定义；

④ ts：=[a,b]，为待解方程函数自变量的范围，其中 $t0=a$，$tn=b$；

⑤ $x0$：待解函数的初始值，由初始条件给定；

⑥ options：用于设定误差限(缺省时相对误差取值为 10～3，绝对误差为 10～6)，具体定义格式：

```
>>options=odeset('reltol',rt,'abstol',at)
```

这里 rt 和 at 分别为设定的相对误差和绝对误差。

假设待解方程组有 n 个未知待解函数，那么 $x0$ 和 x 均为 n 维向量，这时待解方程组应以 function 形式的 M 文件来定义，且每个待解方程应以 x 的分量形式生成。同时,在用MATLAB求高阶微分方程的数值解时,必须将高阶微分方程组等价地变换成一阶微分方程组的形式,然后求解。

例 13.3.3 求解下列边值问题:

$$\begin{cases}\dfrac{d^2x}{dt^2}-1000(1-x^2)\dfrac{dx}{dt}-x=0\\ x(0)=2;x'(0)=0\end{cases}$$

解 令 $y_1=x,a=1000$,那么有

$$\begin{cases}\dfrac{dy_1}{dt}=y_2\\ \dfrac{dy_2}{dt}=a(1-y_1^2)y_2+x\end{cases}$$

因此,我们可以建立如下的M文件来定义待解方程:

```
% ex13_3_3.m
function dy=ex13_3_3 (t,y)
% 定义待解方程
al=1000;
dy=zeros(2,1);
dy(1)=y(2);
dy(2)=al*(1-y(1)^2)*y(2)-y(1);
```

如在 t 属于[0,3000]内用MATLAB求该边值问题的数值解,方式如下:

```
>>t0=0;   tn=3000;
>>[T,Y]=ode23 ('ex13_3_2',[t0 tn],[2 0]);
```

最后作图显示该数值解的效果:

```
>>plot(T,Y(:,1),'-')
```

得到图形如图13.3.3所示。

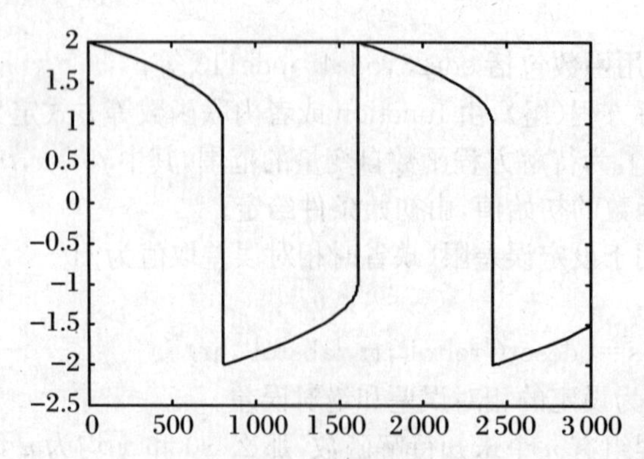

图 13.3.3 组合2/3阶龙格—库塔法(ode23)得到的函数图像

练习 13.3.4　求解下述边值问题：

$$\begin{cases} y_1' = y_2 y_3 \\ y_2' = -y_1 y_3 \\ y_3' = -0.51 y_1 y_2 \\ y_1(0) = 0, y_2(0) = 1, y_3(0) = 1 \end{cases}$$

运用 MATLAB 定义上述方程组，并运用函数 ode45(4/5 龙格—库塔算法)求解，得到三个函数 $y1,y2,y3$，并用不同线型在同一个坐标系下画出三个数值解函数的图像。

练习 13.3.5(导弹追踪)　设位于坐标原点的我军舰向位于 X 轴方向上点 $A(20,0)$ 处的敌军舰发射导弹，我军舰导弹头始终对准乙舰。假设敌军舰以最大的速度 $V0=50$ km/h 沿平行于 Y 轴的直线行驶，导弹的速度是敌军军舰速度的 10 倍，求导弹运行的曲线方程。问：敌军舰行驶多远时，我军导弹能将它击中？

练习 13.3.6(慢跑者的故事)　一个慢跑者在平面上沿一个椭圆轨道 E 以恒定的速率 $v=1$ 跑步，设该椭圆 E 的方程为：$x=10+20\cos t, y=20+5\sin t$。突然有只狗从原点出发，以恒定速率 w 跑向慢跑者，狗的运动方向始终指向慢跑者。分别求出 $w=20, w=5$ 时狗的运动轨迹。

练习 13.3.7　一个小孩借助长度为 a 的硬棒拉或推某玩具。此小孩沿某曲线行走，计算并画出玩具的轨迹。

练习 13.3.8　讨论资金积累、国民收入与人口增长的关系。若国民平均收入 x 与按人口平均资金积累 y 成正比，说明仅当总资金积累的相对增长率 k 大于人口的相对增长率 r 时，国民平均收入才是增长的。进一步，作出 $k(x)$ 和 $r(x)$ 的示意图，分析人口激增会引起什么后果。

13.4　微分方程在种群繁殖模型中的应用

最早将数学模型引入生物科学(具体来说是种群繁殖模型)的是出生于意大利的莱昂纳多·斐波那兹(Leonardo Fibonacci，1170～1250)。莱昂纳多的父亲曾任北非外交官，因此莱昂拉多在北非接受教育。莱昂纳多提出了著名的养兔问题(见练习 2.5.6)：假设一人养了雌雄一对兔子，并将它们置于四周有围墙的院子里。假设每对新生兔子都是雌雄各一，且每对兔子从第二个月开始具备繁殖能力。不考虑死亡等其他因素，问：一年以后，这栏兔子共有多少对？

尽管该问题与微分方程似乎关系不大，但它的假设已经涵盖了种群繁殖模型的很多方面。记

① $y_{k,n}$为时刻n(即第n个月)年龄为k(个月)的兔子的对数(雌雄各一);

② y_n为时刻n所有兔子的总对数。

这里时刻n为从养兔人将第一对兔子放入笼子后的第n个月。假设所有兔子繁殖的时间为同一天(如每月的28日),每次统计兔子数量的时间为每月的27日。这种集中"安排"同一天繁殖的假设尽管不合理,但可以简化模型。例如,有$y_n = \sum_{k=1}^{\infty} y_{k,n}$,由于不考虑死亡,因此时刻$t$年龄为$k$的兔子数量等于时刻$t+1$年龄为$k+1$的兔子数量,即:

① $y_{k,n} = y_{k+1,n+1} = y_{k+2,n+2} = \cdots$

② $y_{1,n+1} = y_{2,n} + y_{3,n} + \cdots$

条件式②成立,是因为$n+1$时刻的新生兔子的数量等于n时刻年龄大于1的兔子总数。于是,利用①,②,可得

$$\begin{aligned} y_{n+2} &= y_{1,n+2} + y_{2,n+2} + y_{3,n+2} + \cdots \\ &= (y_{2,n+1} + y_{3,n+1} + \cdots) + (y_{1,n+1} + y_{2,n+1} + \cdots) \\ &= (y_{1,n} + y_{2,n} + \cdots) + y_{n+1} = y_n + y_{n+1} \end{aligned}$$

这证明了我们熟悉的Fibonacci序列的递归关系:

$$y_{n+2} = y_{n+1} + y_n \tag{13.4.1}$$

差分方程(13.4.1)可通过特征方程的方式求解,在此不做过多介绍。而微分方程理论在生态学领域的应用早就引起生物学家的关注。事实上,生态学和应用数学特别是微分方程理论的成功结合,标志着数学生态学这门交叉学科的诞生,且使得生态学真正步入定量发展的轨道。进入21世纪以来,随着计算机的普及及计算技术的提高,反映生态系统时空进化演变的生态数学模型正逐步完善,模型与统计模型、线性模型等结合,并通过软件计算求解,实现对现实世界生物种群或生态结构的相对客观的描述,其数学思想和方法是对生态现象量化研究和深入分析的工具。

13.4.1　种群的基本特征和基本参数

人类对生命数量变化的过程研究可以追溯至中世纪甚至更早。通常人类关心的是人类本身数量的变化。大约在1300年,Sir William Petty创建了名为"人类人口成倍增长规律表"。该表从耶稣诞生前2700年开始,按圣经旧约描述的地球遭受大洪水后的8个人开始,每十年翻番,但到接近1300年前的近1000年,倍增周期出现较长时间的间隔,并在1300年地球人口增至320000000,这最后一次的倍增周期接近1000年。但是在20世纪后期,倍增周期又缩短为35年。这种增长接近指数增长。

种群是在一定空间中同种生物的个体集群，是物种在自然界中存在的基本单位，又是生物群落的基本组成单位。种群是一种特殊组合，具有独特性质、结构、机能，有自动调节大小的能力。种群数量是指在某个时刻一定空间中某种生物个体的总数；而种群的密度是某种生物在单位空间中的个体数目。不同物种的种群密度，在同样的环境条件下差异很大。通过研究种群的大小和密度，可以了解某一种群与其环境是否协调，若协调该种群的大小就大，密度就大；反之，该种群的大小就小，密度就小。我们把某一种群各龄级（如 1～5 龄、5～10 龄）或繁殖状况（繁殖前期、繁殖期、繁殖后期）和个体数目占总数的百分比称为年龄结构；而根据某一种群从幼龄到老龄的个体数目顺序所作的图示，即为种群的年龄金字塔。

年龄金字塔主要分为三种类型：

① 增长型：以幼龄个体为主，老龄个体较少，出生率大于死亡率的种群。

② 衰退型：以老龄个体为主，幼龄个体较少，死亡率大于出生率的种群。

③ 稳定型：幼龄个体和老龄个体所占比例大致相同，出生率等于死亡率的种群。

性比：性比是种群中雄性个体和雌性个体数目的比例。性比对种群配偶关系及繁殖潜力有很大的影响。

种群内个体空间分布方式或配置呈现均匀分布、随机分布和集群分布三种方式。

1. 种类的基本特征

自然种群有三个基本特征，即空间特征、数量特征和遗传特征。下面从这三个方面来阐述。

(1) 空间特征

空间特征是指种群生存需占据一定的分布区。组成种群的每个有机体需要一定的空间进行种群繁殖和生长。因此，在此空间中要有生物有机体所需的食物及各种营养物质，并能与环境之间进行物质交换。不同种类的有机体所需空间性质和大小是不同的。大型生物需要较大的空间，如东北虎活动范围需 300～600 km^2。体型较小、肉眼不易看到的浮游生物，在水介质中获得食物和营养，需要的空间较小。种群数量的增多和种群个体生长的理论说明，在一个局限的空间中，种群中个体在空间中愈来愈接近，而每个个体所占据的空间也越来越小，种群数量的增加就会受到空间的限制，进而产生个体间的争夺，出现领域性行为和扩散迁移等。所谓领域性行为是指种群中的个体对占有的一块空间具有进行保护和防御的行为。衡量一个种群是否繁荣和发展，一般要视其空间和数量的情况而定。

(2) 数量特征

数量特征主要是指种群密度，即占有单位面积或单位空间种群个体的数量。

另一个表示种群密度的方法是生物量，它是指单位面积或空间内所有个体的鲜物质或干物质的重量。种群密度可分为绝对密度（absolute density）和相对密度（relative density）。前者指单位面积或空间上的个体数目，后者是表示个体数量多少的相对指标。其测定方法有：

① 绝对密度测定可分为总数量调查法和取样调查法。总数量调查法是计数某面积内生活的某种生物的全部数量。对较大型的生物可直接调查其总数量，用航测也可得到一定面积内的动物总数量；取样调查法是指在总数量调查比较困难的情况下所采用的一种方法，它只计数种群中的一小部分，用以估计整体。取样调查法包括样方法、标志重捕法和去除取样法等。

② 相对密度测定的方法很多，主要分两大类，一类是直接数量指标，如捕捉法；另一类是间接数量指标，如通过兽类的粪堆计数估计兽类的数量，以鸟类的鸣叫声估计鸟类数量的多少等。还有很多指标可以估计动物的相对数量。

(3) 遗传特征

组成种群的个体，在某些形态特征或生理特征方面都具有差异。种群内的这种变异和个体遗传有关。一个种群中的生物具有一个共同的基因库，以区别于其他物种，但并非每个个体都具有种群中储存的所有信息。种群的个体在遗传上不一致。种群内的变异性是进化的起点，而进化则使生存者更适应变化的环境。

2. 种群的基本参数

影响种群密度的四个种群基本参数为出生率、死亡率、迁入和迁出，它们均被称为初级种群参数。出生率和迁入是使种群增加的因素，而死亡率和迁出是使种群减少的因素。当然，种群中的年龄分布、性比、种群增长率等决定着种群数量的变化。

(1) 出生率和死亡率

出生率是一个广义的术语，泛指一个种群通过生产、孵化、出芽或分裂等形式产生新个体的能力。出生率分最大出生率和实际(或生态)出生率。最大出生率是指种群处于理想条件下的出生率。在特定环境下种群的出生率称为实际出生率。由于理论中的完全理想的环境条件几乎不可能实现，即使是在人工控制的实验室。因此，所谓物种固有不变的理想最大出生率一般情况下无法实现。但在自然条件下，当条件最有利时，它们表现的出生率可视为最大出生率的近似。它可以作为度量的指标，对各种生物进行比较。了解某种动物种群平均每年每个雌体繁殖的数量，有助于我们预测该种群数量未来的动态发展趋势，如预测该物种是否会出现濒临灭绝、某个时期的物种(如蝗虫)的泛滥等现象。这里所说的出生率都是针对种群整体而言的，即种群的平均繁殖能力，至于种群中某些个体出现的超常的生殖能力，则不能代表种群的最大出生率。

出生率的高低取决于性成熟的速度、每次产仔数目和繁殖次数。例如东北虎在自然条件下,4 岁性成熟,每次产 2～4 个崽。每次生殖后母虎要带崽 2～3 年,才能参加下次繁殖,在此期间不发情交配。雄虎性成熟稍晚。据动物园饲养记录,虎的寿命为 20～22 年,一生中最多能产 10 余只崽。由此看出东北虎繁殖能力较低,此种动物如得不到很好的保护,就易濒于灭绝。相反一些小型兽类,如褐家鼠等,雌鼠受孕后,20 天产崽,每年平均繁殖 6～10 次,幼鼠 3～4 个月后就能繁殖,这样繁殖力很强的种类,就要控制其数量,以免危害于人。

死亡率包括最低死亡率和生态死亡率。最低死亡率是在最适宜的环境条件下,种群个体由于年老而导致的死亡率,即动物都活到了生理寿命才死亡的。种群生理寿命是指种群处于最适条件下的平均寿命,而不是某个特殊个体可能具有的最长寿命。生态寿命是指种群在特定环境条件下的平均实际寿命。只有一部分个体能活到生理寿命,多数死于捕食者、疾病和不良气候等。

种群的数量变动首先决定于出生率和死亡率的对比关系。在单位时间内,出生率与死亡率之差为增长率,因而种群数量大小也可以说是由增长率来调整的。当出生率超过死亡率,即增长率为正时,种群的数量增加;如果死亡率超过出生率,即增长率为负时,则种群数量减少;而当出生率和死亡率相平衡,增长率接近于零时,种群数量将保持相对稳定状态。

(2) 迁入和迁出

扩散(dispersion)是大多数动植物生活周期中的基本现象。扩散有助于防止近亲繁殖,同时又是在各地方种群(local population)之间进行基因交流的生态过程。有些自然种群持久的输出个体,保持迁出率大于迁入率,有些种群则依靠不断的输入才能维持下去。植物种群中迁出和迁入的现象相当普遍,如孢子植物借助风力把孢子长距离地扩散,不断扩大自己的分布区。种子植物借助风、昆虫、水及动物等因子,传播其种子和花粉,在种群间进行基因交流,防止近亲繁殖,使种群生殖能力增强。

研究迁入和迁出的困难在于种群边界的划定往往是人为的。许多种生物,其分布是连续的,没有明显的界线来确定其种群分布范围,往往是研究者按自己的研究目的来进行划分。

13.4.2　种群动态变化

物种的延存是在新个体出生与已有个体死亡的矛盾对立过程中实现的。群落中各种群的数量消长幅度和速度对群落的面貌和性质乃至群落环境都有影响,它们自身的变化则取决于内在的生物学特性、外界营养条件和种内、种间相互作用等因素。

种群增长类型分为J-型和S-型。J-型是在无限资源条件下的种群增长类型；S-型是在有限资源条件下的种群增长类型。

由单一种群组成的群落，在自然界大多处于生态环境较差、胁迫强烈的生境，更多是由人培植的人工群落。该种群密度主要取决于资源供给情况、枝叶伸长情况和生态适应能力等。当种群密度增大到使资源消耗超过补给时，死亡率便提高，并将密度调整到与资源相协调的状态。

每个种群随着年龄增大，通常减少在群落中的个体数量，这在同龄单一种群组成的群落中，表现最为显著，称为自然稀疏。在一定条件下，生物种群增长并不是按几何级数无限增长的。即开始增长速度快，随后速度慢，直至停止增长(只是就某一值产生波动)，这种增长曲线大致呈“S”形，这就是统称的逻辑斯谛(Logistic)增长模型。

当一个物种迁入到一个新生态系统后，其数量会发生变化。假设该物种的起始数量小于环境的最大容纳量，则数量会增长。增长方式有以下两种：

① J-型增长：若该物种在此生态系统中无天敌，且食物空间等资源充足(理想环境)，则增长函数为$N(t)=n(p^t)$。其中，$N(t)$为第t年的种群数量，t为时间，p为每年的增长率(大于1)。图像形似于J形。

② S-型增长：若该物种在此生态系统中有天敌，食物、空间等资源也不充足(非理想环境)，则增长函数满足逻辑斯谛方程。图像形似于S形。

在前一研究已建模型的基础上，考虑到诸如年龄结构，时滞、迁移、环境的随机干扰，种内、种间对环境、资源的竞争，取食行为以及功能反应等效应，产生了Leshe(1945)带年龄结构的种群增长模型，Hutchinson(1948)时滞模型[14]。

几乎所有的生态群落都是由大量的生物组成的。例如，森林中存在着大量从树木到动物到土壤微生物的物种。其中每个个体都是不断变化着的复杂的有机体，它们在每个时刻都会出现生死消亡和繁殖。

一个生态群落在任意时刻t因为其中个体繁殖、死亡、迁徙等原因导致总量的变化，这种变化又进一步影响到种群的下一步密度变化。人类关心的一个热点问题是：一种物种是否会因为这种种群的密度变化而在若干年后或者一段时间后销声匿迹？例如，恐龙的灭迹是否符合一般种群密度变化的规律？我国国宝大熊猫是否会在若干年后出现灭迹？这些问题直接威胁着人类生存环境的生态平衡，甚至威胁着人类未来存在的持续性，对种群变化的研究一直是生态动力学的一个重要分支[8]。

通常，我们认为大多数群落在没有外界干扰的情况下会在某个生长时期(或者经过一定的进化阶段)后趋于稳定状态。本节要解决的问题是：在一些理想状况下

(如纯生过程),种群的增长状况是怎样的? 加入一些复杂因素之后,种群的结构变化及增长情况又是怎样的?

问题一的分析:对纯生过程做如下假设:生物是不死的,每个个体的生殖率相同并且不随时间变化,还假设个体之间互不影响,以这样的方式生长的种群只能增加或者保持不变,而不能减少。尽管这些假设是极其简单的,但至少可以近似地用到在一个短的时间内,靠分裂繁殖的单细胞生物的种群增长中去。我们可以通过建立微分方程来求解该问题。但是,种群增长是个随机过程,例如靠分裂增长的酵母细胞种群,我们只能说,某个细胞在给定的时间区间内将要有一确定的概率。于是我们引进了种群繁殖概率的概念,使模型的建立复杂化。

问题二的分析:问题一中研究的种群增长是假设生物是不死的,但这种情况太理想化,不符合大自然中绝大多数生物的增长状况,而生物的生殖率与死亡率又与生物的年龄有关。所以我们假设个体的生殖和死亡的机会都是其年龄的函数,但不受种群大小的影响。我们所要解决的问题是已知初始种群的大小,求出经过一段时间以后的种群大小;已知种群的初始年龄分布,找出一段时间以后的年龄分布。为了简化讨论,先只考虑两性种群中的雌性,通过引进射影矩阵,建立矩阵模型来解决该问题。

13.4.3　微分方程与种群变化模型

为简单起见,首先假设生物是不死的,每个个体的生殖率相同且不随时间变化而变化;进一步假设个体之间的生殖率互不影响。此处采用以下符号:

① N_t:在时刻 t 的种群大小;

② λ:每个个体的增加率;

③ i:种群的初始大小;

④ Δt:考察的时间区间;

⑤ $p_N(t)$:t 时刻种群大小为 N 的概率。

根据假设,可列出微分方程:

$$\frac{\mathrm{d}N_t}{\mathrm{d}t} = \lambda N_t \tag{13.4.1}$$

求解该微分方程,得 $\ln N_t = \lambda t + C$,其中 C 是积分常数。假设在 $t=0$ 时种群大小为 i,则 $t=0$ 时,有 $\ln i = C$。因此:

$$N_t = i\mathrm{e}^{\lambda t} \tag{13.4.2}$$

可以看出,如此简单的假设下,种群的增长是呈指数型的。因此,只要知道种群初始大小和种群增长率,就可以求出 t 时刻种群大小。这个描述过程是确定性的,不是假设一个生物可能繁殖,而是假设在事实上它绝对准确地一定要繁殖,但事实上种群增长显然是一个随机过程。例如,靠分裂增长的酵母细胞种群,我们只能说,某个细胞在给定的时间区间内以某个特定的概率分裂。因此下面来研究随机形式的纯生过程。

依据模型假设和以上记号,记在一较短时间段 Δt 内一个细胞分裂的概率为 p,那么 $p=\lambda\Delta t+o(\Delta t)$,其中 $o(\Delta t)$ 表示 Δt 的低阶无穷小量[11]。则在大小为 N 的种群中有一次生殖的概率等于 $\lambda N\Delta t$ 加上 Δt 的低阶无穷小量项。所以,在时刻 $t+\Delta t$,种群大小为 N 的概率是

$$p_N(t+\Delta t)=p_{N-1}(t)\lambda(N-1)\Delta t+p_N(t)(1-\lambda N\Delta t) \tag{13.4.3}$$

这里分两种情形:

① 在时刻 t 种群大小为 $N-1$,在 Δt 内发生一次分裂;

② 在时刻 t 种群大小为 N,在 Δt 内没有发生分裂。

这两种情形是导致 t 时刻种群大小为 N 的仅有的两种情形,故(13.4.3)式成立。

对(13.4.3)式做变换,两边同除以 Δt,得

$$\frac{p_N(t+\Delta t)-p_N(t)}{\Delta t}=-\lambda N p_N(t)+\lambda(N-1)p_{N-1}(t) \tag{13.4.4}$$

令 Δt 趋于零,取极限:

$$\lim_{\Delta t\to 0}\frac{p_N(t+\Delta t)-p_N(t)}{\Delta t}=\frac{\mathrm{d}p_N(t)}{\mathrm{d}t} \tag{13.4.5}$$

代入(13.4.4)式,得

$$\frac{\mathrm{d}p_N(t)}{\mathrm{d}t}=-\lambda N p_N(t)+\lambda(N-1)p_{N-1}(t) \tag{13.4.6}$$

下面来求解该微分方程,就是用 N,λ,t 和 $t=0$ 时初始种群大小 i 来表示 $p_N(t)$。

因为种群初始大小为 i,由题意得 $p_i(0)=1,p_N(0)=0(N\neq i)$。因为没有死亡,种群大小不会小于初始值,故 $p_{i-1}(t)=0$。把这些条件代入(13.4.6)式,可得

$$\frac{\mathrm{d}p_i(t)}{\mathrm{d}t}=-\lambda i p_i(t) \tag{13.4.7}$$

积分求解,得

$$\ln p_i(t)=-\lambda it+c \tag{13.4.8}$$

其中 c 为常数。注意到 $t=0$ 时,$p_i(t)=1,\ln p_i(t)=0$,所以 $c=0$。因此:

$$p_i(t)=\mathrm{e}^{-\lambda it} \tag{13.4.9}$$

这是在时间[0,t]内没有发生繁殖的概率。为了求解 $p_{i+1}(t)$，我们把(13.4.6)式改写成

$$\frac{\mathrm{d}p_{i+1}(t)}{\mathrm{d}t}+\lambda(i+1)p_{i+1}(t)=\lambda i p_i(t)=\lambda i\mathrm{e}^{-\lambda it} \tag{13.4.10}$$

两端同乘以 $\mathrm{e}^{\lambda(i+1)t}$，得

$$\mathrm{e}^{\lambda(i+1)t}\left(\frac{\mathrm{d}p_{i+1}(t)}{\mathrm{d}t}+\lambda(i+1)p_{i+1}(t)\right)=\lambda i\mathrm{e}^{\lambda t} \tag{13.4.11}$$

积分得到

$$\mathrm{e}^{\lambda(i+1)t}p_{i+1}(t)=i\mathrm{e}^{\lambda t}+c \tag{13.4.12}$$

因为 $p_{i+1}(0)=0$，因此常数 $c=-i$，代入(13.4.12)式，可得

$$p_{i+1}(t)=i\mathrm{e}^{-\lambda it}(1-\mathrm{e}^{-\lambda t}) \tag{13.4.13}$$

把(13.4.13)式代入(13.4.6)式，用同样的方法可求得 $p_{i+2}(t)$的方程：

$$p_{i+2}(t)=\frac{(i+1)i}{2}\mathrm{e}^{-\lambda it}(1-\mathrm{e}^{-\lambda t})^2 \tag{13.4.14}$$

对种群大小 N 利用归纳法，得通解形式为[10]

$$p_N(t)=\binom{N-1}{i-1}\mathrm{e}^{-\lambda it}(1-\mathrm{e}^{-\lambda t})^{N-i} \tag{13.4.15}$$

只要知道种群的初始大小、种群的增长率，就可以求出一个经历纯生过程的种群在时刻 t 大小的概率分布。在公式(13.4.15)中，λ 和 t 以乘积 λt 的形式出现。当 i 为已知时，N 的概率分布只取决于 λt，也就是说一个高生殖率的种群进行较短时间的繁殖，与一个低生殖率的种群进行较长时间的繁殖，若 λt 的值相等，那么结果就相同。这个结论符合常理，与实际情况基本一致。

例如，若已知 $\lambda t=0.5$，$i=5$，则可用 MATLAB 画图得到该种群大小在时刻 t 的概率分布，如图 13.4.1 所示。程序如下：

```
function shi(N,i)
n=length(N);
for j=1:n
    a=factorial(N(j)-1);
    b=factorial(i-1)*factorial(N(j)-i);
    p(j)=a/b*exp(-0.5*i)*(1-exp(-0.5))^(N(j)-i);
end
bar(N,p);
```

纯生模型假设过于简单，情况太理想化，不符合大自然中绝大部分生物的增长情况。现在要研究的是考虑生物生死的，离散时间状态下与年龄分布有关的种群增长。为简化模型，首先假设：

① 个体生殖和死亡概率为其年龄的函数，且不受种群大小影响；

② 只考虑两性种群中的雌性；

③ 同一年龄间隔内生殖率与死亡率保持不变，对不同的年龄间隔才不相同。

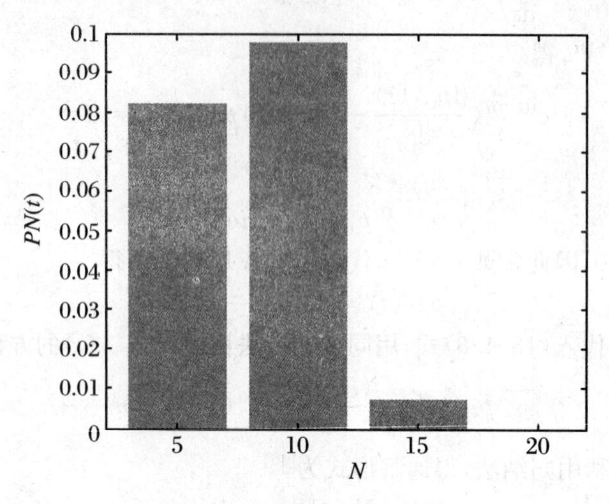

图 13.4.1　种群大小分布图

我们以年为时间单位，并采用以下符号：

① x：个体实足年龄；

② $n_{x,t}$：时刻 t 年龄位于$[x,x+1]$的个体(雌性)数目；

③ F_x：年龄为 x 的雌性在一年内繁殖的且能活到下一个年头的女儿数，她们在第一年年底前都是 0 岁；

④ P_x：在时刻 t，x 岁的一个雌性将要活到时刻 $t+1$(那时她将是 $x+1$ 岁)的概率。

下面来建立模型。在 $t=0$ 时，种群可表示为列向量：

$$n_0 = \begin{bmatrix} n_{00} \\ n_{10} \\ n_{20} \\ \vdots \\ n_{m0} \end{bmatrix}$$

该向量中有 $m+1$ 个元素，即 $m+1$ 个不同的年龄组。n_0 为种群数量分布的初始状态向量。由符号定义可得如下等式：

$$P_x n_{xt} = n_{x+1,t+1} \tag{13.4.16}$$

那么一年以后(即 $t=1$ 时)种群分布状态如何？

运用(13.4.1)式，在矩阵记号下，一年后的变化可表示为

$$\begin{pmatrix} F_0 & F_1 & \cdots & F_{m-1} & F_m \\ P_0 & 0 & \cdots & 0 & 0 \\ 0 & p_1 & \cdots & 0 & 0 \\ \vdots & \vdots & & \vdots & \vdots \\ 0 & 0 & \cdots & p_{m-1} & 0 \end{pmatrix} \begin{pmatrix} n_{00} \\ n_{10} \\ n_{20} \\ \vdots \\ n_{m0} \end{pmatrix} = \begin{pmatrix} F_0 n_{00} + \cdots + F_m n_{m0} \\ P_0 n_{00} \\ P_1 n_{10} \\ \vdots \\ P_{m-1} n_{m-1,0} \end{pmatrix} = \begin{pmatrix} n_{01} \\ n_{11} \\ n_{21} \\ \vdots \\ n_{m1} \end{pmatrix} \tag{13.4.17}$$

令

$$M = \begin{pmatrix} F_0 & F_1 & \cdots & F_{m-1} & F_m \\ P_0 & 0 & \cdots & 0 & 0 \\ 0 & p_1 & \cdots & 0 & 0 \\ \vdots & \vdots & & \vdots & \vdots \\ 0 & 0 & \cdots & p_{m-1} & 0 \end{pmatrix} \tag{13.4.18}$$

则(13.4.17)式可表示为

$$Mn_0 = n_1$$

M 为 $m+1$ 阶方阵,称为射影矩阵。由(13.4.19)式可导出:

$$n_2 = Mn_1 = M^2 n_0, \quad \cdots, \quad n_t = M^t n_0, \quad \cdots$$

这里 n_t 表示经过 t 年后的种群状态分布向量。此处假设每个雌性在整个一生中都具备生殖能力,否则矩阵 M 第一行的某些元为 0。如下面的矩阵 M 对应的种群中每个雌性的生殖年龄不大于 k,即到第 $k+1$ 岁该物种停止繁殖。不难看出,$\det M=0$,即矩阵 M 是退化的。

$$M = \begin{bmatrix} F_0 & F_1 & \cdots & F_k & 0 & \cdots & 0 \\ P_0 & 0 & \cdots & 0 & & & \\ & P_1 & & \vdots & & & \\ & & \ddots & & & \ddots & \\ & & & P_k & & & \\ & & & & \ddots & & \\ & & & & & P_{m-1} & 0 \end{bmatrix}$$

对 M 进行如下分块,定义块矩阵:

$$A = \begin{pmatrix} F_0 & F_1 & \cdots & F_{k-1} & F_k \\ P_0 & 0 & \cdots & 0 & 0 \\ 0 & P_1 & \cdots & 0 & 0 \\ \vdots & \vdots & & \vdots & \vdots \\ 0 & 0 & \cdots & P_{k-1} & 0 \end{pmatrix}$$

$$C=\begin{pmatrix}0 & 0 & \cdots & P_k\\ \vdots & \vdots & & \vdots\\ 0 & 0 & \cdots & 0\end{pmatrix},\quad D=\begin{pmatrix}0 & & & \\ P_{k+1} & 0 & & \\ & \ddots & \ddots & \\ & & P_{m-1} & 0\end{pmatrix}$$

则矩阵 A 为 $k+1$ 阶方阵,D 为 $m-k-1$ 阶方阵,且

$$M=\begin{pmatrix}A & 0\\ C & D\end{pmatrix} \tag{13.4.20}$$

于是有

$$M^2=\begin{pmatrix}A & 0\\ C & D\end{pmatrix}\begin{pmatrix}A & 0\\ C & D\end{pmatrix}=\begin{pmatrix}A^2 & 0\\ CA+DC & D^2\end{pmatrix}$$

$$M^3=M^2\begin{pmatrix}A & 0\\ C & D\end{pmatrix}=\begin{pmatrix}A^2 & 0\\ CA+DC & D^2\end{pmatrix}\begin{pmatrix}A & 0\\ C & D\end{pmatrix}=\begin{pmatrix}A^3 & 0\\ X & D^3\end{pmatrix}$$

$$X=CA^2+CAC+DCA+D^2C=CA^2+DCA+D^2C=\sum_{i=0}^{2}D^iCA^{2-i}$$

运用归纳法,不难证明:

$$M^t=\begin{pmatrix}A^t & 0\\ \sum_{i=0}^{t-1}D^iCA^{t-1-i} & D^t\end{pmatrix}$$

这里 D 为严格下三角矩阵,且仅在次对角线上有非零元素 $P_{k+1},P_{k+2},\cdots,P_{m-1}$,则:

$$D^i=\begin{pmatrix}0 & & & & \\ \vdots & \ddots & & & \\ 0 & & 0 & & \\ Y_1^{(i)} & & \ddots & \ddots & \\ & \ddots & & & \\ & & Y_{r_i}^{(i)} & 0 & \cdots & 0\end{pmatrix}$$

其中 $Y_j^{(i)}=P_{k+j}P_{k+j+1}\cdots P_{k+j+i-1}$,$r_i=m-k-1-i$,$\forall\, i\leqslant m-k-1$。

依此类推,当 $t\geqslant m-k$ 时,$D^t=0$,并且 M^t 中最后 $m-k$ 列全为0。这可以解释为:在超过生殖年龄后进入种群的雌性对较年轻的年龄等级没有贡献,且最多经过 $m-k$ 年它们自己都已死去。反复用左乘列向量 $n_0=(n_{00},n_{10},\cdots,n_{k0})'$,就可以对种群中年龄在 k 以下的那部分雌性预测未来的增长及年龄分布。

现在我们来研究矩阵 A 的性质。A 的以下特性是显而易见的:

① 只有次对角线上的元素和第一行的部分元素或全部元素是非零的;

② A 是方阵，且是非退化的；

③ A 是非负的(即所有元素均大于等于 0)，同时是不可约的。

定义 13.4.1　如果存在一个置换矩阵 P 使得 $X=P^{T}YP$ 成立，则称 X 同步于 Y。$n(\geqslant 2)$阶非负矩阵 A，若同步于分块下三角阵，即存在置换矩阵 P，使得

$$P^{T}AP=\begin{bmatrix} B & C \\ 0 & D \end{bmatrix} \tag{13.4.21}$$

其中 B 和 D 是方阵，则称矩阵 A 为可约矩阵，否则，称 A 是不可约的[12]。

定理 13.4.1(Perron-Frobenius[12])　不可约非负矩阵 A 有一个正特征根 r，满足 $r\geqslant|\lambda_i|$ 对 A 的任意特征值 λ_i 成立。且 A 有对应于 r 的正特征向量。r 叫做 A 的最大特征值，对应于 r 的特征向量叫做最大特征向量。

上面的定理称为 Perron-Frobenius 定理，简称 PF 定理。显然(13.4.18)中定义的矩阵 M 是非负不可约矩阵。根据 PF 定理，M 有一个正的最大特征根，它是单根，M 的对应于 λ_1 的特征向量 x 有相同符号的元素(可取为正)，且在单位化(即长度为 1)的前提下，只有一个这样的非负特征向量 x。注意到 M 的特征方程为 $|M-\lambda I|=0$，即

$$\begin{vmatrix} F_0-\lambda & F_1 & \cdots & F_{k-1} & F_k \\ P_0 & -\lambda & \cdots & 0 & 0 \\ 0 & P_1 & & 0 & 0 \\ & & \ddots & & \\ 0 & \vdots & & & \\ 0 & 0 & \cdots & P_{k-1} & -\lambda \end{vmatrix}=0 \tag{13.4.22}$$

令 $P_0P_1\cdots P_r=P_{(r)}$，展开此行列式，得

$$\lambda^{k+1}-F_0\lambda^k-P_{(0)}F_1\lambda^{k-1}-\cdots-P_{(r-1)}F_r\lambda^{k-r}-\cdots-P_{(k-1)}F_k=0 \tag{13.4.23}$$

注意到(13.4.23)式左端除了首项系数为正(等于 1)外，其余系数全为负，因此系数只改变一次符号。由 Descartes 符号规则[11](一个实系数一元多项式的各项按降序排列，其正根数或等于多项式变号数，或是变号数减 2 的倍数，其中相同的根被计算两次)可知，该方程最多有一个正根，结合 PF 定理和 Descartes 规则，我们知道，除最大根以外，A 的所有根都是负的或者为复根。由 PF 定理，对所有 $i\neq 1$，必有 $\lambda_1\geqslant|\lambda_i|$。那么什么情况下有 $\lambda_1=|\lambda_i|$，什么情况下对所有 i，有 $\lambda_1>|\lambda_i|$ 呢？Sykes[6] 在 1960 年证明了：在本节这种情况下，除了 A 的第 1 行元素构成某种特殊布局外，一般都有 $\lambda_1>|\lambda_i|$。具体来说，只有当某些 F 为 0 且满足 $F_j>0$ 的所有 j 有大于 1 的最大公约数时，才可能存在 i，使得 $|\lambda_i|=\lambda_1$。也就是说，只有在某些年

龄等级不繁殖并且生殖年龄的最大公约数大于1时，对某个 i，才有 $|\lambda_i|=\lambda_1$（这里年龄的测量单位是区间 $[t,t+1]$）。

自然界中有例外情况的生殖布局，其个体只在临死时的一个短期内繁殖，某些蝗虫就是例子。假设这种临死前的生产出现在年龄 k，那么有 $F_k>0$，而对所有 $j<k$，$F_j=0$。于是，从(13.4.2)式容易看出，无论初始年龄分布向量 n_0 如何，它都会以长为 $k+1$ 的周期循环地与自身重复。在每一循环的末尾，种群的大小是循环开始时大小的 $P_{(k+1)}F_k$ 倍。

这里，我们称生殖布局不是上述特别类型的射影矩阵为素阵，即一个射影矩阵。当满足 $F_j>0$ 的 j 至少有两个，此时使 $F_j>0$ 的所有 j 的最大公约数为1，则该射影矩阵为素阵。当 A 为素阵时，则对所有 i 有 $\lambda_1>|\lambda_i|$，也就是说，A 的最大根超过任何复根之模。进而，其增长遵从这种矩阵的种群之相对年龄分布，无论初始形式如何，都随 t 增大而趋于一个极限分布，称之为稳定年龄分布，并且它与相应于 A 的最大根 λ_1 的特征向量成比例。如此，只要求出此向量，就可以求出稳定年龄分布的状态向量（根 λ_1 是种群自然增长的有限率，如果种群的总大小不变，即 $\lambda_1=1$，并且其年龄分布也是稳定的，则称此种群是定常的）。

引理 13.4.1 给定一个射影矩阵 A。对于其最大特征根 λ_1，有

$$1\geqslant\lambda_1>|\lambda_i|,\quad \forall i=2,3,\cdots,n$$

则 $\lim\limits_{t\to\infty}A^t$ 存在。

此时，我们可计算求出：

$$\lim_{t\to\infty}A^t n_0\propto n_s \tag{13.4.24}$$

当年龄分布稳定时，n_s 的元素与年龄等级的大小成比例。一旦达到稳定分布，就有

$$n_{s+1}=An_s=\lambda n_s \tag{13.4.25}$$

其中 λ 是某种标度常数。对已知的 A，方程(13.4.25)可能难于求解。为此，我们将矩阵进行坐标变换，得到等价方程 $v_{s+1}=Bv_s=\lambda v_s$，使得这里的 B 具有简单的形式，那么这个方程就变得容易求解。令 $P_0P_1\cdots P_r=P_{(r)}$，$v_s=Hn_s$，其中 H 是对角矩阵，它的第 (i,i) 个元是 $p_{(k-1)}/p_{(i-2)}$ $(p_{(-1)}=1)$，所以 $v_{s+1}=Hn_{s+1}=(HAH^{-1})v_s\equiv Bv_s$，其中，$B=HAH^{-1}$。因此：

$$B=\begin{bmatrix} F_0 & P_{(0)}F_1 & P_{(1)}F_2 & \cdots & P_{(k-2)}F_{k-1} & P_{(k-1)}F_k \\ 1 & 0 & 0 & \cdots & 0 & 0 \\ 0 & 1 & 0 & \cdots & 0 & 0 \\ \vdots & \vdots & \vdots & & \vdots & \vdots \\ 0 & 0 & 0 & \cdots & 1 & 0 \end{bmatrix}$$

由定义，$Bv_s=\lambda v_s$，或等价地，$|B-\lambda i|v_s=0$，所以 λ 是 B 的特征方程 $|B-\lambda i|=0$

的解。

$$\begin{vmatrix} F_0-\lambda & P_{(0)}F_1 & P_{(1)}F_2 & \cdots & P_{(k-2)}F_{k-1} & P_{(k-1)}F_k \\ 1 & -\lambda & 0 & \cdots & 0 & 0 \\ 0 & 1 & -\lambda & \cdots & 0 & 0 \\ \vdots & \vdots & \vdots & & \vdots & \vdots \\ 0 & 0 & 0 & \cdots & 1 & -\lambda \end{vmatrix}=0$$

展开此行列式得到与 A 的特征方程(13.4.11)相同的方程

$$\lambda^{k+1}-F_0\lambda^k-P_{(0)}F_1\lambda^{k-1}-\cdots-P_{(r-1)}F_r\lambda^{k-r}-\cdots-P_{(k-1)}F_k=0 \tag{13.4.26}$$

我们发现 $\lambda^k,\lambda^{k+1},\cdots$的系数是 B 的第一行元素加上负号。如前讨论,该方程只有一个正实根,最大根为 λ_1。

现在求 λ_1 对应的特征向量,即要解 $Bv_s=\lambda v_s$ 来得到数值 $v_{xs}(x=0,1,\cdots,k)$。它是在新坐标系下稳定向量的元素。B 的次对角线上是 1,并且除第一行以外其余全为 0,令 $b_{0i}(i=0,1,\cdots,k)$表示 B 的第一行元素,有

$$\begin{pmatrix} b_{00} & b_{01} & \cdots & b_{0k-1} & b_{0k} \\ 1 & 0 & \cdots & 0 & 0 \\ 0 & 1 & \cdots & 0 & 0 \\ \vdots & \vdots & & \vdots & \vdots \\ 0 & 0 & \cdots & 1 & 0 \end{pmatrix}\begin{pmatrix} v_{0s} \\ v_{1s} \\ v_{2s} \\ \vdots \\ v_{ks} \end{pmatrix}=\lambda_1\begin{pmatrix} v_{0s} \\ v_{1s} \\ v_{2s} \\ \vdots \\ v_{ks} \end{pmatrix} \tag{13.4.27}$$

所以:

$$v_{0s}=\lambda_1 v_{1s},\quad v_{1s}=\lambda_1 v_{2s},\quad \cdots,\quad v_{k-1,s}=\lambda_1 v_{k,s} \tag{13.4.28}$$

于是在新坐标系下,稳定向量为

$$v_s \propto \begin{pmatrix} \lambda_1^k \\ \lambda_1^{k-1} \\ \vdots \\ \lambda_1 \\ 1 \end{pmatrix}$$

因为 $v_s=Hn_s$,所以原坐标系下的稳定向量为

$$v_s=H^{-1}v_s=\frac{1}{P_{(k-1)}}\begin{pmatrix} \lambda_1^k \\ \lambda_1^{k-1}P_{(0)} \\ \vdots \\ \lambda_1^{k-r}P_{(k-r-1)} \\ \vdots \\ \lambda_1 P_{(k-2)} \\ P_{(k-1)} \end{pmatrix}=\begin{pmatrix} 1 \\ P_0/\lambda_1 \\ \vdots \\ P_{(r-1)}/\lambda_1^r \\ \vdots \\ P_{(k-2)}/\lambda_1^{k-1} \\ P_{(k-1)}/\lambda_1^k \end{pmatrix} \tag{13.4.29}$$

(13.4.29)式右端两个向量均与稳定年龄分布成比例。第一个向量中,第 0,1,…,$k-1$ 年龄等级的个体数表示为最高年龄个体数的倍数;第二个向量中,第 0,1,…,$k-1$ 年龄等级的个体数表示为最小年龄个体数的倍数。

上述方法概括如下:用 A 的元素建立方程(13.4.27)求解 λ_1——已达到稳定时每年的增加率,然后用 λ_1 从方程(13.4.22)中得到稳定年龄分布,其中 n_s 的元素都是用 λ_1 和 A 的元素表示的。

下面通过一个具体的例子来理解该方法的应用。假设自然界中存在某种生物雌性,其在前三年具有繁殖功能,且其 0 岁,1 岁,2 岁,3 岁在一年内生殖并能活到下一个年头的女儿数分别为 1,3,4,12,即 $F_0=1,F_1=3,F_2=4,F_3=12$。在时刻 t,该生物 0 岁,1 岁,2 岁的雌性能活到 $t+1$ 时刻的概率分别为 $\frac{1}{2},\frac{1}{4},\frac{2}{3}$,即 $P_0=\frac{1}{2},P_1=\frac{1}{4},P_2=\frac{2}{3}$。则对应射影矩阵:

$$A=\begin{pmatrix}1 & 3 & 4 & 12\\ \frac{1}{2} & 0 & 0 & 0\\ 0 & \frac{1}{4} & 0 & 0\\ 0 & 0 & \frac{2}{3} & 0\end{pmatrix}$$

H 是对角矩阵,其对角线上第(i,i)个元素是 $p_{(k-1)}/p_{(i-2)}$,所以:

$$H=\begin{pmatrix}\frac{1}{12} & 0 & 0 & 0\\ 0 & \frac{1}{6} & 0 & 0\\ 0 & 0 & \frac{2}{3} & 0\\ 0 & 0 & 0 & 1\end{pmatrix}$$

$$B=HAH^{-1}=\begin{pmatrix}\frac{1}{12} & 0 & 0 & 0\\ 0 & \frac{1}{6} & 0 & 0\\ 0 & 0 & \frac{2}{3} & 0\\ 0 & 0 & 0 & 1\end{pmatrix}\begin{pmatrix}1 & 3 & 4 & 12\\ \frac{1}{2} & 0 & 0 & 0\\ 0 & \frac{1}{4} & 0 & 0\\ 0 & 0 & \frac{2}{3} & 0\end{pmatrix}\begin{pmatrix}12 & 0 & 0 & 0\\ 0 & 6 & 0 & 0\\ 0 & 0 & \frac{3}{2} & 0\\ 0 & 0 & 0 & 1\end{pmatrix}=\begin{pmatrix}1 & \frac{3}{2} & \frac{1}{2} & 1\\ 1 & 0 & 0 & 0\\ 0 & 1 & 0 & 0\\ 0 & 0 & 1 & 0\end{pmatrix}$$

则

$$|B-\lambda i|=\begin{vmatrix}1-\lambda & \frac{3}{2} & \frac{1}{2} & 1\\ 1 & -\lambda & 0 & 0\\ 0 & 1 & -\lambda & 0\\ 0 & 0 & 1 & -\lambda\end{vmatrix}=0$$

展开得 $\lambda^4-\lambda^3-\frac{3}{2}\lambda^2-\frac{1}{2}\lambda-1=0$，唯一的正实根 $\lambda_1=2$。即该生物种群达到稳定时每年的增加率为 2。

由 $Bv_s=\lambda v_s$ 和 $\lambda_1=2$，得

$$\begin{pmatrix}1 & \frac{3}{2} & \frac{1}{2} & 1\\ 1 & 0 & 0 & 0\\ 0 & 1 & 0 & 0\\ 0 & 0 & 1 & 0\end{pmatrix}\begin{pmatrix}v_{0s}\\ v_{1s}\\ v_{2s}\\ v_{3s}\end{pmatrix}=2\begin{pmatrix}v_{0s}\\ v_{1s}\\ v_{2s}\\ v_{3s}\end{pmatrix}$$

所以，$v_{0s}=2v_{1s}$，$v_{1s}=2v_{2s}$，$v_{2s}=2v_{3s}$。

令 $v_{3s}=1$，有 $v_{2s}=2$，$v_{1s}=4$，$v_{0s}=8$，因此，按变换的坐标，稳定向量为

$$v_s\propto\begin{pmatrix}8\\ 4\\ 2\\ 1\end{pmatrix}$$

回到原标准坐标系下：

$$n_s=H^{-1}v_s=\begin{pmatrix}n_{0s}\\ n_{1s}\\ n_{2s}\\ n_{3s}\end{pmatrix}\propto\begin{pmatrix}12 & 0 & 0 & 0\\ 0 & 6 & 0 & 0\\ 0 & 0 & \frac{3}{2} & 0\\ 0 & 0 & 0 & 1\end{pmatrix}\begin{pmatrix}8\\ 4\\ 2\\ 1\end{pmatrix}=\begin{pmatrix}96\\ 24\\ 3\\ 1\end{pmatrix}$$

该向量表示为该种群的稳定年龄分布。现在把 $\lambda_1=2$ 和 A 中的 P_i 代入(13.5.14)式，得

$$n_s=\frac{1}{P_{(2)}}\begin{pmatrix}\lambda_1^3\\ \lambda_1^2P_{(0)}\\ \lambda_1^1P_{(1)}\\ P_{(2)}\end{pmatrix}=\frac{1}{\frac{1}{12}}\begin{pmatrix}2^3\\ 2^2\times\frac{1}{2}\\ 2\times\frac{1}{8}\\ \frac{1}{12}\end{pmatrix}=\begin{pmatrix}8\\ 2\\ \frac{1}{4}\\ \frac{1}{12}\end{pmatrix}=\begin{pmatrix}96\\ 24\\ 3\\ 1\end{pmatrix}$$

得到相同的结果。将该向量归一化(即除以其分量的和),得向量

$$\bar{n}_s = \frac{1}{124}\begin{pmatrix} 96 \\ 24 \\ 3 \\ 1 \end{pmatrix} = \begin{pmatrix} 0.7742 \\ 0.1935 \\ 0.0242 \\ 0.0081 \end{pmatrix}$$

该模型易于理解,求解也相对简单,但如果模拟一个种群增长并按某种选定的时间单位(即选定的离散时间区间的长度)求出了射影矩阵,则严格来说它不能调整来用于其他时间单位,从理论上讲,由合并或者分开年龄等级去改变年龄分组是不容许的。在模型中,假设年龄的间隔是等长的,并且在判断一个实际种群与该模型符合的程度时,只要一看就知道任何个体属于哪个年龄组。在生态工作中,往往不可能判断个体的年龄,这给模型的实际应用带来了一定的困难。

在具有 1∶1的性别比例,同时两种性别有相同年龄分布的两性种群中,在模拟种群增长时不必分别处理性别。但当这些假设不成立时,可以应用保持性别差异的一种修正的射影矩阵,令 F_x 和 f_x 分别是 x 岁的母亲在单位时间内出生的并能存活到下一时间单位的女儿数和儿子数;P_x 和 p_x 分别是 x 岁的雌性和雄性的成活概率;并令 f_{xt} 和 m_{xt} 分别是在 t 时刻 x 岁的雌性数和雄性数。于是有代替(13.4.17)式的:

$$\begin{pmatrix} F_0 & 0 & F_1 & 0 & \cdots & F_{k-1} & 0 & F_k & 0 \\ f_0 & 0 & f_1 & 0 & \cdots & f_{k-1} & 0 & f_k & 0 \\ P_0 & 0 & 0 & 0 & \cdots & 0 & 0 & 0 & 0 \\ 0 & p_0 & 0 & 0 & \cdots & 0 & 0 & 0 & 0 \\ \vdots & \vdots & \vdots & \vdots & & \vdots & \vdots & \vdots & \vdots \\ 0 & 0 & 0 & 0 & \cdots & p_{k-1} & 0 & 0 & 0 \\ 0 & 0 & 0 & 0 & \cdots & 0 & p_{k-1} & 0 & 0 \end{pmatrix} \begin{pmatrix} f_{00} \\ m_{00} \\ f_{10} \\ m_{10} \\ \vdots \\ f_{k0} \\ m_{k0} \end{pmatrix} = \begin{pmatrix} f_{01} \\ m_{01} \\ f_{11} \\ m_{11} \\ \vdots \\ f_{k1} \\ m_{k1} \end{pmatrix}$$

模型中的射影矩阵没有考虑密度相关,即种群内部竞争的种群增长,我们也可以进一步考虑其他的种群成员的存在对种群增长的影响,提出一种修正形式的射影矩阵。

13.4.4 射影矩阵的推广及应用

在确定商业上有价值的植物和动物种群的增长受收割影响的方式时,射影矩阵是有用的。通常不是对所有年龄组按比例地分摊产量,而主要取自某个年龄子组。这种收割对未来种群结构的影响可以适当调整有关年龄组的成活概率来模拟。

由于地球上多数群落(如原始森林中的树木、猿猴、大猩猩等)中的个体繁殖和

进化时间相对较长，我们无法获得比较完善全面的数据。本节中考察的数学模型都是假设在理想状态下的模型，并假设生物种群在没有外界干扰的情况下在某个进化阶段后趋于稳定状态。实际问题中，这种稳定状态几乎不存在。由于时间以及数据采集的难度，我们只能完成这一问题求解的初步。结合相关专业学科提供的森林生态群落发展数据，利用 MATLAB 等软件，对数据进行拟合、分析和建模，运用掌握的应用数学、数学建模知识、数值分析和软件计算等方法，结合本方向目前已有的研究成果，可以将模型产生的结果返回到种群人口密度的变化模型的解释中。

练习 13.4.1　以上讨论中总是假定种群中每个个体生殖率和死亡率都相等。事实上，这是不可能的。过分年轻和过分年长的个体，其死亡率一般大于中青年体壮的个体。考虑这一因素，分析经典的养兔问题。

参 考 文 献

[1] Berman A, Plemmons R J. Nonnegative Matrices in the Mathematical Sciences[M]. New York :Academic Press, 1994.

[2] Von Neumann J, Morgenstern O. Theory of Games and Economic Behavior[M]. New Jersey: Princeton University Press, 2007.

[3] Nash J F. Equilibrium points in n-person games[J]. Proc. Natl. Acad. Sci. USA, 1950, 36(1): 48-49.

[4] Nash J F. Non-cooperative games[J]. The Annals of Mathematics, 1951, 54(2):286-295.

[5] Belovsky G E. Diet optimixation in a generelist herbivore: The moose[J]. Theoretical Population Biology, 1978(14):105-134.

[6] Zhang Fuzhen. Matrix Theory: Basic Results and Techniques [M]. New York: Springer, 2010.

[7] Cristina D P, et al. Dynamics of pollination: a model of insect-mediated pollen transfer in self-incompatible plants[J]. Ecological Modelling, 1998(109):25-34.

[8] Hooley R D, Findlay J K, Stephenson R G A. Effect of heat stress on plasma concentrations of prolaction and luteinizing hormone in ewes[J]. Aust. J. Biol. Sci. 1979(32):231-235.

[9] Schoener T W. Models of optimal size, for solitary predators[J]. American Nature, 1969(103):277-313.

[10] Smith J M. Mathermatical Ideals in Biology[M]. New York: Weiley, 1968.

[11] 裴铁璠,等. 生态动力学[M]. 北京:科学出版社,2002.

[12] 庞雄飞. 建立种群矩阵模型的简易方法[J]. 华南农业大学学报:自然科学版,1981(2).

[13] 陈兰荪. 数学生态学模型与研究方法[M]. 北京:科学出版社,1991.

[14] MINC H. 非负矩阵[M]. 杨尚骏,等,译. 沈阳:辽宁教育出版社,1991.

[15] 马知恩. 种群生态学的数学建模与研究[M]. 合肥:安徽教育出版社,2000.

[16] 弗丽德曼. 随机微分方程及其运用[M]. 吴让泉,译. 北京:科学出版社,1983.

[17] E·C·皮洛. 数学生态学[M]. 卢泽愚,译. 北京:科学出版社,1988.